高等职业教育精品工程系列教材

电子产品生产工艺与管理项目教程（第2版）

叶　莎　冯常奇　主　编
耿晶晶　胡燕妮　副主编

电子工业出版社
Publishing House of Electronics Industry
北京·BEIJING

内 容 简 介

本书是根据高等职业教育的发展需要，为培养面向生产、管理一线的高级应用型人才编写的。本书介绍的基础理论知识以够用为度，注重实践能力、创新能力的培养，着重阐述了电子产品的生产工艺和生产管理两方面的知识。主要内容有：常用电子元器件的识别、检测与选用；电子产品生产工艺文件的识读和编制；线路板的装配与焊接；小型电子产品的装配；电子产品生产现场管理。

本书以"模块化教学，基于工作过程，采用项目导向、任务驱动、学做合一"作为指导思想，以工作过程和岗位任务为线索，以实际电子产品为载体，按照实际生产岗位所需的专业知识和职业技能划分项目，用六个项目囊括整个教材内容。每个项目按照项目内容、项目所需具备的知识与技能等方面进行编排，通过若干项学习任务和六个由简单到复杂的实际电子产品的拆卸和装配的实践活动，让学生"学中做，做中学"，学习专业知识，掌握职业技能。

本书突出"实用性、技能性、应用性"，结构合理，内容由浅入深，工艺由简单到复杂，重在任务的完成，在完成任务中学习知识、训练技能。每个项目前有教学导航，后有小结、习题，教材配备有配套的电子课件，可供教师在教学中使用，也可供学生复习或自学。本书不仅可以作为高职高专院校电子信息工程和应用电子技术、微电子技术专业的教材，对从事电子产品生产的技术人员也具有参考价值。

未经许可，不得以任何方式复制或抄袭本书之部分或全部内容。
版权所有，侵权必究。

图书在版编目(CIP)数据

电子产品生产工艺与管理项目教程/叶莎，冯常奇主编．—2版．
—北京：电子工业出版社，2015.7
ISBN 978-7-121-25470-3

Ⅰ.①电… Ⅱ.①叶…②冯… Ⅲ.①电子产品—生产工艺—高等学校
②电子产品—生产管理—高等学校—教材 Ⅳ.①TN05

中国版本图书馆 CIP 数据核字（2015）第 022871 号

责任编辑：郭乃明
特约编辑：范　丽
印　　刷：北京捷迅佳彩印刷有限公司
装　　订：北京捷迅佳彩印刷有限公司
出版发行：电子工业出版社
　　　　　北京市海淀区万寿路 173 信箱　邮编 100036
开　　本：787×1092　1/16　印张：18.5　字数：467.2 千字
版　　次：2011 年 10 月第 1 版
　　　　　2015 年 7 月第 2 版
印　　次：2021 年 9 月第 12 次印刷
定　　价：39.80 元

凡所购买电子工业出版社图书有缺损问题，请向购买书店调换。若书店售缺，请与本社发行部联系，联系及邮购电话：(010) 88254888。
质量投诉请发邮件至 zlts@phei.com.cn，盗版侵权举报请发邮件至 dbqq@phei.com.cn。
服务热线：(010) 88258888。

前 言

本书编写从"以人为本、促进学生终身发展"的思想观点角度出发，在教学目标上把知识与技能和学生情感态度及职业素质培养相结合，从学生的学习活动入手，将《电子产品生产工艺与管理》课程划分为五个模块六个项目，打破传统，对知识与技能分类，构建"自主、合作、探究"的新型学习方式。

本书第 1 版出版已 3 年，此次出版教材为第 2 版，与上一版教材相比，本教材在内容上进行了修改和补充，用新的技术替代了过时技术，例如：在项目一元器件识别与检测部分，增加了 LED 点阵器件的功能和引脚排列介绍；重新编写了静电防护相关内容，通过以表格显示静电对人及生产的影响的数据，直观地体现了静电的危害，更具有震撼力和感染力。项目三的线材基础知识方面也有修改，删除了一些陈旧内容，增加了音频线材的制作和双绞线水晶头的制作相关内容，为后面制作产品和学生毕业后从事网络和通信工程行业工作奠定了基础；在项目四表面安装技术部分，用单片机程控汉字电路板的制作替代第 1 版中的 MP3 功放电路板制作，同样用的是贴片元件，但是第 2 版中采用了当前流行的 LED 点阵技术，也避免了第 1 版中 MP3 功放制作与后面多媒体音箱制作产品的雷同。

总之，修改后的第 2 版内容更加简洁明了、通俗易懂，反映了当前电子产品生产技术发展趋势，前后知识内容衔接更加合理。

参加本版修订工作的有王明慧、耿晶晶、雷建龙、胡燕妮、李义，全书经叶莎修改、补充和定稿，由雷建龙、王明慧审稿。书中不足和错误之处，希望读者予以批评指正，意见请寄武汉船舶职业技术学院电子电气工程学院。

编 者

2015 年 1 月

目 录

模块一　常用电子元器件的识别、检测与选用 ………………………………… 1

　项目一　生产工艺入门与元器件的选用 ………………………………………… 1

　　任务一　电子产品生产工艺入门 …………………………………………… 3

　　任务二　电阻器、电位器和电容器的识别、检测与选用 ………………… 4

　　任务三　电感与变压器的识别、检测与选用 ……………………………… 19

　　任务四　半导体器件的识别、检测与选用 ………………………………… 23

　　任务五　集成电路的识别、检测及选用 …………………………………… 34

　　任务六　电声器件、常用开关、插接件、显示器件的识别与检测 ……… 39

　　任务七　旧电话的拆卸 ……………………………………………………… 52

　项目小结 …………………………………………………………………………… 52

　课后练习 …………………………………………………………………………… 53

模块二　电子产品生产工艺文件的识读 ………………………………………… 54

　项目二　电子产品生产工艺文件的识读和编制 ………………………………… 54

　　任务一　安全文明生产 ……………………………………………………… 58

　　任务二　生产企业的 6S 现场管理 ………………………………………… 61

　　任务三　静电防护 …………………………………………………………… 65

　　任务四　电子产品生产工艺文件的识读和编制 …………………………… 70

　　任务五　装配晶体管可调式直流稳压电源电路 …………………………… 88

　项目小结 …………………………………………………………………………… 90

　课后练习 …………………………………………………………………………… 91

模块三　电路板的装配与焊接 …………………………………………………… 92

　项目三　通孔插装元器件电路板的装配 ………………………………………… 92

　　任务一　电子工程图的识读 ………………………………………………… 95

　　任务二　辅助材料和装配工具的准备 ……………………………………… 101

　　任务三　导线的加工和元器件引线的成形 ………………………………… 128

　　任务四　印制电路板的设计与制作 ………………………………………… 147

　　任务五　装配晶闸管调光灯电路 …………………………………………… 159

　项目小结 …………………………………………………………………………… 189

　课后练习 …………………………………………………………………………… 190

　项目四　表面安装元器件电路板的装配 ………………………………………… 191

　　任务一　识别表面安装元器件 ……………………………………………… 194

　　任务二　手工装配单片机控制汉字显示电路板 …………………………… 209

　　任务三　具有定时报警功能数字抢答器电路板自动焊接 ………………… 224

项目小结 ··· 245
　　课后练习 ··· 246
模块四　小型电子产品的装配 ··· 247
　项目五　小型电子产品的装配 ··· 247
　　　任务一　接触焊接 ··· 248
　　　任务二　电子产品整机总装与调试 ··· 254
　　　任务三　电子产品的检验与包装 ··· 261
　　　任务四　多媒体计算机音箱的装配 ··· 263
　　项目小结 ··· 268
　　课后练习 ··· 269
模块五　电子产品生产现场管理 ··· 270
　项目六　电子产品生产现场管理 ··· 270
　　　任务一　电子产品生产现场管理 ··· 270
　　　任务二　全面质量管理（TQM）与 ISO 9000 质量管理和质量标准 ····· 276
　　项目小结 ··· 281
　　课后练习 ··· 282
附录 A　收音机工艺文件格式范例 ··· 283
附录 B　具有定时报警功能数字抢答器电路原理图 ······································· 287
参考文献 ·· 288

模块一 常用电子元器件的识别、检测与选用

项目一 生产工艺入门与元器件的选用

【项目实施目标】

本项目的工作任务是拆卸一台旧电话机，识别拆卸下来元器件的标注，并用万用表对电话机中的元器件进行在线测量和离线测量。项目的主要目标是使学生掌握常用电子元器件的分类、型号、主要技术参数及标注方法；掌握常用电子元器件的检测和选用方法。

【教学导航】

教	知识重点	常用电子元器件的分类、命名、选择和使用；常用元器件的质量鉴别
	知识难点	常用元器件的质量鉴别
	推荐教学方式	课堂讲授：电子产品生产工艺基础知识；常用电子元器件的分类、型号、主要技术参数、标注和选用方法。 多媒体演示：准备常用电子元器件图片和元器件检测视频在相应教学环节中播放。 学生操作练习：学生在教师指导下完成旧电话机的拆卸和元器件的识别与检测
	建议学时	14学时
学	推荐学习方法	按6~8名学生组成一个学习小组，通过拆卸一台旧电话机的实践活动，认识常用电子元器件的标注方法，并使用万用表检测电子元器件，学会判别元器件质量的好坏
	知识目标	了解电子产品生产工艺的含义及其研究范围；掌握电子产品制造过程的基本要素；理解常用电子元器件的分类和命名方法；掌握常用电子元器件的选择和使用方法
	技能目标	能用目测法判断、识别常见元器件的种类，并能正确说出其名称。能正确识读元器件标注参数，能用万用表对元器件进行正确测量，并评价其质量
	素质目标	培养学生团队协作能力、人际沟通协调能力和耐心细致、认真负责的工作作风

【项目实施器材】

1. 电子产品：旧电话机（或收音机）若干台，每个学习小组配备一台。
2. 各种类型、不同规格的新电子元器件若干。
3. 每两位同学配备指针式万用表一只。

【项目实施步骤】

1. 拆卸整机外壳，识别机内元器件的类型，识读元器件外壳上的标注。
2. 识读不同类型、不同规格的新电子元器件。
3. 用万用表对元器件进行在线检测。

4. 用万用表对元器件进行离线检测。

常用元器件识别与检测记录表

电阻器的识别与检测

序号	型号	类型	阻值	功率	偏差	标注方法	质量判断结果

电容器的识别与检测

序号	型号	类型	电容量	耐压	偏差	标注方法	质量判断结果

电感器的识别与检测

序号	型号	类型	电感量	直流电阻	万用表R挡位	标注方法	质量判断结果

变压器的识别与检测

序号	型号	类型	初级绕组阻值	次级绕组阻值	变压器额定功率	次级标称输出电压	次级实际输出电压	质量判断结果

半导体二极管的识别与检测

序号	型号	类型	直流电阻				万用表的挡位	质量判断结果
			红"+"	黑"−"	黑"+"	红"−"		

半导体三极管的识别与检测

序号	型号	类型	直流电阻						万用表的挡位	质量判断结果
			b−e		b−c		c−e			
			正向	反向	正向	反向	正向	反向		

集成电路及其他元器件的识别与检测

序号	型号	名称	类型	万用表的挡位	质量判断结果	备注

【项目总结报告】

1. 项目完成小组编号、同组人姓名、完成时间、地点、指导教师等。
2. 项目实施目标、器材、步骤、元器件识别与检测记录表。
3. 收获、体会及建议等。

【项目考核方法】

采取平时30%（作业、出勤、认真听讲、积极参与）+项目总结报告60%+团队合作10%综合考查的方法。

任务一　电子产品生产工艺入门

1. 任务要求

了解电子产品生产工艺的含义及其研究范围；掌握电子产品制造过程的基本要素。

2. 相关知识

(1) 电子产品生产工艺及其研究范围

我们日常生活中经常接触到电视、电话、手机、计算机等，这些产品是如何生产的呢？这就涉及到电子产品的制造工艺（即电子产品生产工艺，简称电子工艺）。

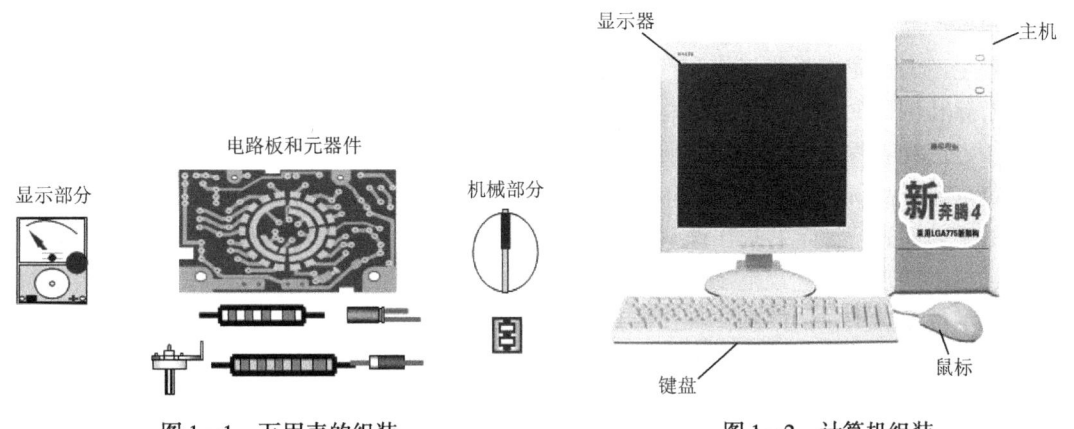

图1-1　万用表的组装　　　　图1-2　计算机组装

电子工艺是生产者利用生产设备和生产工具，对各种原材料、半成品进行加工或处理，使之成为电子产品的方法与过程。它是人类在生产劳动中不断积累起来并经过总结而形成的操作经验和技术能力。例如电子产品生产制造企业的工人在生产线上将电路板、元器件、显示部分和机械部分等装配成万用表；将半成品显示器、主机、键盘和鼠标组装成计算机的过程中，都要利用生产工具和设备，都要采用一定的工序、方法或技术（即工艺技术），这就是电子工艺。

电子工艺学的研究范围就电子整机产品的生产过程而言，主要涉及两个方面，一方面指制造工艺的技术手段和操作技能，另一方面是指产品在生产过程中的质量控制和生产管理。

(2) 电子产品制造过程的基本要素

研究电子整机产品的制造过程时，材料、设备、方法、操作者这几个要素是电子产品生产工艺技术的基本重点，通常用"4M+M"来简化电子产品制造过程的基本要素。

材料（Material）：包括电子元器件、导线、集成电路、开关、接插件等。整机产品和技术的水平，主要取决于元器件制造工业和材料科学的发展水平。

设备（Machine）：各种工具、仪器、仪表、机器等。电子产品制造工艺技术的提高，产品质量和生产效率的提高，主要依赖于生产设备技术水平和生产手段的提高。

方法（Method）：用生产工具设备对电子材料加工或处理，制造电子产品采取的途径、步骤和手段。在电子产品生产制造的活动中,"方法"是至关重要的。

人力（Man-power）：电子产品生产的决定因素是人，经过培训的具备高素质的人（高级管理人员、高级工程技术人员、高级技术工人）是电子工业发展、进步的关键。

管理（Management）：对企业生产系统的设置和运行的各项管理工作的总称，又称生产控制，可分为生产组织、生产计划和生产控制工作。与以上制造过程的四个要素比较，管理可以算是"软件"，但确实又是连接这四个要素的纽带。

（3）电子产品生产工艺技术的培养目标

为中国电子制造业培养具有职业素质与职业技能的应用型人才，培养有技术、会操作，掌握电子产品生产工艺技能和工艺技术管理知识，能在生产现场指导生产，解决实际问题的工艺工程师和高级技师。

（4）电子产品生产工艺技术人员的工作范围

包括以下几个方面：

- 根据产品设计文件要求编制产品生产工艺流程、工时定额和工位作业指导书，指导现场生产人员完成工艺工作和产品质量控制工作。
- 指导和调试 ICT（在线检测）等测试设备的测试程序和波峰机、SMT 等生产设备的操作方法和规程，设计和制作测试检验用工装（生产过程工艺装备）。
- 负责新产品研发中的工艺评审。主要对新产品元器件的选用、PCB 板设计和产品生产的工艺性进行评定并提出改进意见。对新产品的试制和生产负责技术上的准备和协调。
- 进行生产现场工艺规范和工艺纪律管理，培训和指导员工的生产操作，现场组织解决有关技术和工艺的问题，提出改进意见。
- 控制和改进生产过程中的产品质量，协同研发、检验、采购等相关部门进行生产过程质量分析，改进提高产品质量。
- 研讨、分析和引进新工艺、新设备，参与重大工艺问题和质量问题的处理，不断提高企业的工艺技术水平、生产效率和产品质量。

任务二　电阻器、电位器和电容器的识别、检测与选用

1. 任务要求

掌握电阻、电容等元器件的主要技术参数；掌握阻容元件的直标、数标、色标的意义及其识别；能根据用途进行阻容元件的选用；能识别元器件的类型，会使用万用表对电阻、电容进行正确测量，并评价其质量。

2. 相关知识

（1）电阻元件的识别、检测与选用

物体对通过电流的阻碍作用称为电阻。利用这种阻碍作用做成的元件称为电阻器，简称电阻。电阻的单位是欧姆，用 Ω 表示，除欧姆外，还有千欧（kΩ）和兆欧（MΩ），其换算关系为：$1\text{k}\Omega = 10^3\Omega$，$1\text{M}\Omega = 1000\text{k}\Omega = 10^6\Omega$。

① 电阻器的分类：按电阻的制作材料来分，可分为金属膜电阻、碳膜电阻、合成膜电阻等；按电阻的数值能否变化来分，可分为固定电阻、可变电阻（电阻值变化范围小）、电位器（电阻值变化范围大）等；按电阻的用途来分，可分为高频电阻、高温电阻、光敏电阻、热敏电阻等。

表1-1 常用电阻的性能、特点

电阻名称	电阻的性能、特点
碳膜电阻 型号 RT	成本较低、性能稳定、阻值范围宽、温度系数小、价格便宜、应用广泛。阻值范围：1Ω～10MΩ，精度等级为±5%，±10%，±20%，额定功率1/8W。其中额定功率为1/8w、1/4w和1/2W的碳膜电阻经常使用。缺点是在工作中会产生噪声，不会影响简单的业余电子制作，在要求较高的电路中，可以选用金属膜电阻器。
金属膜电阻 型号 RJ	体积小、精度高、稳定性好、噪声低、温度系数小、工作温度范围宽（-55℃～+125℃），各项指标均优于碳膜电阻，但价格比碳膜电阻器高，脉冲负载稳定性差。阻值范围是10Ω～10MΩ之间，精度等级为±5%，±10%等，额定功率为1/8w、1/4w和1/2W，1W，2W等。在仪器仪表及通信设备中被大量采用。
金属氧化膜电阻 型号 RY	除具有金属膜电阻的特点外，它比金属膜电阻的抗氧化性和热稳定性高，在空气中不会氧化，额定功率大，有极好的脉冲、高频过负荷性，机械性能好、坚硬、耐磨。阻值范围小，主要用来补充金属膜电阻的低阻部分。阻值范围：1Ω～200kΩ。目前广泛用于电力自动化控制设备。
线绕电阻 型号 RX	噪声小，稳定性高，温度系数小，耐高温，精度高，精度可达到0.5%～0.05%，功率大，额定功率：0.125W～500W，阻值范围：1Ω～5MΩ。缺点：成本高，体积较大，自身电感大，使高频性能差、时间常数大。只适用于频率在50kHz以下的电路。主要用于精密和大功率场合，一般用于对电压要求严格、须经常调挡的变压器。
合成实芯电阻 型号 RS、RN	分无机实芯电阻器（RS型）和有机实芯电阻器（RN型）。无机实芯电阻器温度系数较大、可靠性高，阻值范围小；有机实芯电阻器过负荷能力强、噪声大，稳定性较差，分布电容和分布电感大。
合成碳膜电阻 型号 RH	电阻阻值变化范围宽，价廉，但噪声大，频率特性差，电压稳定性低，抗湿性差，主要用来制造高压、高阻电阻。阻值范围：10～10⁶MΩ。
线绕电位器 型号 WX	稳定性高，噪声低，温度系数小，耐高温，精度高，功率较大（达25kW），但高频性能差，阻值范围小，耐磨性差，分辨力低，适用于高温大功率电路及精密调节的场合。阻值范围：4.7Ω～100kΩ。
合成碳膜电位器 型号 WTX	稳定性高，噪声低，分辨力高，阻值连续可调且范围宽，寿命长，体积小，但抗湿性差，滑动噪声大，功率小，该电位器为通用电位器，广泛用于一般电路中。阻值范围：100Ω～4.7MΩ。

注：W—瓦，功率的单位。

② 电阻器的主要技术参数：

a. 标称阻值：电阻的标称阻值是指电阻上所标注的阻值，是电阻生产的规定值。电阻的阻值通常是按照国家标准 GB2471-81《电阻标称阻值系列》中的规定进行生产的。表1-2所示为通用电阻的标称阻值系列。

表1-2 通用电阻的标称阻值系列

标称值系列	精度（误差）	标称阻值
E24	±5%	1.0、1.1、1.2、1.3、1.5、1.6、1.8、2.0、2.2、2.4、2.7、3.0、3.3、3.6、3.9、4.3、4.7、5.1、5.6、6.2、6.8、7.5、8.2、9.1
E12	±10%	1.0、1.2、1.5、1.8、2.2、2.7、3.3、3.9、4.7、5.6、6.8、8.2
E6	±20%	1.0、1.5、2.2、3.3、4.7、6.8、8.2

注：电阻的单位为欧姆（Ω）、千欧（kΩ）、兆欧（MΩ）等。

提示：

使用时将表中的数值乘以10、100、1000…直到10^n（n为整数）就可以成为这一系列阻值。如E24系列中的1.5就有1.5Ω、15Ω、150Ω、1.5kΩ、15kΩ、150kΩ等。在选择电阻器的阻值时，可能系列中没有，此时便要选择系列中相近值的电阻使用。

标称阻值的标注方法有：直标法、文字符号法、色标法、数字标注法。

b. 允许偏差：实际阻值与标称阻值之间的偏差与标称阻值的比。常用电阻值的精度有14个等级，如表1-3所示。通用电阻的精度分为±5%、±10%、±20%三种，在电阻标称值后标明Ⅰ、Ⅱ、Ⅲ的符号，在一般场合下已能满足使用要求。

表1-3 电阻的允许偏差

允许误差（%）	±0.001	±0.002	±0.005	±0.01	±0.02	±0.05	±0.1
等级符号	E	X	Y	H	U	W	B
允许误差（%）	±0.2	±0.5	±1	±2	±5	±10	±20
等级符号	C	D	F	G	J（Ⅰ）	K（Ⅱ）	M（Ⅲ）

c. 额定功率：是指电阻器在直流或交流电路中，长期安全使用所允许消耗的最大功率值。常用额定功率有1/8W、1/4W、1/2W、1W、2W、5W、10W、25W等。

提示：

> 电阻器的额定功率有两种表示方法：一是2W以上的电阻，直接用阿拉伯数字标注在电阻体上；二是2W以下的碳膜或金属膜电阻，可以根据其几何尺寸判断其额定功率的大小。
>
> 大功率电阻在安装时应与电路板有一定距离，以利于散热。
>
> 对于同一类电阻器，额定功率的大小取决它的几何尺寸和表面面积，额定功率越大，电阻器的体积越大。一般电视机等家用电器中多采用1/8W、1/4W、1/2W电阻器；少数大电流场合用1W、2W、5W甚至更大功率的电阻器。在电路图中，如不标明其功率，通常为1W以下。

d. 最高工作电压：指电阻器长期工作不发生过热或电击穿损坏的工作电压限度，电阻器的工作电压不应超过额定工作电压，以免导致电阻器损坏。

表1-4 常用电阻器的额定功率与极限电压的关系

额定功率（W）	极限电压（V）
0.25	250
0.5	500
1~2	750

e. 温度系数：是指温度每升高或（降低）1℃所引起的电阻的相对变化。温度系数越小，电阻的稳定性越好。

f. 噪声：是产生在电阻中的一种不规则电压起伏，它包括热噪声和电流噪声两种。

热噪声是由于电子在导体中的无规则热运动而引起的，它与电阻的材料、形状无关，只与温度和电阻阻值有关。任何电阻都有热噪声，降低工作温度，可减小热噪声。

电流噪声是电流通过导体时，导电颗粒之间和导电颗粒与非导电颗粒之间不断发生碰撞而产生机械振荡，并使

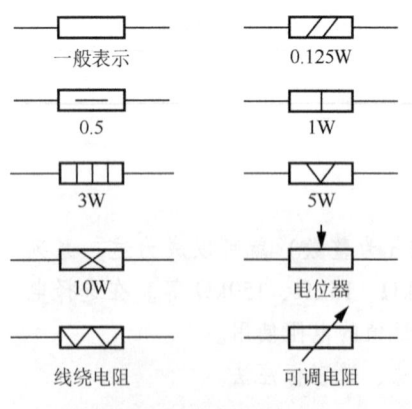

图1-3 电阻符号表示

颗粒之间的接触电阻不断变化的结果。当直流电压加在电阻两端时，电流将被起伏的电阻所调制，这样，电阻两端除了有直流压降外，还会有不规则的交变电压分量，这就是电流噪声。电流噪声和电阻的材料、结构有关，并和外加直流电压成正比。合金型电阻无电流噪声，薄膜型电阻较小，合成形电阻最大。

③ 电路中电阻符号及参数标记规则：

阻值标记规则：

- 1 欧姆以下的电阻，在阻值数值后面要加"Ω"的符号，如 0.5Ω。
- 1 欧姆到 1 千欧姆的电阻，可以只写数字，不写单位，如 6.8、200、620。
- 1 千欧姆到 1 兆欧姆的电阻，以千为单位，省略"Ω"，符号是"k"（表示千欧），如 6.8k、68k。
- 1 兆欧姆以上，以兆欧为单位，省略"Ω"，符号是"M"（表示兆欧），如 10M，1M。

④ 电阻器的型号命名和标注：命名规则见表 1-5。

表 1-5 电阻器型号命名方法

第一部分：主称		第三部分：特征分类			第四部分：序号
符号	意义	符号	意义		
^	^	^	电阻器	电位器	^
R	电阻器	1	普通	普通	
W	电位器	2	普通	普通	
第二部分：材料		3	超高频	——	
符号	意义	4	高阻	——	
T	碳膜	5	高温	——	
H	合成膜	6	——	——	
S	有机实心	7	精密	精密	
N	无机实心	8	高压	特殊函数	对主称、材料相同，仅性能指标、尺寸大小有差别，但基本不影响互换使用的产品，给予同一序号；若性能指标、尺寸大小明显影响互换时，则在序号后面用大写字母作为区别代号。
J	金属膜	9	特殊	特殊	^
Y	氧化膜	G	高功率	——	^
C	沉积膜	T	可调	——	^
I	玻璃釉膜	W	——	微调	^
P	硼碳膜	D	——	多圈	^
U	硅碳膜	B	温度补偿用	——	^
X	线绕	C	温度测量用	——	^
M	压敏	P	旁热式	——	^
G	光敏	W	稳压式	——	^
R	热敏	Z	正温度系数	——	^

```
┌─┬─┬─┬─┬─┐
│A│B│C│D│E│
└─┴─┴─┴─┴─┘
```

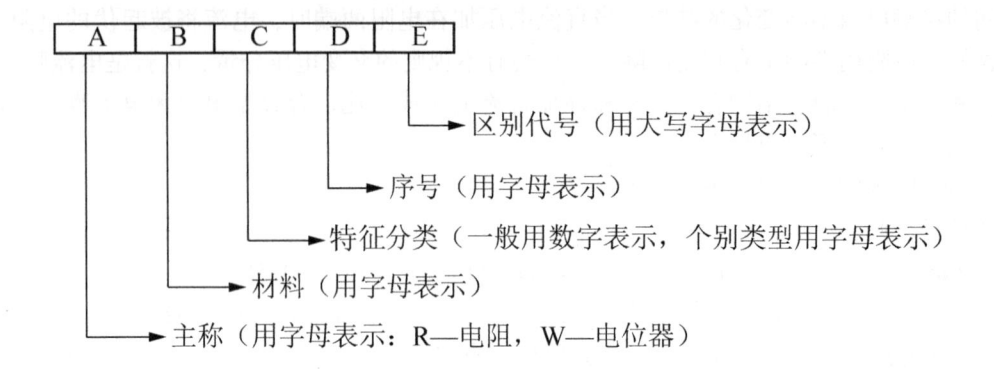

- A → 主称（用字母表示：R—电阻，W—电位器）
- B → 材料（用字母表示）
- C → 特征分类（一般用数字表示，个别类型用字母表示）
- D → 序号（用字母表示）
- E → 区别代号（用大写字母表示）

示例：RJ71－0.125－5.1kI 型的命令含义：

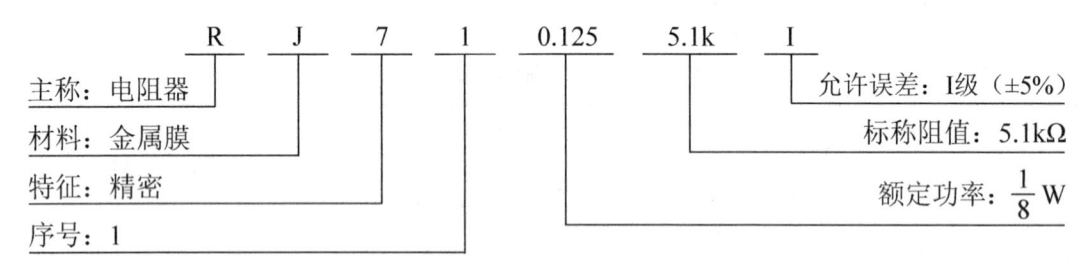

R J 7 1　0.125　5.1k　I

- 主称：电阻器
- 材料：金属膜
- 特征：精密
- 序号：1
- 额定功率：$\frac{1}{8}$ W
- 标称阻值：5.1kΩ
- 允许误差：I 级（±5%）

电位器的一般标志方法：

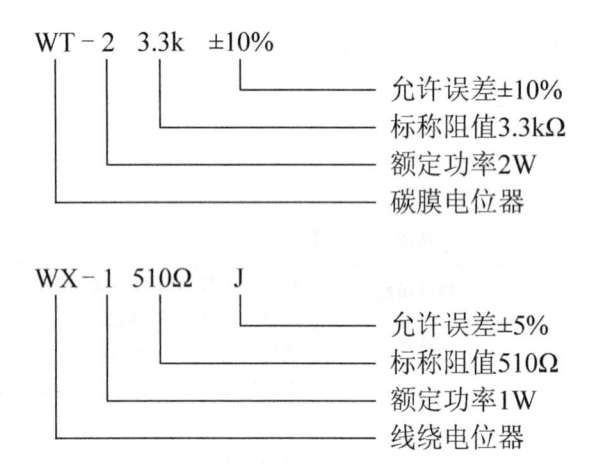

WT－2　3.3k　±10%

- 碳膜电位器
- 额定功率2W
- 标称阻值3.3kΩ
- 允许误差±10%

WX－1　510Ω　J

- 线绕电位器
- 额定功率1W
- 标称阻值510Ω
- 允许误差±5%

电阻器的主要标注方法：

直标法：直接用数字表示电阻器的阻值和误差，例如电阻器上印有47kΩ±5%，则阻值为47 kΩ，误差为±5%。

文字符号法：用数字和文字符号或两者有规律的组合来表示电阻器的阻值。文字符号 Ω、k、M 前面的数字表示阻值的整数部分，文字符号后面的数字表示阻值的小数部分，例如，5k1 表示其阻值为 5.1 kΩ。

例 1.1：用文字符号法表示 0.12Ω，1.2Ω，1.2kΩ，1.2MΩ，1.2×10^{9}Ω 等阻值。

解：0.12Ω 的文字符号表示为 Ω12；1.2Ω 的文字符号表示为 1R2 或 1Ω2；1.2kΩ 的文字符号表示为 1k2；1.2MΩ 的文字符号表示为 1M2；1.2×10^{9}Ω 的文字符号表示为 1G2(G 表示吉欧)。

色标法：色标法是电阻标称值最常用的表示方法，普通电阻采用四色环表示，精密电阻采用五色环表示。

表1-6 电阻器色环颜色与数值对照表

颜色	黑	棕	红	橙	黄	绿	蓝	紫	灰	白	金	银
有效数字	0	1	2	3	4	5	6	7	8	9	—	—
倍率	10^0	10^1	10^2	10^3	10^4	10^5	10^6	10^7	10^8	10^9	10^{-1}	10^{-2}
允许偏差（%）	—	±1	±2	—	—	±0.5	±0.25	±0.1	—	—	±5（J）	±10（K）

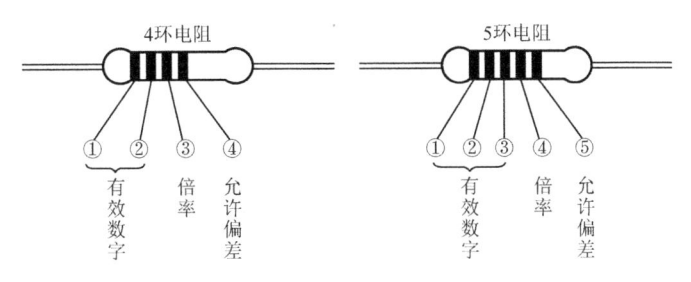

图1-4 电阻的色环

四色环电阻：前两环表示电阻器的有效数字，第三环表示倍率（即有效数字后面零的个数或10的幂数），第四环表示允许误差。

例如：棕红红金表示的电阻阻值为 $12 \times 10^2 = 1.2\text{k}\Omega$，误差为 ±5%。

五色环电阻：前三环表示电阻器的有效数字，第四环表示倍率，第五环表示允许误差。

例如：红红黑棕金表示的电阻阻值为 $220 \times 10^1 = 2.2\text{k}\Omega$，误差为 ±5%。

提示：

> **误差色环的判断**
> 通常离其他色环较远或离电阻器引线端较远的色环为误差色环；也可以通过色环的颜色来判断：若末端色环为黑、橙、黄、灰、白色，则该色环不是误差标志，而是第一位有效数字；若末端色环为金色或银色，则其为误差色环，则从另一端读起。

数字标注法：用三位阿拉伯数字表示电阻器标称阻值的形式。该方法的前两位数字表示电阻器的有效数字，第三位数字表示有效数字后面零的个数，或10的幂数。但当第三位为9时，表示倍率为 10^{-1}。例如，472表示在47的后面加2个"0"，即 $4700\Omega = 4.7\text{k}\Omega$；759表示 7.5Ω。

注：若电阻上未标注偏差，则默认为 ±20% 的误差。

⑤ 电阻的检测方法：

普通电阻的检测方法：电阻的检测方法主要利用万用表的欧姆挡来测量电阻的阻值，将测量值和标称值进行比较，从而判断电阻是否能够正常工作，是否出现短路、断路及老化现象（实际阻值与标称阻值相差较大的情况）。

检测步骤：

- 外观检查。看电阻有无烧焦、电阻引脚有无脱落及松动的现象，从外表排除电阻的断路情况。
- 断电。若电阻在路（即电阻仍然焊在电路中）时，一定要将电路中的电源断开，严禁

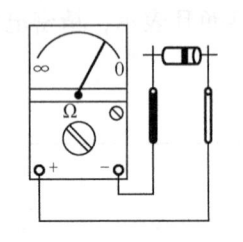

图 1-5 普通电阻的检测

带电检测，否则不但测量不准，而且易损坏万用表。
- 选择合适的量程。根据电阻的标称值来选择万用表电阻挡的量程，使万用表指针落在万用表刻度盘中间（或略偏右）的位置为佳。
- 在路检测。若测量值远远大于标称值，则可判断该电阻出现断路或严重老化现象，即电阻已损坏。
- 断路检测。在路检测时，若测量值小于标称值，则应将电阻从电路中断开检测。此时，若测量值基本等于标称值，该电阻正常；若测量值接近于零，说明电阻短路；若测量值远小于标称值，该电阻已损坏；若测量值远大于标称值，该电阻已断路。

提示：

测量时注意事项

被测电阻必须从印制电路板上拆焊下来，至少要断开一头的引线，以免由于其他元件的并联而产生读数误差。

不要用手同时去接触电阻的两头引线或表笔的导电部分，因人体（手）电阻对测量几十千欧以上的电阻影响很大。

万用表的精度应与被测电阻的误差等级（如 ±5%、±10% 或 ±20% 等）相适应。读数与标称值相差过大或读数不稳定的电阻不宜使用。

热敏电阻器的检测：用万用表欧姆挡测量热敏电阻器阻值的同时，用电烙铁烘烤热敏电阻器，此时热敏电阻器的阻值慢慢增大，表明是正温度系数的热敏电阻器，而且是好的。如被测的热敏电阻器阻值没有任何变化，说明热敏电阻器是坏的。当被测的热敏电阻器的阻值超过原阻值的很多倍或无穷大，表明电阻器内部接触不良或断路。当被测的热敏电阻器阻值为零时，表明内部已经击穿短路。

光敏电阻器的检测：可用万用表的 R×1k 挡，将万用表的表笔分别与光敏电阻器的引线脚接触，当有光照射时，看其亮电阻值是否有变化，当用遮光物挡住光敏电阻器时，看其暗电阻值有无变化，如果有变化说明光敏电阻器是好的。或者使照射光线强弱变化，此时，万用表的指针应随光线的变化而进行摆动，说明光敏电阻器也是好的。

⑥ 电阻器的选择和使用：选用电阻的额定功率值，应是电阻在电路工作中实际功率值的 1.5~2 倍；选用电阻时要考虑工作环境与可靠性、经济性，应根据电路特点来选择正、负温度系数和允许偏差（允许偏差多用 ±5%），非线性及噪声应符合电路要求。

所选电阻器的电阻值应接近应用电路中计算值的一个标称值，应优先选用标准系列的电阻器。一般电路使用的电阻器允许误差为 ±5%~±10%。精密仪器及特殊电路中使用的电阻器，应选用精密电阻器。

四色环电阻通常是碳膜电阻，五色环电阻通常是金属膜电阻，家用电器使用碳膜比较多，因为它成本低廉。金属膜电阻精度要高一些，使用在要求稳定性、耐热性、可靠性较高的设备上，水泥电阻和线绕电阻能承受比较大的功率，线绕电阻精度较高，常用于要求功率大、耐热性好、工作频率不高的电路或测量仪器。常见的是电阻功率 1/8W 的"色环碳膜电阻"，它是电子产品和电子制作中用的最多的。当然在一些微型产品中，会用到 1/16W 的电阻。实际中应用较多的类型有 1/4W、1/2W、1W、2W。线绕电位器应用较多的有 2W、3W、5W、10W 等。

在合理选用电阻器的基础上，还要注意电阻器的质量，可以通过观察引线、外壳来直观判断，也可以用万用表测量阻值，看是否在允许的误差范围内；同时在安装电阻器前，把引线刮光镀锡，确保焊接牢固可靠；需要打弯时，则应距根部 2mm 处打弯，而且要注意标注向上或向外；电阻器一旦损坏要及时更换，最好选用同规格、同类型、同阻值的电阻器，并排除故障。

（2）电位器的识别、检测与选用

电位器是指电阻在规定范围内可连续调节的电阻器。又称可变电阻器。电位器是一种机电元件，靠电刷在电阻体上的滑动，取得与电刷位移成一定关系的输出电压。

电位器的结构如图 1-6 所示，由外壳、滑动轴、电阻体和 3 个引出端组成。

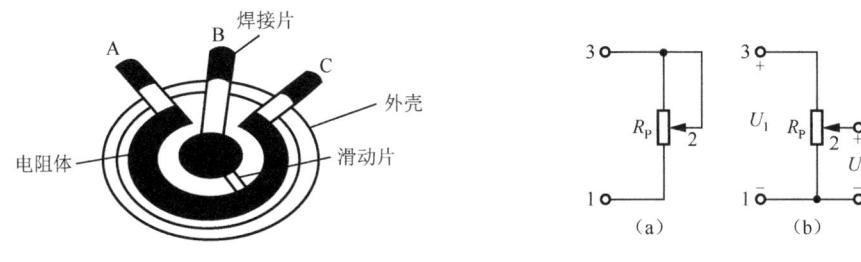

图 1-6 电位器的结构　　图 1-7 可调电阻与电位器

电位器常用于可变电阻或用于调节电位。当电位器作为可变电阻使用时，连接方式如图 1-7（a）所示，这时将 2 和 3 两端连接，调节 2 点位置，1 和 3 之间的电阻值会随 2 点的位置变化而改变。用于调节电位时，连接如图 1-7（b）所示，输入电压 U_1 加在 1 和 3 两端，改变 2 点的位置，2 点的电位就会随之改变，起到调节电位的作用。

提示：

> 电位器使用除了要按上图正确接线，还要注意外壳（金属柄）要接地；如果电位器已经安装在金属机壳上，机壳接地即可。

① 电位器的分类：

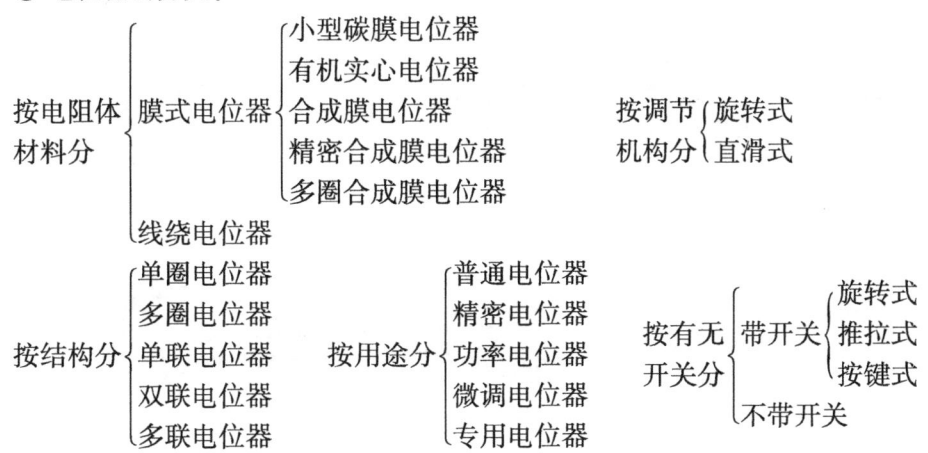

$$\text{按电阻体材料分} \begin{cases} \text{膜式电位器} \begin{cases} \text{小型碳膜电位器} \\ \text{有机实心电位器} \\ \text{合成膜电位器} \\ \text{精密合成膜电位器} \\ \text{多圈合成膜电位器} \end{cases} \\ \text{线绕电位器} \end{cases}$$

$$\text{按调节机构分} \begin{cases} \text{旋转式} \\ \text{直滑式} \end{cases}$$

$$\text{按结构分} \begin{cases} \text{单圈电位器} \\ \text{多圈电位器} \\ \text{单联电位器} \\ \text{双联电位器} \\ \text{多联电位器} \end{cases}$$

$$\text{按用途分} \begin{cases} \text{普通电位器} \\ \text{精密电位器} \\ \text{功率电位器} \\ \text{微调电位器} \\ \text{专用电位器} \end{cases}$$

$$\text{按有无开关分} \begin{cases} \text{带开关} \begin{cases} \text{旋转式} \\ \text{推拉式} \\ \text{按键式} \end{cases} \\ \text{不带开关} \end{cases}$$

按输出函数分：X 式（直线式）、D 式（对数式）、Z 式（指数式）

② 检测方法：用万用表检测电位器和可调电阻的方法类似。图 1-8 中 1、2、3 为为电位器的 3 个引出端，其中 2 端为中间滑动接触端。检测电位器时，应先测试其阻值是否正常，

即用红、黑表笔与电位器的 1、3 引出端相接触，观察万用表指示的阻值是否与电位器外壳上的标称值一致。然后，再检查电位器的滑动端与电阻体的接触情况，即一只表笔接 2 端，另一只表笔接 1 端，慢慢将转轴从一个极端位置旋转至另一个极端位置，被测电位器的阻值则应从零（或标称值）连续变化到标称值（或零）。

在旋转转轴的过程中，若万用表指针平稳移动，说明被测电位器正常；若指针抖动（左右跳动），则说明被测电位器接触不良。

带开关电位器的检测：除进行标称值检测外应检测开关。旋转电位器轴柄，接通或断开开关时应能听到清脆的"喀哒"声。置万用表于 R×1Ω 挡，两表笔分别接触开关的外接焊片，接通时电阻值应为 0Ω，断开时应为无穷大，否则开关损坏。

③ 电位器的选用：

不带开关普通电位器用于一般电位调节，带开关普通电位器用于收音机等一般家用电器。

图 1-8　电位器检测方法

碳膜电阻器　　金属膜电阻器　　碳质电阻器　　热敏电阻器

线绕电位器　　　　　　　　微调电位器

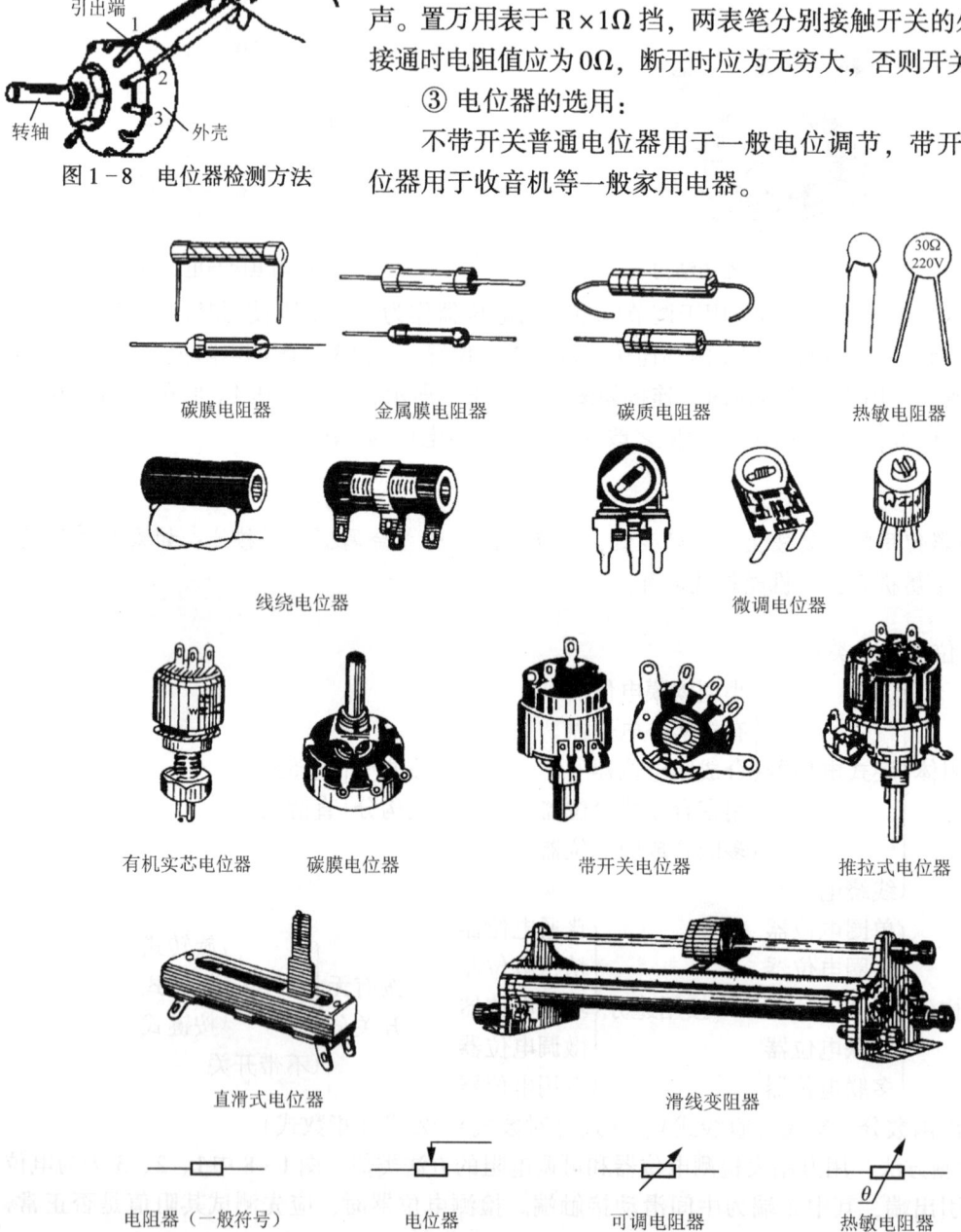

有机实芯电位器　　碳膜电位器　　带开关电位器　　推拉式电位器

直滑式电位器　　　　滑线变阻器

电阻器（一般符号）　　电位器　　可调电阻器　　热敏电阻器

图 1-9　电阻器及电位器的外形及符号

微调电位器、半可变电位器用于电子设备、家电、仪器仪表的内部电位调节。

直滑电位器是长条状的，在随声听、音响中比较常见。

多圈电位器内部由线绕、玻璃釉等材料制成，一般多为十圈，主要用于仪器仪表，电子设备的精密调节。

双联电位器是一种由两套电阻基片做成的同步调节电位器，如双声道音响，如果用两个普通电位器调节音量那是一件非常麻烦的事，而用双联电位器调节音量是非常方便的。

多联电位器也是一种同步调节电位器，可以做成任意路数电位器，在音响、电子设备中多有应用，实现同步调节。

滑动变阻器是实验室常用的电位器，体积大、功率大、滑动视觉直观，也可作为限流器。

线绕电位器广泛用于电子设备、电焊机、电动机等设备。

（3）电容元件的识别、检测及选用

电容器是在两个金属电极中间夹一层绝缘材料（介质）构成的，它是一种存储电能的元件，在电路中具有交流耦合、旁路、滤波、信号调谐等作用。

① 电容器的分类：按介质材料来分，可分为涤纶电容、云母电容、瓷介电容、电解电容等。按电容的容量能否变化来分，可分为固定电容、半可变电容（又称微调电容，电容量变化范围较小）、可变电容（电容值变化范围较大）等。按电容的用途来分，可分为耦合电容、旁路电容、隔直电容、滤波电容等。按有无极性分，可分为电解电容（有极性电容）和无极性电容。常见电容器的外形及电路符号如图 1-10 所示。

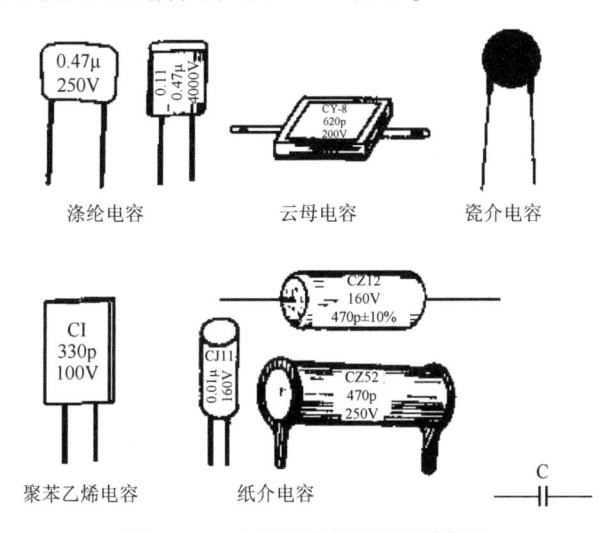

图 1-10 电容器的外形及电路符号

② 电容器的主要性能参数：

标称容量与允许偏差：与电阻一样，电容的标称容量是指在电容上所标注的容量。电容的标称容量与允许偏差也符合国家标准 GB2471-81 中的规定，与电阻类似，可参照表 1-7 取值。通常，电容的容量为几个皮法（pF）到几千个微法（μF）。电容常用的单位有微法（μF）、纳法（nF）和皮法（pF）。其中 $1\mu F = 10^{-6}F$；$1nF = 10^{-9}F$；$1pF = 10^{-12}F$。

额定工作电压与击穿电压：当电容两极板之间所加的电压达到某一数值时，电容就会被击穿，该电压称为电容的击穿电压。

表1-7 几种常用电容的性能、特点

电容名称	性能和特点
陶瓷电容器	用陶瓷作为介质。在陶瓷基体两面喷涂银层，然后烧成银质薄膜，将其作为极板制成。其特点是：体积小、耐热性好、损耗小、绝缘电阻高，但容量小，适用于高频电路。
铝电解电容器	由铝圆筒作为负极、里面装有液体电解质，插入一片弯曲的铝带作为正极制成。经直流电压处理，正极的片上形成一层氧化膜作为介质。其特点是容量大、但是漏电大、稳定性差、有正负极性，适于电源滤波或低频电路中，使用时，正、负极不要接反。
云母电容器	用金属箔或在云母片上喷涂银层作为电极板，极板和云母一层一层叠合后，再压铸在胶木粉或封固在环氧树脂中制成。其特点是：介质损耗小、绝缘电阻大。温度系数小，适用于高频电路。
纸介电容器	用两片金属箔作为电极，夹在极薄的电容纸中，卷成圆柱形或者扁柱形芯子，然后密封在金属壳或者绝缘材料壳中制成。它的特点是体积较小，容量可以做得较大。但是固有电感和损耗比较大，适用于低频电路。
钽铌电解电容器	它用金属钽或者铌作为正极，以稀硫酸等配液为负极，以钽或铌表面生成的氧化膜为介质制成。其特点是：体积小、容量大、性能稳定、寿命长。绝缘电阻大。温度性能好，用在要求较高的设备中。
薄膜电容器	结构同于纸介电容器，介质是涤纶或聚苯乙烯。涤纶薄膜电容的介质常数较高，体积小、容量大、稳定性较好，适宜作为旁路电容。聚苯乙烯薄膜电容器的介质损耗小、绝缘电阻高，但温度系数大，可用于高频电路。
金属化纸介电容器	把纸介电容浸在经过特别处理的油里制成，这样做可以增强其耐压。其特点是电容量大、耐压高，但体积较大。

额定工作电压又称为耐压，它是指电容长期安全工作所允许施加的最大直流电压，其值通常为击穿电压的一半，一般直接标注在电容器的外壳上，使用时决不允许电路的工作电压超过电容器的耐压，否则电容器就会击穿。

绝缘电阻：电容的绝缘电阻是指电容两极之间的电阻，也称为电容的漏电阻。

③ 电容器的命名方法：电容的命名方法与电阻的命名方法类似，其材料、分类符号及其意义如表1-8所示。

表1-8 电容的材料、分类符号及其意义

材料		分类			
符号	意义	符号	意义			
^	^	^	瓷介电容	云母电容	电解电容	有机电容
C	高频陶瓷	1	圆片	非密封	箔式	非密封
Y	云母	2	管形	非密封	箔式	非密封
I	玻璃釉	3	迭片	密封	烧结粉固体	密封
O	玻璃膜	4	独石	密封	烧结粉固体	密封
J	金属化纸	5	穿芯	—	—	穿芯
Z	纸介	6	支柱	—	—	—
B	聚苯乙烯等非极性有机薄膜	7	—	—	无极性	—
BF	聚四氟乙烯非极性有机薄膜	8	高压	高压	—	高压
L	聚脂涤纶有机薄膜	9	—	—	特殊	特殊
Q	漆膜	10	—	—	卧式	卧式
H	纸膜复合	11	—	—	立式	立式
D	铝电解质	12	—	—	—	无感式
A	钽电解质	G	高功率			
N	铌电解质	W	微调			
T	低频陶瓷					

例如 CJX-250-0.33-±10% 电容器的命名含义：

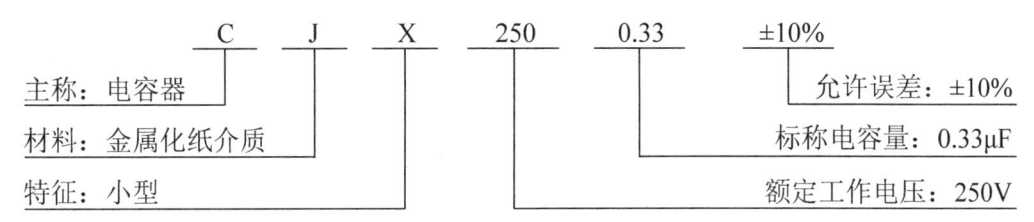

```
            C   J   X   250   0.33   ±10%
                                       └── 允许误差：±10%
                                 └────── 标称电容量：0.33μF
                          └──────────── 额定工作电压：250V
            │   │   └──
            │   └──
            └── 主称：电容器
                材料：金属化纸介质
                特征：小型
```

④ 电容的标注：电容的标注方法主要有：直标法、文字符号法、数码表示法和色标法四种。

直标法：将电容器的容量、耐压及误差直接标注在电容器的外壳上，若电容上未标注偏差，则默认为 ±20% 的误差。当电容的体积很小时，有时仅标注标称容量一项。其中误差一般用字母来表示。常见的表示误差的字母有 F（±1%）、G（±2%）、J（±5%）和 K（±10%）等。例如：

47nJ100　　　表示标称容量为 47nF 或 0.047μF，误差为 ±5%，耐压为 100V。
100　　　　　表示标称容量为 100pF，误差为 ±20%。
0.039　　　　表示标称容量为 0.039μF。

提示：

1. 电解电容器或体积较大的无极性电容器一般应标注标称容量、额定电压及允许偏差；体积较小的无极性电容器只标注标称容量。容量单位微法（μF）、纳法（nF）、皮法（pF）

如：1p2 表示 1.2pF；1n 表示 1nF 或 1000pF；10n 表示 10nF 或 0.01μF；2μ2 表示 2.2μF。

2. 简略方式（不标注容量单位）：

当 9999≥有效数字≥1 时，容量单位为 pF；有效数字<1 时容量单位为 μF。

如：1.2、10、100、1000、3300、6800 等容量单位均为 pF；0.1、0.22、0.47、0.01、0.022、0.047 等容量单位均为 μF。

3. 允许误差：普通电容：±5%（I，J）、±10%（II，k）、±20%（III，M）；精密电容：±2%（G）、±1%（F）、±0.5%（D）、±0.25%（C）、±0.1%（B）、±0.05%（W）。

4. 额定电压：6.3V、10V、16V、25V、32V、50V、63V、100V、160V、250V、400V、450V、500V、630V、1000V、1200V、1500V、1600V、1800V、2000V 等。

文字符号法：用阿拉伯数字和文字符号或两者有规律的组合，在电容上标出主要参数的方法称为文字符号法。该方法具体表现为：用文字符号表示电容的单位（n 表示 nF，p 表示 pF，μ 或 R 表示 μF 等），电容容量（用阿拉伯数字表示）的整数部分写在电容单位的前面，电容容量的小数部分写在电容单位的后面；凡为整数（一般为 4 位）、又无单位标注的电容，其单位默认为 pF；凡用小数、又无单位标注的电容，其单位默认为 μF。

例如 4p7 表示 4.7pF；8n2 表示 8.2nF 或 8200pF；3m3 表示 3.3mF 或 3300μF。3.3μF 的文字符号表示为 3μ3；0.33pF 的文字符号表示为 p33；0.56μF 的文字符号表示为 R56 或

μ56；2200pF 的文字符号表示为 2n2 或 2200。

数码法：用三位数字来表示容量的大小，单位为 pF。前两位表示容量的有效数字，第三位数字表示有效数字后面要加多少个零，即乘以 10^i，i 的取值范围是 1～9，其中 9 表示 10^{-1}。例如，333 表示 33000pF 或 0.33μF；229 表示 2.2pF。

色标法：在电容器上标注色环或色点来表示电容量及允许偏差，单位为 pF。这种方法在小型电容上用得比较多。色标法的具体含义与电阻类似。

提示：

> 注意：电容读色码的顺序规定为从元件的顶部向引脚方向读，即顶部为第一环，靠引脚的是最后一环。色环颜色的规定与电阻色标法相同。

⑤ 电容器的检测：电容器的常见故障有断路、短路、失效等。为保证装入电路后的正常工作，因此在装入电路前对电容器必须进行检测。**特别注意：每一次测量前都必须对电容放电！**

固定电容的检测：

a. 漏电电阻的测量：用万用表的欧姆挡（R×10k 或 R×1k 挡，视电容器的容量而定。测大容量的电容时，把量程放小，测小容量电容器时，把量程放大），两表笔分别接触电容器的两引线脚，此时表针很快向顺时针方向摆动（R 为零的方向摆动），然后逐渐退回到原来的无穷大位置，然后断开表笔，并将红、黑表笔对调，重复测量电容器，如表针仍按上述的方法摆动，说明电容器的漏电电阻很大，表明电容器性能良好，能够正常使用。

当测量中发现万用表的指标不能回到无穷大位置时，此时表针所指的阻值就是该电容器的漏电电阻。表针距离阻值无穷大位置越远，说明电容器漏电越严重。有的电容器在测其漏电电阻时，表针退回到无穷大位置后又慢慢地向顺时针方向摆动，摆动越多表明电容器漏电越严重。

b. 电容器的断路测量：电容器的容量范围很宽，用万用表判断电容器的断路情况时，首先要看电容量的大小。对于 0.01μF 以下的小容量电容器，用万用表不能准确判断其是否断路，只能用其他仪表进行鉴别（如 Q 表）。

对于 0.01μF 以上容量的电容器，用万用表测量时，必须根据电容器容量的大小，选择合适的量程进行测量，才能正确判断。

如测量 300μF 以上容量的电容器时，可选用 R×10 挡或 R×1 挡；如要测 10～300μF 电容器时可选用 R×100 挡；如要测 0.47～10μF 的电容器时可选用 R×1k 挡；如测 0.01～0.47μF 的电容器时，可选用 R×10k 挡。

按照上述方法选择好万用表的量程后，便可将万用表的两表笔分别接电容器的两引线，测量时，如表针不动，可将两表笔对调后再测，如表针仍不动，说明电容器断路。

c. 电容器的短路测量：用万用表的欧姆挡，将表的两表笔分别接电容器的两引线，如表针所示阻值很小或为零，而且表针不再退回无穷大处，说明电容器已经击穿短路。需要注意的是在测量容量较大的电容器时，要根据容量的大小，依照上述介绍的量程选择方法来选择适当的量程，否则就会把电容器的充电误认为是击穿。

电解电容器的检测：

d. 电解电容器极性的判别：

外观判别：通过管脚和电容体的白色色带来判别。带负号的白色色带对应的脚为负极。长脚是正极，短脚是负极。如图 1-12 所示。

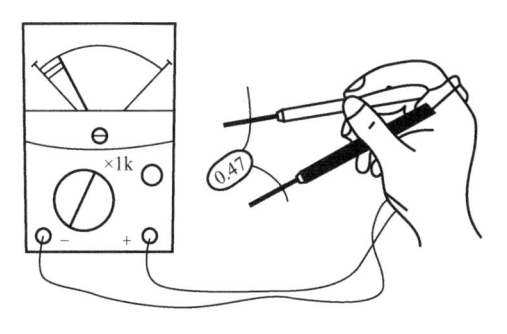

图1-11 用万用表检测固定电容 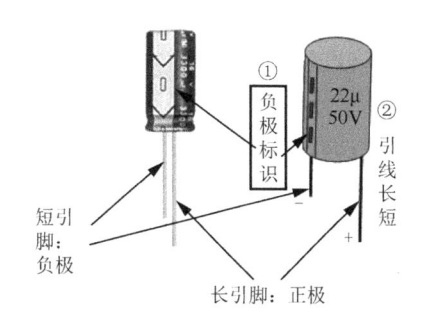　　　　图1-12 电容器管脚极性的判定

提示：

注意：电解电容是有极性的电容，使用时必须注意极性，正极接高电位，负极接低电位，极性接反时会引起电容器爆炸。

万用表识别：标注不清时用指针式万用表的 R×10k 挡测量电容器两端的正、反向电阻值，由图1-13可知，两次测量中，漏电阻小的一次，黑表笔所接为负极。

判断电容器的极性

① 选择万用表挡位并调零
② 测一下电解电容器的漏电阻值
③ 将两表笔对调一下，再测一次漏电阻值

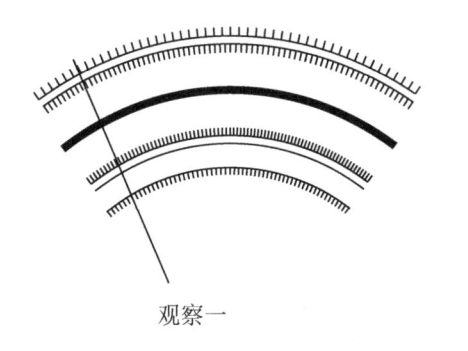

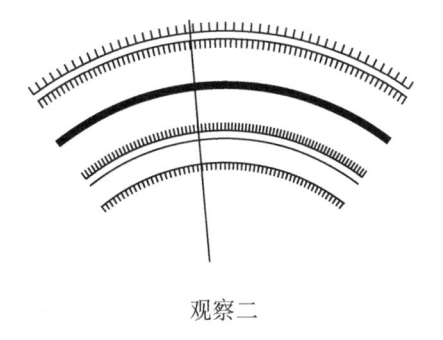

观察一　　　　　　　　　　观察二

图1-13 用万用表识别电容器极性

结论：两次测试中，漏电阻值小的一次（如上图2），黑表笔接的是电解电容器的负极，红表笔接的是电解电容器的正极。

a. 电解电容器性能的检测：电解电容的容量较一般固定电容大得多，所以，测量时，应针对不同容量选用合适的量程。1~2.2μF 用 R×10k 挡，4.7~22μF 的用 R×1k 挡，47~220μF的用 R×100 挡，470~4700μF 的用 R×10 挡，大于4700μF 的用 R×1 挡。换挡后应调零，观察表针向右摆动幅度，估测容量大小；待表针稳定后读取数值，漏电较小的电容器，所指示的漏电电阻值会大于500kΩ，若漏电电阻小于100kΩ，则说明该电容器已严重漏电，不宜继续使用。若测量电容器的正、反向电阻值均为0，则该电容器已击穿损坏。

b. 电解电容漏电阻的测量：将万用表红表笔接负极，黑表笔接正极。接触的瞬间，万用表指针会向右偏转较大幅度（对于同一电阻挡，容量越大，摆幅越大），接着逐渐向左回转，直到停在某一位置。

然后，将红黑表笔对调，万用表指针将重复上述摆动现象。但此时所测阻值为电解电容的反向漏电阻，此值略小于正向漏电阻。即反向漏电流比正向漏电流要大。实际使用经验表明，电解电容的漏电阻一般应在几百千欧以上，否则，将不能正常工作。

可变电容器的检测：

用万用表的 R×10k 挡，测量动片与定片之间的绝缘电阻，即用两表笔分别接触电容器的动片、定片，然后慢慢旋转动片，如碰到某一位置阻值为零，则表明有碰片短路现象，应予以排除再用。如动片转到某一位置时，表针不为无穷大，而是一定的阻值，则表明动片与定片之间有漏电现象，应清除电容器内部的灰尘后再用。如将动片全部旋进、旋出后，阻值均为无穷大，表明可变电容器性能良好。

可变电容器碰片检测：用万用表的 R×1k 挡，将两表笔固定接在可变电容器的定、动片端子上，慢慢转动可变电容器的转轴，如表头指针发生摆动说明有碰片，否则说明是正常的。使用时，动片应接地，防止调整时人体静电通过转轴引入噪声。

⑥ 电容器的选择和使用：

a. 型号的选择：在电源滤波、退耦电路中应选用电解电容器；在高频、高压电路中应选用瓷介电容、云母电容；在谐振电路中，可选用云母、陶瓷、有机薄膜等电容器；隔直流时可选用纸介、涤纶、云母、电解等电容器；用在调谐回路中时，可选用空气介质或小型密封可变电容器。

b. 容量的选择：电容器容量的数值必须按规定的标称值来选择。在一般电路中对容量要求不太严格，应选用比设计值略大些的电容；在振荡、延时、选频、滤波等特殊电路中，应选用与设计值尽量一致的电容；当现有电容与要求的容量不一致时，可采用串联或并联的方法选配。

c. 精度的选择：电容器的误差等级有多种，对业余的小制作一般不考虑电容器的容量误差。振荡、延时、选频等网络对电容器精度要求较高，选择误差值应小于 5%。大多数情况下，对电容的精度要求并不高。对用于低频耦合电路的电容器其误差可以大些，一般选 10% ~20% 就能满足要求。如低频耦合、去耦、电源滤波等电路中，其电容选 ±5%、±10%、±20%的误差等级都可以。

d. 耐压选择：所选电容器的额定电压一般是在线电容工作电压的 1.5 ~2 倍。不论选用何种电容器，都不得使其额定电压低于电路的实际工作电压，否则电容器将会被击穿；也不要使其额定电压太高，否则不仅提高了成本，而且电容器的体积必然增大。但选用电解电容器（特别是液体电介质电容器）应特别注意，一是由于电解电容器自身结构的特点，应使线路的实际电压相当于所选额定电压的 50% ~70%，以便充分发挥电容器的作用。如果实际工作电压相当于所选额定电压的一半，反而容易使电解电容器的损耗增大；二是在选用电解电容器时，还应注意电容器的存放时间（存放时间一般不超过一年）。长期存放的电容器可能会因电解液干涸而老化。

电容器在选用时不仅要注意以上几点，有时还要考虑其体积、价格、电容器所处的工作环境（温度、湿度）等情况。

提示：

电容器的代用：

在选购电容器时可能买不到所需的型号或所需容量的电容器，或在维修时手边有的与所需的不相符时，便要考虑代用。代用的原则是：电容器的容量基本相同；电容器的耐压不低于原电容器的耐压值；对于旁路电容、耦合电容，可选用比原电容量大的电容器代用。在高频电路中的电容，代换时一定要考虑频率特性，应满足电路的频率要求。

e. 使用电容器的注意事项：有极性电容在使用时必须注意极性，正极接高电位端，负极接低电位端；从电路中拆下的电容器（尤其是大容量和高压电容器），应对电容器先充分放电后，再用万用表进行测量，否则会造成仪表损坏。

任务三　电感与变压器的识别、检测与选用

1. 任务要求

掌握电感、变压器的主要技术参数；能用目测法判断、识别常见电感、变压器的种类，并能正确说出名称；对电感、变压器上标注的主要参数能正确识读，了解其作用和用途；会使用万用表对电感、变压器进行正确测量，并评价其质量。

2. 相关知识

（1）电感

电感器（电感线圈）简称电感，是利用电磁感应原理制成的元件，也是一种储能元件。它通常分为两类：一类是应用自感作用的电感线圈；另一类是应用互感作用的变压器。电感器的应用范围很广，它在调谐、振荡、匹配、耦合、滤波、陷波、偏转聚焦等电路中都是必不可少的。由于其用途、工作频率、功率、工作环境不同，对电感器的基本参数和结构就有不同的要求，致使电感器类型和结构的多样化。常用电感器的外形及电路符号如图1-14和图1-15所示。

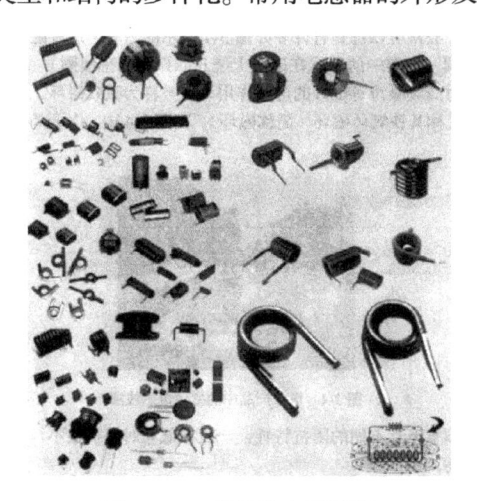

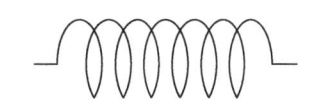

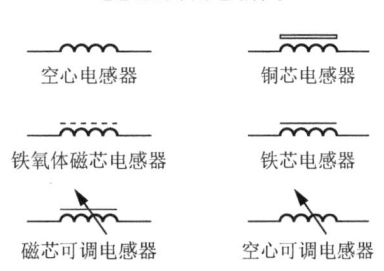

图1-14　常见的电感线圈　　图1-15　电感线圈电路符号

① 电感的分类。按电感量是否变化来分，可分为固定电感、微调电感、可变电感等；按导磁性质来分，可分为空心线圈、磁芯线圈、铜芯线圈等；按用途来分，可分为天线线圈、扼流线圈、振荡线圈等。

② 电感线圈的主要技术参数：

a. 电感量：电感线圈自感作用的大小称为电感量（简称电感），用 L 表示，其单位是亨利，简称亨，用 H 表示。比亨小的单位有毫亨（mH）和微亨（μH），它们之间的换算关系是：

$1H = 10^3 mH = 10^6 \mu H$，$1mH = 10^3 \mu H$

b. 额定电流：额定电流是指允许长时间通过线圈的最大工作电流。

表1-9 小型固定电感的最大工作电流

字母	A	B	C	D	E
最大工作电流（mA）	50	150	300	700	1600

c. 品质因数：品质因数也称为Q值，是指线圈在一个周期中的储存能量与消耗能量的比值，它是表示线圈品质的重要参数。Q值越高，电感的损耗越小，效率就越高。但Q值的提高往往会受到一些因素的限制，如线圈导线的直流电阻、骨架、浸渍物的介质损耗、铁芯和屏蔽罩的损耗以及导线高频趋肤效应损耗等。

d. 分布电容：线圈匝与匝之间、线圈与地之间、线圈与屏蔽盒之间以及线圈的层与层之间都存在着电容，这些电容统称为线圈的分布电容。分布电容的存在会使线圈的等效总损耗电阻增大，品质因数Q降低。为减少分布电容，高频线圈常采用多股漆包或丝包线，绕制线圈时常采用蜂房绕法或分段绕法等。

e. 稳定性：电感线圈的稳定性主要指参数受温度、湿度和机械振动等影响的程度。

③ 电感线圈参数的标注方法：

a. 直标法：将标称电感量用数字直接标注在电感线圈的外壳上，用字母表示电感线圈的额定电流，用Ⅰ、Ⅱ、Ⅲ表示允许误差。

例如：固定电感线圈外壳上标有150μH、A、Ⅱ的标志，则表明线圈的电感量为150μH，允许偏差为Ⅱ级（±10%），最大工作电流50mA（A挡）。

b. 色标法：在电感线圈的外壳上，使用颜色环或色点表示其参数的方法就称色标法。其识别方法与电阻相同。高频电路的滤波和阻流及谐振回路用的小型固定电感基本计量单位为微亨（μH）。

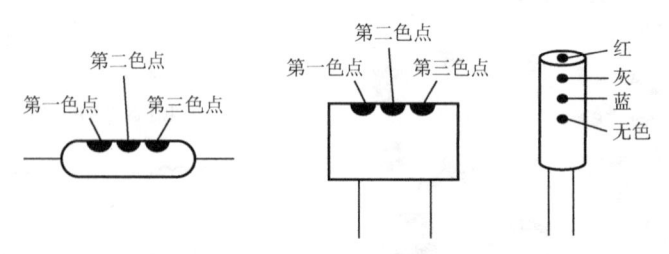

图1-16 几种色码电感的外形

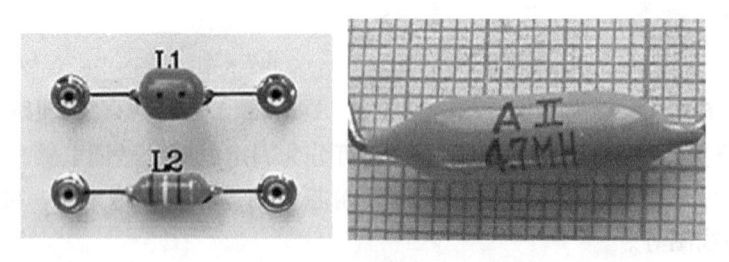

图1-17 电感的表示方法

④ 电感线圈的检测：将万用表置于R×1挡，用两表笔分别碰接电感线圈的引脚。当被测的电感器电阻值为0Ω时，说明电感线圈内部短路，不能使用；如果测得电感线圈有一定阻值，说明正常；若测得电阻值为∞，则说明电感线圈内部断路；若测得直流电阻值远小于

估计值，则说明被测线圈内部匝间击穿短路，不能使用。若想测出电感线圈的准确电感量，则必须使用电桥、高频 Q 表或数字式电感电容表。

（2）变压器

① 变压器的分类：按工作频率来分，可分为高频变压器、中频变压器、低频（音频）变压器、脉冲变压器等；按导磁性质来分，可分为：空心变压器、磁心变压器、铁心变压器等；按用途（传输方式）来分，可分为：电源变压器、输入变压器、输出变压器、耦合变压器等。

② 变压器的主要技术参数：

- 变压比：即初级线圈和次级线圈间的匝数比 n，升压变压器的变压比小于 1，降压变压器的变压比大于 1。
- 额定功率：额定功率是指变压器在规定的工作频率和电压下，能长期工作而不超过限定温度时的输出功率。输出功率的单位用瓦（W）或伏安（VA）表示。
- 效率：是变压器的输出功率与输入功率的比值。一般电源变压器、音频变压器要注意效率，而中频、高频变压器一般不考虑效率。
- 温升：温升是当变压器通电工作后，其温度上升到稳定值时比周围环境温度升高的数值。除此以外，还有绝缘电阻、空载电流、漏电感、频带宽度和非线性失真等参数。

③ 常用变压器介绍：

a. 中频变压器：中频变压器又称中周变压器，简称中周，在音频、视频设备和测量仪器中广泛应用。一般由磁芯、线圈、支架、底座、磁帽、屏蔽外壳组成。通过磁帽的上下调节，使电感量发生改变，以使电路谐振在某个特定频率上。是超外差式无线电接收设备中的主要元器件之一，广泛用于调幅、调频收音机、电视接收机、通信接收机等电子设备中。

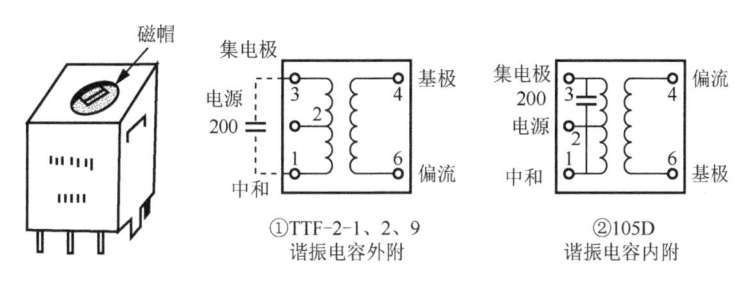

图 1-18 两种中频变压器的外形和内部接线

b. 电源变压器：电源变压器的作用是将工频市电（交流 220 伏或 110 伏）转换为各种额定功率和额定电压。因为，在家用电器和电子设备中，需要各种各样的电源供电，只有电源变压器，才能根据需要将 220 伏的交流电源变为不同类型的电源。

电源变压器线圈（绕组）通常用漆包线绕成，按铁芯不同可分为叠片式（E 形）与卷绕式（C 形）两种，如图 1-19 所示。

④ 变压器的检测：检测变压器时，首先可以通过观察变压器的外貌来检查是否有明显的异常，如线圈引线是否断裂、脱焊，绝缘材料是否有烧焦痕迹，铁芯紧固螺丝是否有松动，硅钢片有无锈蚀，绕组线圈是否有外露等。

a. 检测初、次级绕组的通断：将万用表置于 R×100 或 R×1K 挡，将两表笔分别碰接初级绕组的两引出线，阻值一般为几百至几千欧，若出现∞则为断路，若出现 0 阻值，则为短路。用同样方法测次级绕组的阻值，将万用表置于 R×10 或 R×100 挡，一般为几十至几百欧（降压变压器），如次级绕组有多个时，输出标称电压值越小，其阻值越小。

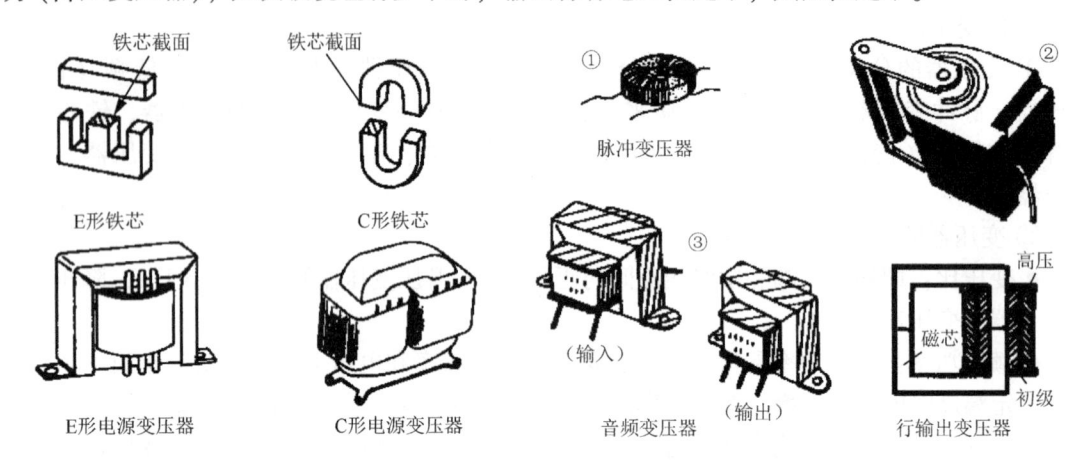

图 1-19　电源变压器

图 1-20　其他变压器外形

b. 检测各绕组间、绕组与铁芯间的绝缘电阻：置万用表于 R×10k 挡，将一支表笔接初级绕组的一引出线，另一表笔接次级绕组的引出线，万用表所示阻值应为∞，若小于此值，表明绝缘性能不良，尤其是阻值小于几百欧时表明绕组间有短路故障。

c. 测试变压器的次级空载电压：将变压器初级接入 220V 电源，将万用表置于交流电压挡，根据变压器次级的标称值，选好万用表的量程，依次测出次级绕组的空载电压，允许误差一般不应超出 5%~10% 为正常（在初级电压为 220V 的情况下）。若出现次级电压都升高，表明初级线圈有局部短路故障，若次级的某个线圈电压偏低，表明该线圈有短路之处。若电源变压器出现嗡嗡声，可用手压紧变压器的线圈，若嗡嗡声立即消失，表明变压器的铁芯或线圈有松动现象，也有可能是变压器固定位置有松动。

d. 检测变压器的输出功率和电流：220/12V、额定功率 P=12VA 的电源变压器，则其输出电流 I=P/U=12VA/12V=1A。

如图 1-21 所示，接一个假负载（如一个 12W，12Ω 的电阻），然后用电压表测次级线圈带负载后的输出电压，如测出的电压与标称 12V 电压基本一致（不低于标称值的 95%），则表明输出电流符合 1A 要求（若有 1A 以上的交流电流表，则可直接串联入电路测试）。如果经过一段时间变压器温升正常，则该变压器可输出 12VA 的功率。

e. 用直流电阻法判别输入、输出变压器：在音频放大电路中，输入变压器用于音频前置级与音频功放级间的音频信号耦合；输出变压器则主要在音频功率输出管与扬声器之间作为阻抗匹配。从外形上看，输入、输出变压器基本一样。通常为了区别方便，在变压器上标有"输入"或"输出"字样，若无标记，则可根据输入、输出变压器的直流电阻不同，用图 1-22 所示方法进行判断：输出变压器次级线圈线径最粗，因此直流电阻最小，只有数欧；输入变压器的次级线圈线径细、匝数多，直流电阻较大，有数百欧。因此，用万用表的 R×1Ω 挡检测，就可以判断出输入、输出变压器。

f. 用万用表判断变压器线圈的同名端：同名端亦叫同相端或同极性端，指两绕组感应电压同极性端，它与绕组绕向有关。用万用表判断变压器绕组同名端如图 1-23 所示。将万用表置于电流 50μA 挡，两表笔与变压器次级的两个端子接牢。然后取一节大号干电池，与变压器初级的两个接线端子碰一下，在碰触瞬间万用表指针向右偏转，则变压器初级、次级线圈上涂有黑点的为同名端。

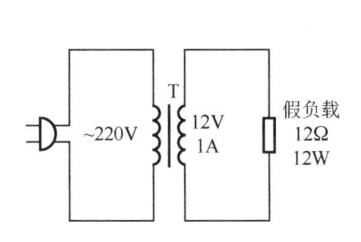

图 1-21 测试变压器次级输出电流电路

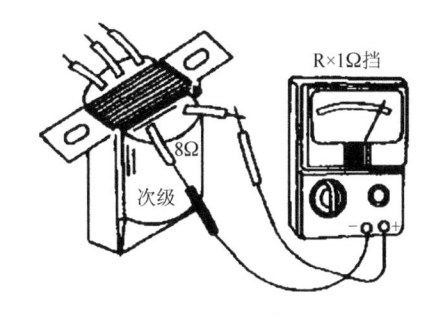

图 1-22 测试直流电阻以判断输入、输出变压器

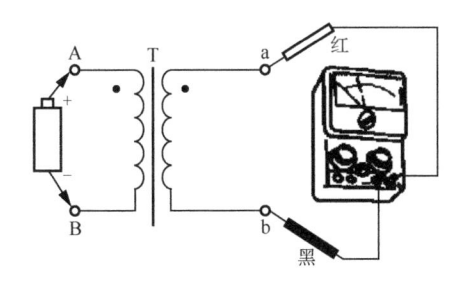

图 1-23 用万用表判断变压器绕组同名端

⑤ 变压器的选用应遵循以下原则：
- 选用变压器一定要了解变压器的输出功率、输入和输出电压大小以及所接负载需要的功率。
- 要根据电路要求选择，使其输出电压与标称电压相符。其绝缘电阻值应大于 500Ω，对于要求较高的电路应大于 1000Ω。
- 要根据变压器在电路中的作用合理使用，必须知道其引脚与电路中各点的对应关系。

变压器的使用注意事项：

使用变压器时一定不能接错端线，如果接错就有可能造成变压器的自身损坏，因此使用前必须判断出各个引线。可用欧姆表测量各绕组的内阻，并对各绕组进行简单区分，同时还应该判断出变压器的同名端位置。

任务四 半导体器件的识别、检测与选用

1. 任务要求

掌握半导体器件的主要参数；能用目测法判断、识别常见半导体器件的种类，并能正确说出名称；对半导体器件上标注的主要参数能正确识读；能根据用途进行半导体元器件的选用；会使用万用表对半导体器件进行正确测量，并评价其质量。

2. 相关知识——半导体器件识别检测与选用

导电性能介于导体和绝缘体之间的物质称为半导体，是一种具有特殊性质的物质。半导体器件具有体积小、功能多、质量小、耗电省、成本低等诸多优点，在电子电路中得到广泛运用。

(1) 半导体器件的命名方式

按国家标准 GB249-74 的规定，国产半导体分立器件的型号命名由五部分组成，具体含义如表 1-10 所示（本标准适合于无线电电子设备所用半导体器件的型号命名）。

表 1-10 国产半导体分立器件型号的命名及其含义

第一部分		第二部分		第三部分		第四部分	第五部分
用数字表示器件的电极数目		用字母表示器件的材料和极性		用字母表示器件的类别		用数字表示器件的序号	用字母表示规格号
符号	意义	符号	意义	符号	意义	意义	意义
2	二极管	A	N 型锗材料	P	普通管	反映了极限参数、直流和交流参数的差别	反映承受反向击穿电压的程度。如规格号为 A、B、C、D…其中 A 承受的反向击穿电压最低，B 次之……
				V	微波管		
				W	稳压管		
				C	变容管		
		B	P 型锗材料	Z	整流管		
		C	N 型硅材料	L	整流管		
		D	P 型硅材料	S	隧道管		
				N	阻尼管		
				U	光电器件		
				K	开关管		
3	晶体管	A	PNP 型锗材料	X	低频小功率管 (f_α<3MHz, P_c<1W)		
		B	NPN 型锗材料	G	高频小功率管 (f_α≥3MHz, P_c<1W)		
		C	PNP 型硅材料	D	低频大功率管 (f_α<3MHz, P_c≥1W)		
		D	NPN 型硅材料	A	高频大功率管 (f_α≥3MHz, P_c≥1W)		
		E	化合物材料	U	光电器件		
				K	开关管		
				T	可控整流管		
				Y	体效应器件		
				B	雪崩管		
				J	阶跃恢复管		
				CS	场效应器件		
				BT	半导体特殊器件		
				FH	复合管		
				PIN	PIN 型管		
				JG	激光器件		

例如：2AP9 表示锗材料，N 型普通二极管，产品序号为 9；2CK71 表示硅材料，N 型开关二极管，产品序号为 71。

提示：

- 可控整流管、体效应器件、雪崩管、场效应器件、半导体特殊器件、复合管、PIN 型管、激光器件、阶跃恢复管等器件的型号命名只有第三、四、五部分。
- 国外进口的半导体器件的命名方法与国产器件的命名方法不同。因而在选用进口器件时，应查阅相关的技术资料。

（2）二极管

二极管是一种具有单向导电性的半导体器件。它是由一个 PN 结加上相应的电极引线和密封壳构成的，广泛应用于电子产品中，有整流、检波、稳压等作用。

① 二极管的分类：二极管按材料可分为硅二极管、锗二极管等；按用途可分为检波二极管、整流二极管、稳压二极管、发光二极管、光敏二极管等；按结构的不同，可分为点接触型、面接触型和平面型三种。常见二极管的结构、外形和电路符号如图 1-24 所示。

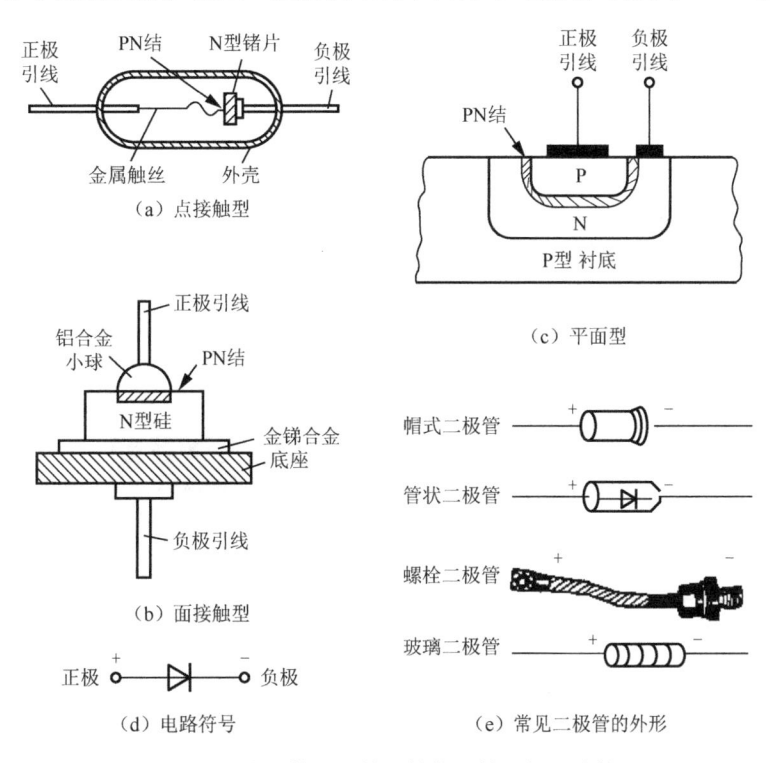

图 1-24 半导体二极管的结构、外形与电路符号

② 二极管的主要参数：

- 最大整流电流 I_F：指二极管在一定温度下，长期允许通过的最大正向平均电流，电流大于 I_F 会使二极管因过热而损坏。另外，对于大功率二极管，必须加装散热装置。
- 最高反向工作电压 U_{RM}：指正常工作时，二极管所能承受的反向电压的最大值。一般手册上给出的最高反向工作电压约为击穿电压的一半，以确保管子安全运行。
- 最高工作率 f_M：最高工作频率指晶体二极管能保持良好工作性能条件下的最高工作频率。
- 反向饱和电流 I_S：反向饱和电流指二极管未击穿时的反向电流值。反向饱和电流主受温度影响，该值越小，说明二极管的单向导电性越好。

值得指出，不同用途的二极管（如稳压、检波、整流、开头、光电、发光二极管等），各有不同的主要技术参数。

③ 二极管的命名：

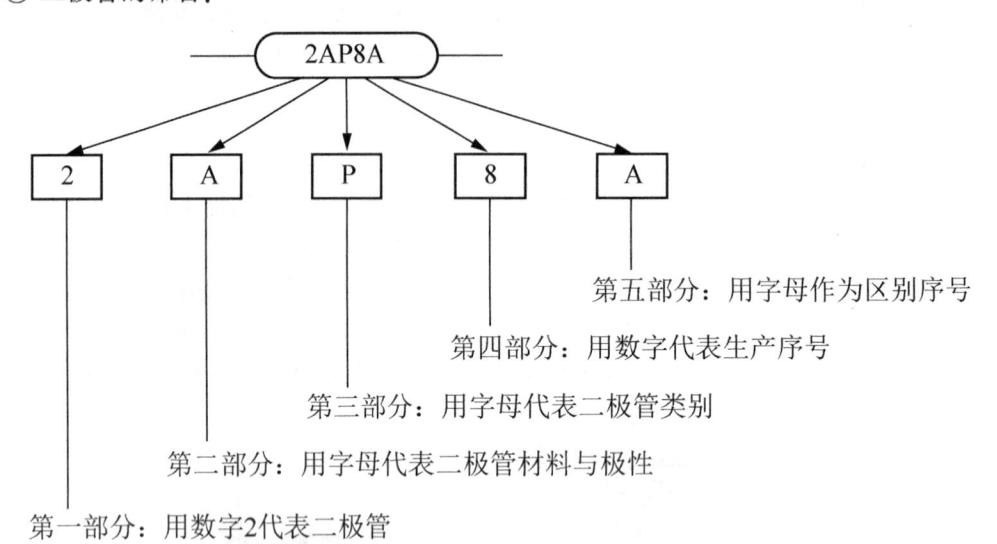

```
         2AP8A
    ↙  ↙  ↓  ↘  ↘
   [2][A][P][8][A]
```

第五部分：用字母作为区别序号

第四部分：用数字代表生产序号

第三部分：用字母代表二极管类别

第二部分：用字母代表二极管材料与极性

第一部分：用数字2代表二极管

④ 二极管的识别和检测：

a. 普通二极管性能的检测：从外观上判断二极管的极性。二极管的正、负极性一般都标注在其外壳上。有时会将二极管的图形直接画在其外壳上。

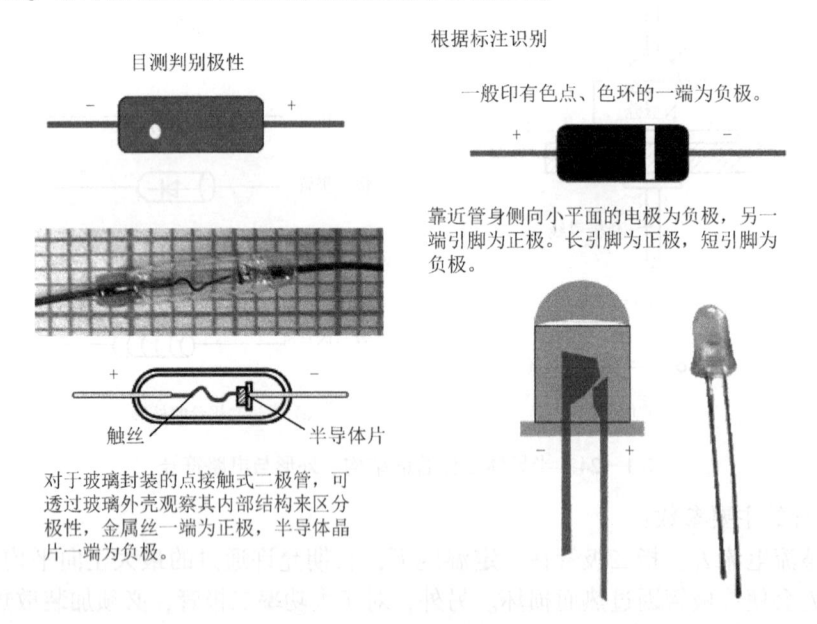

目测判别极性

根据标注识别
一般印有色点、色环的一端为负极。

靠近管身侧向小平面的电极为负极，另一端引脚为正极。长引脚为正极，短引脚为负极。

对于玻璃封装的点接触式二极管，可透过玻璃外壳观察其内部结构来区分极性，金属丝一端为正极，半导体晶片一端为负极。

图 1-25 二极管的辨识

用万用表检测二极管的极性与好坏。用万用表 R×100 或 R×1k 挡测量二极管正反向电阻各测量一次（测量时手不要接触引脚），所测得阻值小的一次，黑表笔接的是二极管的正极，红表笔接的是二极管的负极，如图 1-26 所示。

一般硅管正向电阻为几千欧,锗管正向电阻为几百欧;反向电阻为几百千欧。倘若测量结果正反向电阻相差不大为劣质管;正反向电阻都是无穷大或零则二极管内部断路或短路。

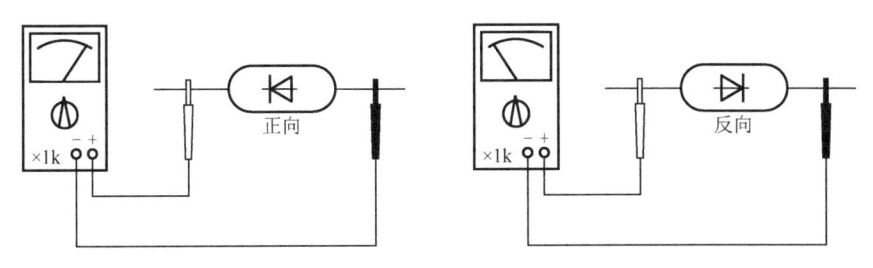

图1-26 二极管极性的测试

b. 特殊二极管的检测:

稳压二极管的检测:稳压二极管是一种工作在反向击穿区、具有稳定电压作用的二极管。其极性与性能好坏的测量与普通二极管的测量方法相似,不同之处在于:当使用万用表的 R×1k 挡测量二极管时,测得其反向电阻是很大的,此时,将万用表转换到 R×10k 挡,如果出现万用表指针向右偏转较大角度,即反向电阻值减小很多的情况,则该二极管为稳压二极管;如果反向电阻基本不变,说明该二极管是普通二极管,而不是稳压二极管。

发光二极管的检测:发光二极管是一种将电能转换成光能的特殊二极管,常用于电子设备的电平指示、模拟显示等场合。它用砷化镓、磷化镓等化合物半导体制成。发光二极管的发光颜色主要取决于所用半导体的材料,可以发出红、橙、黄、绿等四种可见光。发光二极管的外壳是透明的,外壳的颜色表示了它的发光颜色。发光二极管工作在正向区域。其正向导通(开启)工作电压高于普通二极管。外加正向电压越大,LED发光越亮,但使用中应注意,外加正向电压不能使发光二极管超过其最大工作电流,以免烧坏管子。

对发光二极管的检测主要采用万用表的 R×10k 挡,其测量方法及对其性能的好坏判断与普通二极管相同。但发光二极管的正向、反向电阻均比普通二极管大得多。在测量发光二极管的正向电阻时,可以看到该二极管有微微发光的现象。

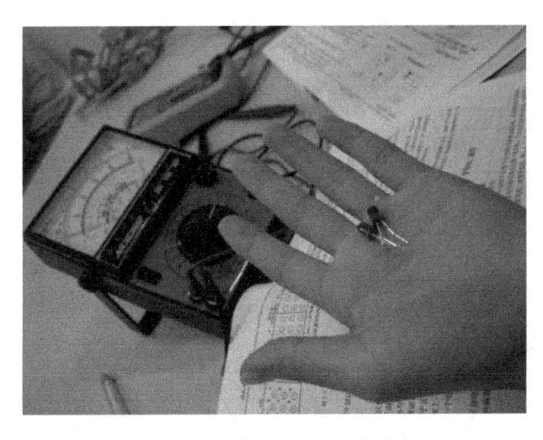

图1-27 发光二极管实物图

c. 光电二极管:光电二极管又称为光敏二极管,它是一种将光能转换为电能的特殊二极管,其管壳上有一个嵌着玻璃的窗口,以便接受光线。

图1-28 光电二极管实物图　　图1-29 光电二极管电气符号

极性的判断：将万用表置于1kΩ挡，用一张黑纸遮住光敏二极管的透明窗口，将万用表红、黑表笔分别接触光敏二极管的两个电极，此时如果万用表指针向右偏转较大，则黑表笔所接的电极是正极，红表笔所接的电极是负极。若测量时万用表指针不动，则红表笔所接的电极是正极，黑表笔所接的电极是负极。

质量的检测：首先用黑纸遮住光敏二极管的透明窗口，万用表置于1kΩ挡，再测量光敏二极管的正、反向电阻，应符合正向电阻小，反向电阻大的特性。其次，移去遮光黑纸，仍用1kΩ挡，红表笔接光敏二极管的正极，黑表笔接光敏二极管的负极，使光敏二极管的透明窗口朝向光源，这时万用表指针应从无穷大位置向右明显偏转，偏转角度越大说明光敏二极管的灵敏度越高。若无反应，则表明已经损坏。

d. 桥堆的识别、检测及选用：桥堆是指用整流元件（一般为整流二极管）按桥式接法组装成的整流器件。由两个整流二极管组成的称半桥，由四个整流二极管组成的称全桥。具有体积小使用方便等优点，在需要半波或全波整流的电路均得到广泛使用。

由图1-30可看出桥堆的结构和引出端位置，再结合PN结的导通原理，可用万用表测出各脚的功能和极性：将万用电表置于R×1kΩ挡，黑表笔接桥堆的任一引脚，红表笔分别测量其余3根引脚，如果测得结果都是∞，则黑表笔所接的引脚为桥堆的输出正极；如果测得电阻为4~10kΩ，则黑表笔所接的引脚是桥堆的输出负极。剩余的两根引脚是桥堆的交流输入端。

全桥的检测：检测时，可通过分别测量"+"极与两个"~"极、"-"极与两个"~"之间各整流二极管的正、反向电阻值（与普通二极管的测量方法相同）是否正常，即可判断该全桥是已损坏。若测得全桥内4个二极管的正、反向电阻值均为0或均为无穷大，则可判断该二极管已击穿或开路损坏。

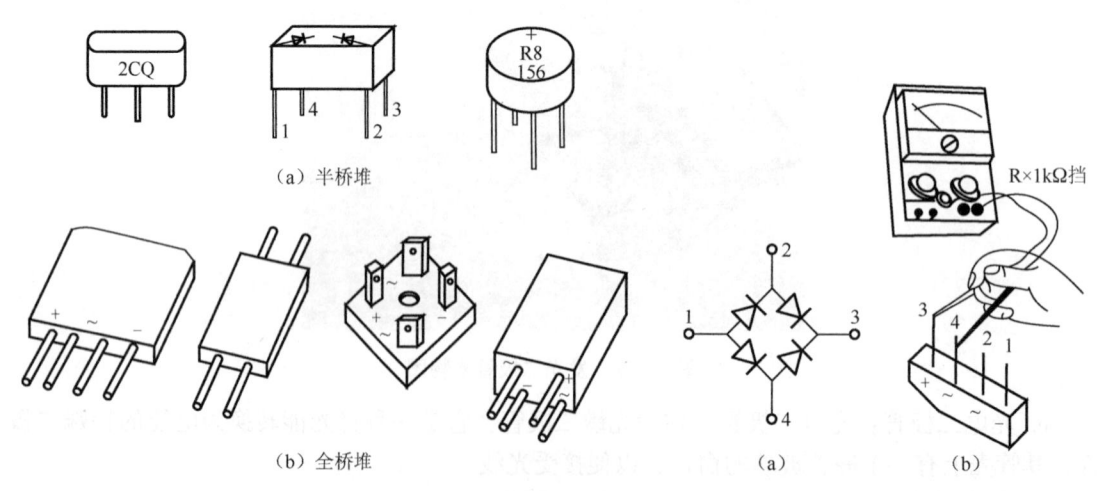

（a）半桥堆

（b）全桥堆

图1-30 半桥堆和全桥堆整流器外形　　图1-31 万用表判别桥堆引脚

半桥的检测：半桥由两只整流二极管组成，通过用万用表分别测量半桥内部的两只二极管的正、反电阻值是否正常，即可判断出该半桥是否正常。

表1-11 常用二极管的特点

名称	特点	名称	特点
整流二极管	能利用PN结的单向导电性，把交流电变成脉冲直流电	开关二极管	利用二极管的单向导电性，在电路中对电流进行控制，可以起到接通或关断的作用
检波二极管	把调制在高频电磁波上的低频信号检出来	发光二极管	是一种半导体发光器件，在家用电器中常作为指示装置
变容二极管	它的结电容会随加到管子上的反向电压的大小而变化，利用这个特性取代可变电容器	高压硅堆	是把多只硅整流器件的芯片串联起来，外面用塑料装成一个整体的高压整流器件
稳压二极管	是一种工作在反向击穿区，具有稳定电压作用的二极管	阻尼二极管	多用于黑白或彩色电视机行扫描电路中的阻尼、整流电路里，它具有类似高频高压整流二极管的特性

（3）晶体三极管（双极性三极管）的识别、检测及选用

晶体三极管又叫双极型三极管，简称三极管。晶体三极管具有放大作用，是信号放大和处理的核心器件，广泛用于电子产品中。晶体三极管由两个PN结（发射结和集电结）组成的。它有三个区：发射区、基区和集电区，各自引出一个电极称为发射极e（E）、基极b（B）和集电极c（C）。

三极管实物及常见外形如图1-32、图1-33所示。

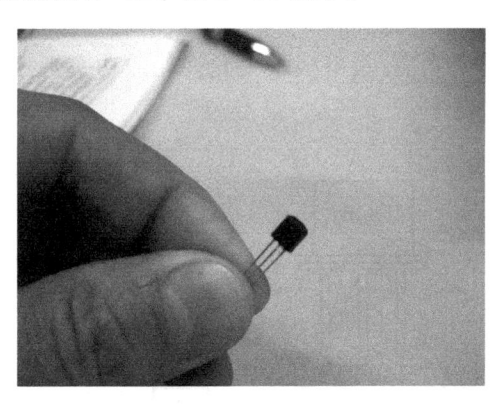

图1-32 三极管实物图

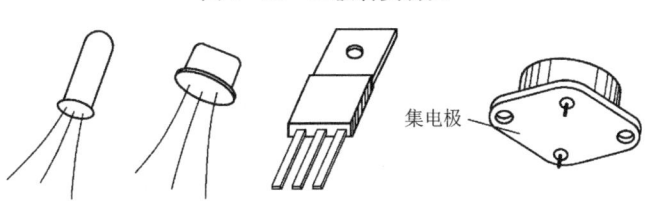

图1-33 常见的三极管外形图

① 晶体三极管的分类：按材料来分，可分为硅晶体管、锗晶体管；按结构来分，可分为 NPN 型、PNP 型；按功率可分为大功率晶体管（PC≥1W）和小功率晶体管（PC<1W）；按频率来分，可分为高频管（$f_\alpha \geq 3\mathrm{MHz}$）和低频管（$f_\alpha < 3\mathrm{MHz}$）；按用途可分为普通三极管、开关管等。

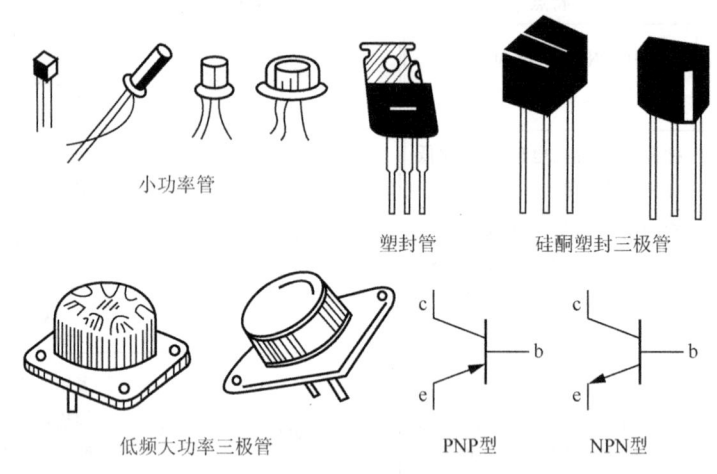

小功率管　　塑封管　　硅酮塑封三极管

低频大功率三极管　　PNP型　　NPN型

图 1-34　常见三极管的外形及电路符号

② 三极管的主要技术参数：

交流电流放大系数：交流电流放大系数包括共发射极电流放大系数（β）和共基极电流放大系数（α）。它是表明晶体管放大能力的重要参数。

集电极最大允许电流 I_{CM}：集电极最大允许电流指放大器的电流放大系数明显下降时的集电极电流。

集—射极间反向击穿电压 BV_{ceo}：指三极管基极开路时，集电极和发射极之间允许加的最高反向电压。

集电极最大允许耗散功率 P_{CM}：集电极最大允许耗散功率指三极管参数变化不超过规定允许值时的最大集电极耗散功率。

③ 三极管的命名方式：

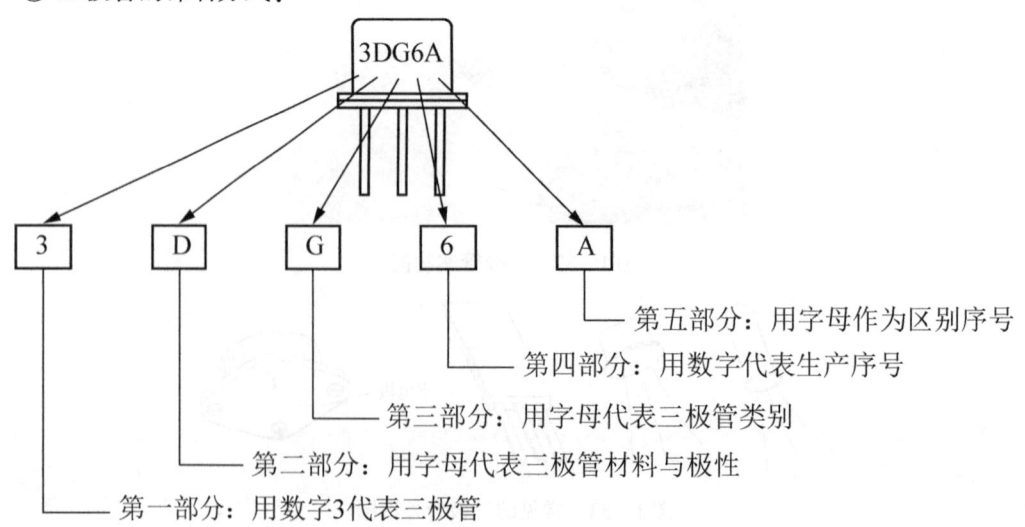

3DG6A

- 第一部分：用数字3代表三极管
- 第二部分：用字母代表三极管材料与极性
- 第三部分：用字母代表三极管类别
- 第四部分：用数字代表生产序号
- 第五部分：用字母作为区别序号

④ 三极管的识别和检测：

判别基极及类型：先假定某一管脚为基极，将万用表量限开关置于 R×100Ω 或 R×1kΩ 挡，用黑表笔接假定的基极，用红表笔分别接触另外两管脚。若测得的阻值相差很大，则原先假定的基极错误，需要另换一个管脚作为基极重复上述测量；若两次测得的阻值都很大，此时将两表笔对换后继续测试；若对换表笔后测得的阻值都小，则说明该电极是基极，且此三极管为 PNP 型。同理，黑表笔接假设的基极，红表笔分别接其他两个电极时测得的阻值都很小，则该三极管为 NPN 型。

判别集电极和发射极：如图 1-35 所示，（以 NPN 为例）确定基极和管型后，将黑表笔接在假设的集电极上，红表笔接在假设的发射极上，用手指将已知的基极和假设的集电极捏在一起（但不要碰触），记下表指针偏转的位置。然后再进行相反的假设（即原先的集电极假设为发射极，原先的发射极假设为集电极），重复上述过程，并记下表指针偏转的位置。比较两次测试的结果，指针偏转大的（即阻值小的）那次假设是正确的。若为 PNP 型管，测试时，将红表笔接假设的集电极，黑表笔接假设的发射极，其余不变，仍然是电阻值较小的那次假设正确。

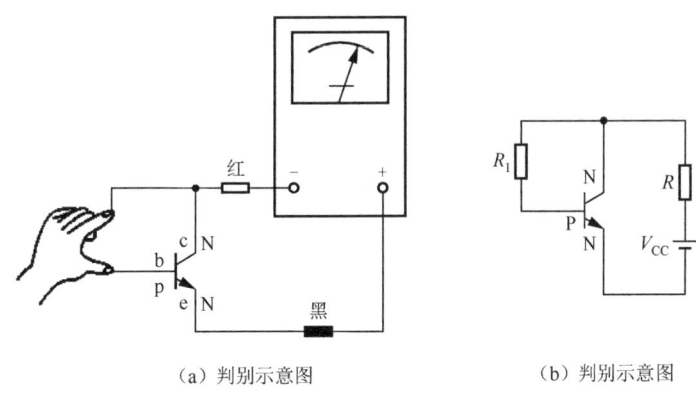

（a）判别示意图　　　　　（b）判别示意图

图 1-35　判别三极管 c、e 电极的原理图

三极管质量的检测：从三极管基极到发射极和基极到集电极间是一只 PN 结，所以它应符合正向电阻小，反向电阻大的特点。而从集电极到发射极的正反向电阻均应为无穷大。

(3) 单结晶体管

单结晶体管（简称 UJT）又称双基极二极管，它是一种只有一个 PN 结和两个电阻接触电极的半导体器件，它的基片为条状的高阻 N 型硅片，两端分别用电阻接触电极引出两个基极 b_1 和 b_2。在硅片中间略偏 b_2 一侧用合金法制作一个 P 区作为发射极 e。其结构、符号和等效电路如图 1-36 所示。可用于定时电路、控制电路和读出电路。

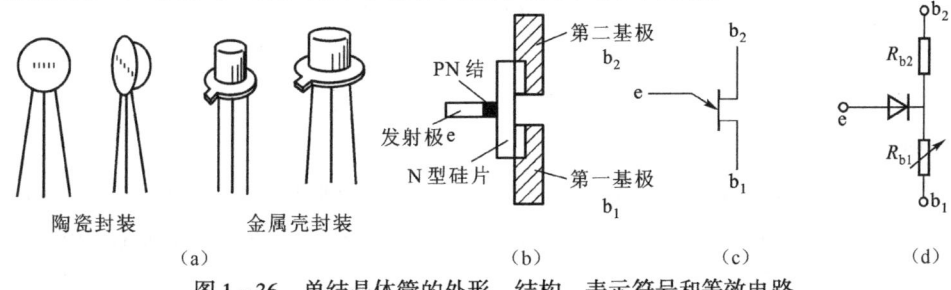

图 1-36　单结晶体管的外形、结构、表示符号和等效电路

① 单结晶体管各管脚的判别方法：

判断单结晶体管发射极 E 的方法是：把万用表置于 R×100 挡或 R×1k 挡，黑表笔接假设的发射极，红表笔接另外两极，当出现两次低电阻时，黑表笔接的就是单结晶体管的发射极。

单结晶体管 b_1 和 b_2 的判断方法是：把万用表置于 R×100 挡或 R×1k 挡，用黑表笔接发射极，红表笔分别接另外两极，两次测量中，电阻大的一次，红表笔接的就是 b_1 极。

应当说明的是，上述判别 b_1、b_2 的方法，不一定对所有的单结晶体管都适用，有个别管子的 e 和 b_1 间的正向电阻值较小。不过准确地判断哪极是 b_1，哪极是 b_2 在实际使用中并不特别重要。即使 b_1、b_2 用颠倒了，也不会使管子损坏，只影响输出脉冲的幅度（单结晶体管多作为脉冲发生器使用），当发现输出的脉冲幅度偏小时，只要将原来假定的 b_1、b_2 对调过来就可以了。

（4）晶闸管

晶体闸流管简称晶闸管，也称为可控硅整流元件（SCR），是由三个 PN 结构成的一种大功率半导体器件。在性能上，晶闸管不仅具有单向导电性，而且还具有比硅整流元件更为可贵的可控性，它只有导通和关断两种状态。

晶闸管的优点很多，例如：以小功率控制大功率，功率放大倍数高达几十万倍；反应极快，在微秒级内开通、关断；无触点运行，无火花、无噪声；效率高，成本低等。因此，特别是在大功率 UPS 供电系统中，晶闸管在整流电路、静态旁路开关、无触点输出开关等电路中得到广泛的应用。其弱点是静态及动态的过载能力较差，容易受干扰而误导通。

① 晶闸管的分类：晶闸管有单向、双向、可关断、快速、光控等类型，目前应用最多的是单向、双向晶闸管。

单向晶闸管：单向晶闸管有三个 PN 结，共有三个电极，分别称为阳极（A）、阴极（K），以及由中间的 P 极引出的控制极（G）。用一个正向的触发信号触发它的控制极（G），一旦触发导通，即使触发信号停止作用，晶闸管仍然维持导通状态。要想关断，只有把阳极电压降低到某一临界值或者反向。

双向晶闸管：双向晶闸管也有三个电极：第一阳极（T_1）、第二阳极（T_2）与控制极（G）。双向晶闸管的第一阳极（T_1）和第二阳极（T_2）无论加正向电压或反向电压，都能触发导通。同理，当它一旦触发导通，即使触发信号停止作用，晶闸管仍然维持导通状态。双向晶闸管是一种交流元件（普通晶闸管为直流元件），它相当于一对反向并联的普通晶闸管。双向晶闸管主电路和控制电路的电压可正可负，故无所谓阳极和阴极，其符号及实物见图 1-37 及图 1-38，它具有触发电路简单，工作稳定可靠等优点。在灯光调节、温度控制、交流电机调速、各种交流调压和无触点交流开关电路中得到广泛应用。

② 单向晶闸管的极性判别：

极性判断方法：用万用表 R×100 或 R×1k 挡，测量晶闸管任意两管脚间的正反向电阻，当万用表指示低阻值（几百欧至几千欧的范围）时，黑表笔所接的是控制极 G，红表笔所接的是阴极 K，余下的一只管脚为阳极 A。

(a) 单向晶闸管　　　　　(b) 双向晶闸管

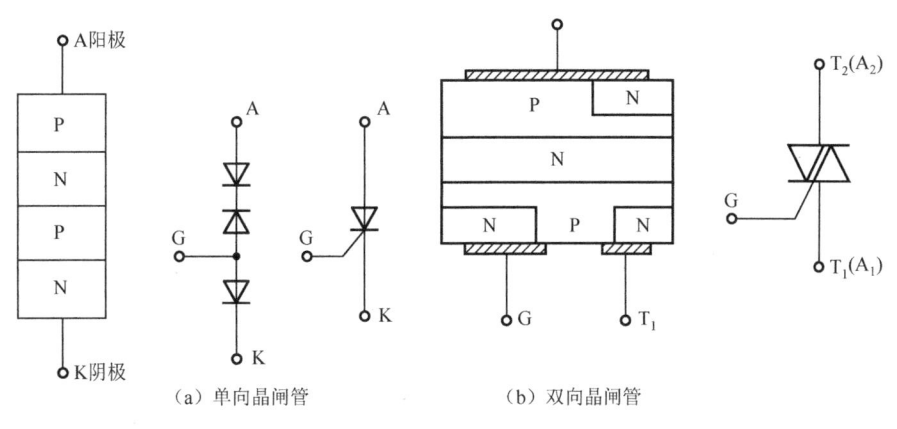

图 1-37　单向、双向晶闸管结构及表示符号

单向晶闸管

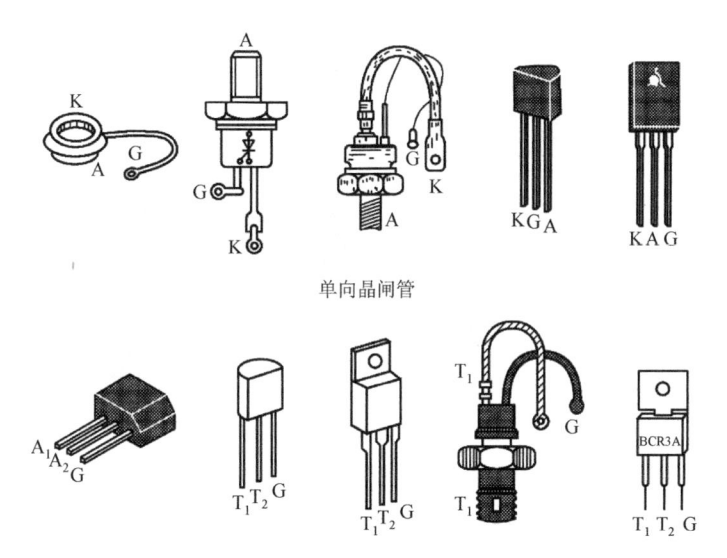

图 1-38　常见晶闸管的实物图

质量判断方法：用万用表 R×10 挡，黑表笔接阳极，红表笔接阴极，指针应接近∞，当合上 S 时，表针应指向较小阻值，约为 60~200 欧姆，表明晶闸管能触发导通。单向晶闸管断开 S，表针不回到零，表明晶闸管是正常的。如果在 S 未合上时，阻值很小，或者在 S 合上时，表针也不动，表明晶闸管质量太差，或已击穿、断路。质量判断示意图见图 1-39。

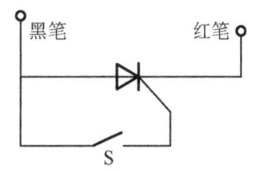

图 1-39　单向晶闸管万用表检测示意图

(5) 场效应管 (FET) 的识别、检测及选用

场效应管与晶体管不同，它是一种电压控制器件（UGS 控制 i_D 的变化），且只有一种载流子（多数载流子）参与导电，因而场效应管又称为单极性晶体管。

场效应管具有输入电阻高（$10^6 \sim 10^{15} \Omega$），热稳定性好，噪声低，成本低和易于集成等特点，因此被广泛应用于数字电路、通信设备及大规模集成电路中。

① 场效应管的分类：根据结构的不同，场效应管可分为：结型场效应管（J-FET）和绝缘栅场效应管（又称金属氧化物半导体场效应管 MOSFET，简称 MOS 管）。根据极性的不同，

J-FET与MOS管中分为N沟道和P沟道两种。

② 场效应管的保存使用与检测：

保存方法：对于绝缘栅场效应管来说，由于其输入电阻很大（$10^9 \sim 10^{15}\Omega$），栅、源极之间的感应电荷不易泄放，使得少量感应电荷就会产生很高的感应电压，极易使MOS管击穿。因而MOS管在保存时，应把它的三个电极短接在一起。取用时，不要拿它的引脚，而要拿它的外壳。使用时，要在它的栅、源极之间接入一个电阻或一个稳压二极管，以降低感应电压的大小。焊接时，也应使MOS管的三个电极短接，且电烙铁的外壳必须接地，或将电烙铁烧热后断开电源用余热进行焊接。

检测：结型场效应管（J-FET）可用万用表的欧姆挡进行检测，J-FET管的电阻值通常在$10^6 \sim 10^9 \Omega$，所测电阻太大，说明J-FET管已断路；所测电阻太小，说明J-FET管已被击穿；绝缘栅场效应管（MOS管）由于其电阻太大，极易被感应电荷击穿，因而不能用万用表进行检测，而要用专用测试仪进行测试。

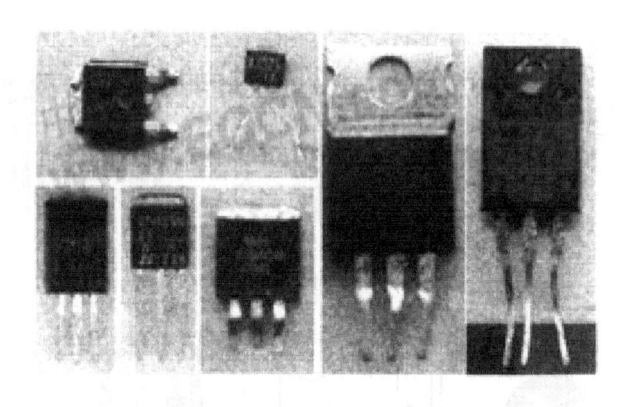

图1-40 场效应管实物图

场效应管的使用方法：

a. 选用场效应管时，不能超过其极限参数。

b. 结型场效应管的源极和漏极可以互换。

c. MOS管有3个引脚时，表明衬底已经与源极连在一起，漏极和源极不能互换；有4个引脚时，源极和漏极可以互换。

d. MOS管的输入电阻高，容易造成因感应电荷泄放不掉而使栅极击穿永久失效。因此，在存放MOS管时，要将3个电极引线短接；焊接时，电烙铁的外壳要良好接地，并按漏极、源极、栅极的顺序进行焊接，而拆卸时则按相反顺序进行；测试时，测量仪器和电路本身都要良好接地，要先接好电路再去除电极之间的短接。测试结束后，要先短接电极再撤除仪器。

e. 电源没有关时，绝对不能把场效应管直接插入到电路板中或从电路板中拔出来。

f. 相同沟道的结型场效应管和耗尽型MOS管，在相同电路中可以通用。

任务五　集成电路的识别、检测及选用

1. 任务要求

了解集成电路的型号和命名方法，掌握其引脚识别方法及使用时的注意事项。

2. 相关知识——集成电路的识别、检测及选用

集成电路是利用半导体工艺或厚、薄膜工艺将晶体管、二极管、电阻、电容、连线等集中刻在一小块固体硅片或绝缘基片上，并封装在管壳之中，构成一个完整的、具有一定功能的电路。英文为缩写为 IC，也俗称芯片。具有体积小、重量轻、功耗低、成本低、可靠性高、性能稳定等优点。

（1）集成电路的分类和型号命名

① 集成电路的分类：

- 按功能及用途分类，可分为数字集成电路和模拟集成电路两大类。
- 按工艺结构及制造方法分类，可分为膜集成电路、半导体集成电路和混合集成电路等。
- 按其内部元件的集成度分类，可分为小规模集成电路（SSI）、中规模集成电路（MSI）、大规模和超大规模集成电路（LSI）。

② 命名方法：

- 国产集成电路的命名：根据国家标准，其命名由五部分组成，各部分的符号及意义见表 1-12。

表 1-12 国产半导体集成电路型号命名法

第一部分	第二部分	第三部分	第四部分	第五部分
中国制造	器件类型	器件系列品种	工作温度范围	封装
C	T：TTL H：HTL E：ECL C：CMOS M：存储器 μ：微型机电路 F：线性放大器 W：稳压器 D：音响电视电路 B：非线性电路 J：接口电路 AD：A/D 转换器 DA：D/A 转换器 SC：通信专用电路 SS：敏感电路 SW：钟表电路 SJ：机电仪电路 SF：复印机电路 …	TTL 电路分为： 54/74×××① 54/74H×××② 54/74L×××③ 54/74S××× 54/74LS×××④ 54/74AS××× 54/74ALS××× 54/74F××× CMOS 电路为： 4000 系列 54/74HC×× 54/74HCT×××	C：0—70℃⑤ G：-25~70℃ L：-25~85℃ E：-40~85℃ R：-55~85℃ M：-55~125℃⑥	D：多层陶瓷双列直插 F：多层陶瓷扁平 B：塑料扁平 H：黑瓷扁平 J：黑瓷双列直插 P：塑料双列直插 S：塑料单列直插 T：金属圆壳 K：金属菱形 C：陶瓷芯片载体 E：塑料芯片载体 G：网络针棚陈列封装 … SOIC：小引线封装 PCC：塑料芯片载体 LCC：陶瓷芯片载体

注：①74 表示国际通用 74 系列（民用）；54 表示国际通用 54 系列（军用）。②H 表示高速。③L 表示低速。④LS 表示低功耗。⑤C 表示只出现在 74 系列。⑥M 表示只出现在 54 系列

示例：

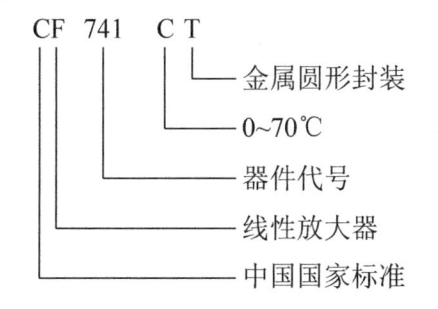

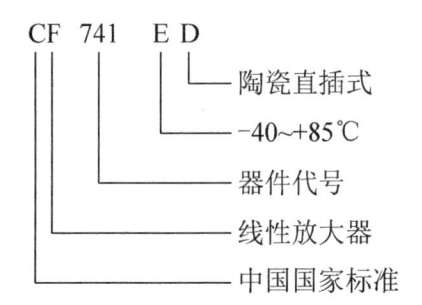

```
CF 741 C T
          └─ 金属圆形封装
        └─── 0~70℃
    └─────── 器件代号
  └───────── 线性放大器
└─────────── 中国国家标准

CF 741 E D
          └─ 陶瓷直插式
        └─── -40~+85℃
    └─────── 器件代号
  └───────── 线性放大器
└─────────── 中国国家标准
```

表1-13 国外主要集成电路厂家产品代号

生产厂家	代号	生产厂家	代号
美国摩托罗拉公司	MC（通用数字与线性电路）	美国模拟器件公司（Analog Devices）	AD
	MCM（存储器IC）、MMS	日本富士通公司	MB、MBM
日本日立公司（Hitachi）	HA（模拟电路）	日本东芝公司 Toshiba（TOSJ）	TA（双极型线性电路）
	HD（数字电路）		TC（CMOS电路）
	HM（RAM）		TD（双极型数字电路）
	HN（ROM）		TM（MOS电路）
日本电气公司（NEC）	μPC（模拟电路）	日本松下公司（Panasonic）	AN
	μPD（数字电路）	日本索尼公司	BX、CX
美国国家半导体公司（NSC）	LH（混合模拟电路）	西门子公司	TBA、TDA、SO
	LF（bi-JFET）（模拟电路）	美国无线电公司（RCA）	CA（模拟电路）
	LM（单片双极型线性电路）		CD（数字电路）
	AD、DA		CDP（微处理机电路）

（2）集成电路的引脚识别与使用注意事项

① 集成电路引脚识别：集成电路的引脚数量虽不同，但排列方式仍有一定规律可循。一般总是从外壳顶部看，按逆时针方向编号，如图1-41中箭头方向所示。第1脚位置都有参考标记，如圆形管座以键为参考标记，逆时针数第1、2、3…脚；若是扁平形或双列直插形，无论是陶瓷封装还是塑料封装，一般均有色点或某种标记（如小圆孔或锁口、缺角等），在色点或标记的正面左方，靠近色点的脚或靠近标记的左下脚就是第1脚，然后按逆时针方向1、2、3…脚数下去。图1-42~图1-44为各种封装集成电路的常见引脚排列方式。

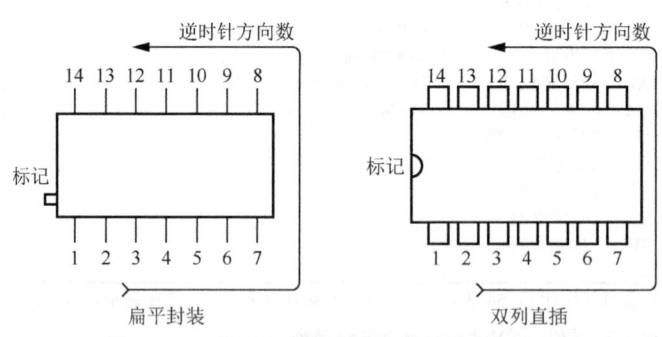

图1-41 扁平和双列直插集成电路引脚识别

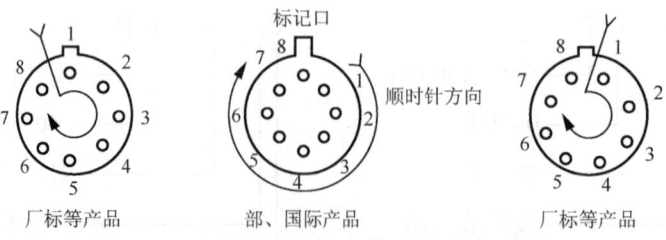

图1-42 圆壳封装集成电路引脚识别（底视）

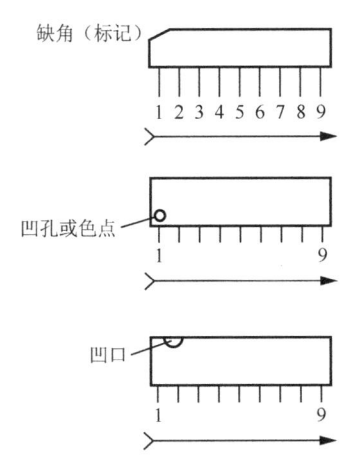

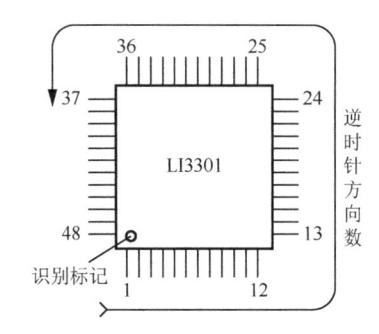

图 1-43　单列直插封装集成电路引脚识别　　　图 1-44　计算机用扁平封装集成电路引脚识别

② 集成电路使用注意事项：
- 使用集成电路时，其各项电性能指标（电源电压、静态工作电流、功率损耗、环境温度等）应符合规定要求。
- 在电路的设计安装时，应使集成电路远离热源；对输出功率较大的集成电路应采取有效的散热措施。
- 进行整机装配焊接时，一般最后对集成电路进行焊接；手工焊接时，一般使用 20~30W 的电烙铁，且焊接时间应尽量短（少于 10s）；避免由于焊接过程中的高温而损坏集成电路。
- 不能带电焊接或插拔集成电路。
- 正确处理好集成电路的空脚，不能擅自将空脚接地、接电源或悬空，应根据各集成电路的实际情况进行处理。
- MOS 集成电路使用时，应特别注意防止静电感应击穿。对 MOS 电路所用的测试仪器、工具以及连接 MOS 管的电路，都应进行良好的接地；存储时，必须将 MOS 电路装在金属盒内或用金属箔纸包装好，以防止外界电场使 MOS 电路产生静电感应将其击穿。

（3）集成电路的检测方法

① 没有装入整机电路前的检测方法：
- 电阻检测法：用万用表测各引脚对地的正反向电阻，并与参考资料或与另一同类电路板相比较，从而判断该集成电路的好坏。
- 电压检测方法：对集成电路通电，使用万用表的直流电压挡，测量集成电路各引脚对地的电压，将测出的结果与该集成电路参考资料所提供的标准电压值进行比较，从而判断是该集成电路有问题，还是集成电路的外围电路元器件有问题。

② 装入整机电路板后的检测（替代法）：用一块好的同类型的集成电路进行替代测试。这种方法往往是在前几种方法初步检测之后，基本认为集成电路有问题时所采用的方法。该方法的特点是：直接、见效快，但拆焊麻烦，且易损坏集成电路和电路板。

（4）常用集成电路芯片介绍

① 三端固定集成稳压器：

电路结构、外形：三端固定集成稳压器只有电压输入端、电压输出端和公共接地端，如图 1-45 所示。通常有两种封装方式：一种装在普通大功率管的管壳内，管壳为公共地端；

另一种为塑封，体积小，使用时一般要装散热片。有 W7800 和 W7900 系列稳压器。各系列的输出电压有 5、6、8、9、10、12、15、18、24V 等，输出电流有 1.5A（W7800、W7900）、0.5A（W78M、W79M）和 0.1A（W78L、W79L）等。

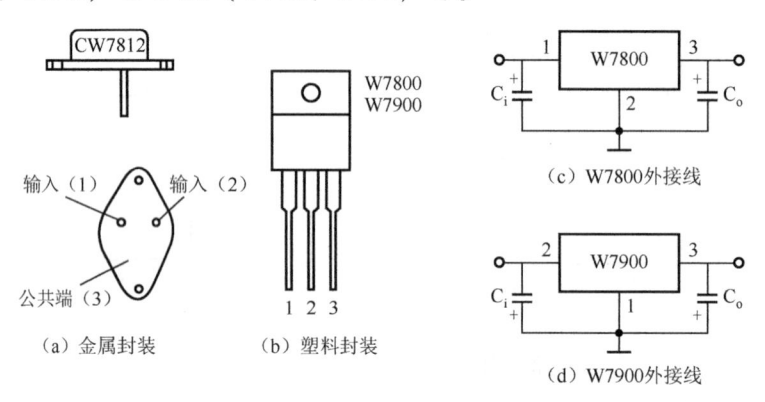

（a）金属封装　　（b）塑料封装　　（c）W7800外接线

（d）W7900外接线

图 1-45　三端固定集成稳压器

三端固定集成稳压器中设有可靠的保护电路，使用时不易损坏，不足之处是输出电压固定不可调，应用起来不太方便。

图 1-45（c）、1-45（d）为 W7800 正电压输出和 W7900 负电压输出接线图。使用时应对照封装外形图，因它们的引脚功能不同，不能接错。

三端固定集成稳压器的检测：万用表检测三端稳压器的方法如图 1-46 所示。以 7812 为例，在它的 1、2 脚加上直流电压 U_i（U_i 一定要注意极性，且至少比稳压器的稳压值高 2V，但最高不超过 35V）。万用表置于直流电压挡，测量 3 脚与 2 脚间的电压，若读数与稳压值相同，则稳压器是好的。再用万用表 $R \times 1k\Omega$ 挡，红表笔接散热板（与公共端通），黑表笔接另外两脚，阻值大的（几十千欧）为输入端，小的（几千欧）为输出端。

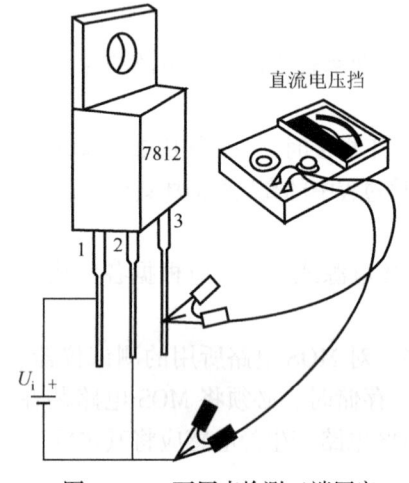

图 1-46　万用表检测三端固定集成稳压器的电压

② 三端可调集成稳压器：

结构、外形：这类稳压器是为了克服三端固定集成稳压器的缺点而研制的。应用时只需改变外接两只电阻的阻值比，就可使输出电压变化，从而获得所需的稳定电压。除了输出电压可调外，这种稳压器还可几个并联使用，在保证原有稳压精度的情况下使输出电流扩展（可达10A）。例如使用 W317 取代分立元件可调稳压电路，可使接线简单、使用方便、调压范围宽，同时电压调整率（稳定度）和输出电压的精度优于 W7800 系列三端固定集成稳压器。和 W7800 系列一样，W317 内部也设有过流保护及过热保护等电路，工作可靠。国内生产的三端可调集成稳压器主要参照美国国家半导体公司的 LM317 和 LM337 技术标准设计，型号为 W317 和 W337，其中 W317 输出电压 1.2~37V 连续可调，W337 输出电压 -1.2~37V 连续可调，两者输出电流均为 1.5A。图 1-47 是两种封装形式，它们也只有 3 个接线端（引脚）：3 脚为输入端，接整流电源；2 脚为输出端，接负载；1 脚为调整端，接取样电阻分压器。

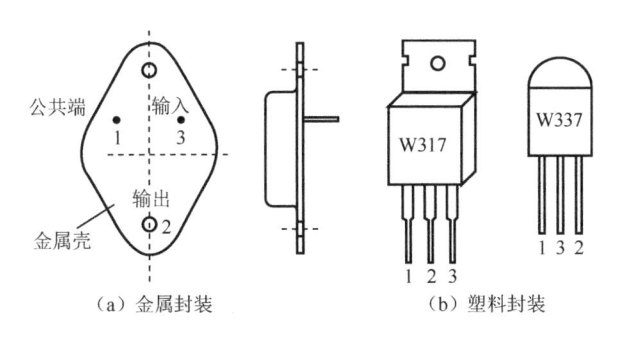

图 1-47 三端可调式输出集成稳压器

使用三端可调集成稳压器应注意：

a. 输入电压 U_i 和输出电压 U_o 之差不小于 2V，否则将不起稳压作用。

b. 稳压器的输入端要尽量靠近滤波电容 C_1，以免线路受分布参数影响，引起输入端的高频自激。

c. R_1 应紧靠输出端 2 脚，否则输出电流在引线上的压降改变 R_1 上的电压，使其偏离 1.25V，影响输出电压稳定。

d. R_P 的接地点应与负载电流返回接地点相同，否则负载电流在地线上的压降会附加在 R_P 上，造成输出电压不稳。R_P 应与 R_1 同种材料，且温度特性一致。

③ TDA1521 构成的集成功率放大器：TDA1521 是荷兰飞利浦公司生产的双声道功放，可单电源工作，也可双电源工作，在 ±16V 电源时可获得 2×12W 功率。内部设置了过热保护及静噪电路，接通或断开瞬间有静噪功能，可以在接通或断开瞬间抑制不需要的输入，保护功放及扬声器。该集成功率放大电路性能优良，外围电路简单，广泛应用于大屏幕电视机的音频信号放大电路，以及其他音频设备。

其一般参数有：电源电压 ±7 ~ ±20.0V；r = 0.5% 时输出功率（±16V 电源）为 12W×2（8Ω）；电压增益 30dB。

TDA1521引脚功能及参考电压：
1脚：11V—反向输入1（L声道信号输入）
2脚：11V—正向输入1
3脚：11V—参考1（OCL接法时为0V，OTL接法时为1/2Vcc）
4脚：11V—输出1（L声道信号输出）
5脚：0V—负电源输入（OTL接法时接地）
6脚：11V—输出2（R声道信号输出）
7脚：22V—正电源输入
8脚：11V—正向输入2
9脚：11V—反向输入2（R声道信号输入）

图 1-48 TDA1521 引脚功能

任务六　电声器件、常用开关、插接件、显示器件的识别与检测

1. 任务要求

能用目测法判断、识别常见常用开关、插接件、显示器件、电声器件的种类，并能正确说出名称；对器件上标注的主要参数能正确识读，并能用万用表对其质量进行检测。

2. 相关知识

（1）电声器件的识别与检测

电声器件可将电信号转换成声信号或把声信号转换成电信号。常用的电声器件有话筒（传声器）、扬声器（喇叭）、蜂鸣器、耳机等。

① 扬声器：常见的扬声器有舌簧式、动圈（电动）式、电磁式（音圈不动，磁铁运动）及晶体压电陶瓷式等，最常用的是动圈式。

图1-49为动圈式扬声器的结构和电路图形符号。其工作原理是：当音圈中有音频电流通过时，因受永久磁铁磁场的作用而运动，并带动音膜或纸盆振动而发出声音。

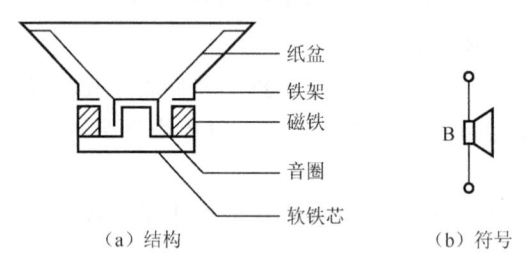

（a）结构　　（b）符号

图1-49　动圈式扬声器结构和符号

扬声器的检测：

a. 初步判断扬声器的好坏。利用万用表检测扬声器的方法如图1-50所示。把扬声器口朝下平放在桌面上，把万用表置于R×1Ω挡，两只表笔分别碰触扬声器的两个接线端，正常的扬声器能发出"咯、咯"声，声响越大表明扬声器灵敏度越高；如果发声很小，且万用表表针摆动幅度也小，则表明性能较差，可能是音圈局部短路（感应电势下降）；如果扬声器无声，且万用表表针不摆动，则可能引出线断线或音圈烧断；若扬声器无声，但万用表表针摆动，则表明音圈引出线是好的，但音圈被卡住而不动。

b. 万用表测试音圈阻抗。用万用表测试音圈阻值，测的是直流电阻值，扬声器的交流阻抗是直流电阻的1.1~1.3倍，即 $Z = (1.1 \sim 1.3)R$。测试时要注意：将万用表置于R×1Ω挡，且要准确调零；测试时间不宜过长（电流较大）。

② 耳机：耳机也是一种电声器件，和扬声器的不同是扬声器能向空间辐射声波，而耳机仅向人耳传输声能。

a. 耳机的种类、外形及符号：常用耳机的外形及电路图形符号如图1-51所示，它主要由磁铁、线圈与振动膜等组成，发声原理类似于扬声器。按声道分有单声道耳机和双声道耳机，按阻抗区分有低阻抗（8、10、16、20、32Ω）耳机和

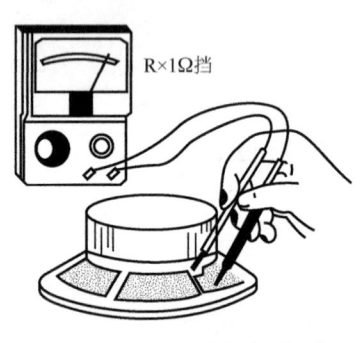

图1-50　用万用表检测扬声器

高阻抗耳机（800、2000Ω），常用的是低阻抗耳机。

b. 耳机、耳塞的检测：可用万用表按图1-52类似方法检测耳机阻抗或判断耳机好坏：将万用表表笔换成鳄鱼夹，一只鳄鱼夹夹住耳机插头的一端，另一只夹住大头针。万用表置于R×1Ω挡，将大头针与插头的另一端相碰，正常时应听到耳机发出"咯咯"声；若无声，多是引线断，分段扎入耳机引线中，如扎入引线后耳机发声，则耳机与针尖之间的引线是好的，而靠近插头的这段引线断线。若大头针插入耳机引线后耳机不响，但万用表表针指在0

· 40 ·

处，则说明检测的是同一根引线，需将大头针扎入另一根引线再测。

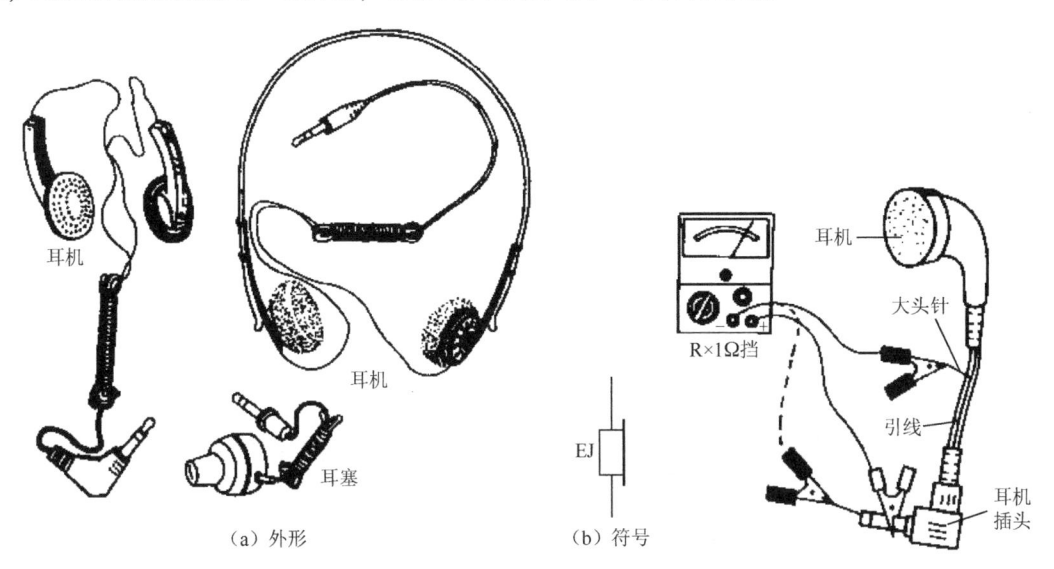

图1-51 常用的耳机和耳塞的外形和符号

图1-52 万用表检测耳机

③ 传声器（话筒）：

a. 种类、外形及符号：话筒可将声音变成电信号。话筒种类很多，其外形和电路图形符号如图1-53所示。按结构形式不同，可分为动圈式、电容式、晶体式、铝带式、驻极体式等，用得最多的是动圈式和驻极体式两种。

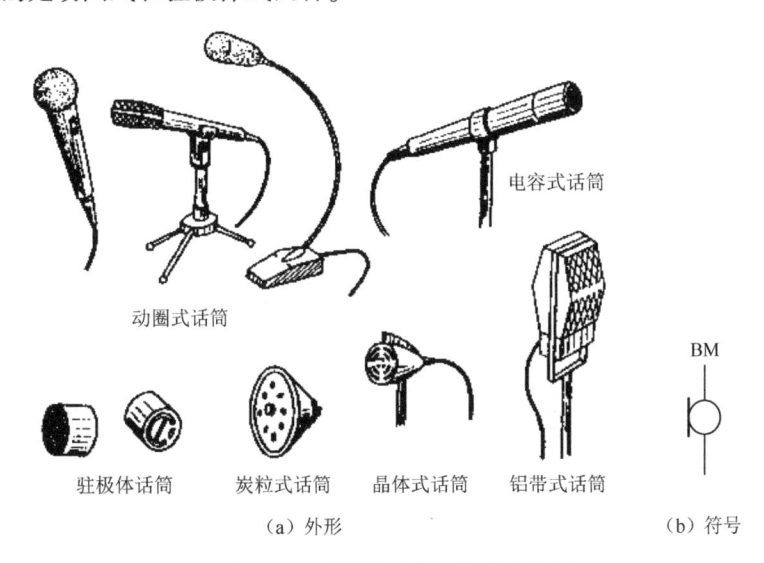

图1-53 话筒的种类、外形及符号

b. 动圈式话筒结构原理及其检测：动圈式话筒又称电动式话筒，结构原理与电动式扬声器类似，但体积要小得多。动圈式话筒有低阻抗（几百欧）和高阻抗（10~20kΩ）两种，要用内附变压器变换阻抗后才能接向扩音机的输入级。动圈式话筒的频率响应一般为200~5000Hz，输出0.3~3mV音频电压。

动圈式话筒检测方法与动圈式扬声器类似。测试低阻抗话筒时将万用表置于 R×1Ω

挡，检测高阻抗时置于 R×100Ω 或 R×1kΩ 挡。测量中，低阻抗话筒发出的"咯咯"声音比高阻抗的要大些。如果万用表显示为 0 或 ∞，或话筒不发声，则表明话筒有故障（短路或断线）。

动圈式话筒主要参数除输出阻抗、频率响应范围外，还有灵敏度（mV/Pa），在业余条件下灵敏度难以测量，但可用万用表初步判断：在测试话筒阻抗时，对着话筒吹气，使音圈运动切割永久磁铁的磁力线，在音圈两端感应电压，再经阻抗变换器后迭加至万用表表头，若万用表表针摆动，则说明被测话筒是好的，表针摆动幅度越大，表明话筒的灵敏度越高。

- 驻极体式话筒结构原理及其检测：可利用万用表电阻挡大致检查驻极体式话筒好坏。如图 1-54 所示，将万用表置于 R×1Ω 挡，黑表笔接驻极体式话筒的 1 端（场效应管漏极 D 加上正电压），红表笔接话筒 3 端（话筒引出线金属网，即地端），此时万用表表针指在某一刻度上。然后用嘴对准话筒吹气，万用表表针若摆动较大，则表明驻极体式话筒是好的，摆幅越大表明该驻极体式话筒灵敏度越高。若表针始终指向∞，说明该话筒失效。

（2）开关、继电器、插接件的识别与检测

开关（Switch）、接插件和继电器（Relay）都是常用的电子元器件。它们的基本功能就是实现电路的通断。

① 开关件的识别与检测：开关在电路中的作用就是对电器（负载）的供电进行通断控制。

开关的分类：按控制方式来分，可分为机械开关（如按键开关、拉线开关等）、电磁开关（如继电器等）、电子开关（如二极管、晶体管构成的开关管等）；按接触方式来分，可分为有触点开关（如机械开关、电磁开关等）和无触点开关（如电子开关等）；按机械动作的方式来分，可分为按动开关、旋转开关、拨动开关等；按结构来分，可分为：单刀单掷开关、单刀数掷开关、多刀单掷开关、多刀数掷开关等。

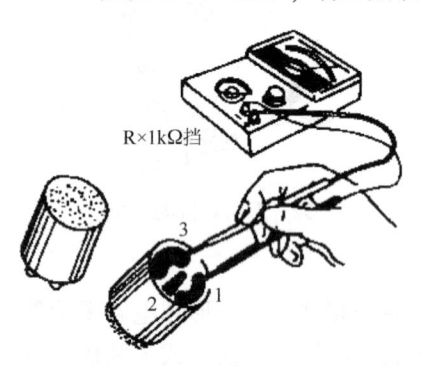

图 1-54 万用表检测驻极体话筒

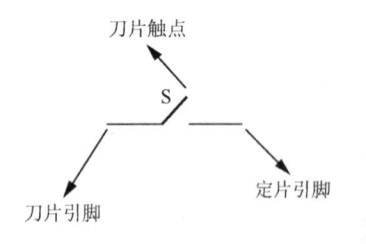

图 1-55 开关示意图

图 1-56 常见的各种开关外形图

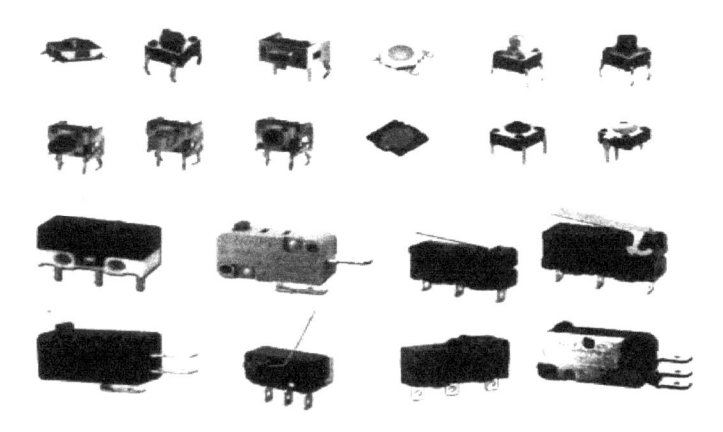

图 1-57　常见的非锁定式开关外形图

图 1-58　常见的波段开关外形图

图 1-59　常见的拨码开关外形图

开关的主要技术参数：

　　a. 额定工作电压：开关的额定工作电压是指开关断开时，开关承受的最大安全电压。若实际工作电压大于额定电压值，则开关会被击穿，开关因此而损坏。

　　b. 额定工作电流：开关的额定工作电流是指开关接通时，允许通过开关的最大工作电流。若实际工作电流大于额定电流值，则开关会因电流过大而被烧坏。

　　c. 绝缘电阻：开关的绝缘电阻是指开关断开时，开关

图 1-60　开关参数标注图

两端的电阻值。性能良好的开关，该电阻值应为100MΩ以上。

d. 接触电阻：开关的接触电阻是指开关闭合时，开关两端的电阻值。性能良好的开关，该电阻值应小于0.02Ω。

开关件的检测：

a. 机械开关的检测：对于机械开关，主要是使用万用表的欧姆挡对开关的绝缘电阻和接触电阻进行测量。若测得绝缘电阻小于几百千欧时，说明此开关存在漏电现象；若测得接触电阻大于0.5Ω，说明该开关存在接触不良的故障。

b. 电磁开关的检测：对于电磁开关（继电器），主要是使用万用表的欧姆挡对开关的线圈、开关的绝缘电阻和接触电阻进行测量。继电器的线圈电阻一般在几十欧至几千欧之间，其绝缘电阻和接触电阻值与机械开关基本相同。将测量结果与标准值进行比较，即可判断出继电器的好坏。

c. 电子开关的检测：对电子开关的检测，主要是通过检测二极管的单向导电性和晶体管的好坏来初步判断电子开关的好坏。

② 接插件的检测及选用：接插件又称连接器或插头插座。按使用频率分，有低频接插件（适合在100MHz以下的频率使用）、高频接插件（适合在100MHz以上的频率使用）；按用途来分，有电源接插件（或称电源插头、插座）、耳机接插件（或称耳机插头、插座）、电路板连接件、集成块接插件等；按结构形状来分，有圆形、矩形、扁平排线接插件等。

对接插件的检测，通常的做法是：先进行外表直观检查，然后再用万用表进行检测。

- 外表直观检查：这种方法用来检查接插件是否有引脚相碰、引线断裂的现象。若外表检查无上述现象且需要进一步检查时，采用万用表进行测量。
- 万用表的检测：使用万用表的欧姆挡对接插件的有关电阻进行测量。对接插件的连通点测量时，连通电阻值应小于0.5Ω，否则认为接插件接触不良。对接插件的断开点测量时，其断开电阻值应为无穷大，若断开电阻接近零，说明断开点之间有相碰现象。

开关及接插件的选用：首先应根据使用条件和功能来选择合适类型的开关及接插件；开关接插件的额定电压、电流要留有一定的余量；尽量选用带定位的接插件，以免插错而造成故障；触点的接线和焊接要可靠，焊接处应加套管保护。

下面仅介绍常用接插件的相关资料。

a. 耳机接插件：耳机接插件有单声道与立体声之分，它们之间的区别是立体声接插件比单声道的多了一个引脚（带开关的则多两个引脚）。耳机接插件按照插头的直径（插座的孔径）可分为2.5mm、3.5mm、6.5mm（准确的数字应该是1/4英寸=6.35mm）等类型，其中2.5mm直径的耳机接插件只有单声道的，3.5mm与6.5mm直径的则有立体声与单声道两种类型。

在耳机插座中还有带开关与不带开关两种形式。所谓带开关就是在普通插座上又增加了一个触点（引脚），当插头没有插入时，信号触点（引脚）与该触点接通；当插头插入时，信号触点（引脚）与该触点断开，信号触点（引脚）只与插头相连。

立体声接插件主要用于传送平衡信号（此时功能与卡侬接插件一样）或者用于传送不平衡的立体声信号，如耳机。常见的耳机接插件如图1-61所示。

b. RAC接插件：RAC接插件又称莲花插头/插座，输出的信号电平约为-10dB，主要用于民用音响设备，如常用的CD机、录音机、电视机等。在音频设备中，通常用不同颜色的RAC接插件来传输两个声道的音频信号；左声道通常为白色，右声道通常为红色。有时候也采用这种接插件来传送模拟的视频信号（如 VCD、DVD 的视频信号），此时接插件的颜色为黄色。常见的 RAC 接插件外形如图 1-62 所示。

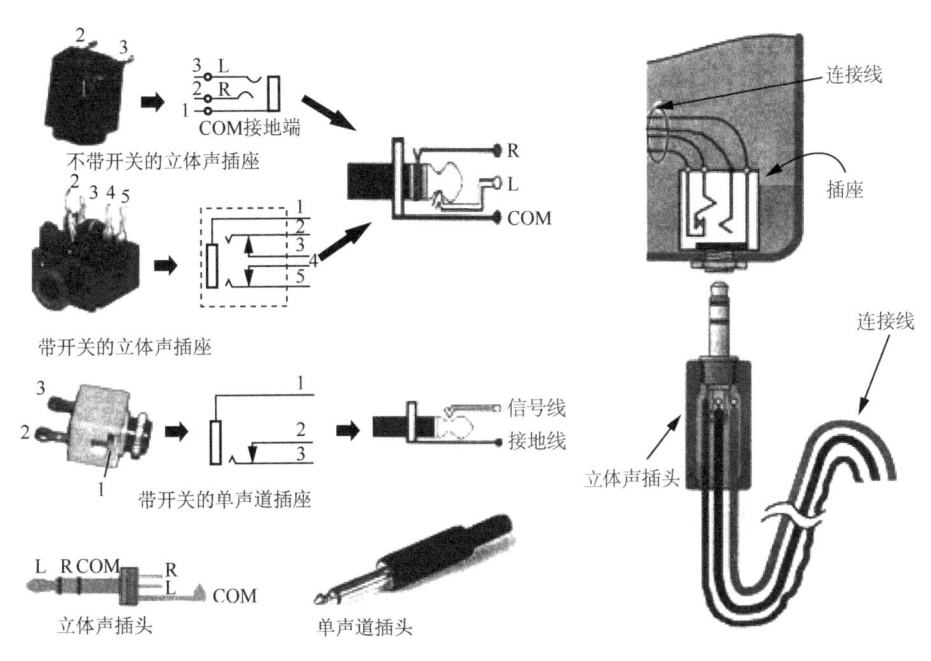

图 1-61 常见的耳机外形图

c. BNC 接插件：BNC 接插件是一种用来连接同轴电缆的接插件。BNC 插头是一个螺旋凹槽的金属接头，由金属套头、镀金针头和 3C/5C 金属套管组成。常见的 BNC 接插件和 T 形接头的外形如图 1-63 所示。

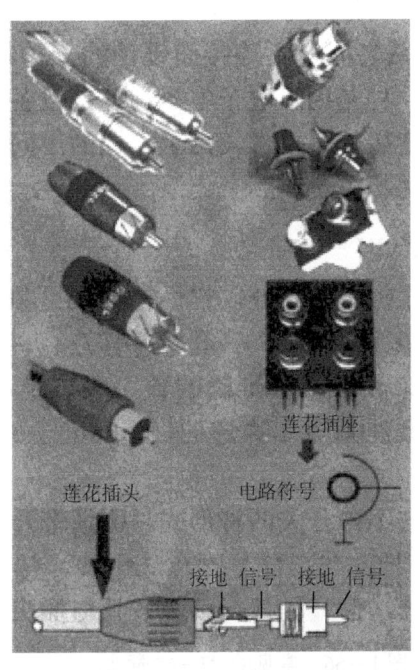

图 1-62 常见的 RAC 插头/插座外形图 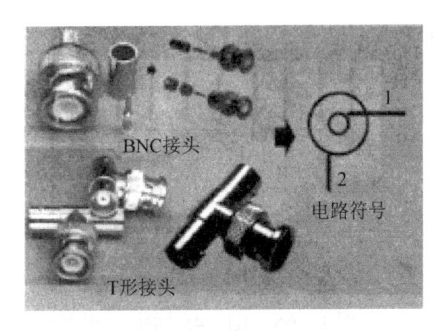　　图 1-63 常见的 BNC 插头和 T 形接头的外形图

d. S 端子：S 端子是 S – Video 的简称，是视频信号的专用输入/输出接口。S 端子是五线接头；两路视频亮度信号，两路视频色度信号，一路公共屏蔽地线。S 端子的视频传输速率为 5Mb/s。

S 端子主要安装在高档的录像机、彩色电视机及激光视盘播放机上作为视频信号专用输入/输出接口。需要注意的是，由于 S 端子中不包含音频信号，因此在影音设备中若采用 S 端子来传输视频信号，就必须另加两条音频信号线来传送音频信号。S 端子的插头/插座外形图如图 1 – 64 所示。

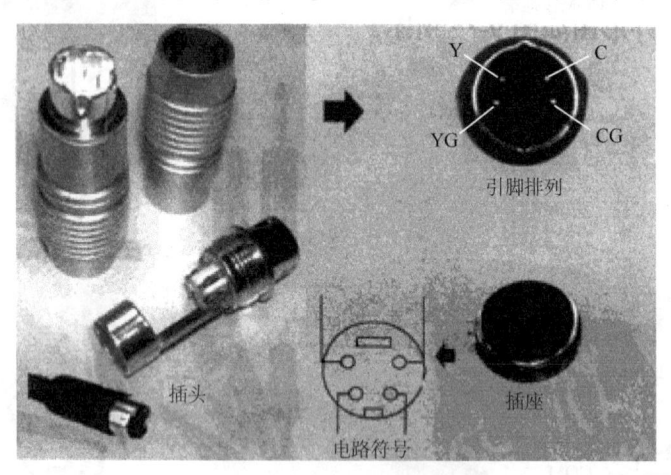

图 1 – 64　S 端子的插头/插座外形图

e. RJ – 45 接插件：RJ – 45 插头是一种只能沿固定方向插入并防止自动脱落的塑料接头，因为它的外表晶莹透亮，故称"水晶头"，专业术语为 RJ – 45 连接器（RJ – 45 是一种网络接口规范）。与 RJ – 45 插头对应的插座则为 RJ – 45 插座（又称为 RJ – 45 接口）。

RJ – 45 插头通常用来连接非屏蔽双绞线，每条双绞线两头都必须通过安装 RJ – 45 插头才能与网卡和集线器（或交换机）相连接。

RJ – 45 插头有 8 根连针。图 1 – 65 为 RJ – 45 插头的截面示意图，从左到右的引脚分别为 1～8。在 10Base – T 标准中，仅使用 4 根，即第 1 对双绞线使用第 1 针和第 2 针，第 2 对双绞线使用第 3 针和第 6 针（第 3 对和第 4 对备用）。与其他插头不同的是，RJ – 45 插头必须采用专用的卡线钳才能制作。

RJ – 45 插头主要应用在网卡（NIC），集线器（Hub）或交换机（Switch）上进行网络通信。在通常情况下，RJ – 45 插头的一端连接在网卡上的 RJ – 45 接口，另一端连接在集线器或交换机上。常见的 RJ – 45 插头/插座外形如图 1 – 66 所示。

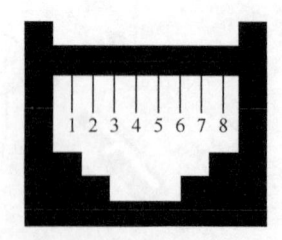

图 1 – 65　RJ – 45 插头（水晶头）的截面示意图

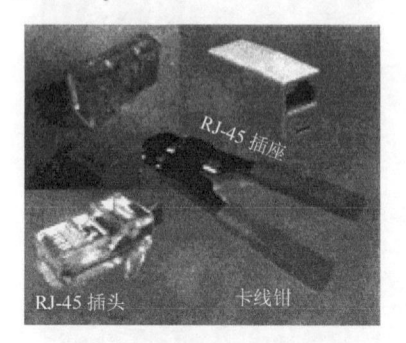

图 1 – 66　常见的 RJ – 45 插头/插座外形图

③ 继电器的检测及选用：继电器（Relay）是一种电子控制器件，具有控制系统（又称输入回路）和被控制系统（又称输出回路）。继电器可以使用一组控制信号来控制一组或多组电器接点开关，通常应用在自动控制电路中。继电器实际上是用较小的电流去控制较大电流的一种"自动开关"，故在电路中起着自动调节、安全保护及转换电路等作用。

根据驱动方式，继电器主要有电磁继电器、固态继电器等类型。

电磁继电器：电磁继电器一般由铁芯、线圈、衔铁、触点及簧片等组成。线圈是用漆包线在一个圆铁芯上绕几百圈至几千圈。只要在线圈两端加上一定的电压，线圈中就会流过一定的电流，圆铁芯就会产生磁场，该磁场产生强大的电磁力，吸动衔铁带动簧片，使簧片上的触点接通（常开）。当线圈断电时，铁芯失去磁性，电磁的吸力也随之消失，衔铁就会离开铁芯。由于簧片的弹性作用，故因衔铁压迫而接通的簧片触点就会断开，如图 1-67 所示。因此，可以用很小的电流去控制其他电路的开关，达到某种控制的目的。

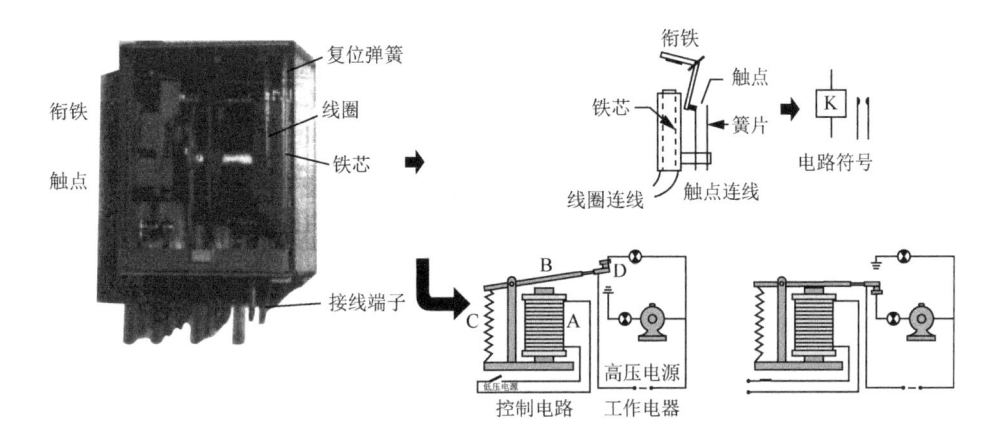

图 1-67 电磁继电器工作示意图

继电器通常由塑料或有机玻璃防尘罩保护着，有的还是全密封的，以防触电氧化。常见的电磁继电器外形如图 1-68 所示。

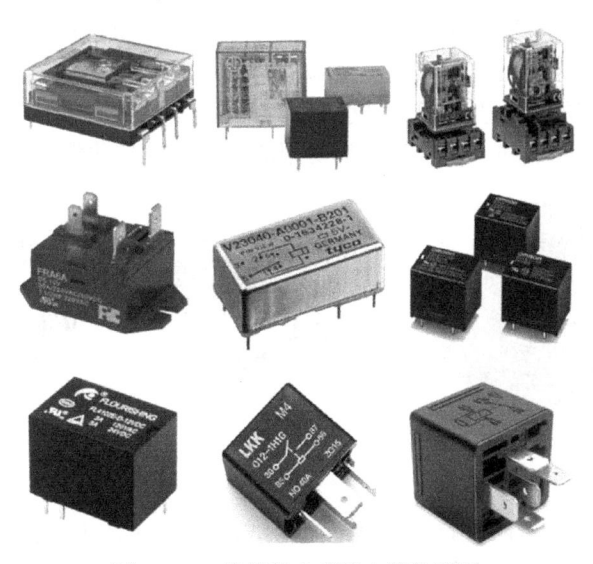

图 1-68 常见的电磁继电器外形图

普通电磁继电器的主要参数有线圈额定工作电压、触点额定工作电压、触点额定工作电流、线圈额定工作电流、吸合电流、释放电流、触点接触电阻、绝缘电阻等。其中线圈额定工作电压、触点额定工作电压、触点额定工作电流这三项参数是最主要的，通常在继电器的外罩上标明，如图1-69所示。

图1-69 电磁继电器参数示意图

常见的小型电磁继电器的型号和主要参数通常由三部分组成，如上图所示。其中第一部分表示继电器的型号，如JQX-3F、JZC-32F等型号；第二部分表示继电器触点的工作电压，包括电压的数值和性质（交流或直流），其中"A"或"AC"表示交流，"D"或"DC"表示直流（表示直流的字母有时也可省去不用），用阿拉伯数字表示电压的数值，如120V AC表示交流120V；第三部分表示继电器线圈的工作电压。常见小型电磁继电器绕组电压有直流3V、5V、6V、9V、12V、18V、24V、48V、60V、110（120）V及交流6V、12V、24V、48V、220V等。

电磁继电器的检测：

a. 继电器引脚的判定：一般继电器有5个引脚。其中两个引脚为线圈引脚，输入控制电流，一个公共引脚，一个常开引脚，一个常闭引脚。一般都会在外观上标出引脚功能，此时通过目测就可以确定继电器各引脚的功能，如图1-70所示。

当用上述方法无法判断时，可以采用万用表进行测量。

用万用表测量，两两一组测量两个引脚之间的电阻：阻值为几十欧至几百欧电阻的两脚是线圈；线圈不通电时，导通（阻值为零）的两个引脚为公共引脚和常闭引脚；将继电器的线圈通上电流，继电器吸合后能听到一声清脆的"嗒"声，这时再次测量线圈以外的三个引脚间的电阻，阻值为零的两个引脚为公共引脚和常开引脚，结合前面的测量即可将继电器的引脚判定出来；一对常闭点和一对常开点都要用的那个脚是公共脚。

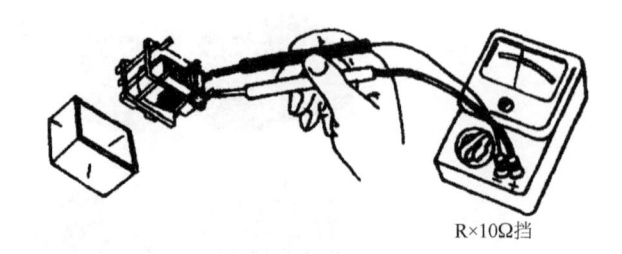

图1-70 继电器表面引脚标注示意图　　图1-71 电磁继电器直流电阻检测

b. 电磁式继电器质量判断：首先测量继电器线圈阻值（几十欧到几千欧），也是判断线圈引脚的重要依据；其次是观察触点有没有发黑等接触不良现象，也可以用万用表来测量，线圈在未加电压时，动触点与常闭触点引脚电阻应为零欧，加电吸合后，阻值应变为无穷大。且测量动触点与常开触点电阻为零欧，断电后变为无穷大。电磁式继电器是各种继电器中应用最普遍的一种，它的特点是接点接触电阻很小（小于1欧），缺点是动作时间长（ms级以上），接点寿命短（一般在10万次以下），体积较大。

电磁继电器应用注意事项与保护：

线圈使用电压在设计上最好按额定电压选择，使用电压不要高于线圈最大工作电压，也不要低于额定电压的90%，否则会危及线圈寿命和使用的可靠性。

除了工作电压（动态电压）要符合外，继电器的工作电流（动作电流）也必须在继电器的容许范围内。加到触点上的负载应符合触点的额定负载和性质，不按额定负载大小（或范围）和性质施加负载往往容易出现问题。例如，只适合直流负载的产品不要应用在交流场合，否则可能影响电路的电气性能。

不同线圈电阻和功耗的继电器不要串联供电使用，否则串联回路中线圈电阻小的继电器不能可靠工作（线圈两端电压降低）。只有同规格、同型号的继电器才可以串联供电，但此时反峰电压会提高，应给予抑制。

④ 熔断器的检测及选用：熔断器，又称保险丝，用于电路过载和短路的保护。当通过熔断器的电流大于规定值时，以其自身产生的热量使熔体熔化而自动分断电路。熔断器按其用途分为一般用途熔断器和半导体设备保护用熔断器。

熔断器的检测：

万用表的欧姆挡测量。熔断器没有接入电路时，用万用表的 R×1Ω 挡测量熔断器两端的电阻值。正常时，熔断器两端的电阻值应为零欧；若电阻值很大，或趋于无穷大，则说明熔断器已损坏，不能再使用。

熔断器的在路检测。当熔断器接入电路，并通电时，可用万用表的电压挡进行测量。若测得熔断器两端的电压为零伏，或两端对地的电位相等，说明熔断器是好的；若熔断器两端的电压不为零，或两端对地的电位不等，说明熔断器已损坏。

⑤ 显示器件：电子显示器件是指将电信号转换为光信号的光电转换器件，即用来显示数字、符号、文字或图像的器件。

液晶显示器（LCD）：液晶显示器又称 LCD（Liquid Crystal Display），为平面超薄的显示设备，它由一定数量的彩色或黑白像素组成，放置于光源或者反射面前方。液晶显示器功耗很低，因此备受工程师青睐，适用于使用电池的电子设备。它的主要原理是以电流刺激液晶分子产生点、线、面配合背部灯管构成画面。液晶显示器种类很多，按显示驱动方式可分为静态驱动、多路寻址驱动和矩阵式扫描驱动显示。常见的液晶显示器按使用功能可分为：仪表显示器、电子钟表显示器、电子计算器显示器、点阵显示器、彩色显示器以及其他特种显示器。

LED 数码管：LED 数码管实际上是由七个发光管组成"8"字形构成的，加上小数点就是八个。这些段分别由字母 a，b，c，d，e，f，g，dp 来表示。当数码管特定的段加上电压后就会发亮，形成我们眼睛看到的字样。一般情况下，单个发光二极管的管压降为 1.8V 左右，电流不超过 30mA。发光二极管的阳极先连到一起再接到电源正极的称为共阳数码管，发光二极管的阴极先连到一起再接到电源负极的称为共阴数码管。常用 LED 数码管显示的数字和字符是 0、1、2、3、4、5、6、7、8、9、A、B、C、D、E、F。

(a) 仪表显示器　　　　　显示屏右视图

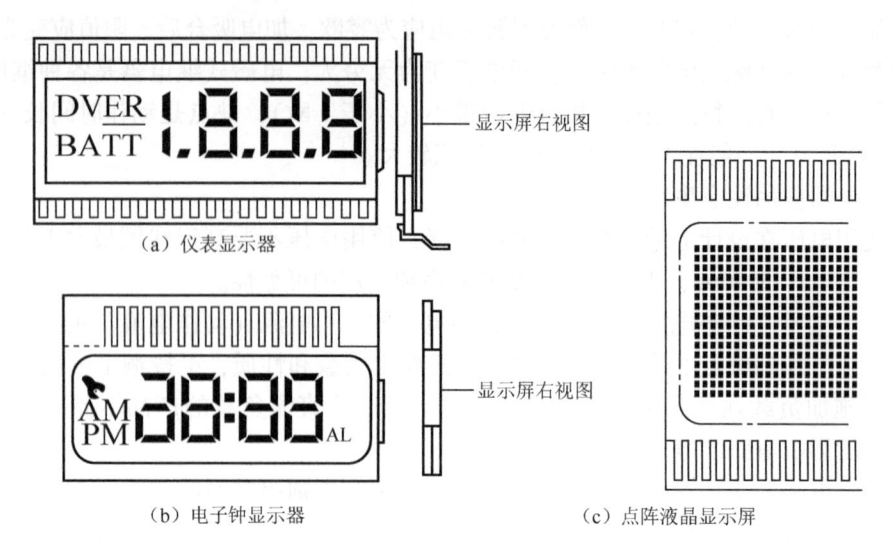

(b) 电子钟显示器　　　　显示屏右视图

(c) 点阵液晶显示屏

图 1-72　常见的液晶显示器

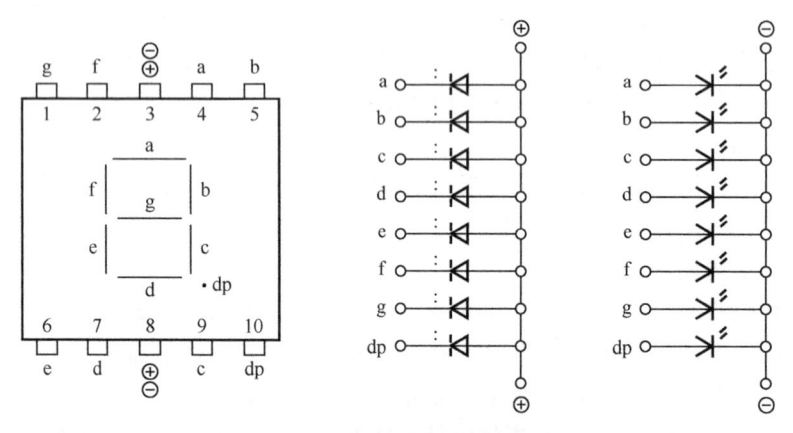

图 1-73　LED 数码管的内部结构

⑥ LED 点阵显示屏

LED 是 Light Emitting Diode，即发光二极管的英文缩写。LED 电子显示屏由几万至几十万个半导体发光二极管像素点均匀排列组成，是一种通过控制半导体发光二极管的显示方式，来显示文字、图形、图像、动画、行情、视频、录像信号等各种信息的显示屏幕。LED 点阵屏有单色、双色和全彩三类，可显示红、黄、绿、橙等颜色。LED 点阵显示屏有 4×4、4×8、5×7、5×8、8×8、16×16、24×24、40×40 等多种；目前应用最广的是红色、绿色、黄色 LED 显示屏。LED 点阵电子显示屏制作简单、安装方便，被广泛应用于各种公共场合，如汽车报站器、广告屏以及公告牌等。

以简单的 8×8 点阵为例，它共由 64 个发光二极管组成，每个发光二极管放置在行线和列线的交叉点上，如图 1-74 所示，其等效电路如图 1-75 所示，当对应的某一行置 1 电平，某一列置 0 电平，则相应的二极管就发光。

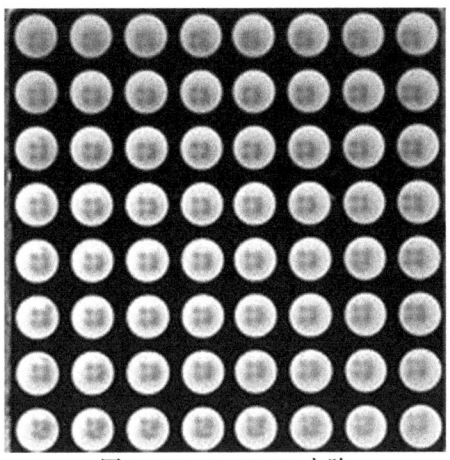

图 1-74　8×8LED 点阵

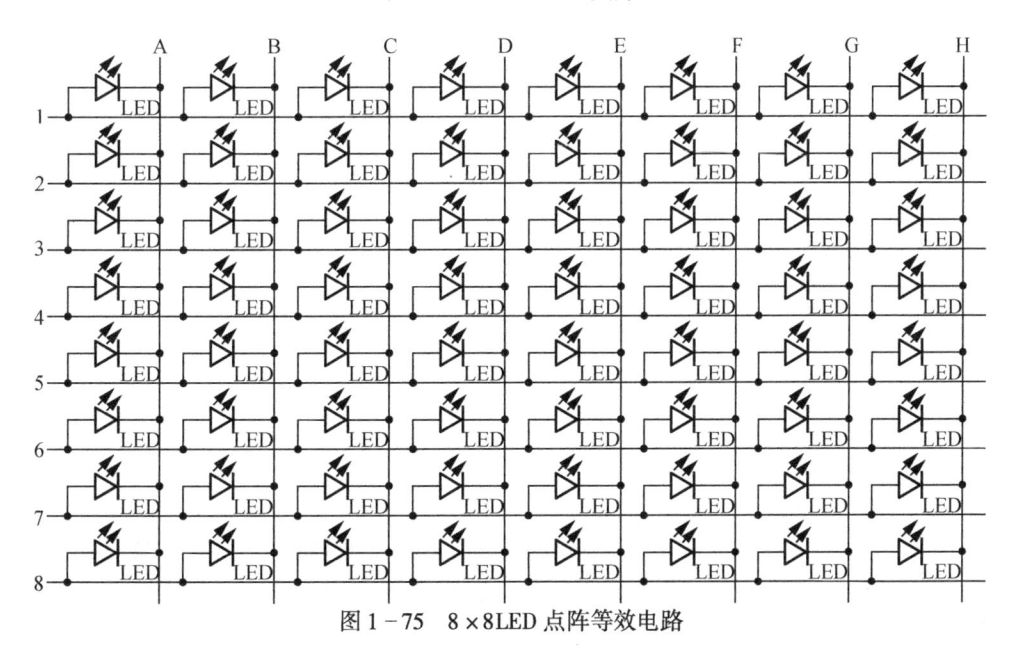

图 1-75　8×8LED 点阵等效电路

在图 1-75 中的 1 脚加高电平,再在 ABCDEFGH 端加低电平,第一行的发光二极管就会全部点亮。但是实际器件的各排引脚并不一定是如图 1-75 所示那样,横向按 12345678 顺序排列,纵向按 ABCDEFGH 的顺序排列的。因此如需了解实际引脚排序,须用万用表进行测量。其用指针万用表测量方法如下:

步骤 1:定正负极

把万用表拨到 R×10,先用黑色表笔(输出高电平)随意接触一个引脚,红色表笔碰触另一个引脚,看点阵有没有发光,如果没发光,就用黑色表笔换一个引脚触碰,红色表笔碰触余下的引脚,若点阵发光,则说明黑色表笔接触的那个引脚为正极,红色表笔碰到就发光的 8 个引脚为负极,剩下的 7 个引脚为正极。

步骤 2:引脚编号

先把器件的引脚正负分布情况记下来,正极(行)用数字表示,负极(列)用字母表示,先定负极引脚编号,黑色表笔选定一个正极引脚,红色表笔点负极引脚,看哪列的二极管发光，第一列亮就在引脚处标"A"，第二列亮在引脚标"B"，以此类推。剩下的正极引脚用同样的方法判别，第一行的亮就在引脚标"1"，第二行就在引脚标"2"，以此类推。

任务七　旧电话的拆卸

1. 工作任务

准备一台旧电话机，识别拆卸下来元器件的标注，并用万用表对电话机中的元器件进行在线测量和离线测量。

2. 任务要求

通过旧电话拆卸的实践活动，使学生掌握常用电子元器件的分类、型号、主要技术参数及标注方法；掌握常用电子元器件的检测和选用方法。

项 目 小 结

1. 电子工艺是生产者利用设备和生产工具，对各种原材料、半成品进行加工或处理，使之最后成为符合技术要求电子产品的艺术（工序、方法或技术）。它是人类在生产劳动中不断积累起来并经过总结的操作经验和技术能力。

2. 电子产品制造过程的基本要素是材料、设备、方法、人力、管理。

3. 电阻的最常用的主要技术指标有两个：阻值和额定功率。主要用万用表的欧姆挡对其进行测量，通过表的读数与电阻上的标注读数进行比较，判断其是否有阻值变大或断路等故障。

4. 电容的主要技术指标有两个：容量和额定电压。测量电容的方法主要是用万用表的欧姆挡，通过表针的摆动是否回到原位可判断大电容量电容的好坏；通过观察表针是否不动或摆到表盘的尽头，可判断小容量电容的好坏。

5. 电感的主要技术指标有两个：电感量和品质因数。测量电感的方法主要是用万用表的欧姆挡，若有一定的阻值，表示此电感是好的；若阻值无穷大，则表示电感断路；若阻值为零，对于有很多圈绕组的电感，则表示该电感短路，对于只有很少圈绕组的电感，则不能判定该电感短路，需要用替换法进一步判别。

6. 变压器的主要技术指标有两个：次级输出电压和额定功率。测量变压器的方法主要是用万用表的欧姆挡，若该绕组有一定阻值，表示此绕组是好的；若该绕组的阻值无穷大，则表示该绕组已经断路；若该绕组的阻值为零，对于有很多圈绕组的电感，则表示该电感短路，对于只有很少圈绕组的电感，则不能判断该电感短路，需要用电压法测量才能进行好坏的判别。

7. 二极管的主要技术指标有两个：正向最大整流电流和额定耐压。测量二极管的方法主要是用万用表的欧姆挡，需要测量两次才能对二极管的质量进行判断，即正向电阻比较小，反向电阻非常大，则该二极管一般为正常，同时能检测出二极管管脚的极性。一般小功率的二极管在管壳上都有标注，一般涂有黑色（或银色）的圈或点一端的管脚为二极管的负极。

8. 三极管的主要技术指标是放大倍数。主要通过使用万用表的欧姆挡对其两个PN结进行测量，每个PN结需要测量两次才能判断，即每个PN结的正向电阻都比较小，反向电阻都非常大，则该三极管一般为正常，同时能检测出三极管管脚的极性。或者是直接使用万用表上测量三极管 β 值的插孔对三极管进行测量，在三极管的管脚正确插入万用表的对应插孔后，若指针读数在 300 以内，表示该三极管基本正常。

9. 开关和接插件主要通过用万用表的欧姆挡，对开关或接插件的两个极进行测量，若阻值为零，表示该开关或接插件是好的；若阻值无穷大，则表示该开关或接插件接触断路；若有一定的阻值，则表示该开关或接插件接触不良，需要进行修复或更换。

10. 集成电路的测量一般都是通过替换法来进行的。对于没有专用仪器的维修人员，都是用一个好的该型号的集成电路对怀疑有问题的集成电路进行替换，若故障排除，则表示原来的集成电路已经损坏。

课后练习

1. 电子产品生产工艺技术培养目标是什么？
2. 电子产品生产工艺技术人员的工作范围是哪些？
3. 常见的电阻器有哪几种？各自的特点是什么？
4. 根据色环读出下列电阻器的阻值及误差：
   棕红黑金、黄紫橙银、绿蓝黑银棕、棕灰黑黄绿
5. 电位器的阻值变化有哪几种形式？每种形式适用于何种场合？在使用前如何检测其好坏？
6. 请写出下列符号所表示的电容量：
   220、0.022、332、569、4n7、R33
7. 怎样用万用表检测电解电容的质量？
8. 电感器有哪些基本参数？各自的含义是什么？
9. 常用二极管有哪几种？每种的特点是什么？
10. 请写出下列二极管型号的含义：
    2CW52、2AP10、2CU2、2DW7C
11. 请写出下列晶体管型号的含义：
    3AX31、3DG201、3DD15A
12. 如何用万用表判别晶体管的三个电极及管型？
13. 场效应管有哪几种？每种的特点是什么？使用时应注意什么？
14. 画出电动式扬声器的基本结构，并说明其工作原理。
15. 传声器有哪几种？每种的特点是什么？使用时应注意什么？

模块二　电子产品生产工艺文件的识读

项目二　电子产品生产工艺文件的识读和编制

【项目实施目标】

本项目的工作任务是在万能板上装配晶体管可调式直流稳压电源电路,编写装配作业指导书和相关工艺卡。项目的主要目标是学习静电防护知识和安全文明生产知识,了解6S现场管理的内容和要求;掌握静电防护措施;掌握安全隐患防范办法及触电急救措;能识读常用工艺文件,学会编写作业指导书和工艺卡。

【教学导航】

教	知识重点	安全与文明生产的措施;静电的防护措施;常用工艺文件的识读和作业指导书的编制
	知识难点	工艺文件的识读和作业指导书的编制
	推荐教学方式	课堂讲授:安全文明生产、静电防护、6S管理、常用工艺文件的识读与编制。 多媒体演示:准备教学幻灯片和安全用电、企业静电防护相关视频材料,在相应教学环节播放。 案例教学:企业6S管理案例分析、工艺文件编制案例分析。 学生操作练习:学生在教师指导下完成在万能板上装配晶体管可调式直流稳压电源电路,并编写装配作业指导书
	建议学时	10学时
学	推荐学习方法	按6~8名学生组成一个学习小组。通过观看用电安全、企业静电防护相关视频材料,学习静电防护知识和用电安全知识;通过对企业6S管理案例分析,在装配操作实践中按照6S管理要求规范操作,培养良好的职业素质;通过对超外差收音机生产工艺文件的分析,了解一般电子产品的生产工艺文件的识读方法,掌握电子产品生产工艺文件的种类和用途;通过编写晶体管可调式直流稳压电源装配作业指导书和装配工艺卡,掌握作业指导书和工艺卡的编制方法
	知识目标	了解安全生产与文明生产的意义,理解企业推行5S、6S管理的意义,掌握6S管理的内容及要求;了解安全用电常识,掌握安全隐患防范办法及触电急救措施;了解静电的产生、危害及防护等有关知识;掌握常用工艺文件的编制和识读方法
	技能目标	能自觉地按照6S管理要求规范操作;能说出静电产生的原因及其危害;懂得如何预防触电并能对触电采取急救措施;能编写装配作业指导书和装配、调试工艺卡
	素质目标	树立安全用电和静电防护意识;培养良好的职业素质

【项目实施器材】

1. 晶体管可调式直流稳压电源电路元器件每组一套,见表2-1。

2. 焊接工具每组一套：电烙铁、剪刀、镊子等。

3. 焊锡丝：63%、0.8mm 锡铅焊料。

4. 松香。

5. 超外差式调幅收音机的生产工艺文件。

6. 可调式直流稳压电源电路原理图纸和元器件清单每组一套。

7. 指针式万用表每组一只。

【项目实施步骤】

1. 观看用电安全、企业静电防护相关视频材料，模拟触电事故现场救护；
2. 企业6S管理案例分析与讨论；
3. 识读超外差式调幅收音机的生产工艺文件，并对文件进行分类；
4. 编写晶体管可调式直流稳压电源装配作业指导书和装配工艺卡；
5. 在万能板上装配焊接可调式直流稳压电源电路：

① 元器件清点、辨认及检测。

② 元器件成形、插装。

③ 元器件焊接：先焊装小型、普通的元器件，即电阻、二极管、稳压二极管、可调电阻、电容器（$C_1 \sim C_4$）、熔断器座、电解电容器、二极管 VT_2、VT_3 等，再焊装大元件及特殊的元器件，即调整管 VT_1，调整管 VT_1 要装在散热片上，装配方法与步骤如图2-1所示，散热片可以用铝板制作（100mm×80mm×3mm）。

④ 接线柱的装配：将接线柱装配在外壳正面板的左下方，装配前应在安装位置打好孔。装配方法与步骤如图2-2所示。

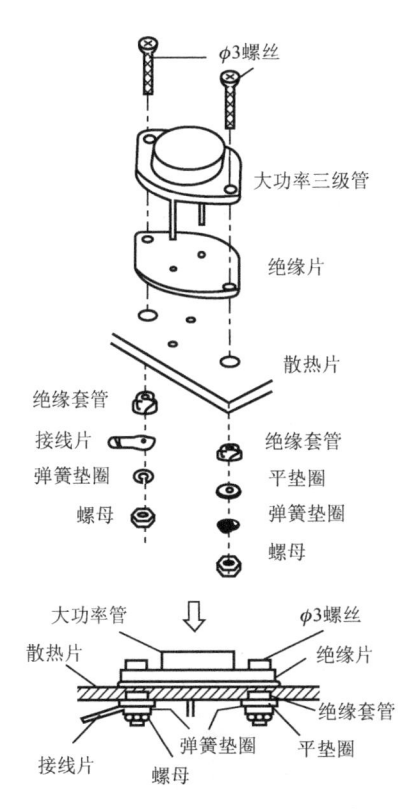

图2-1 调整管 VT_1 的安装示意图　　　　图2-2 接线柱的装配示意图

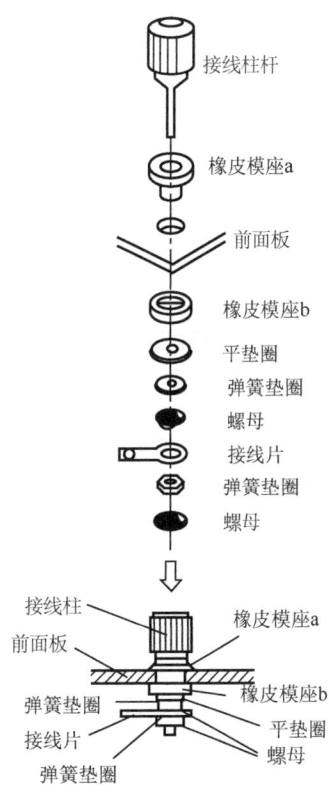

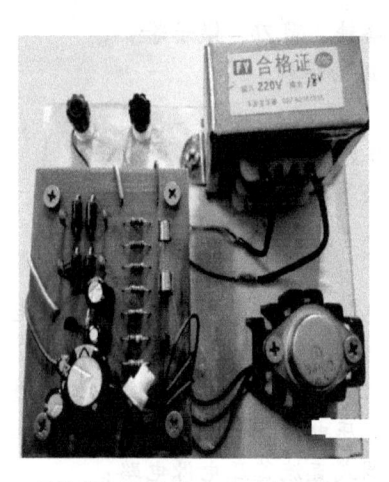

图2-3 晶体管可调式直流稳压电源装配后的图片

⑤ 电源变压器的装配：用 M4×12 的螺钉将变压器装在底板上。熔断器 BX 可以用两个铜片固定在万能板上，也可用熔断器盒装在机箱上。

⑥ 调试：装配完成后，要仔细审查电路连接，确认正确后，测量输出电压，并调节电位器 R_P，使输出电压为 12.1~12.2V。然后在输出端接上一个 10Ω/15W 的电阻，这时的输出电压应等于 12V。在额定负载下通电两个小时，整机各部温度不很高，无异常状态，稳压电源就算合格了。

【项目总结报告】

主要内容：1. 项目完成小组编号、同组人姓名、完成时间、地点、指导教师等。
2. 编写可调式直流稳压电源装配作业指导书和装配工艺卡。
3. 收获、体会及建议等。

【项目考核方法】

采取平时20%（作业、纪律、认真听讲、积极参与）+项目总结报告10% +装配操作规范40% +装配质量20% +团队合作10%综合考查的方法。

【项目相关知识】

知识链接1　晶体管可调式直流稳压电源电路的工作原理

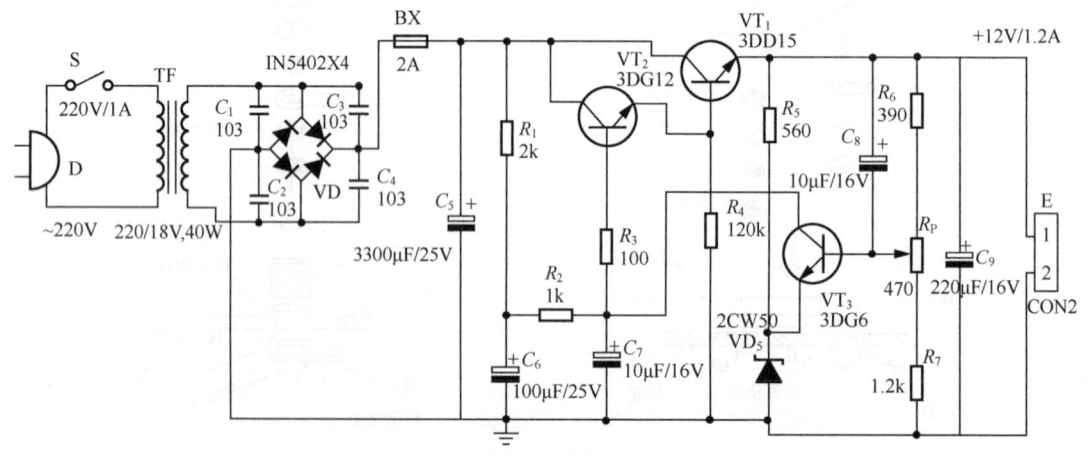

图2-4 晶体管可调式直流稳压电源电路原理图

晶体管可调式直流稳压电源的作用是把220V、50Hz的交流电经变压、整流、滤波和稳压变成恒定的直流电压，供给负载，并且保证直流电压不随电网电压的波动和负载的变换而改变。其工作原理如图2-5所示。

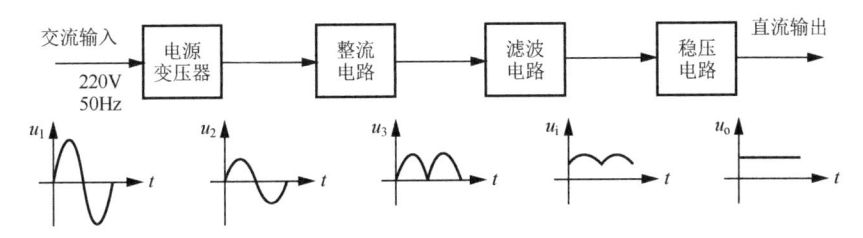

图2-5 直流稳压电源方框图

表2-1 晶体管可调式直流稳压电源元器件清单

序号	名称	规格型号	代号	数量	备注
1	电源变压器	220V/18V；40W	TF	1	
2	三极管	3DD15	VT_1	1	
3	三极管	3DG12	VT_2	1	8050
4	三极管	3DG6	VT_3	1	9014
5	二极管	IN5402（2A，100V）	VD	4	
6	稳压管	2CW56（0.5W/7.5V）	VD_5	1	7.5V/0.5W
7	电源开关	AC250V/1A	S	1	
8	熔断器座	Φ3×20	BX	1	
9	熔断器管	Φ3×20；250V/2A	BX	1	
10	电源线	AVVR2×18/0.3；2m		1	带两芯插头
11	电阻	RT14-0.125W-b-2kΩ-±10%	R_1	1	SJ75-73
12	电阻	RT14-0.125W-b-1kΩ-±10%	R_2	1	SJ75-73
13	电阻	RT14-0.125W-b-100Ω-±10%	R_3	1	SJ75-73
14	电阻	RT14-0.125W-b-120kΩ-±10%	R_4	1	SJ75-73
15	电阻	RT14-0.125W-b-560Ω-±10%	R_5	1	SJ75-73
16	电阻	RT14-0.125W-b-390Ω-±10%	R_6	1	SJ75-73
17	电阻	RT14-0.125W-b-1.2kΩ-±10%	R_7	1	SJ75-73
18	可调电阻	WTW/-470Ω-5×6	R_P	1	
19	电容	CT1-63V-b-0.01μF	C_1、C_2、C_3、C_4	4	103
20	电容	CD11-25-3300μF-SJ803-74	C_5	1	
21	电容	CD11-25-100μF-SJ803-74	C_6	1	
22	电容	CD11-25-10μF-SJ803-74	C_7、C_8	2	
23	电容	CD11-25-220μF-SJ803-74	C_9	1	
24	接线柱			2	红、黑各一个
25	散热片	$100×80×3mm^3$	VT_1	1	
26	导线	AV1×16/0.16-0.5m		0.5m	1
27	万能板	$10×10cm^2$		1	

续表

序号	名称	规格型号	代号	数量	备注
28	螺钉	M3×12		2	装散热片
29	螺钉	M3×8		4	
30	螺钉	M4×12		4	
31	绝缘片			1	
32	平垫片	Φ3.2		2	
33	平垫片	Φ4.2		8	
34	弹簧垫圈	Φ3.2		2	
35	弹簧垫圈	Φ4.2		8	
36	接线焊片			2	
37	螺母	M3		6	
38	螺母	M4		6	
39	底板	自制		1	
40	外壳	自制		1	

任务一　安全文明生产

1. 任务要求

了解电子工艺实践中的安全知识，树立安全第一的意识，掌握安全隐患防范办法及触电急救措施。

2. 相关知识——用电安全知识

（1）触电的危害

触电对人体的危害主要有电击和电伤两种。电击是指电流通过人体内部，影响呼吸、心脏和神经系统，造成人体内部组织的损坏乃至死亡，即其对人体的危害是体内的、致命的。它对人体的伤害程度与通过人体的电流大小、通电时间、电流途径及电流性质有关。电伤是指由于电流的热效应、化学效应或机械效应对人体所造成的危害。包括烧伤、电烙伤、皮肤金属化等。它对人体的危害一般是体表的、非致命的。

提示：安全电压是指在一定的皮肤电阻下，人体不会受到电击时的最大电压。我国规定的安全电压有42V、36V、24V、12V、6V等几种。安全电压并不是指在所有条件下均对人体不构成危害。它与人体电阻和环境因素有关。人体电阻一般分为体内电阻和皮肤电阻。体内电阻基本上不受外界条件的影响，其值约为500欧姆左右。皮肤电阻因人因条件而异，干燥皮肤的电阻大约为100千欧姆，但随着皮肤的潮湿，电阻值逐渐减小，可小到1千欧姆以下。42V、36V是就人体的干燥皮肤而言。在潮湿条件下，安全电压应为24或12V，甚至6V。

（2）触电的原因

电击对人的危害最大。电击主要是由以下几种原因导致触电而引起的：

① 直接触及电源。

● 电源线损坏：电源线大多数采用塑料电源线。而塑料导线极容易被划伤或电烙铁烫伤，

·58·

使得绝缘塑料损坏,导致金属导线裸露。同时,随着使用时间的增加,塑料导线的老化较为严重,使得绝缘塑料开裂,手碰该处即会引起触电。
- 插头安装不合规格:塑料电源线一般采用多股导线。在连接插头时,如果多股导线未绞合而外露,手抓插头容易引起触电。

② 错误使用设备。在仪器的调试或电路实验中,往往需要使用多种仪器组成所需电路。若不了解各种设备的电路接线情况,有可能将220伏电源线引入表面上认为安全的地方,造成触电的危险。

③ 设备金属外壳带电。金属外壳带电的主要原因有以下几种:
- 电源线虚焊:由于电源线在焊接时造成虚焊,使得在运输、使用过程中开焊脱落,搭接在金属件上同外壳连通。
- 工艺不良:电子设备或产品由于在制造时,工艺不过关,使得产品本身带有隐患,如金属压片固定电源线时,压片存在尖棱或毛刺,容易在压紧或振动时损坏电源线的绝缘层。
- 接线螺钉松动造成电源线脱落。
- 设备长期使用不检修,导线绝缘层老化开裂,碰到外壳尖角处形成通路。
- 错误接线。三芯接头中工作零线与保护零线短接。当工作零线与电源相线相接时,造成外壳直接接到电源相线上。

④ 电容器放电。电容器是存储电荷的容器,由于其绝缘电阻很大,即漏电流很小,电源断开后,电能可能会贮存相当长的时间。因此,在维修或使用旧电容器时,一定要注意防止触电。尤其是电压超过千伏或电压虽低,但容量为微法拉以上的电容器要特别小心,使用或维修前一定要进行放电。

作为电子产品装配工人,需要懂得和掌握安全用电知识,以便在工作中采取各种安全保护措施。

(3) 触电救护

发现有人触电,尽快断开与触电人接触的导体,使触电人脱离电源;施行人工呼吸或心脏挤压法急救;迅速拨打120,联系专业医护人员来现场抢救。

① 口对口(或鼻)人工呼吸法操作要点:
- 使被救人仰卧,宽松衣服,颈部伸直,头部尽量后仰,然后撬开其口腔,如图2-6所示。
- 施救者位于触电者头部一侧,用靠近头部的一只手捏住触电者的鼻子,并用这只手的外缘压住触电者额部,将颈上抬,使其头部自然后仰。
- 施救者深呼吸以后,用嘴紧贴触电者的嘴(中间可用医用纱布隔开)吹气。
- 吹气至触电者要换气时,应迅速离开触电者的嘴,同时放开捏紧的鼻子,让其自动向外呼气。
- 按上述步骤反复进行,对触电者每分钟吹气15次左右。注意,训练时应规范操作,听从教师的现场指导,以防操作不当损坏模拟复苏人。

② 人工胸外心脏挤压法操作要点。触电者心跳停止时,必须立即用心脏挤压法进行抢救,具体方法如下。a. 衣服解开,使其仰卧在地板上,头向后仰,姿势与口对口人工呼吸法相同。b. 急救者跨在触电者的腰部两侧,左手掌压在右手掌上,手掌根部放在触电者心口窝上方,胸骨下1/3处,如图2-7所示。c. 掌根用力垂直向下,向脊背方向挤压,对成人应压陷3~4cm,每秒钟挤压1次,每分钟挤压60次为宜。d. 挤压后,掌根迅速全部放松,让触

电者胸部自动复原，每次放松时掌根不必完全离开胸部。

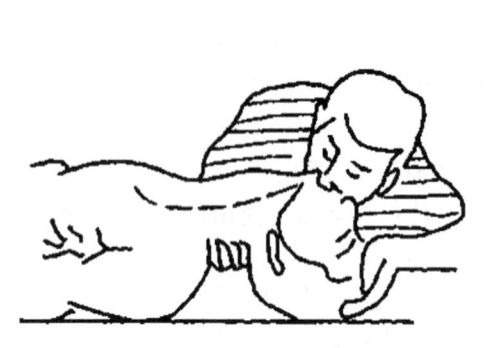

图2-6 人工呼吸法触电急救技术 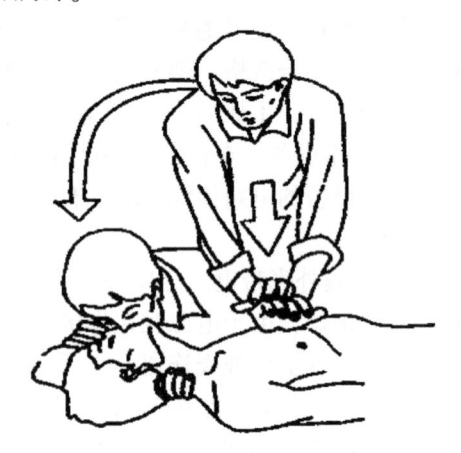　　　　图2-7 人工胸外心脏挤压法触电急救

提示：

> 注意：上述步骤反复操作。如果触电者的呼吸和心跳都停止了，应同时进行口对口人工呼吸和胸外心脏挤压。如果现场仅一人抢救，两种方法应交替进行。每次吹气2~3次，再挤压10~15次。
>
> 如果是两人合作抢救，一人吹气，一人挤压，吹气时应保持触电者胸部放松，只可在换气时进行挤压。

(4) 安全文明生产常识

安全生产是指在生产过程中确保生产的产品、使用的工具、仪器设备和人身的安全。安全是为了生产，生产必须安全，必须树立质量第一、安全第一的观点，切实做好生产安全工作。对于无线电装配工来说，经常遇到的是用电安全问题。安全用电包括供电系统安全、用电设备安全及人身安全三个方面，它们是密切相关的。为做到安全用电，在实训室实训或到企业顶岗实习时应注意以下几点：

① 接通电源前的检查。电源线不合格最容易造成触电。因此，在接通电源前，一定要认真检查，做到"四查而后插"。即一查电源线有无损坏；二查插头有无外露金属或内部松动；三查电源线插头的两极间有无短路，同外壳有无通路；四查设备所需电压值与供电电压是否相符。

检查方法是采用万用表进行测量。两芯插头的两个电极及其之间的电阻均应为无穷大。三芯插头的外壳只能与接地极相接，其余均不通。

② 装焊操作安全规则：
- 不要惊吓正在操作的人员，不要在实训室争吵打闹。
- 烙铁头在没有确信脱离电源时，不能用手摸。
- 电烙铁应远离易燃品。
- 拆焊有弹性的元件时，不要离焊点太近，并使可能弹出焊锡的方向向外。
- 插拔电烙铁等电器的电源插头时，要手拿插头，不要抓电源线。
- 用螺丝刀拧紧螺钉时，另一只手不要握在螺丝刀刀口方向上。
- 用剪线钳剪断短小导线时，要让导线飞出方向朝着工作台或空地，决不可朝向人或设备。

- 各种工具、设备要摆放合理、整齐，不要乱摆、乱放，以免发生事故。
- 要注意文明实验，文明操作，不乱动仪器设备。

③ 安全用电操作。首先要制定安全操作规程，做到四查而后插。设备外壳应该接保护地，最好与电网的保护地接到一起，而不能只接电网零线上。检修、调试电子产品的安全问题应注意以下几点：

- 要了解工作对象的电气原理，特别注意它的电源系统。
- 不得随便改动仪器设备的电源接线。
- 不得随意触碰电气设备，触及电路中的任何金属部分之前都应进行安全测试。
- 未经专业训练的人不许带电操作。

广义的文明生产是指企业要根据现代化大生产的客观规律来组织生产；狭义的文明生产是指在生产现场管理中，要按现代工业生产的客观要求，为生产现场保持良好的生产环境和生产秩序。

文明生产的目的就在于为班组成员们营造一个良好而愉快的组织环境和一个合适而整洁的生产环境。文明生产的内容如下：

- 严格执行各项规章制度，认真贯彻工艺操作规程。
- 环境整洁优美，个人讲究卫生。
- 工艺操作标准化，班组生产有秩序。
- 工位器具齐全，物品堆放整齐。
- 保证工具、量具、设备的整洁。
- 工作场地整洁，生产环境协调。
- 服务好下一班、下一工序。

任务二　生产企业的 6S 现场管理

1. 任务要求

理解企业推行 5S、6S 管理的意义，掌握 6S 管理的内容及要求。

2. 相关知识

（1）5S 活动

5S 活动起源于日本，并在日本企业中广泛推行，它相当于我国企业开展的文明生产活动。5S 是整理（Seiri）、整顿（Seiton）、清扫（Seiso）、清洁（Seikeetsu）和素养（Shitsuke）这 5 个词的缩写。因为这 5 个词日语中罗马拼音的第一个字母都是 S，所以简称为 5S，开展以整理、整顿、清扫、清洁和素养为内容的活动，称为 5S 活动。

（2）6S 管理的内容

5S 管理被引入我国后，海尔等公司引进"安全"一词，发展成为 6S 管理。6S 管理是现代工厂行之有效的现场管理理念和方法，其作用是：提高效率，保证质量，使工作环境整洁有序，预防为主，保证安全。6S 管理内容如下：

① 整理：将工作场所的所有物品区分为要与不要二类，留下必需品，其他的都归于不要类。整理的目的是腾出空间，防止误用，营造清爽的工作场所。

实施的要点是：对生产现场的现实摆放的各种物品进行分类，区分什么是现场需要的，什么是现场不需要的；其次，对于现场不需要的物品，诸如用剩的材料、多余的半成品、切下的料头、切屑、垃圾、废品、多余的工具、报废的设备、工人的个人生活用品等，要坚决清理出生产现场，这项工作的重点在于坚决把现场不需要的东西清理掉。对于车间里各个工位或设备的前后、通道左右、厂房上下、工具箱内外，以及车间的各个死角，都要彻底搜寻和清理，达到现场无不用之物。

② 整顿：把留下来的必需品依规定位置整齐摆放，并加以标示。整顿的目的是使工作场所一目了然，减少寻找物品的时间，创造井井有条的工作秩序。

实施的要点是：物品摆放要有固定的地点和区域，以便于寻找，消除因混放而造成的差错；物品摆放地点要科学合理。例如，根据物品使用的频率，经常使用的东西应放得近些（如放在作业区内），偶而使用或不常使用的东西则应放得远些（如集中放在车间某处）；物品摆放目视化，使定量装载的物品做到过目知数，摆放不同物品的区域采用不同的色彩和标记加以区别。

③ 清扫：将工作场所内看得见与看不见的地方清扫干净，保持工作场所干净、亮丽。清扫的目的是稳定品质，减少工业伤害。

实施的的要点是：自己使用的物品，如设备、工具等，要自己清扫，而不要依赖他人，不增加专门的清扫工；对设备的清扫，着眼于对设备的维护保养。清扫设备要同设备的点检结合起来，清扫即点检；清扫设备要同时进行设备的润滑工作，清扫也是保养；清扫也是为了改善。当清扫地面发现有飞屑和油水泄漏时，要查明原因，并采取措施加以改进。

④ 清洁：也称规范，整理、整顿、清扫之后要认真维护，使现场保持完美和最佳状态。清洁，是对前三项活动的坚持与深入，并且规范化、制度化，从而消除发生安全事故的根源。创造一个良好的工作环境，使职工能愉快地工作。其目的是形成制度和惯例，维持前 3 个 S 的成果。实施的要点是：

- 车间环境不仅要整齐，而且要做到清洁卫生，保证工人身体健康，提高工人劳动热情；
- 不仅物品要清洁，而且工人本身也要做到清洁，如工作服要清洁，仪表要整洁，及时理发、刮须、修指甲、洗澡等；
- 工人不仅要做到形体上的清洁，而且要做到精神上的"清洁"，待人要讲礼貌、要尊重别人；
- 要使环境不受污染，进一步消除混浊的空气、粉尘、噪声和污染源，消灭职业病。

⑤ 素养：素养即教养，努力提高员工的素养，养成严格遵守规章制度的习惯和作风，培养全体员工良好的工作习惯、组织纪律和敬业精神。素养的目的是培养有好习惯、遵守规则的员工，提升员工修养，培养良好素质，提升团队精神，实现员工的自我规范。它是"6S"活动的核心。

⑥ 安全：人人有安全意识，人人按安全操作规程作业，创造一个零故障，无意外事故发生的工作场所。安全的目的是凸显安全隐患，减少人身伤害和经济损失。

实施的要点是：应建立、健全各项安全管理制度；对操作人员的操作技能进行训练；全员参与，排除隐患，重视预防。

(3) 海尔集团推行 6S 现场管理案例介绍

海尔集团作为中国电子产品生产企业的领军企业，将在日常生产中推行 6S 管理作为产品质量保证的基础，以下内容是海尔企业推行的6S现场管理。

① 整理。通过反思为什么会采购这么多用不着的东西；为什么会产生这么多库存；采购周期是否合理；采购和生产部门之间的沟通是否顺畅；可以看出因计划采购不当而产生的浪费，把必需品与非必需品明确区分开，然后把非必需品移走。

表2-2 要与不要的判别标准

真正需要		确实不要
1. 正常的机器设备、电气装置	地板上	1. 废纸、杂物、油污、灰尘、烟蒂
2. 工作台、板凳、材料		2. 不能或不再使用的机器设备、工装夹具
3. 台车、推车、拖车、堆高机		3. 不再使用的办公用品
4. 正常使用的工装夹具		4. 破烂的图框、塑料箱、纸箱、垃圾桶
5. 尚有使用价值的消耗用品		5. 呆料、滞料、过期物品
6. 原材料、半成品、成品和样本	工作台上	1. 过时的文件资料、表单记录、书报杂志
7. 图框、防尘用具		2. 多余的材料、损坏的工具、样品
8. 办公用品、文具		3. 私人的用品、破压台玻璃、破椅垫
9. 使用中的清洁工具、用品	墙壁及天花板	1. 蜘蛛网、过时挂历、已坏时钟、没用挂钉
10. 各种使用中的海报、看板		2. 过期海报、看板、破烂信箱、指示牌
11. 有用的文件资料、表单、记录、书报杂志		3. 不再使用的各种管线、吊扇、挂具
12. 劳保用品		4. 老旧无效的指导书、工装图
13. 其他必要的私人用品		5. 久挂墙上破旧不用的劳保用品

因为不整洁而发生的浪费

空间的浪费
使用棚架或橱柜的浪费
零件或产品变旧而不能使用的浪费
放置处变得窄小，造成物品移动的浪费
管理不需要的物品的浪费
库存管理或盘点的浪费

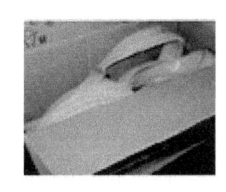

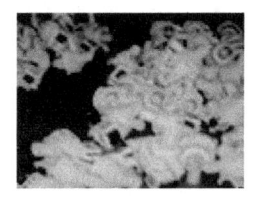

② 整顿。将必需品合理放置，加以标示，以便任何人取放。合理放置原则：
- 缩短距离。
- 两手可同时使用。
- 减少多余的动作。

表2-3 整顿活动推行办法

对象	标示	定位
1. 通道		尽量避免弯角，采用最短距离搬运方式
		通路的交叉处尽量使其成直角
		左右视线不佳的通路交叉处尽量避免
2. 设备	设备名称及使用的说明应标示	不移动的设备不要画线
	危险处所应标示"危险"	移动的设备要画线
3. 成品、在制品、半成品、零件	放置物、数量、累积数等应标示	所定的放置方法（搬运台）、台车……每一区域应予画线
	固定位置：品名、编号应标示	
	自由位置：位置号应标示	
	应设立位置管理看板应标示	
因为不整顿而发生的浪费		
1. 寻找时间的浪费		
2. 工程停顿的浪费		
3. 以为没有而多采购的浪费		
4. 发生计划变更的浪费		

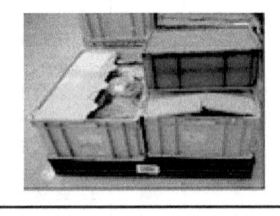

③ 清扫。经常打扫，保持工作环境清洁。清扫的重点在于研究"产生源的控制"。清扫的原则：

- 先进行一次彻底清扫，使物品恢复原状。
- 坚持打扫和检查：目标是通过有效的扫除和检查实现无故障、无操作失误、无间歇停工。
- 工作场所所有能看到的地方清扫干净，无非必需物品、无乱堆乱放、无尘土。

常见清扫事项：

- 维修或更换难以读数的仪表装置。
- 添置必要的个人安全防护装置。
- 要及时更换绝缘层已老化或损坏的导线。
- 对需要防锈保护或需要润滑的部位，要按照规定及时加油保养。
- 清理堵塞的管道。
- 调查跑、冒、漏、滴的原因，并及时加以处理。

④ 清洁。用来维持整理、整顿、清扫前3S成果的方法。领导要经常过问，并到现场检查实际效果。清洁的原则：

- 标准明确，漆见本色铁见光。
- 建立领导检查实际效果的制度，每周评估。
- 所有区域员工的检查表应是可见、可跟踪的。

⑤ 素养。养成经常能够正确遵守公司规定的习惯，久而久之会形成企业特有的文化。

- 参观通道——让员工自己感受到压力。
- 横向比对——全员参与形成文化。

⑥ 安全。在确认安全的前提下工作，消灭一切安全隐患，让员工放松心情愉快地工作。
- 持证上岗，按规章操作。
- 思想不放松。

任务三　静电防护

1. 任务要求

了解静电的产生、危害及防护等有关知识；掌握静电的防护及其措施。

2. 相关知识

（1）静电的产生

在日常生活中，静电现象非常普遍。在空气干燥的地区，人们穿衣脱衣、用手拉门、在塑料地板或复合材料地毯上行走、触碰其他物体时，经常会产生静电现象，使人有麻痹感。

什么是静电？它是怎样产生的呢？

静电是指相对静止的电荷，是一种常见的带电现象。物质由分子组成，分子由原子组成，原子由带负电荷的电子和带正电荷的质子（以及呈现电中性的中子）组成。当两个不同的物体相互接触时就会使得一个物体失去一些电荷（如随电子转移到另一个物体）使其带正电，而另一个物体因得到一些多余电子而带负电。电荷的积聚形成了静电。产生静电的方式主要有四种，分别是接触起电、摩擦带电、破断带电和流动带电等。人体因自身的动作或与其他物体的接触、分离、摩擦或感应等因素，可以产生高达几千伏甚至上万伏的静电。ESD 代表英文 Electro-Static Discharge 即"静电放电"的意思。表 2-4 表明了一些情况下产生静电的大小。表 2-5 则给出了摩擦起电的一般性规律。

表 2-4　静电产生电压

静电电荷源	测得的电压（V）	
	峰值	平均值
走过地毯	35000	1500
在聚烯烃类塑料地面行走	12000	250
工作台旁操作的工人	6000	100
翻动聚乙烯膜封皮的说明书	7000	600
从工作台拾起普通聚乙烯袋	20000	1200
垫有聚氨酯泡沫的工作椅	18000	1500

表 2-5　常用物品的摩擦起电序列

(-)	←												(+)
	聚乙烯	金	银	铜	硬橡皮	棉花	纸	铝	羊毛	尼龙	人的头发	玻璃	人手

表 2-5 中越靠左侧的物品，越易产生负电荷；越靠右侧的物品，越易产生正电荷。也就是说，在这个序列中相距越远的物品之间相互接触、分离或摩擦，产生的静电电位就越高。

很多人误以为把手放在物体上时，没有产生静电火花的话，就没有危害，其实人们无法感知约 2000V 以下的静电，但是，静电对半导体却有较大的影响。

表 2-6　人体的带电电压和感知的程度

人体带电	人们感觉到的冲击程度	备注
1.0kV	根本感觉不到	
2.0kV	只在手指尖处能感觉到，但无痛感	微小的放电的声
2.5kV	突然间一惊，但无痛	
3.0kV	能感觉到针扎似的痛	
4.0kV	像针扎入很深一样痛	可以看到放电时的发光
5.0kV	从手掌到肘处能感觉到静电的冲击，并且很痛	
6.0kV	手指感觉到强烈的痛，受到冲击后，胳膊感觉很沉重	
7.0kV	手指、手掌感觉到强烈的疼痛和麻	

（2）静电的危害
- 静电的一个基本现象即为异种电荷相互吸引（静电引力，ESA），这个现象可以导致吸附灰尘，造成集成电路和半导体元件的污染，大大降低成品率。
- 由于电荷的存在，即在周围空间中形成电场，其强度可击穿一些电路的绝缘层，破坏绝缘；或击穿集成电路和精密的电子元件；或者促使元件老化，降低生产成品率。
- 静电与大地之间因有电位存在，如果触及电路时，静电放电就会产生电流，将电路导体烧毁。
- 静电还会引起电子设备的故障或误动作，造成电磁干扰。
- 高压静电放电造成电击，危及人身安全。
- 存在易燃易爆品或粉尘、油雾的生产场所中，静电极易引起爆炸和火灾。

表 2-7 为部分电子器件所能承受的静电电压值。

表 2-7　电子器件所能承受静电破坏的静电电压

器件类型	静电破坏电压（V）	器件类型	静电破坏电压（V）
VMOS	30～1800	OP-AMP	190～2500
MOSFET	100～200	JEFT	140～1000
GaAsFET	100～300	SCL	680～1000
PROM	100	STTL	300～2500
CMOS	250～2000	DTL	380～7000
HMOS	50～500	肖特基二极管	300～3000
EDMOS	200～1000	双极型晶体管	380～7000
ECL	300～2500	石英压电晶体	<1000

从上表可见大部分器件的静电破坏电压都在几百至几千伏，而在干燥的环境中人活动所产生的静电可达几千伏到几万伏。

因静电引起的器件损伤如图 2-8 以及图 2-9 所示:

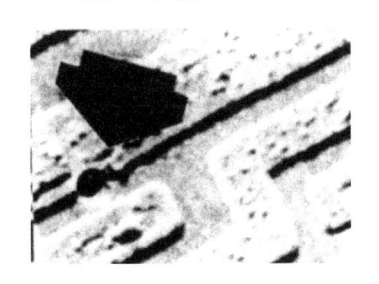

图 2-8 半导体中的静电放电损坏点

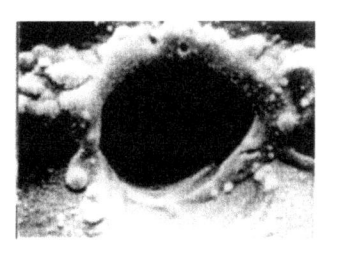

图 2-9 两金属连线间静电放电造成的金属搭线的细节

摩擦起电和人体静电是电子工业中的两大危害。静电的危害是由于静电放电和静电场力而引起的。静电放电（ESD）的能量对于传统元器件的影响，不易被人们察觉。但对于因线路间距短、线路面积小而导致耐压降低、耐流容量减小的高密度元器件来讲，ESD 往往会成为其致命的杀手。据 1986 年北京电子报介绍，美国当年内因静电所造成电子产品损坏的经济损失高达 5 亿美元。目前，ESD 给世界电子工业造成的损失，已经达到几十亿、甚至上百亿美元的惊人程度。

提示：

> **❓ 电子元器件在什么情况下会遭受静电的破坏呢？**
>
> 可以这样说，从一个元件产生以后，一直到它损坏之前，所有的过程都受到静电的威胁。
> ① 元器件制造：在这个过程包含制造、切割、接线、检验到交货。
> ② 印制电路板（PCB）：收货、验收、储存、插件、焊接、品管、包装到出货。
> ③ 设备制造：电路板验收、储存、装配、品管、出货。
> ④ 设备使用：收货、安装、试验、使用及保养。
> 在整个过程中，每一阶段中的每一个小步骤，元件都有可能遭受静电的影响，而实际上，最主要而又容易忽略的一点却是在元件的传送与运输的过程。在这个过程中，不但包装因移动而容易产生静电外，整个包装也可能因暴露在外界电场（如经过高压设备附近、工人移动频繁、车辆迅速移动等）而受到破坏，所以传送与运输过程需要特别注意减少损失，避免无谓纠纷。

（3）静电的防护及其措施

消除静电的方法有：使用静电消除器；降低摩擦速度；注意安全接地；增加湿度；使用抗静电材质。

① 预防静电的基本原则：
- 抑制或减少厂房内静电荷的产生，严格控制静电源。
- 及时消除厂房内产生的静电荷，避免静电荷积累。
- 定期（如一周）对防静电设施进行维护和检验。

② 静电产生与湿度的关系：静电的产生和湿度的高低有很大程度的差异，湿度越低，静电产生量越大，冬天比夏天产生得多。但是湿度如果过高，会影响电子元件的工作，可能导

致电路板内部漏电等情况，工作环境舒适度也会降低，因此最佳参考湿度是40%～60%。表2-8表明了不同湿度下一些典型场合的静电电压值。

表2-8 静电与相对湿度的关系

带电物	相对电压（V）	
	相对湿度（10%～20%）	相对湿度（65%～90%）
地毯上走动的人体	35000	1500
塑料地板上走动的人体	12000	250
显像管（显示器）操作者	6000	100
塑料包装材质	7000	600
从作业袋上面拿起聚合塑料袋	20000	1200
包装上氨基甲酸脂靠垫的椅子	180000	1500

③ 静电的防护措施：

接地（图2-10）：就是直接将静电通过一条电线泄放到大地。这是防静电措施中最直接、最有效的措施。

图2-10 接地

（GB12158-90规定，总泄漏电阻不应小于1兆欧）

- 人体通过手腕带接地。
- 人体通过防静电鞋（或鞋带）和防静电地板接地。
- 工作台面接地。
- 测试仪器、工具夹、烙铁接地。
- 防静电地板、地垫接地。
- 防静电转运车、箱、架尽可能接地。
- 防静电椅接地。

静电屏蔽（图2-11）：静电敏感元件在储存或运输过程中会暴露于有静电的区域中，用静电屏蔽的方法可削弱外界静电对电子元件的影响，最通常的方法是用静电屏蔽袋和防静电周转箱作为保护。另外防静电衣对人体的衣服具有一定的屏蔽作用。防静电的警示图标如图2-12所示。

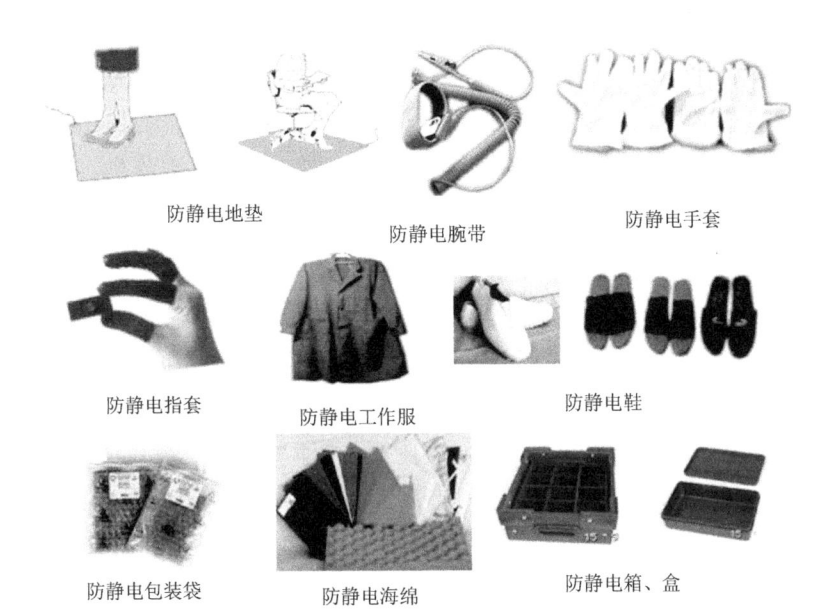

防静电地垫　　　　防静电腕带　　　　防静电手套

防静电指套　　防静电工作服　　防静电鞋

防静电包装袋　　防静电海绵　　防静电箱、盒

图 2-11　静电的防护措施

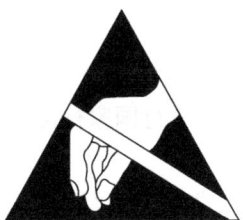

ATTENTION
OBSERVE PRECAUTIONNS FOR HANDLING ELECTROSTATIC SENSITIVE DEVICES

ATTENTION
OBSERVE PRECAUTIONNS FOR HANDLING ELECTROSTATIC SENSITIVE DEVICES

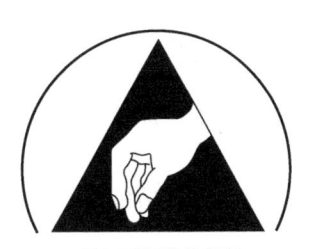

（a）ESD敏感符号　　　　（b）ESD防护符号

图 2-12　防静电标志

> ⚠️**提示：**
>
> ① 防静电手腕带：广泛用于各种操作工位，手腕带种类很多，建议一般采用配有 1 兆欧姆电阻的手腕带，线长应留有一定余量。
>
> ② 防静电手环：需要其他防静电措施的补救（如：增设离子风机，戴防静电脚跟带等）才能取得较好的防静电效果。建议不要大量采用佩带防静电手环的方式。
>
> ③ 防静电脚带/防静电鞋：厂房使用防静电地面后，应使用防静电鞋带或穿防静电鞋，建议车间以穿防静电鞋为主，可降低灰尘的引入。操作人员工再结合配带防静电手腕带效果将会更佳。
>
> ④ 防静电台垫：用于各工作台表面的铺设，各台垫串上 1 兆欧电阻后与防静电地可靠连接。
>
> ⑤ 防静电地板：防静电地板分为：PVC 地板、聚胺酯地板、活动地板。
>
> ⑥ 防静电蜡和防静电油漆：防静电蜡可用于各种地板表面增加防静电功能及使地板更加明亮干净；防静电油漆可用于各种地板表面，也可涂于各种货架，周转箱等容器上。

任务四　电子产品生产技术文件的识读和编制

1. 任务要求

了解技术文件的类型及其特点，掌握常用工艺文件的编制和识读方法。

2. 相关知识

技术文件是产品研究、设计、试制与生产实践经验积累所形成的一种技术资料。它主要包括设计文件、工艺文件两大类。

（1）技术文件的特点：

① 标准化：标准是一种以文件形式发布的统一协定，其中包含可以用来为某一范围内的活动及其结果制定规则、导则或特性定义的技术规范或者其他精确准则。其目的是确保材料、产品、过程和服务能够符合需要，它是衡量事物的准则。

标准化是在产品质量、品种规格、零件部件通用等方面规定的统一技术标准，是电子产品技术文件的基本要求，电子产品技术文件要求全面、严格执行国家标准或企业标准。

标准化具有以下特点：

- 完整性：是指成套性和签署完整性，即产品技术文件齐全且符合有关标准化规定，签署齐全。
- 正确性：是指编制方法正确、符合有关标准；贯彻实施标准内容正确，贯彻实施相关标准准确。
- 一致性：是指填写一致性、引证一致性、文物一致性。

② 管理严格：技术文件一旦通过审核签署，生产部门必须完全按相关的技术文件进行工作，操作者不能随便更改，技术文件的完备性、权威性和一致性得以体现。

提示：

- 作为生产企业的员工应妥当保管好电子产品的技术文件，不能丢失。
- 要保持技术文件的清洁，不要在图纸上乱写乱画。
- 对于企业的技术文件未经允许，不能对外交流，要注意做好文件保密工作。

(2) 设计文件

设计文件是产品从设计、试制、鉴定到生产的各个阶段的实践过程中形成的图样及技术资料。例如产品标准、技术条件、明细表、电路图、方框图、零件图、印制板图、技术说明书等。

1) 设计文件的作用

① 用来组织和指导企业内部的产品生产。生产部门的工程技术人员将依据设计文件给出的产品信息，编制指导生产的工艺文件。

② 政府主管部门和监督部门可根据设计文件提供的产品信息，对产品进行监测，确定其是否符合有关标准，是否对社会、环境和群众健康造成危害，同时也可对产品的性能、质量等给出公正评价。

③ 产品的制造、维修和检测需要查阅设计文件中的图纸和数据，产品使用人员和维修人员可根据设计文件提供的技术说明和使用说明，对产品进行安装、使用和维修。

④ 技术人员和单位可利用设计文件提供的产品信息进行技术交流，相互学习。

2) 设计文件的种类

① 文字性设计文件：

a. 产品标准或技术条件。技术条件的内容一般包括：产品的型号及主要参数、技术要求、验收规则、试验方法、包装和标志、运输和存储要求等。

技术条件是对产品质量、规格及其检验方法的技术规定，是产品生产和使用的技术依据。技术条件实际上是企业产品标准的一种类型，它是实施企业产品标准的保证。

b. 技术说明书。技术说明书是描述产品的主要用途和使用范围、结构特征、工作原理、技术性能、参数指标、安装调试、使用维修等的技术文件，供使用、维修和研究本产品之用。

c. 使用说明书。使用说明书是用以传递产品信息和说明有关问题的一种设计文件。说明产品性能、基本工作原理、安装方法、使用方法和注意事项。产品使用说明书有两种，一种是工业产品使用说明书，一种是消费产品使用说明书。

② 表格性设计文件：

- 明细表。构成产品（或某部分）的所有零部件、元器件和材料的汇总表。
- 软件清单。记录软件程序的清单。
- 接线表。用表格形式表述电子产品各组成部分之间的接线关系的文件。

③ 电子工程图。电子工程图主要有：

- 电路图。电路图也叫原理图、电路原理图，它用电气制图的图形符号表示产品的元器件，并画出各元器件之间、各部分之间的连接关系，用以说明产品的工作原理。它是电子产品设计文件中最基本的图纸。
- 方框图。方框图用若干方框表示电子产品的各个功能部分，用连线表示其连接，进而说明其组成结构和工作原理，是原理图的简化示意图。

- 装配图。用机械制图的方法画出的表示产品结构和装配关系的图,从装配图可以看出产品的实际构造和外观。
- 零件图。一般用零件图表示电子产品某一个需加工的零件的外形和结构,在电子产品中最常见也是必须要画的零件图是印制板图。
- 逻辑图。逻辑图是用电气制图的逻辑符号表示电路工作原理的一种工程图。
- 软件流程图。用流程图的专用符号画出软件的工作程序。

电子产品设计文件通常由产品开发设计部门编制和绘制,经工艺部门和其他有关部门会签,开发部门技术负责人审核批准后生效。

3) 设计文件编号

为了便于开展产品标准化工作,对设计文件必须进行分类编号。目前电子产品设计文件编号常采用的是十进制分类编号,该类编号由企业区分代号、分类特征标记、登记顺序号和文件简号四部分所组成。下面是电视接收机的设计文件编号。

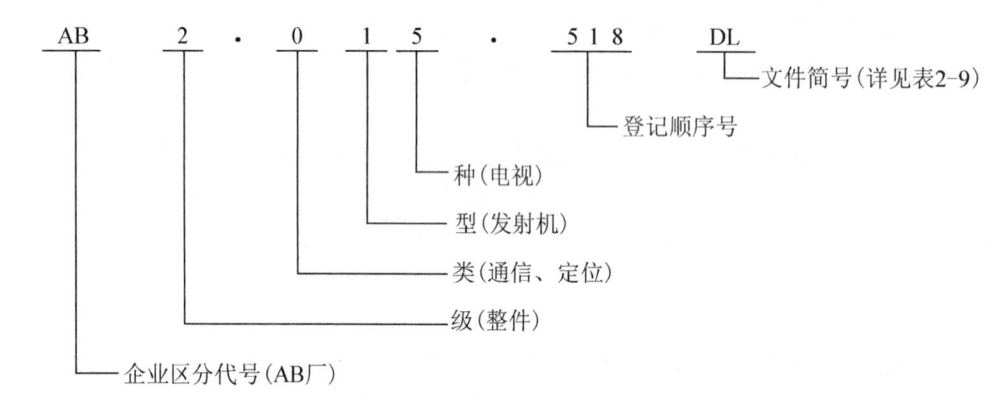

```
AB 2.015.518DL
                 └─文件简号(详见表2-9)
              └─登记顺序号
         └─种(电视)
        └─型(发射机)
       └─类(通信、定位)
      └─级(整件)
  └─企业区分代号(AB厂)
```

表2-9 设计文件简号的含义

序号	文件名称	文件简号	序号	文件名称	文件简号
1	产品标准	—	15	机械传动图	T
2	零件图	—	16	其他图	JT
3	装配图	—	17	技术条件	JS
4	外形图	WX	18	技术说明书	JS
5	安装图	AZ	19	使用说明书	SS
6	总布局图	BL	20	说明	S
7	频率搬移图	PL	21	表格	B
8	方框图	PL	22	整件明细表	MX
9	信息处理图	XL	23	整套设备明细表	MX
10	逻辑图	LJL	24	整件汇总表	ZH
11	电路图	DL	25	备附件及工具总表	BH
12	线缆连接图	JL	26	成套运行文件清单	YQ
13	接线图	YL	27	其他文件	W
14	机械原理图	CL	28	副封面	—

(3) 工艺文件

工艺文件是指将组织生产实现工艺过程的程序、方法、手段及标准用文字及图表的形式表示的技术文件,用来指导产品制造过程的一切生产活动,使之纳入规范有序的轨道。凡是工艺部门编制的工艺计划、工艺标准、工艺方案、质量控制规程都属于工艺文件的范畴。在企业生产一线,工艺文件是指导规范生产、提高生产效率、建立科学管理、保障产品质量的依据。

工艺文件是带强制性的纪律性文件。不允许用口头的形式来表达,必须采用规范的书面形式,而且任何人不得随意修改,违反工艺文件中的规定属违纪行为。

1) 工艺文件的作用

① 为生产准备提供必要的资料。
② 为生产部门提供工艺方法和流程,便于有序地组织产品生产;
③ 提出各工序和岗位的技术要求和操作方法;
④ 便于生产部门的工艺纪律管理和员工的管理;
⑤ 是建立和调整生产环境,保证安全生产的指导文件;
⑥ 可以控制产品的制造成本和生产效率;
⑦ 为企业操作人员的培训提供依据,以满足生产的需要。

2) 工艺文件的分类

按内容分类,通常分为工艺管理文件和工艺规程两大类。

① 工艺管理文件。是指企业科学地组织生产和控制工艺工作的技术文件。它规定了产品的生产条件、工艺路线、工艺流程、工具设备、调试及检验仪器、工艺装置、材料消耗定额和工时消耗定额。常用的工艺管理文件有:工艺文件封面、工艺文件目录、工艺路线表、配套明细表、材料消耗定额表、工艺文件更改通知单等。

② 工艺规程文件。是指在企业生产中,规定产品或零件、部件、整件制造工艺过程和操作方法等的工艺文件。它主要包括零件加工工艺、元件装配工艺、导线加工工艺、调试及检验工艺和各工艺的工时定额。

3) 工艺文件的编号

工艺文件的编号是指工艺文件的代号,简称"文件代号"。它由四个部分组成:企业区分代号、设计文件分类编号、工艺文件简号(如表 2-10 所示)和区分号。

例如工艺文件编号 SJA 2.314.001 GJG 1 表示的含义如下:

| SJA | 2.314.001 | GJG | 1 |
| 企业区分代号 | 设计文件十进制分类编号 | 工艺文件简号 | 区分号 |

表 2-10 工艺文件简号规定

序号	工艺文件名称	简号	字母含义
1	工艺文件目录	GML	工目录
2	工艺线路表	GLB	工路表
3	工艺过程卡	GGK	工过卡
4	元器件工艺表	GYB	工元表

续表

序号	工艺文件名称	简号	字母含义
5	导线及扎线加工表	GZB	工扎表
6	各类明细表	GMB	工明表
7	装配工艺过程卡	GZP	工装配
8	工艺说明及简图	GSM	工说明
9	塑料压件工艺卡	GSK	工塑卡
10	电镀及化学镀工艺卡	GDK	工镀卡
11	电化涂覆工艺卡	GTK	工涂卡
12	热处理工艺卡	GRK	工热卡
13	包装工艺卡	GBZ	工包装
14	调试工艺	GTS	工调试
15	检验规范	GJG	工检规
16	测试工艺	GCS	工测试

提示：

使用工艺文件时的注意事项

① 操作人员必须认真阅读工艺文件，在熟悉操作要点和要求后才能进行操作，要遵守工艺纪律，确保技术文件的正确实施。

② 在电子产品的加工过程中，若发现工艺文件存在问题，操作者应及时向生产线上的技术人员反映，但无权自主改动。变更生产工艺必须依据技术部门的更改通知单进行。

③ 凡属操作工人应知应会的基本工艺规程内容，可不再编入工艺文件。

4）常用工艺文件的格式及其填写

工艺文件格式是依照工艺技术和管理要求规定的工艺文件栏目的编排形式。常用工艺文件格式有以下几种：

① 工艺文件封面。工艺文件封面是工艺文件装订成册的封面，其格式如图 2-13 所示。

- 工艺文件封面的填写方法：在填写"共××册"中填写全套工艺文件的册数；"第××册"填写本册在全套工艺文件中的序号；"共××页"填写本册的页数；型号、名称、图号均填写产品型号、名称、图号；"本册内容"填写本册的主要工艺内容的名称；最后执行批准手续，并且填写批准日期。

② 工艺文件目录。工艺文件目录是用于编写工艺文件总目录或编写装订成册的工艺文件目录，反映了产品工艺文件的完整性。工艺文件目录的格式如表 2-11 所示。

工艺文件目录的填写方法：填写的"产品名称或型号"、"产品图号"应与封面的内容保持一致；"文件代号"栏填写文件的简号，"更改标记"栏填写更改事项；"拟制"、"审核"栏由有关人员签署；"页数"用于编写装订成册的工艺文件时，填写该册文件的页数，用于编写工艺文件总目录时，此栏不填；"册数"用于编写装订成册的工艺文件目录时，此栏不填；"备注"填写补充说明事项；其余栏目按有关标题填写。

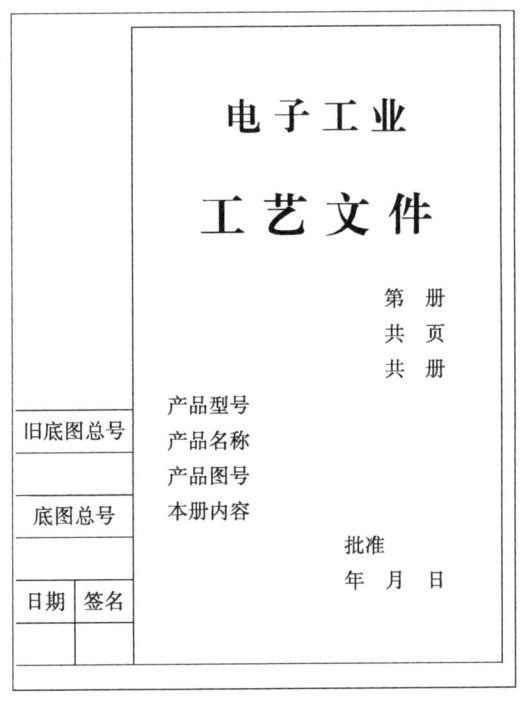

图 2-13 封面

工艺规程目录是用来填写各工序路线的表格，供生产、计划、调度使用。

工艺规程目录的填写方法如表 2-12 所示。

③ 工艺路线表。工艺路线表用于产品的整件、部件、零件在加工准备过程中的简明显示，供企业有关部门作为组织生产的依据。工艺路线表的格式如表 2-13 所示。

工艺路线表的填写方法："装入关系"栏以方向指示线显示产品零件、整件的装配关系；"部件用量"、"整件用量"栏填写与产品明细表对应的数量；"工艺路线表内容"栏填写整件、部件、零件加工过程中各部门（车间）及其工序名称和代号。

④ 导线及线扎加工卡。导线及线扎加工卡用于导线和线扎的加工准备及排线等。导线及线扎加工卡的格式如表 2-14 所示。

导线及线扎加工卡的填写方法："线号（或编号）"栏填写导线、线缆的编号或线扎图中导线的编号；"名称牌号规格"、"颜色"、"数量"栏填写导线或线缆的名称及规格、颜色、数量；"长度"栏中的"全长"、"A 剥头"、"B 剥头"，分别填写导线的开线尺寸、导线 A、B 端头的剥头长度、扎线 A、B 端的甩端长度及剥头长度；"连接点"栏填写该导线 A 端从何处来，B 端到哪里去；"工时定额"栏填写工时定额；"设备及工装"栏填写导线及线扎加工所采用的设备。

⑤ 配套明细表。配套明细表是编制装配需用的零件、部件、整件及材料与辅助材料的清单，供各有关部门在配套及领、发料时使用，也可作为装配工艺过程卡的附页。配套明细表的格式如表 2-15 所示。

表 2-11 工艺文件目录

		工艺文件目录	产品名称或型号		产品图号	
序号	文件代号	零部件、整件图号	零部件、整件名称	页数	备注	

使用性							
旧底图总号							
底图总号	更改标记	数量	文件号	签名	日期	签名	日期
						拟制	
						审核	
日期	签名					第 页	第 页

第 页

第 页

表2-12 工艺规程目录

栏 号	填 写 内 容
材料	按设计图样填写材料名称、牌号、规格(含标准号)、牌号、规格中分线写为斜线
工序	填写工序顺序号及工序名称
制造单位	填写此工序所经过车间代号
设备	填写此工序所用设备名称及型号
工装	填写此工序所需工艺装备名称及编号
工具	填写工具及量具型号规格
工时	填写工时定额
页数	填写此工序所编工序卡的页数
备注	填写有关事项,此栏可以不填

表2-13 工艺路线表

工艺路线表					产品名称或型号		产品图号	
序号	图号	名称	装入关系	部件用量	整件用量	工艺路线表内容		
使用性								
旧底图总号								
底图总号	更改标记	数量	文件号	签名	日期	签名	日期	第 页
						拟制		
						审核		共 页
日期	签名							
								第 册 　 第 页

表 2-14 导线及扎线加工卡

GS14 导线及线扎加工卡片											
					产品名称						
					产品图号						
序号	线号	名称牌号规格	颜色	数量	长度（mm）			连接点Ⅰ	连接点Ⅱ	设备及工装	工时定额	备注
					全长	A剥头	B剥头					

旧底图总号								
底图总号					设计			
					审核			
日期	签名							
					标准化		第 页，共 页	
更改标记	数量	更改单号		日期		批准		

主配套明细表的填写方法："图号"、"名称"、"数量"栏填写相应的整件设计文件明细表的内容；"来自何处"栏填写材料来源处；辅助材料填写在顺序的末尾。

⑥ 装配工艺过程卡（表 2-16）。装配工艺过程卡又称工艺作业指导卡，用于编制产品的部件、组（整）件装配工艺，简要说明产品、零部件的加工或装配过程。它反映了电子整机装配过程中，装配准备、装联、调试、检验、包装入库等各道工序的工艺流程，是完成产品的部件、整件的机械装配和电气装配的指导性工艺文件。

装配工艺过程卡的填写方法："装入件及辅助材料"中的"名称、牌号、技术要求"、"数量"栏应按工序填写相应设计文件的内容，辅助材料填在各道工序之后；"工序（工步）内容及要求"栏填写装配工艺加工的内容和要求；空白栏处供画加工装配工序图用。

表 2-15 配套明细表

配套明细表			装配件名称		装配件图号	
序号	图号	名称	数量	来自何处	备注	

使用性						
旧底图总号						

底图总号	更改标记	数量	文件号	日期	签名	第　页
					拟制	
					审核	共　页
日期	签名					第　册　第　页

表 2-16 装配工艺过程卡

装配工艺过程卡片				产品名称			
				产品型号			
装入件及辅助材料			工作地	工序号	工种	工序（步）内容及要求	设备及工装	工时定额
序号	代号、名称、规格	数量						

旧底图总号							

底图总号					设计		
					审核		
日期	签名						
					标准化		第　页，共　页
	更改标记	数量	更改单号	日期	批准		

⑦ 工艺说明及简图卡。工艺说明及简图卡可作为任何一种工艺过程的续卡，它用简图、流程图、表格及文字形式进行说明，也可用于编制规定格式以外的其他工艺过程，如调试说明、检验要求、各种典型工艺文件等。工艺说明及简图卡格式见表2-17。

表2-17 工艺说明及简图卡

工艺路线表				名称		编号或图号	
^				工序名称		工序编号	
使用性								
旧底图总号								
底图总号	更改标记	数量	文件号	签名	日期	签名	日期	第 页
						拟制		共 页
日期	签名					审核		
								第 册 第 页

工艺说明的填写方法：工艺说明的主要填写内容有目的和用途，使用材料及配方，设备、仪器和工具，工艺过程内容和要求，检验及其他。

⑧ 工艺文件更改通知单。工艺文件更改通知单供工艺文件内容的永久性修改时使用。工艺更改通知单格式见表2-18。

表2-18 工艺文件更改通知单

更改单号	工艺文件更改通知单		产品名称或型号	零部件名称	图号	第 页
	^	^				共 页
生效日期	更改原因	通知单的分发		处理意见		
更改标记	更改值		更改标记	更改值		
拟制	日期	审核	日期	标准化	日期	批准	日期

工艺文件更改单的填写方法见表2-19：

表2-19　工艺文件更改单的填写

栏　目	填　写　方　法
页次	被更改文件的页次
序号	顺序号
代号、名称	被更改文件的代号、名称
更改前、后	填写更改前、后的内容
备注	填写需要说明的事项
发往单位	与工艺文件的发往单位相同

工艺规程更改单的填写方法见表2-20：

表2-20　工艺规程更改单的填写

栏　目	填　写　方　法
序号	顺序号
代号	零件、部件、组（整）件代号
工序号	工序号
页次	被更改工艺规程的页次
更改前、后	填写更改前、后的内容
备注	填写需要说明的事项
发往单位	与工艺规程的发往单位相同

填写中，应填写更改原因、生效日期及处理意见；"更改标记"栏应按图样管理制度中规定的字母填写。

⑨ 检验工艺卡。检验工艺卡的填写方法见表2-21：

表2-21　检验工艺卡的填写

栏　目	填　写　方　法
序号	检验序号
内容	检验内容
方法	检验方法
装备	工装名称
附图	工序简图

5）编制工艺文件

① 工艺文件的编制原则：

- 要根据产品批量的大小、技术指标的高低和负载程度区别对待。对于一次性生产的产品，可根据具体情况编写临时工艺文件或参照借用同类产品的工艺文件。
- 要考虑到生产的组织形式、工艺装配以及工人的技术水平等情况，必须保证编制的工艺文件切实可行。
- 工艺文件应以图为主，力求做到容易认读、便于操作，必要时加注简要说明。
- 凡是属于装调工应知应会的基本工艺规程内容，可不再编入工艺文件。

② 工艺文件编制要求：
- 工艺文件要有统一的格式、幅面，其大小应符合有关规定，并装订成册、装配齐全。
- 工艺文件的填写内容要简要明确、通俗易懂、字迹清楚、幅面整洁。有条件的应优先采用计算机编制。
- 工艺文件所用的名称、编号、图号、符号和原器件代号等，应与设计文件一致。
- 工序安装图可不完全按照实样绘制，但基本轮廓应相似，安装层次应表示清楚。
- 装配接线图中的接线部位要清楚，连接线的接点要明确。内部接线可采用假想移出展开的方法。
- 编写工艺文件要执行审核、会签、批准手续。

③ 编制的方法：
- 准备工序工艺文件的编制内容：元器件的筛选、元器件引脚的成形搪锡、线圈和变压器的绕制、导线的加工、线把的捆扎、地线成形、电缆制作、剪切套管、打印标记等。应按工序分别编制相应的工艺文件。
- 流水线工艺文件的编制：确定流水线上需要的工序数目；确定每个工序的工时，工序应合理、省时、省力、方便；安装与焊接应分开。
- 调试检验工序工艺文件的编制：标明测试仪器、仪表的种类、等级标准及连接方法；标明各项技术指标的规定值及其测试条件和方法，明确规定该工序的检验项目和检验方法。

④ 插件生产线工艺文件的编制：在安排各岗位插装元器件时，主要应遵守下列原则：
- 安排插装的顺序时，先安排体积较小的跳线、电阻、瓷片电容等，后安排体积较大的继电器、大的电解电容、安规电容、电感线圈等。
- 印制板上的位置应先安排插装离人体较远的，后安排插装离人体较近的，以免妨碍较远一方插装。
- 带极性的元器件如二极管、三极管、集成电路、电解电容等，要特别注意标志出方向，以免装错。插装好的电路板是要用波峰机或浸焊炉焊接的，焊接时要浸助焊剂，焊接温度达240℃以上，因此，电路板上如果有怕高温、助焊剂容易浸入的元器件要格外小心，或者安排手工补焊。
- 有容易被静电击穿的集成电路时，要采取相应防静电措施防止元器件损坏。

⑤ 插件生产线工艺文件的编制方法：
- 在安排插接线插件装配时，先要熟悉产品（需生产的电路板），了解产品的构成、复杂程度、印制板的尺寸形状、用了哪些元器件等。然后根据插件线人数的多少、员工操作技能的熟练程度和生产量的多少确定每个员工的插装数量，一般情况下，每个岗位插装元器件的数量为4~7个为宜，因为太多容易出现错误。
- 插接线的生产工艺是比较简单的。可以先根据产量要求和设备状况确定生产线的人员数量，然后确定每个岗位的工作内容，编制出生产线的工艺流程；再编制每个岗位的作业指导书和技术要求；最后计算出生产节拍、产量和工时定额。
- 生产线的人数、工序排列顺序、生产节拍和工作内容确定以后，就可以编制每个岗位的操作作业指导书了。

⑥ 岗位作业指导书的编制：岗位操作作业指导书是指导生产员工进行生产的工艺文件，编制作业指导书要注意以下几方面。

- 作业指导书必须写明产品名称规格型号、该岗位的工序号以及文件编号，以便查阅。
- 必须说明该岗位的工作内容，是插件、检验还是补焊。
- 写明本岗位工作所需要的原材料、元器件和设备工具的规格型号及数量，并且说明装配在什么位置。
- 有图纸或实物样品加以指导，插件岗位可以画出印制板实物丝印图供本岗位员工用来对照阅读，装配岗位可以配置照片或画出接线图、装配图供本岗位员工对照示范。
- 写明技术要求以及注意事项告诉员工具体怎样操作。
- 工艺文件必须有编制人、审核人和批准人签字。

装配岗位、检验岗位、调试岗位的作业指导书都是按以上方法进行编制的。一般地讲，一件产品的作业指导书不止一份，有多少工序就有多少份作业指导书，因此，每一产品的作业指导书都会进行编号、审核、批准和汇总，并装订成册统一保管，以便生产时多次使用。

编制工艺文件案例

案例 1　编制工厂生产 1000 台 S735 小型台式收音机的插件工艺文件。

解：插件生产线工艺文件编制格式如下：
- 装配工艺卡片：填写插入元器件的名称、型号及规格。
- 工艺说明：用来详细叙述插件操作的工艺要求。
- 工艺简图：表达元器件所插入的区域及位置。

编制步骤及方法：

① 计算生产节拍时间：工人每天工作时间 8 小时；上班准备时间 15 分钟；上、下午休息时间各 15 分钟。

$$每天实际作业时间 = 每天工作时间 - （准备时间 + 休息时间）$$
$$= 8 \times 60 - (15 + 15 + 15) = 435 （min）$$
$$节拍时间 = \frac{实际作业时间}{计划日产量} = \frac{435 \times 60}{1000} = 26.1 （s）$$

② 计算印制板插件总工时：将元器件分类列在表 2-22 内，按标准工时定额查出单件的定额时间，最后累计出印制板插件所需的总工时为 173.5 秒。如表 2-22 所示。

表 2-22　插件工时统计表

序号	元器件名称	数量/只	定额时间/s	累计时间/s
1	小功率碳膜电阻	13	3	39
2	跨接线	4	3	12
3	中周（五脚）	3	4	12
4	小功率晶体管（需整形）	5	5.5	27.5
5	小功率晶体管	2	4.5	9

续表

序号	元器件名称	数量/只	定额时间/s	累计时间/s
6	电容（无极性）	12	3	36
7	电解电容（有极性）	7	3.5	24.5
8	音频变压器（五脚）	2	5	10
9	二极管	1	3.5	3.5
合计总工时（s）				173.5

③ 计算插件工位数：插件工位的工作量安排一般应考虑适当的余量，当计算值出现小数时一般总是采取进位的方式，所以根据上式得出，日产 1000 台收音机的插件工位人数应确定为 7 人。

$$插件工位数 = \frac{插件总工时}{节拍时间} = \frac{173.5}{26.1} = 6.55$$

④ 确定工位工作量时间：

$$工位工作量时间 = \frac{插件总工时}{人数} = 24.78（s）$$

$$工作量允许误差 = 节拍时间 \times 10\% = 26.1 \times 10\% \approx 2.6（s）$$

⑤ 划分插件区域：按编制要领将元器件分配到各工位。
⑥ 对工作量进行统计分析。
⑦ 对每个工位的工作量进行统计分析。
⑧ 编写装配工艺卡片（表 2-23）。

表 2-23 装配工艺卡

装配工艺卡片	工序名称	产品名称
		小型台式收音机
	插件（4）	产品型号
		S753

序号	装入件及辅助材料代号、名称、规格	数量	工艺要求	工装名称
R5	电阻器 RT14-0.25W-470	1		镊子
R8	电阻器 RT14-0.25W-470	1	(1) 插入位置见工"插件工艺简图"（第 8 页）第四部分；	剪刀
C2	电容器 CC1-63V-0.22μF	1		
C9	电容器 CC1-63V-0.22μF	1		
C11	电容器 CD11-16V-4.7μF	1	(2) 插入工艺要求见通用工艺"插件工艺规范"	
C12	电容器 CD11-16V-4.7μF	1		
Q4	三极管 3DG201（S11）	1		

旧底图总号	更改标记	数量	更改单号	签名	日期		签名	日期	第 页
						拟定			
						审核			共 页
底图总号						标准化			第 册 第 页

⑧ 编写工艺说明如表 2-24 所示：

表 2-24　编写工艺说明

工艺说明	工艺文件名称	产品名称
	插件工艺规范	小型台式收音机
		产品型号
		S753

一、工具：
　　锯子　　　1 把
　　钢皮尺　　1 把
二、插件前准备：
　　1. 核对元器件的型号、规格、标称值是否与配套明细表中规定相符，并将元器件按插件的顺序放入料，要求每天上、下午插件前各核对一次。
　　2. 核对元器件的形状及引出脚的长度是否符合要求。
三、装插要求：
　　1. 卧式安装的元器件：
　　（1）一般电阻器、二极管、跨接线要求自然平贴于印制板上（如下图左所示）、注意用力均匀，以免人为造成电阻器、二极管折断。
　　（2）有散热要求的二极管、大功率电阻引出脚需进行单号的整形、插入印制板后弯曲处底部应紧贴板面（如下图右所示）。

　　2. 立式安装的元器件：
　　（1）小、中功率晶体管插入印制板后、管底与板面的距离为 5~7mm，要求插正，不允许明显歪斜。
　　（2）圆片瓷介电容（包括类似形状的电容）的预成形有单弯曲及双弯曲整形两种，凡属单弯曲整形的，插入印制板后弯曲处底部应紧贴板面；凡属双弯曲整形的，应将小弯曲插入印制电路板。

旧底图总号	更改标记	数量	更改单号	签名	日期		签名	日期	第 1 页	
						拟定				
底图总号						审核			共 2 页	
						标准化			第 2 册	第 5 页

⑨ 工艺简图如图 2-14 所示：

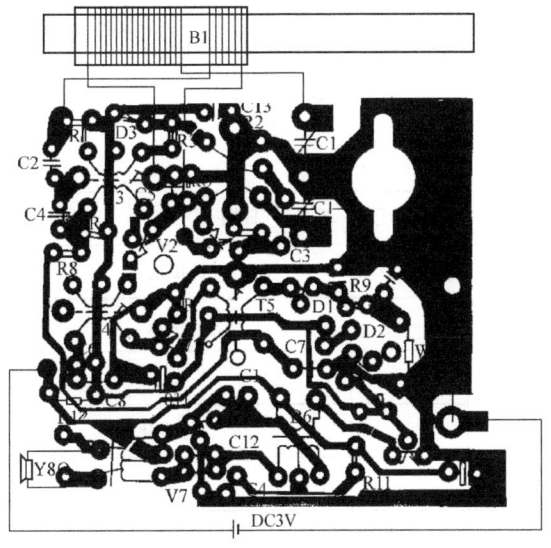

图 2-14　工艺简图

案例2　试编写案例1的整机总装工艺艺规程。

答：整机总装工艺规程编写格式如表2-25及表2-26所示：

表 2-25　装配工艺卡片

装配工艺卡片		工序名称		产品名称	
				小型台式收音机	
		总装		产品型号	
				S753	
序号	装入件及辅助材料代号、名称、规格	数量	工艺要求	工装名称	
1	刻度板 HD8.667.033	1	刻度板按图示位置紧固在支架上 紧固见通用工艺"螺装工艺规范"	气动螺丝刀	
2	沉头机制螺钉 M2.5×6	2			

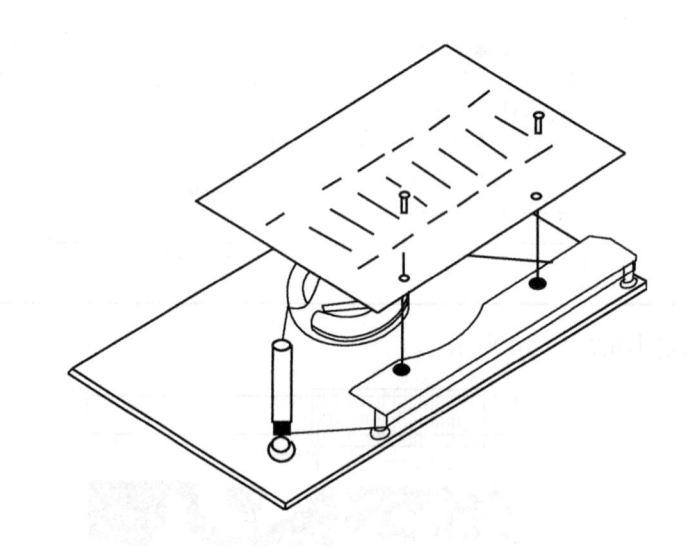

旧底图总号	更改标记	数量	更改单号	签名	日期	签名	日期	第5页	
				拟定					
				审核				共11页	
底图总号									
				标准化				第1册	第40页

· 86 ·

表2-26 工艺说明

工艺说明	工序文件名称	产品名称
		小型台式收音机
	螺装工艺规范	产品型号
		S753

一、工具

　　螺丝刀、套筒或扳手

二、螺装前准备

　　1. 工具的选择

　　(1) 应注意螺丝刀头的大小形状必须与螺丝的槽口相匹配。

　　(2) 应尽力创造条件用气动限力螺丝刀，可保证装配质量。

　　(3) 紧固螺母时，必须选用与螺母规格相匹配的套筒或扳手，禁止使用尖头钳、平口钳作为紧固工具。

　　2. 螺装前准备

　　应根据安装螺钉的规格校准扭矩，扭矩大小可参照下表

自攻螺钉		机制螺钉		
			有弹垫	无弹垫
ST×6	0.4N·m	M2.5		0.35N·m
ST×8	0.55N·m	M3	0.6N·m	0.5N·m
ST3×10	0.65N·m	M4	0.8N·m	0.7N·m
ST3×12		M5	1.1N·m	0.8N·m
ST3×16				
ST3×12	1.1N·m			
ST3×16				
ST3×20				
ST5×20	1.6N·m			

三、螺装步骤及要求：

　　1. 首先按工艺文件的要求对安装件进行检查，应无损伤、变形，尤其是外壳、面板应无明显的划伤、污渍、破损等不良现象。经检查合格后方可开始操作。

　　2. 安装时螺丝刀头必须紧紧地顶住螺钉头槽口，螺丝刀和螺钉保持在同一轴线上，扭紧时不得损伤槽口，以致出现毛刺、变形等不良现象

旧底图总号	更改标记	数量	更改单号	签名	日期	签名	日期	第5页	
				拟定					
				审核				共11页	
底图总号									
				标准化				第1册	第40页

案例3 编制传感器焊接作业指导书（表2-27）。

表2-27 作业指导书

深圳泰瑞盛公司	作业指导书	产品名称	数字温湿度计	名称	传感器焊接
		产品型号	HH348	图号	
图示	作业内容	温度、湿度传感器焊接			
	注意事项	焊接采用30W烙铁，烙铁温度260℃±10℃；焊接时必须带手指套，避免手指直接接触感温、感湿头；焊接时间为2秒，不能有虚焊、短路等			
	作业材料	材料品名	规格	数量	位置
		温度传感器1	NTC温度传感器 MFH103-3435，10K 25/85=3435K±1%插脚	1	RT1
		温度传感器2	NTC温度传感器 MFH103-3435，10K 25/85=3435K±1%插脚	1	RT2
		湿度传感器	电阻型湿度传感器 HR201-474，1008封装	1	RH1
设计	审核	标准化			批准

案例4 编制感应式自动语音盒检验工序卡（表2-28）。

表2-28 检验工序卡

检验工序卡		产品名称	感应式自动语音盒	名称	制程检验
		产品型号	GR426	图号	GR426.GH08.15.02
序号	检验项目	技术要求			检验方法及器具
1	外观检验	外观清洁，无破损、污渍			100%，目测
2	电流测试	静态电流≤40μA 工作电流≤100mA			100%，万用表
3	功能测试	(1) 录音时间6秒； (2) 按住REC按键不放，"嘀"声后开始录音，"嘀嘀"两声后6秒录音结束； (3) 2米范围内人经过激发已录声音，2次激发间隔为2秒； (4) 放音时语音响亮，清晰无杂音，无失真等			100%，秒表
设计		审核	标准化		批准

任务五　装配晶体管可调式直流稳压电源电路

1. 工作任务

在万能板上装配晶体管可调式直流稳压电源电路，编写装配作业指导书和相关工艺卡。

元器件清单见表 2-29。

2. 任务要求

了解 6S 现场管理的内容和要求；掌握静电防护措施；掌握安全隐患防范办法及触电急救措施；能识读常用工艺文件，学会编写作业指导书和工艺卡。

3. 相关知识

（1）晶体管可调式直流稳压电源电路的工作原理如图 2-4 所示。

晶体管可调式直流稳压电源的作用是通过把 220V、50Hz 的交流电经变压、整流、滤波和稳压，使电路变成恒定的直流电压，供给负载，并且直流电压不随电网电压的波动和负载的变换而改变。其工作原理如图 2-15 所示。

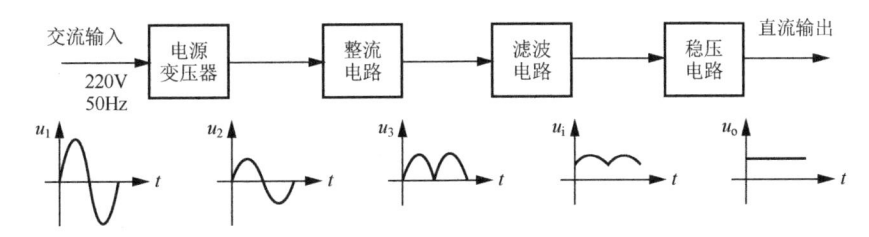

图 2-15 直流稳压电源方框图

（2）晶体管可调式直流稳压电源元器件清单如表 2-1 所示。

（3）部分器件安装示意图如图 2-16 及图 2-17 所示。

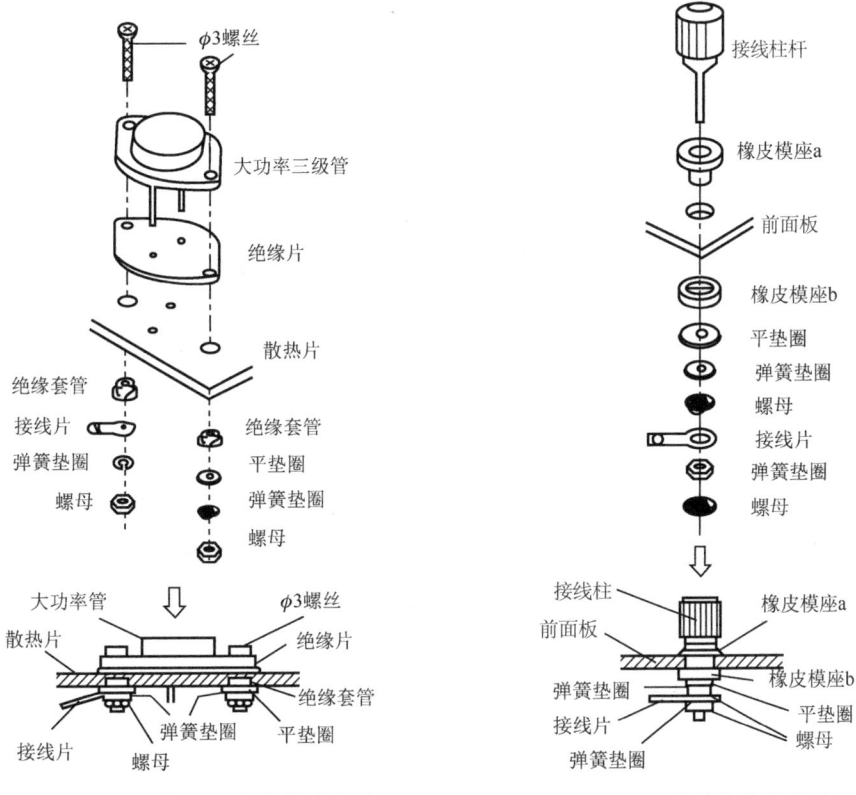

图 2-16 调整管 VT$_1$ 的安装示意图　　图 2-17 接线柱的装配示

项 目 小 结

1. 触电对人体的危害主要有电击和电伤两种。电击对人的危害最大。电击主要是由直接触及电源、错误使用设备、设备金属外壳带电、电容器放电等方面引起触电而造成的。

2. 发现有人触电，尽快断开与触电人接触的导体，使触电人脱离电源；施行人工呼吸或心脏挤压法急救；迅速拨打120，联系专业医护人员来现场抢救。

3. 安全用电操作：首先要制定安全操作规程，在接通电源前，一定要认真检查，做到"四查而后插"。即一查电源线有无损坏；二查插头有无外露金属或内部松动；三查电源线插头的两极间有无短路，同外壳有无通路；四查设备所需电压值与供电电压是否相符。

4. 6S管理的内容是整理（Seiri）、整顿（Seiton）、清扫（Seiso）、清洁（Seikeetsu）、素养（Shitsuke）和安全（Security）。6S管理是打造具有竞争力的企业、建设一流素质员工队伍的先进的基础管理手段。6S管理组织体系的使命是焕发组织活力、不断改善企业管理机制，6S管理组织体系的目标是提升人的素养、提高企业的执行力和竞争力。

5. 静电是物体表面过剩或不足的静止电荷，静电现象是电荷在产生和消失的过程中所发生的电现象的总称。ESD代表英文Electro Static Discharge即"静电放电"的意思。

6. 静电在多个领域造成严重危害。摩擦起电和人体静电是电子工业中的两大危害，在电子行业中，静电通常会带来很多危害：使集成电路元器件的线路损坏，耐压降低，线路面积减小，使得器件耐静电冲击能力的减弱，影响元器件的功率和寿命，破坏元件的绝缘性或导电性，造成元件损伤不能工作。

7. 操作现场静电防护：敏感器件应在防静电的工作区域内操作。

人体静电防护：工作人员穿戴防静电工作服、手套、工鞋、工帽、手腕带。

储存运输过程中静电防护：静电敏感器件的储存和运输不能在有电荷的状态下进行。

8. 技术文件是产品研究、设计、试制与生产实践经验积累所形成的一种技术资料。它主要包括设计文件、工艺文件两大类。具有标准化和管理严格的特点。

9. 设计文件是产品从设计、试制、鉴定到生产的各个阶段的实践过程中形成的图样及技术资料。例如产品标准、技术条件、明细表、电路图、方框图、零件图、印制板图、技术说明书等。

工艺文件是指将组织生产实现工艺过程的程序、方法、手段及标准用文字及图表的形式表示的技术文件。按内容分类，通常分为工艺管理文件和工艺规程两大类。工艺管理文件是指企业科学地组织生产和控制工艺工作的技术文件；工艺规程文件是指在企业生产中，规定产品或零件、部件、整件制造工艺过程和操作方法等的工艺文件。工艺文件都有一定的格式。

课后练习

1. 在电子工艺操作的过程中，有哪些必须时刻警惕的不安全因素？
2. 怎样防止触电和电击？怎样进行救护？
3. 电子行业静电的危害有哪些？试举例说明静电防护措施。
4. 简述 6S 管理的内容和企业推行 6S 管理的意义。
5. 电子产品的设计文件有哪些种类？各起什么作用？
6. 电子产品的工艺文件有哪些种类？有什么作用？
7. 简述插接线工艺文件的编制原则，简述编制接插件工艺文件的方法和步骤。
8. 试编写可调式直流稳压电源装配作业指导书和装配工艺卡。

模块三　电路板的装配与焊接

项目三　通孔插装元器件电路板的装配

【项目实施目标】

按照图3-8所示晶闸管调光灯电路原理图，设计、制作电路的印制电路板；并对电路进行装配、焊接和调试。项目的主要目标是掌握电路原理图、印制电路板图的识读方法；掌握印制电路板的设计、制作方法；掌握电线、电缆装配焊接前处理的方法和技能；掌握网线水晶头的制作方法，学会制作音频线材；掌握常用元器件引线的成形和插装方法；了解锡铅焊接的基本知识；掌握锡铅焊接和拆焊的步骤、方法以及焊点的质量检测方法；掌握手工焊接方法和电路基板的调试方法。

【教学导航】

教	知识重点	电路原理图、印制电路板板图的识读方法；线材装配焊接前处理的方法和技能；常用元器件引线的成形方法和技术要求；印制电路板设计的一般原则和制作印制电路板的方法；手工插装焊接工艺和电路基板的调试
	知识难点	电路原理图和印制电路板板图的识读；焊点的质量检测；电路基板的调试
	推荐教学方式	课堂讲授：电子工程图的识读；常用电子材料和装配工具；导线的加工和元器件引线的成形；印制电路板的设计与制作；锡铅焊接的基本知识；焊点的质量检测方法；电路基板的调试方法。 多媒体教学：准备常用装配工具、印制电路板生产工艺、手工焊接和拆焊、焊点的质量检测、元器件引线成形相关图片视频材料，在相应教学环节播放。 实践教学：学生在教师的指导下学习导线、电缆的加工；掌握网线水晶头的制作方法，学会制作音频线材；设计并制作晶闸管调光灯电路PCB，并手工装配调试电路
	建议学时	14学时
学	推荐学习方法	按6~8名学生组成一个学习小组，通过导线、电缆的加工和网线水晶头的制作和制作音频线材以及制作晶闸管调光灯电路PCB、手工装配调试电路的实践活动，熟悉常用电子材料和装配工具，学会印制电路板的制作方法，掌握电子产品装配的职业技能
	知识目标	了解常用电子工程图的类型及其特点；了解电子产品装配中常用的线材、绝缘材料、焊料、助焊剂、工具与设备的外形、结构、基本性能、使用知识及其选用原则；熟悉电子产品元器件的装接工艺，掌握元器件引线成形的技术要求和加工方法；掌握各种导线的加工、元器件引线成形的方法；理解印制电路板设计的一般原则；了解锡铅焊接的基本知识；掌握锡铅焊接和拆焊的步骤、方法和焊点的质量检验方法；掌握电子产品基板的一般调试方法和故障查找及故障处理方法

学	技能目标	能识读电路原理图和印制电路板板图；能用目视法判断识别常见的安装导线、绝缘材料，并能正确说出其名称；能根据使用场合正确选择和合理使用常用电子材料和装配工具；能制作网线水晶头和音频线材；能设计制作印制电路板；能按要求将元器件引线加工成所需形状；能进行电线电缆的端头加工与处理；能使用电烙铁进行通孔插装印制电路板的手工焊接，并对焊接质量进行分析判断；能对电路基板进行调试
	素质目标	通过手工插装"晶闸管调光灯电路板"的实践活动，培养学生初步的劳动意识；团队协作意识；产品生产的质量意识；认真负责的学习态度和精益求精、耐心细致的工作作风

【项目实施器材】

(1) 晶闸管调光灯电路元器件每组一套。

(2) 不同类型的线材若干米。

(3) 焊接工具每组一套：电烙铁(带烙铁架)、镊子、尖嘴钳、斜口钳、剥线钳、吸锡器各一把。

(4) 焊锡丝：63%、0.8mm 锡铅焊料。

(5) 松香。

(6) 指针式万用表每组一只。

(7) 信号发生器各一台。

【项目实施步骤】

1. 装配准备

(1) 技术文件准备。

(2) 装配用电子材料、生产设备及工具准备。

(3) 设计制作晶闸管调光灯电路 PCB。

(4) 晶闸管调光灯电路元器件的识别与检测。

(5) 元器件引线成形。

(6) 导线端头加工与处理。

2. 基板装配

(1) 晶闸管调光灯电路基板插装与焊接。

(2) 晶闸管调光灯电路基板调试与检验。

【项目总结报告】

主要内容：

(1) 项目完成小组编号、同组人姓名、完成时间、地点、指导教师等。

(2) 项目组成框图、原理图、工作原理及装配的主要工作过程。

(3) 调试过程说明及测试数据等。

(4) 项目完成过程中出现的问题、故障及处理过程和结果。

(5) 收获、体会及建议等。

【项目考核方法】

采取平时20%（作业、纪律、认真听讲、积极参与）+项目总结报告10%+装配操作考核60%（包括元器件识别、仪器仪表的使用、线材的处理、电路板的装配与调试、故障排除五个方面）+团队合作10%综合考查的方法。

装配操作考核要求：
- 接线正确；
- 元件成形规则、排列整齐；
- 焊点不毛糙，无漏焊、虚焊；
- 通电灯亮，且能正常调光；
- 会使用万用表、示波器测量各种参数；
- 按6S规范要求安全文明生产。

1. 电路板装配概述

印制电路板（即基板）的装配也称电路板装配，是根据设计文件和工艺规程的要求，将电子元器件按一定规律、秩序插（或贴）装到印制电路板上，并用锡焊和紧固件将其固定的装配过程。

印制电路板的安装技术可以说是现代发展最快的制造技术，目前常见的主要有通孔插入式安装技术和代表着当今安装技术主流的表面贴装式安装技术。

2. 通孔插入式安装技术（Through Hole Technology，简称：THT）

通孔插入安装也称为通孔安装，适用于长管脚的插入式封装元件的安装。安装时将元件放置在印制电路板的一面，而将元件的管脚焊在另一面上。这种方式具有投资少、工艺相对简单、基板材料及印制电路工艺成本低、适应范围广的特点。由于装配时要为每只管脚钻一个洞，占掉了两面的空间，焊点也较大，难以满足电子产品高密度、微型化的要求。

3. 电子产品装配工艺的一般流程

电子产品的装配过程为先将零件、元器件组装成部件，再将部件组装成整机。其装配工艺的一般流程如图3-1所示。

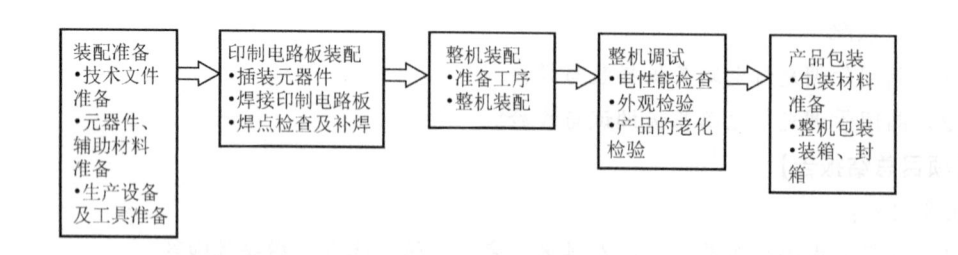

图3-1 电子产品装配工艺的一般流程

要想做好电子电路的装配工作，应对电子设备或电子电路充分了解，看懂电子工程图。

任务一　电子工程图的识读

1. 任务要求

要求学生了解常用电子工程图的类型、特点和识图的基本要求,学会识读电气原理图和印制电路板板图。

2. 相关知识——电子工程图的识读

电子工程图是用图形符号表示电子元器件,用连线表示导线所形成的一个具有特定功能或用途的电子电路原理图。包含电路组成、元器件型号参数、具备的功能和性能指标等。

读懂电子工程图,有利于了解电子产品的结构和工作原理,有利于正确地生产、检测、调试电子产品,能够快速地进行维修。

（1）常用电子工程图的种类

电子产品装配过程中常用的工程图有：方框图、电气原理图、印制电路板板图、接线图、装配图等。

① 方框图：方框图用一个个方框表示电子产品的各个部件或功能模块,用连线表示其连接,进而说明其组成结构和工作原理,方框图是原理图的简化示意图。方框图具有简单明确、一目了然的特点,如图3-2所示。

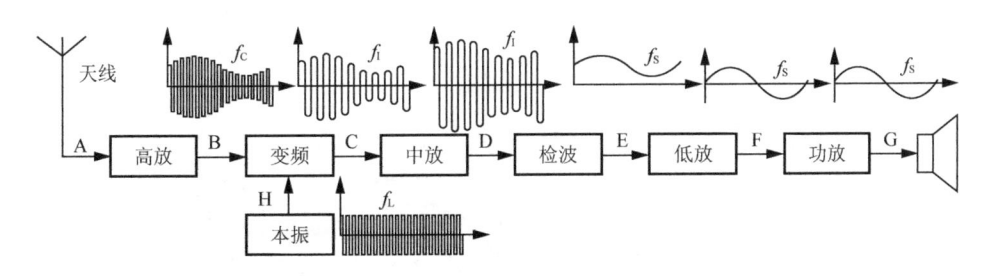

图3-2　普通超外差式收音机方框图

② 电路图（电气原理图）：电路图是详细说明产品各元器件、各单元之间的工作原理及其相互间连接关系的略图,是设计、编制接线图,用于测试和分析寻找故障的依据,如图3-3所示。在装接、检查、试验、调整和使用产品时,电路图与接线图一起使用。

提示：

电路图应按如下规定绘制：
- 在电路图上,组成产品的所有元器件均以图形符号表示。
- 在电路图中各元件的图形符号的左方或上方应标出该元器件的名称、标号或类型。
- 电路原理图上的元器件应在元器件目录表中列出。

元器件目录表中列出了各元器件的标号、名称、类型及数量。在进行整机装配时,应严格按目录表的规定安装。

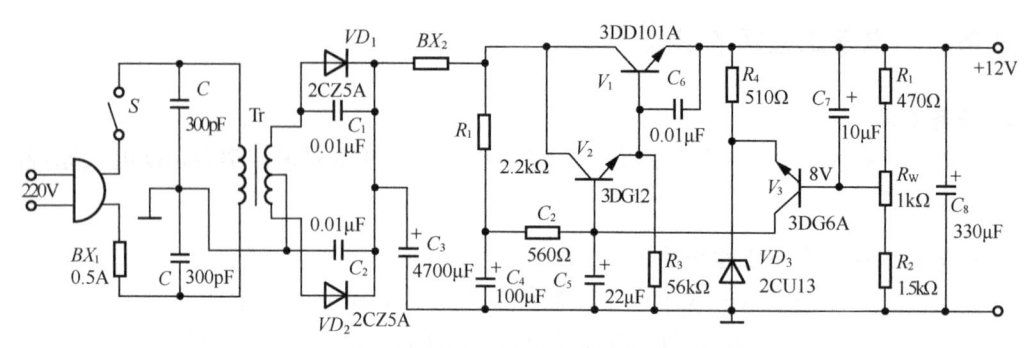

图 3-3 黑白电视机稳压电路原理图

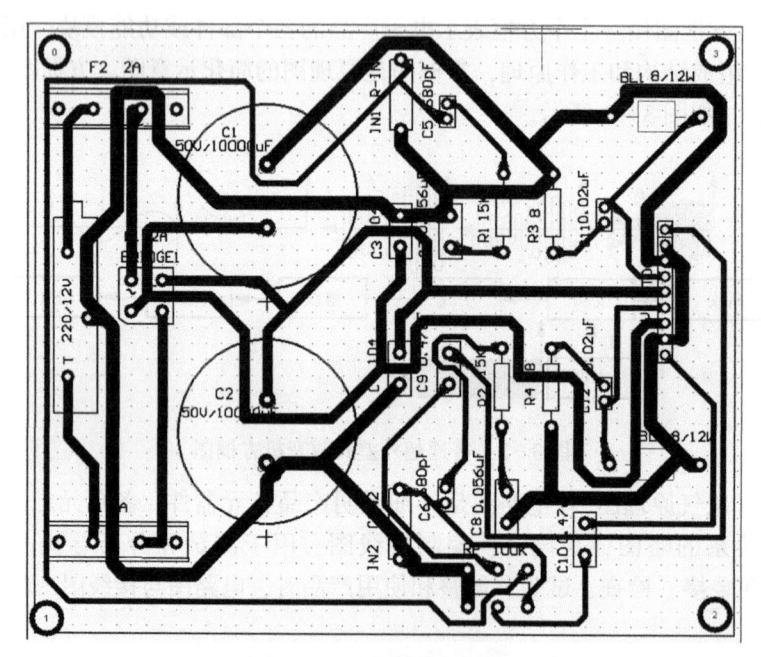

③ 印制电路板板图：印制电路板板图是用来表示元器件及零部件、整件与印制电路板连接关系的图样。印制电路板板图是用于指导工人装配焊接印制电路板的工艺图。印制电路板板图一般分成两类：画出印制导线的和不画出印制导线。

画出印制导线的印制电路板板图如图 3-4 所示。在这张图里，印制导线按照印制板的实物画出，并在安装位置上画出了元器件。

图 3-4 印制电路板板图

不画印制导线的印制电路板板图如图 3-5 所示，将安装元器件的板面作为正面，画出元器件的图形符号及其位置，未画出印制导线，用于指导装配焊接。

④ 实物装配图：实物装配图以实际元器件的形状及其相对位置为基础，画出产品的装配关系，这种图一般在产品生产装配中使用。图 3-6 所示的是仪器中的波段开关接线图，由于采用实物画法，能把装配细节表达清楚不易出错。

(2) 电子工程图的识图方法

识图就是对电路进行分析，识图能力体现了对知识的综合应用能力。通过识图，不仅可以开阔视野，提高评价电路性能的能力，而且可为电子电路的应用提供有益的帮助。

· 96 ·

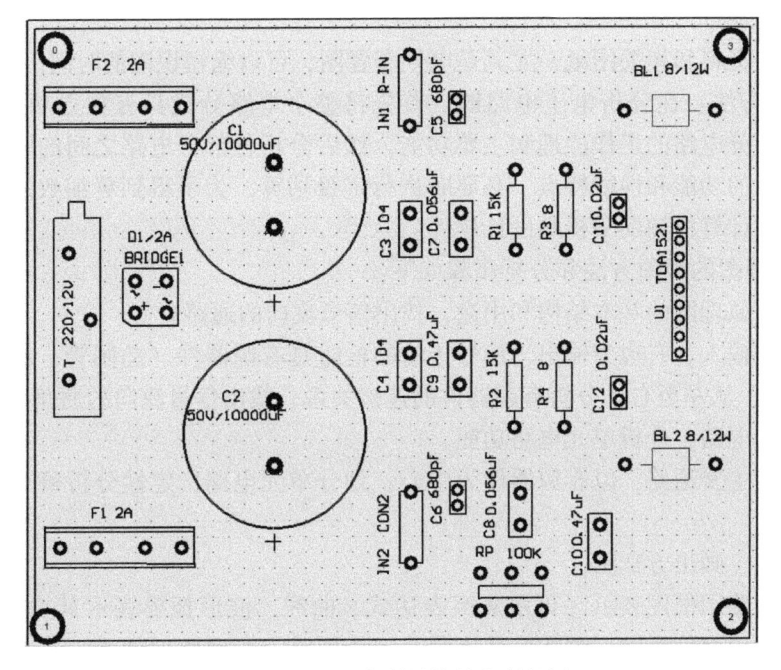

图 3-5 不画印制导线的印制板图

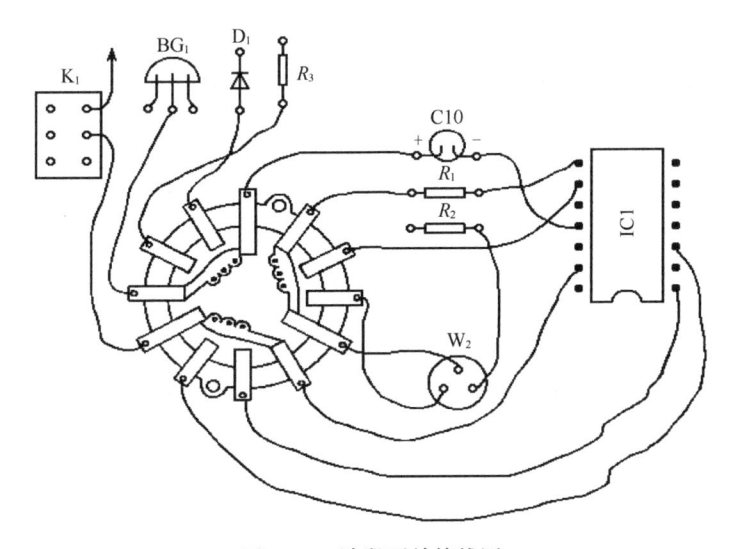

图 3-6 波段开关接线图

1）识图的基本要求：
- 结合元器件的作用和电路的工作原理进行识图。首先要清楚各电路元件（如二极管、三极管、晶闸管、稳压管、电阻器、电容器、电感器）的作用和电路的工作原理，才能识别各种电子工程图。
- 结合典型电路识图。任何复杂的电路图总是由各个典型电路组合而成的，因此围绕典型电路分清各电路间的相互联系是识图的关键。
- 结合绘制电子工程图的要求和特点进行识图。只要掌握绘制电子工程图的一般规则、特点、布局、图形及文字符号的含义，就可以识图，读懂每个电路图的作用和工作原理。
- 参考有关资料和相关图纸，尤其是电气布置图，可以缩短识图的时间。

2）识图的方法：在分析电子电路时，首先将整个电路分成具有独立功能的几个部分，进而弄清每一部分电路的工作原理和主要功能，然后分析各部分电路之间的联系，从而得出整个电路所具有的功能和性能特点，必要时进行定量估算。为了得到更细致的分析，还可借助各种电子电路计算机辅助分析和设计软件。

① 电路原理图的识图方法和分析步骤如下：
- 了解电路原理图的基本结构和用途，找出信号流向的通路。

通常左边为输入，右边为输出，信号传输的枢纽是有源器件（晶闸管、场效应管、晶体管、集成电路），从左至右，分析有源器件的连接关系，找出信号流向的通路。
- 划分单元电路，分析单元电路功能。

沿着信号的主要通路，以有源器件为中心，划分单元电路，定性分析每个单元电路的工作原理和功能。
- 沿着通路，画出方框图。

将各单元电路用框图表示（可用文字表达式、曲线、波形扼要表示其功能），然后从上至下、从左至右，由信号输入端按信号流程，一个回路一个回路地熟悉，一直到信号的输出端，根据它们之间的关系进行连接，得到整个电路的方框图。由此了解电路的来龙去脉，掌握各组件与电路的连接情况，从而分析出整体工作原理。
- 估算指标，分析（逻辑）功能。

在识图时，应首先分析电路主要组成部分的功能和性能，必要时再对次要部分进一步分析，如有必要还可对各部分电路进行定量估算。

② 识读方框图的技巧如下：
- 方框图中的箭头方向表示了信号的传输方向。要根据信号的传输走向逐级、逐个地分析方框，弄懂每个方框的功能以及该方框对信号进行什么样的处理，输出信号产生了什么变化。
- 框图与框图之间的连接表示了各相关电路之间的相互联系和控制情况。要弄懂各部分电路是如何连接的，对于控制电路还要看出控制信号的来路和控制对象。
- 在没有集成电路引脚功能资料时，可以利用集成电路内部电路框图来判断引脚作用，特别要了解哪些是信号的输入脚，哪些是信号的输出脚。

图3-7是直流稳压电源的方框图，它能让我们一眼就看出电路的全貌、主要组成部分及各级电路的功能。

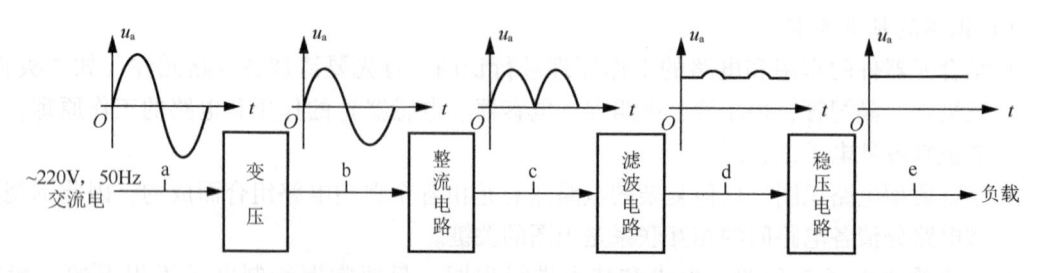

图3-7 直流稳压电源的方框图

③ 印制电路板装配图识读方法：读懂与之对应的电气原理图，找出原理图中构成电路的关键元件（如晶体管、集成电路、开关、变压器、喇叭等），在印制电路板图上找到关键元件的位置；在印制电路板上找出接地端（通常大面积铜箔或靠印制板四周边缘的长线铜箔为接地端）；根据印制板的读图方向（印制板上的文字方向），结合电路的关键元件在电路中的位置关系及与接地端的关系，逐步完成印制电路板组装图的识读。

- 如果有直流电源电路，首先找到与直流电源正、负极相连接的铜箔导线，然后按原理图的顺序理清各元器件之间的电气连接。
- 如果是交流电源电路，首先找到整流电源（整流变压器）的两个交流输入铜箔导线，然后按原理图的顺序理清各元器件之间的电气连接。

实践训练——晶闸管调光灯电路原理图和印制电路板板图的识读

例 3-1　图 3-8 是一个适合台灯使用的单向晶闸管调光灯电路，试分析其工作原理。

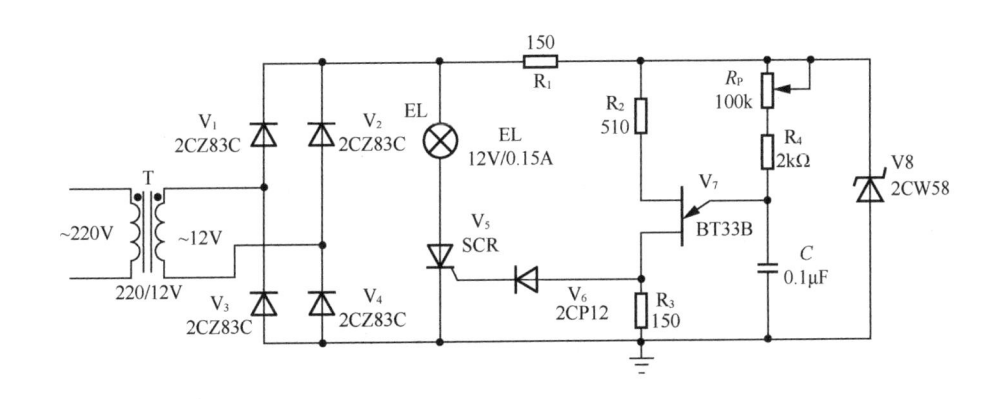

图 3-8　晶闸管调光灯电路原理图

解：（1）首先了解电路用途，找出信号流向的通路。

图示电路是一个适合台灯使用的单向晶闸管调光灯电路，其用途是调节台灯光线强弱。其信号流向从输入到输出依次是 T（变压器）→V_1～V_4（二极管）→V_7（单结晶体管）→V_5（晶闸管）→EL（灯泡）。

（2）划分单元电路，分析单元电路的功能。

沿着图示电路信号的主要通路，以有源器件单向晶闸管 V_5 为中心，将整个电路分成具有独立功能的两个部分——整流电路控制电路、触发电路，各部分的功能如下：

① 四个二极管 V_1～V_4 和晶闸管 V_5 组成单相半控桥式整流电路，将交流输入变为直流输出，其输出的直流可调电压作为灯泡 EL 的电源。

② R_2、R_3、R_4、R_P、C、V_7 组成单结晶体管触发电路，为晶闸管 V_5 提供触发脉冲。晶闸管 V_5 接收到单结晶体管触发电路产生的触发脉冲后，触发导通，负载灯亮。

③ 改变电位器 R_P 阻值可以改变 V_5 控制角的大小，便可以改变输出直流电压的大小，进而改变灯泡 EL 的亮度。

(3) 沿着通路，画出方框图，如图 3-9 所示。

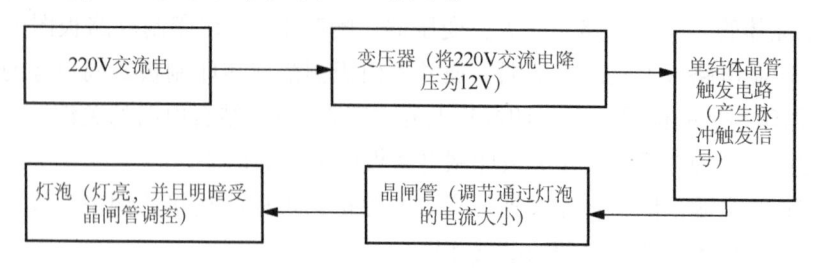

图 3-9 晶闸管调光灯电路方框图

综上所述，图 3-8 所示电路的工作原理：电路主要由整流电路控制电路、触发电路构成。220V 交流电经变压器 T 降压、二极管 $V_1 \sim V_4$ 桥式整流后，形成全波整流脉冲信号，经 R_1、V_8 稳压后形成梯形波，作为触发电路供电电压；此梯形波经 R_P、电阻器 R_4 对电容器 C 充电，当充电电压达到峰值电压时，单结晶体管 V_7 导通，电容器 C 开始放电。当电压下降至单结晶体管谷值电压时，单结晶体管 V_7 截止，重新进行充电，重复上述过程。在电容器 C 放电过程中，电阻器 R_3 上电压降通过二极管 V_6 加到晶闸管 V_5 的控制极；当触发电压达到控制导通电压时，晶闸管 V_5 导通，灯泡亮。通过调整电位器 R_P 的阻值，改变充电时间常数，从而改变晶闸管导通角的大小，控制灯泡 EL 上电压的平均值，使亮度可调，改变灯泡的明和暗。

例 3-2 图 3-10 为例 3-1 单向晶闸管调光灯电路的印制电路板板图，简述其识读方法。

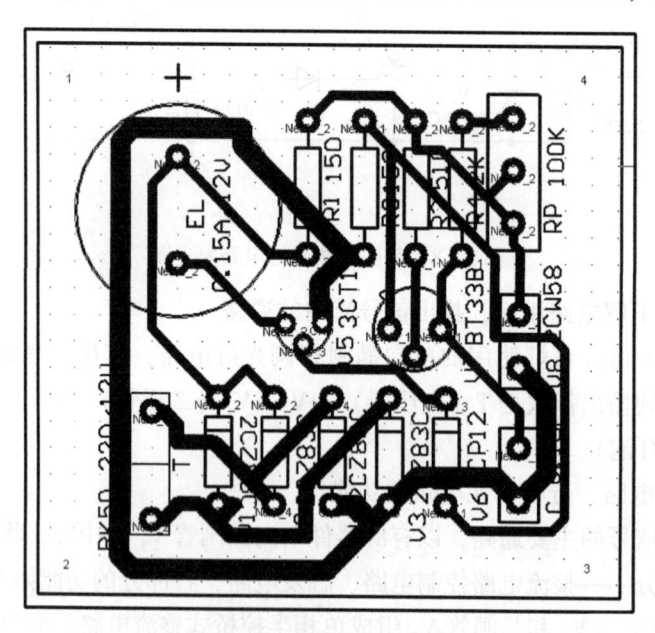

图 3-10 晶闸管调光灯电路印制电路板板图

解：① 在印制电路板板图上找到原理图中的关键元件（整流变压器、单结晶体管、晶闸管、灯泡）的位置；

② 找到整流变压器的两个交流输入铜箔导线，然后按原理图的顺序理清各元器件之间的电气连接。

任务二　辅助材料和装配工具的准备

1. 任务要求

了解常用电子材料的分类、特点、性能和用途，掌握正确选择和合理使用常用电子材料方法；掌握网线水晶头及音频线材的制作方法；了解常用装配焊接工具和设备的外形结构、类型和用途，掌握正确选择和使用装配焊接工具及焊料的方法。

2. 相关知识

（1）常用电子材料

电子整机装配中常用的电子材料有线材、绝缘材料、印制电路板、焊接材料、磁性材料、粘结材料等。了解这些材料的种类、性能和特点，掌握正确选用的方法，这对于优化生产工艺，保证产品质量是至关重要的。

1）线材

常用线材分为电线与电缆两类。其作用是传输电能或电磁信号，一般又分为裸线、电磁线、绝缘电线和通信电缆四类。构成线材的核心材料是导线，按材料可分为单金属丝（如铜丝、铝丝）、双金属丝（如镀银铜线）和合金线；按有无绝缘层可分为裸电线和绝缘电线。导线的粗细标准叫线规，线规有线号制和线径制两种表示方法。按导线的粗细排列成一定号码的叫线号制，按导线直径大小的毫米（mm）数表示叫线径制。英美等国家采用线号制，我国采用线径制。

电子产品常用线料有：安装导线、电磁线、扁平电缆（平排线）、屏蔽线、电缆、电源软导线。

① 安装导线（安装线）：用于电子产品装配的导线。常用的安装导线有裸导线和塑胶绝缘电线等。

- 裸导线：指表面没有绝缘层的金属导线。它有单股线、多股绞合线、镀锡绞合线、多股编织线、金属板、电阻电热丝等若干种。这种导线加工简单，只要按要求的长度切断就可以用来连接。因无外绝缘层，容易造成短路，故它的用途很有限，只能用于单独连线、短连线及跨接线等。不同类型的裸导线的使用场合如下：
- 单股线：单股线多用于电路板上的跨接线。较粗的单股线多用于悬浮连线。
- 多股绞合线：多股绞合线是将几根或几十根单股铜线绞合起来制成的较粗导线。主要作为较大元器件的引脚线、短路跳线、电路中的接地线等。多股绞合线的规格用原单股线的根数和单股线的直径来表示。如：7/0.12 表示由 7 根直径为 0.12mm 的单股线绞合而成。
- 镀锡绞合线：镀锡绞合线是在多股绞合线的基础上，用锡或焊锡将其包裹起来形成的。有多股绞合线所具有的柔软性，抗折弯强度大，既可绕接又可焊接，不易劈头，便于加工。
- 多股编织线：多股编织线是将多股软铜线编织起来组成一根的粗导线。有扁平编织线和圆筒形编织线两种。具有自感小、集肤效应小、高频电阻小、柔软性好、便于操作等优点，主要用于高频电路的短距离连接、接地和大电流连接线等。
- 金属板：直接用铜、镀锡铜、镀锡铁等金属板作为导线，其最大优点是抗弯曲强度大，适合作为悬浮连线、高频接地、屏蔽和大电流的连线等。
- 电阻合金线：电阻合金线是一种特殊的金属合金，其导电能力介于铜导线和绝缘体之间。可用于制造线绕电阻器、电位器、发热元件（如电炉丝，电烙铁）等。
- 塑胶绝缘电线（塑胶线）：在裸导线表面裹上绝缘材料层，一般由导电的线芯、绝缘层和保护层组成。广泛用于电子产品的各部分、各组件之间的各种连接。

常用安装导线的结构与外形如图3-11所示，其型号及用途如表3-1所示。

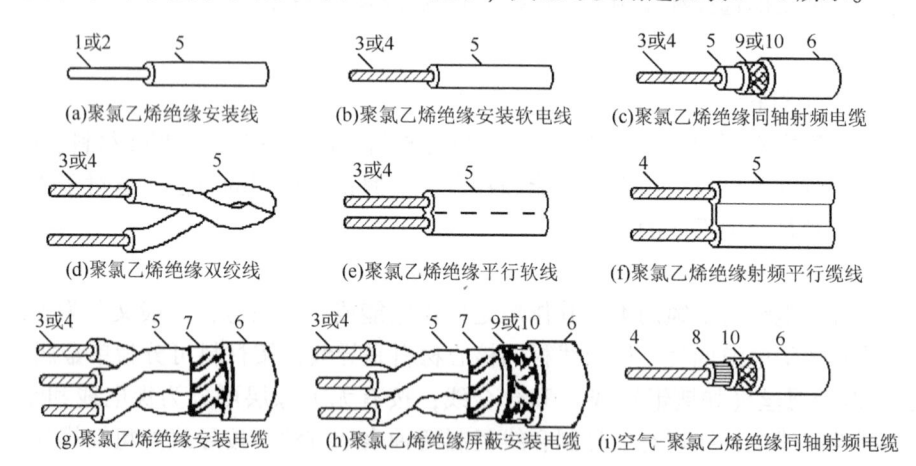

注：图中数字的含义：1—单股镀锡铜线；2—单股铜芯线；3—多股镀锡铜线；4—多股铜芯线；5—聚氯乙烯绝缘层；6—聚氯乙烯护套；7—聚氯乙烯薄膜绕包；8—聚乙烯管绝缘层；9—镀锡铜编织线屏蔽层；10—铜编织线屏蔽层

图3-11 常用安装导线的结构与外形

表3-1 常用安装导线型号及用途

型号	名称	工作条件	主要用途	结构与外形
AV，BV	聚氯乙烯绝缘安装线	250V/AC 或 500V/DC，-60～+70℃	弱电流仪器仪表、电信设备，电气设备和照明装置	图3-11（a）
AVR，BVR	聚氯乙烯绝缘安装软电线	250V/AC 或 500V/DC，-60～+70℃	弱电流电气仪表、电信设备等要求柔软导线的场合	图3-11（b）
SYV	聚氯乙烯绝缘同轴射频电缆	-40～+60℃	固定式无线电装置（50Ω）	图3-11（c）
RVS	聚氯乙烯绝缘双绞线	450V 或 750V/AC，<50℃	家用电器、小型电动工具，仪器仪表、照明装置	图3-11（d）
RVB	聚氯乙烯绝缘平行软线	450V 或 750V/AC，<50℃	家用电器、小型电动工具，仪器仪表、照明装置	图3-11（e）
SBVD	聚氯乙烯绝缘射频平行缆线	-40～+60℃	电视机接收天线馈线（300Ω）	图3-11（f）
AVV	聚氯乙烯绝缘安装电缆	250V/AC 或 500V/DC，-40～+60℃	弱电流电气仪表、电信设备	图3-11（g）
AVRP	聚氯乙烯绝缘屏蔽安装电缆	250V/AC 或 500V/DC，-60～+70℃	弱电流电气仪表、电信设备	图3-11（h）
SIV-7	空气-聚氯乙烯绝缘同轴射频电缆	-40～+60℃	固定式无线电装置（75Ω）	图3-11（i）

提示：

选择使用安装导线，要注意以下几点：

1. 安全载流量

表3-2中列出的安全载流量，是铜芯导线在环境温度为25℃、载流芯温度为70℃的条件下架空敷设的载流量。当导线在机壳内、套管内等散热条件不良的情况下，载流量应该打折扣，可以取表中数据的1/2。一般情况下，载流量可按$5A/mm^2$估算，这在各种条件下都是安全的。

表3-2 铜芯导线的安全载流量（环境温度25℃）

截面积/mm^2	0.2	0.3	0.4	0.5	0.6	0.7	0.8	1.0	1.5	4.0	6.0	8.0	10.0
载流量/A	4	6	9	10	12	14	17	20	25	45	56	70	85

2. 最高耐压和绝缘性能

随着所加电压的升高，导线绝缘层的绝缘电阻将会下降；如果电压过高，就会导致放电击穿。导线标志的试验电压，是表示导线加电1min不发生放电现象的耐压特性。实际使用中，工作电压应该大约为试验电压的1/3~1/5。

3. 导线颜色

塑料安装导线有棕、红、橙、黄、绿、蓝、紫、灰、白、黑等各种单色导线，还有在基色底上带一种或两种颜色花纹的花色导线。为了便于在电路中区分使用，将习惯上经常选择的导线颜色列于表3-3，可供参考。

表3-3 导线和绝缘套管颜色选用规定

电路种类		导线颜色
一般交流电路		①白　②灰
三相AC电源线	A相	黄
	B相	绿
	C相	红
	工作零线（中性线）	淡蓝
	保护零线（安全地线）	黄和绿双色线
直流（DC）线路	+	①红　②棕
	0（GND）	①黑　②紫
	-	①蓝　②白底青纹
晶体管	E（发射极）	①红　②棕
	B（基极）	①黄　②橙
	C（集电极）	①青　②绿
立体声电路	R（右声道）	①红　②橙　③无花纹
	L（左声道）	①白　②灰　③有花纹
指示灯		青
有号码的接线端子		1~10 单色无花纹（10是黑色）
		11~99 基色有花纹

4. 工作环境条件

室温和电子产品机壳内部空间的温度不能超过导线绝缘层的耐热温度。当导线（特别是电源线）受到机械力作用的时候，要考虑它的机械强度。对于抗拉强度、抗反复弯曲强度、剪切强度及耐磨性等指标，都应该在选择导线的种类、规格及连线操作、产品运输等方面进行考虑，留有充分的裕量。

5. 要便于连线操作

应该选择便于连线操作的安装导线。例如，带丝包绝缘层的导线用普通剥线钳很难剥出端头，如果不是机械强度的需要，不要选择这种导线作为普通连线。

② 电磁线：电磁线（表3-4）是由涂漆或包缠纤维做成的圆形或扁形绝缘导线，主要用于绕制各类变压器、线圈、电感器等。由多股细漆包线外包缠纱丝的丝包线是绕制收音机天线或其他高频线圈的常用线材。由涂漆作为绝缘层的圆形铜线，通常称为漆包线。

表3-4 常用电磁线的型号和用途

分类	名称	型号	主要用途
漆包线	油性漆包线	Q	中高频线圈及仪表、电器的线圈
	缩醛漆包铜线（圆、扁）	QQ-1~3, QQB	普通中小电机绕组、油浸变压器线圈、电气仪表用线圈
	聚氨脂漆包圆铜线	QA-1~2	要求Q值稳定的高频线圈、电视机用线圈和仪表用微细线圈
	聚脂漆包扁铜线	QZ-1~2	中小型电器及仪表用线圈
	改性聚脂亚氨漆包圆、扁铜线	QZY-1~2, QZYHB	高温电机、制冷电机绕组，干式变压器线圈，仪表线圈
	耐冷冻剂漆包圆铜线	QF	空调设备和制冷设备电机的绕组
绕包线	纸包铜线（圆、扁）	Z, ZB	油浸变压器线圈
	双玻璃丝包铜线（圆、扁）	SBEC, SBECB	中、大型电机的绕组
	聚酰胺薄膜绕包线	Y, YB	高温电机和特种场合用电机绕组
特种电磁线	换位导线	QQLBH	大型变压器线圈
	聚乙烯绝缘尼龙护套湿式潜水电机绕组线	QYN, SYN	潜水电机绕组

③ 扁平电缆（又称排线或带状电缆）：由许多根导线结合在一起的，相互之间绝缘，整体对外绝缘的一种扁平带状多路导线的软电缆。可作为插座间的连接线，印制电路板之间的连接线，以及各种信息传递的输入/输出柔性连接线。

例如，在数字电路、计算机电路中，连接线往往成组出现，工作电平、导线去向一致，因而使用排线进行连接非常方便，且不需要捆绑就很整齐。目前常用的扁平电缆是导线芯为7×0.1mm多股软线，外皮为聚氯乙烯，导线间距为1.27mm，导线根数为20~60不等，颜色多为灰色或灰白色，在一侧最边缘的线为红色或其他不同颜色，作为接线顺序的标志。扁平电缆使用中大多采用穿刺卡接方式与专用插头连接，如图3-12所示。另有一种扁平电缆，导线间距为2.54mm，芯线为单股或多股线绞合。一般作为产品中印制电路板之间的固定连接，采用单列排插或锡焊方式连接，如图3-13所示。

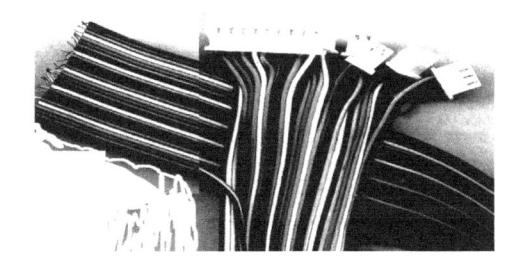

图 3 - 12　穿刺插头用扁平电缆　　　　　图 3 - 13　单列排插或锡焊的扁平电缆

④ 屏蔽线：屏蔽线是在塑胶绝缘电线的基础上，外加导电的金属屏蔽层和外护套而制成的信号连接线，主要用于 1MHz 以下频率的信号连接（高频信号必须选用专业电缆）。

屏蔽线具有静电（高电压）屏蔽、电磁屏蔽和磁屏蔽的作用，能防止或减少线外信号与线内信号之间的相互干扰，如图 3 - 14 所示。

⑤ 电缆：电缆是由单根或多根绞合并且相互绝缘的芯线外面再包上金属壳层或绝缘护套制成的，按照用途不同，分为绝缘电线电缆和通信电缆，如表 3 - 5 和表 3 - 6 所示。电缆线结构如图 3 - 15 所示，由导体、绝缘层、屏蔽层、护套组成。电子产品装配中的电缆主要包括：

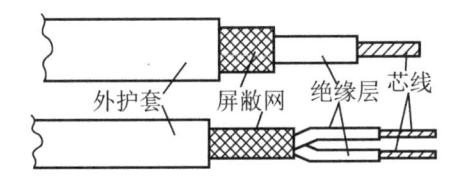

图 3 - 14　单芯、双芯屏蔽线的结构　　　图 3 - 15　电缆线结构示意图

- 射频同轴电缆（高频同轴电缆）：射频同轴电缆的结构与单芯屏蔽线基本相同，但两者使用的材料有所不同，其电性能也不同。射频同轴电缆主要用于传送高频电信号，具有衰减小、抗干扰能力强、天线效应小、便于匹配的优点，其阻抗有 50Ω 或 75Ω 两种。
- 馈线：由两根平行的导线和扁平状的绝缘介质组成的，专用于将信号从天线传到接收机或由发射机传给天线的信号线，其特性阻抗为 300Ω，传送信号属平衡对称型。故在连接时，不但要注意阻抗匹配，还应注意信号的平衡与不平衡的形式。
- 高压电缆：其结构与普通的带外护套的塑胶绝缘软线相似，只是要求绝缘体有很高的耐压特性和阻燃性，故一般用阻燃型聚乙烯作为绝缘材料，且绝缘体比较厚实。

表 3 - 5　常用通信电缆的型号和主要用途

名　称	型　号	主　要　用　途
橡皮广播电缆	SBPH	用于无线广播、录音和留声机设备，固定安装或移动式电气设备连接。使用温度：-50℃ ~ +50℃
橡皮软电缆	YHR	
橡皮安装电缆	SBH，SBHP	
聚氯乙烯绝缘同轴射频电缆	SYV	用于固定式无线电装置。使用温度 -40℃ ~ +60℃
空气-聚乙烯绝缘同轴射频电缆	SIV - 7	

续表

名 称	型 号	主要用途
耐高温射频电缆	SFB	适用于耐高温的无线电设备连接,可传输高频信号。使用温度:-55℃ ~ +250℃
铠装强力射频电缆	SJYYP	适用于传输高频电能。使用温度:-40℃ ~ +60℃
双芯高频电缆	SBVD	适用于电视机接收天线引线(馈线)。使用温度:-40℃ ~ +60℃
聚氯乙烯安装电缆	AVV	适用于野外线路及仪表固定安装。使用温度:-40℃ ~ +60℃

表3-6 常用绝缘电线电缆的型号和用途

分类	名 称	型 号	主要用途
固定敷设电线	橡皮绝缘电线	BXW,BLXW,BXY,BLXY	适用于交流500V以下的电气设备和照明装置,固定敷设。长期工作温度不超过65℃
	聚氯乙烯绝缘电线	BV,BLV,BVR,BLVV,BV-105	适用于交流电压450/750V及以下的动力装置的固定敷设
绝缘软电线	聚氯乙烯绝缘软电线	BV,RVB(平行连接软线),RVS(双绞线),RWB,RV-105	适用于交流额定电压450/750V及以下的家用电器、小型电动工具、仪器仪表及动力照明等装置。长期工作温度低于50℃;RV-105低于105℃
	橡皮绝缘编织软电线	RXS,RX,RXH	适用于交流额定电压为300V及以下的室内照明灯具、家用电器和工具等,长期工作温度不超过65℃
	橡皮绝缘平软型电线	RXB	适用于各种移动式的额定电压为250V及以下的电气设备、无线电设备及照明灯具等,长期工作温度不超过60℃
户外用聚氯乙烯绝缘电线	钢芯聚氯乙烯电线 铅芯聚氯乙烯绝缘电线	BVW BLVW	适用于交流额定电压450/750V以下的户外架空固定敷设电线,长期允许工作温度为-20℃ ~ +70℃
铜芯聚氯乙烯绝缘安装电线	聚氯乙烯绝缘安装电线	AV	用于交流电压250V以下或直流电压500V以下的弱电流仪器或电信设备电路的连接,使用温度-60℃ ~ +70℃
	聚氯乙烯绝缘软电线	AVR	
	纤维聚氯乙烯绝缘安装线	AVRP	
	纤维聚氯乙烯绝缘安装线	ASTV,ASTVR ASTVRP	适合用作电气设备、仪表内部及仪表之间固定安装用线。使用温度为-40℃ ~ +60℃
专用绝缘电线	绝缘低压电线	QVR,QFR	供汽车、拖拉机中电器、仪表连接及低压电线之用
	绝缘高压电线	QGV,QGXV,QGVY	汽车、拖拉机等发动机、高压点火器的连接线
	航空导线与特殊安装线	FVL,FVLP,FVN,FVNP	用于飞机上的低压线

续表

分类	名 称	型 号	主要用途
电力电缆	油浸纸绝缘电缆	ZLL, ZL, ZLQ, ZLLF, ZLQQ, ZLDF, ZLCY	1~35kV 级，电网中传输电能之用
	塑料绝缘电缆	VLV, VV, YLY	110kV 级，防腐性能好
		YJLV	6~220kV 级
	橡皮绝缘电缆		0.5~35kV 级，用作发电厂、变电站等连接线
	气体绝缘电缆 新型电缆（低湿超导）		220~500kV 级，电网中使用

⑥ 电源软导线：电源软导线的主要作用是连接电源插座与电气设备。由于它用在设备外边，且与用户直接接触并带有可能会危及人身安全的电压，所以其安全性就显得特别重要。电源软导线采用双重绝缘方式，即将两根或三根已带绝缘层的芯线放在一起，在它们的外面再加套一层绝缘性能和机械性能好的塑胶层。电源插头的外形如图 3-16 所示。

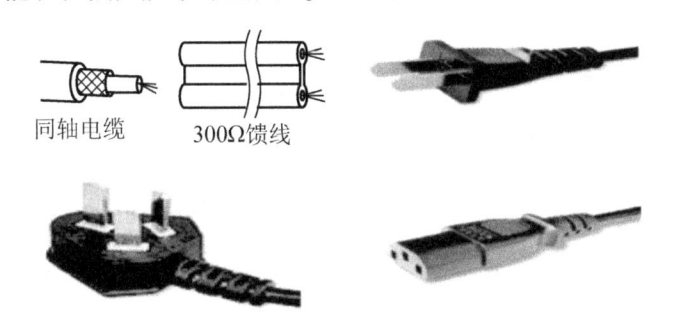

同轴电缆　　300Ω馈线

图 3-16　电源插头

提示：

注意：选用电源线时，除导线的耐压要符合安全要求外，还应根据产品的功耗，选择不同线径的导线，线及插头要分别通过安全认证。

常用聚氯乙烯导线数据如表 3-7 所示。

表 3-7　电气设备用聚氯乙烯软导线参数表

导体			成品外径（mm）						导体电阻（Ω/km）	容许电流（A）
截面（mm²）	结构 根/直径	外径（mm）	单芯	双根绞合	平形	圆形双芯	圆形三芯	长圆形		
0.5	20/0.18	1.0	2.6	5.2	2.6×5.2	7.2	7.6	7.2	3.7	6
0.75	30/0.18	1.2	2.8	5.6	2.8×5.6	7.6	8.0	7.6	24.6	10
1.25	50/0.18	1.5	3.1	6.2	3.1×6.2	8.2	8.7	8.2	14.7	14
2.0	37/0.26	1.8	3.4	6.8	3.4×6.8	8.8	9.3	8.8	9.50	20

⑦ 双绞线：在计算机网络通信中，由于频率较高，信号电平较弱，通常采用双绞线。双绞线分成六类，即一类线、二类线、三类线、四类线、五类线和六类线，其中三类以下的线已不再使用。目前使用最多的是五类线。五类线分五类线和超五类线，超五类线目前应用最多，共4对绞线用来提供 10～100MB/s 服务，六类线已经投放使用好长一段时间了，多用来提供 1000MB/s 服务。

双绞线抗电磁干扰性强，双绞线的接线质量会影响网络的整体性能。双绞线在各种设备之间的接法也非常有讲究，应按规范连接。

双绞线有两种接法：EIA/TIA 568B 标准和 EIA/TIA 568A 标准。具体接法如图 3-17 所示。

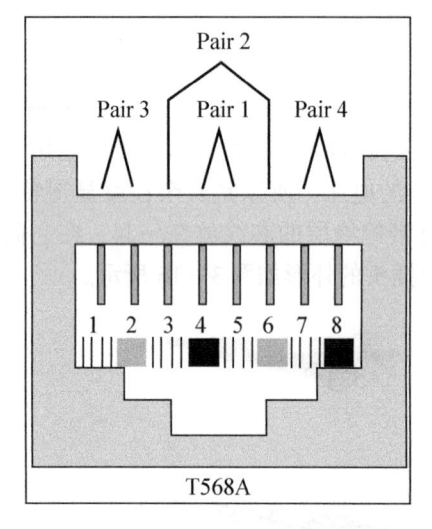

T568A 线序

1	2	3	4	5	6	7	8
绿白	绿	橙白	蓝	蓝白	橙	棕白	棕

T568B 线序

1	2	3	4	5	6	7	8
橙白	橙	绿白	蓝	蓝白	绿	棕白	棕

直通线：两头都按 T568B 线序标准连接

图 3-17 双绞线的标准接法

连接方法有两种：

第一种为正线连接：双绞线两边都按照 EIAT/TIA 568B 标准连接。

第二种为反线连接：双绞线一边是按照 EIAT/TIA 568A 标准连接，另一边按照 EIT/TIA 568B 标准连接。

用户可根据实际需要选择用正线或反线：

- PC – PC：反线
- PC – HUB：正线
- HUB – HUB 普通口：反线
- HUB – HUB 级连口 – 级连口：反线
- HUB – HUB 普通口 – 级连口：正线
- HUB – SWITCH：反线
- HUB – SWITCH：正线
- SWITCH – SWITCH：反线
- SWITCH – ROUTER：正线
- ROUTER – ROUTER：反线

注：PC——计算机，HUB——集线器，SWITCH——交换机，ROUTER——路由器。

⑧ 电线电缆的型号命名

a. 电线电缆命名原则：
- 产品名称中包括的内容
- 产品应用场合或大小类名称
- 产品结构材料或形式
- 产品的重要特征或附加特征

基本按上述顺序命名，有时为了强调重要或附加特征，将特征写到前面或相应的结构描述前。

结构描述的顺序：产品结构描述按从内到外的原则：导体→绝缘→内护层→外护层。

简化：在不会引起混淆的情况下，有些结构描述省写或简写。

b. 电线电缆的型号命名法如下所示，其含义如表3-8所示。

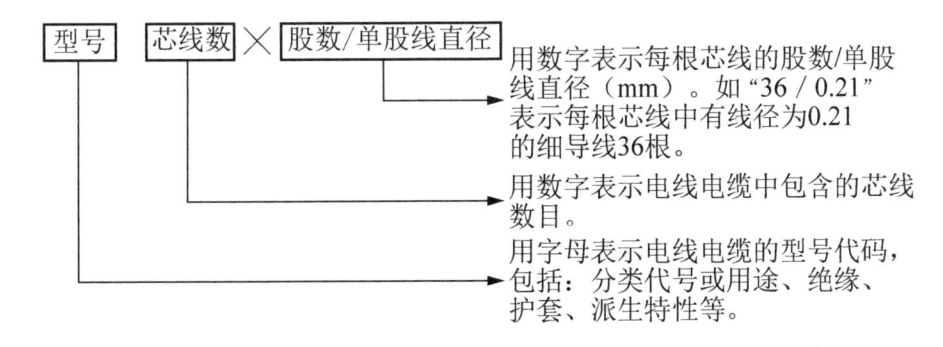

型号 芯线数×股数/单股线直径

用数字表示每根芯线的股数/单股线直径（mm）。如"36/0.21"表示每根芯线中有线径为0.21的细导线36根。

用数字表示电线电缆中包含的芯线数目。

用字母表示电线电缆的型号代码，包括：分类代号或用途、绝缘、护套、派生特性等。

表3-8 电线型号命名法的意义

分类代号或用途		绝缘		护套		派生特性	
符号	意义	符号	意义	符号	意义	符号	意义
A	安装线缆	V	聚氯乙烯	V	聚氯乙烯	P	屏蔽
B	布电缆	F	氟塑料	H	橡套	R	软
F	飞机用低压线	Y	聚乙烯	B	编织套	S	双绞
R	日用电器用软线	X	橡皮	L	蜡克	B	平形
Y	一般工业移动电器用线	ST	天然丝	N	尼龙套	D	带形
T	天线	B	聚丙烯	SK	尼龙丝	T	特种
		SE	双丝包				

例如：

▷ SYV75-5-1（A、B、C）

S：射频；Y：聚乙烯绝缘；V：聚氯乙烯护套；A：64编；B：96编；C：128编；75：75欧；5：线径为5mm，1：代表单芯。

▷ SYWV75-5-1

S：射频；Y：聚乙烯绝缘；W：物理发泡；V：聚氯乙烯护套；75：75欧；5：线缆外径为5mm；1：代表单芯。

▷ RVVP2×32/0.2

R：软线；VV：双层护套线；P：屏蔽；2：2芯多股线；32：每芯有32根铜丝；0.2：

每根铜丝直径为0.2mm。

➢ ZR－RVS2×24/0.12

ZR：阻燃；R：软线；S：双绞线；2：2芯多股线；24：每芯有24根铜丝；0.12：每根铜丝直径为0.12mm。

例3-3 试述规格代号为"RSTVS2×36/0.21"的导线的种类、结构、规格及含义。

解：根据命名规则和表3-8可知规格代号为"RSTVS2×36/0.21"的导线表示天然丝绝缘、聚氯乙烯护套、日用电器用软线、导线的结构为由两根36股（单股线径为0.21mm）线组成的双绞软线。

提示：

如何选用线材？

线材的选用要从电路条件（包括导线在电路中工作时的电流要小于允许电流值；导线很长时，要考虑导线电阻对电压的影响；电路的最大电压应小于额定电压；对不同频率的电路选用不同的线材，要考虑高频信号的趋肤效应；在射频电路中选用同轴电缆馈线，应注意阻抗匹配，以防止信号的反射波）、环境条件（温度会使电线的敷层变软或变硬，因此所选线材应能适应环境温度的要求。为防止线材的老化变质，一般情况下线材不要与化学物质及日光直接接触）和机械强度（所选择的电线应具有良好的拉伸、耐磨损和柔软性，质量要轻，以适应环境的机械振动等条件。同时，易燃材料不能作为导线的敷层，以防止火灾和人身事故的发生）等多方面综合考虑。不同截面积和线径的导体所允许通过的电流值如表3-9所示。

表3-9 不同截面积和线径的导体所允许通过的电流值（电流密度为4A/mm²）

线号 AWG No.	芯线标称直径 （mm）	芯线标称截面积（mm²）	允许通过的电流值（A）	线号 AWG No.	芯线标称直径（mm）	芯线标称截面积（mm²）	允许通过的电流值（A）
4/0	11.68	107.2	428.8	22	0.65262	0.324338	1.297352
3/0	10.414	85.7746	340.7098	23	0.57404	0.258806	1.035223
2/0	9.271	67.50605	270.0242	24	0.51054	0.204715	0.818859
0	8.24992	53.45508	213.8203	25	0.45466	0.162354	0.649416
1	7.34822	42.40859	169.6344	26	0.40386	0.128101	0.512402
2	6.53796	33.57175	134.287	27	0.36038	0.102172	0.10869
3	5.82676	26.66513	106.6605	28	0.32004	0.080445	0.321779
4	5.18871	21.14505	84.58019	29	0.28702	0.064701	0.258806
5	4.6228	16.78416	67.13666	30	0.254	0.050671	0.202683
6	4.1148	13.29802	53.19208	31	0.22606	0.040136	0.160545
7	3.66522	10.5509	42.20361	32	0.2032	0.032429	0.19717
8	3.2639	8.366874	33.46749	33	0.18034	0.025543	0.102172
9	2.90576	6.631458	26.52583	34	0.16002	0.020111	0.080445
10	2.58826	5.261448	21.04579	35	0.14224	0.01589	0.063561
11	2.30378	4.16842	16.67368	36	0.127	0.012668	0.050671

续表

线号 AWG No.	芯线标称直径 （mm）	芯线标称截面积（mm²）	允许通过的电流值（A）	线号 AWG No.	芯线标称直径（mm）	芯线标称截面积（mm²）	允许通过的电流值（A）
12	2.05232	3.308108	13.23243	37	0.1143	0.010261	0.041043
13	1.8288	2.626769	10.50708	38	0.1016	0.008107	0.032429
14	1.62814	2.081963	8.327852	39	0.0889	0.006207	0.024829
15	1.4478	1.646291	6.585165	40	0.07874	0.004869	0.019478
16	1.29032	1.307628	5.230154	41	0.07112	0.003973	0.01589
17	1.15062	1.039808	4.159234	42	0.0635	0.003167	0.012668
18	1.02362	0.822938	3.291751	43	0.056388	0.002497	0.009989
19	0.91186	0.653049	2.612196	44	0.60508	0.002027	0.008107
20	0.1828	0.518868	2.075472	45	0.044704	0.00157	0.006278
21	0.7239	0.411573	1.646291				

2）绝缘材料

绝缘材料，又称电介质，是指具有高电阻率、电流难以通过的材料，在电子产品中主要用于包扎，衬垫，护套等。绝缘材料的作用是在电气设备中把电位不同的带电部分隔离开来。因此，绝缘材料应该有较高的绝缘电阻和耐压强度，能避免发生漏电、爬电或电击穿等事故；耐热性能要好（其中尤其以不因长期受热作用而产生性能变化最为重要）；还应有良好的导热性、耐潮、较高的机械强度以及工艺加工方便等特点。

① 绝缘材料的分类：绝缘材料按其用途可分为介质材料（如陶瓷、玻璃、塑料膜、云母、电容纸等）、装置材料（如装置陶瓷、酚醛树脂等）、浸渍材料和涂敷材料等类型。

绝缘材料按化学性质可分为：

- 无机绝缘材料：如云母、石棉、陶瓷等，主要用于电机、电器的绕组绝缘以及开关板、骨架和绝缘子的制造材料。
- 有机绝缘材料：如虫胶、树脂、橡胶、棉丝、纸、麻、人造丝等，其特点是密度小、易加工、柔软，但耐热性不高、化学稳定性差、容易老化。主要用于电子元器件和复合绝缘材料的制造。
- 复合绝缘材料：由以上两种材料经加工后制成的各种成型绝缘材料，常作为电器底座、外壳等，如玻璃布层压板。

绝缘材料按物质形态可分为气体绝缘材料（如空气、氮气、氢气等）、液体绝缘材料（如电容器油、变压器油、开关油等）和固体绝缘材料（如电容器纸、聚苯乙烯、云母、陶瓷、玻璃等）三种类型。

② 常用绝缘材料及其主要用途。

- 薄型绝缘材料：主要用于包扎、衬垫、护套等。

绝缘纸：常用的有电容器纸，青壳纸，铜板纸等，主要用于要求不高的低压线圈绝缘。

绝缘布：常用的有黄蜡布、黄蜡绸、玻璃漆布。这种材料也可制成各种套管，用于导线护套。

有机薄膜：常用的有聚脂、聚酰亚胺、聚氯乙烯、聚四氟乙烯薄膜。一般可代替绝缘纸或绝缘布。

粘带：有机薄膜涂上胶粘剂就成为各种绝缘粘带。

塑料套管：塑料套管即用聚氯乙烯为主料做成的各种颜色和规格的套管，大量用在电子装配中。还有一种热缩性塑料套管，经常作为电线端头的护套。

绝缘漆：主要用于浸渍电气线圈和表面覆盖。

- 热塑性绝缘材料：可以进行热塑加工，用于各种护套、仪器盖板等。
- 热固性层压材料：常作为绝缘基板。
- 橡胶制品：橡胶在较大的温度范围内具有优良的弹性，电绝缘性，耐热、耐寒和耐腐蚀性，是传统的绝缘材料，用途非常广泛。
- 云母制品：云母是具有良好的耐热、传热、绝缘性能的脆性材料，主要用于耐高压且能导热的场合，如作为金属封装大功率晶体管与散热片之间的绝缘垫片。

提示：

常用绝缘材料的选用

常用绝缘材料的主要用途，可参考表3-10。使用时应根据产品的电气性能和环境条件要求，合理选用绝缘材料。

表3-10 常用绝缘材料及用途

名称及标准号	型号	特性及用途
电缆纸 QB131-61	K-08、K-12、K-17	用作35kV的电力电缆、控制电缆、通信电缆及其他电缆绝缘纸
电容器纸 QB603-72	DR-Ⅲ	在电子设备中作为变压器的层间绝缘
黄漆布与黄漆绸 JB879-66	2010（平放）2210	适用于一般电机电器衬垫或线圈绝缘
黄漆管 JB883-66	2710	有一定的弹性，适用于电气仪表、无线电器件和其他电气装置的导线连接保护和绝缘
环氧玻璃漆布		适用于包扎环氧树脂浇注的特种电器线圈
软聚氯乙烯（带）HG2-64-65		电气绝缘及保护，颜色有灰、白、天蓝、紫、红、橙、棕、黄、绿等
聚四氟乙烯电容器薄膜、聚四氟乙烯电容器绝缘薄膜	SFM-1 SFM-3	用于电容器及电气仪表中的绝缘，适用温度-60℃~+25℃
酚醛层压纸板 JB885-66	3021 3023	3023具有低的介质损耗，适用于无线电通信
酚醛层压布板 JB886-66	3025	有较高的机械性能和一定的介电性能，适用于在电气设备中作为绝缘结构零部件
环氧酚醛玻璃布板 JB887-66	3240	有较高的机械性能、介电性能和耐水性，适用于潮湿环境下作为电气设备结构零部件

3）印制电路板

印制电路板，英文简称PCB（Printed Circuit Board），它是在绝缘基板上，有选择地加工和制造出导电图形的组装板。具体讲就是：将电气连线图"印制"在覆铜板上，通过腐蚀液去掉线路外的铜箔，保留连线图形部分的铜箔作为导线和安装元件的连接板。印制电路板用于安装和连接小型化元件、晶体管集成电路等电路元器件。由于它是采用电子印刷术制作的，故也被称为"印刷"电路板。

① 印制电路板的分类。常见的印制电路板有如下几种：

单面印制电路板：单面印制电路板通常用酚醛纸基单面覆铜箔板，通过印制和腐蚀的方法，在绝缘基板覆铜箔一面制成印制导线。适用于对电气性能要求不高的收音机、收录机、电视机、仪器和仪表等。

双面印制电路板：双面印制电路板两面都是印制导线的印制板。通常采用环氧树脂玻璃布铜箔板或环氧酚醛玻璃布铜箔板。由于两面都有印制导线，一般采用金属化孔连接两面印制导线。其布线密度比单面板更高，使用更为方便。它适用于对电气性能要求较高的通信设备、计算机、仪器和仪表等。

多层印制电路板：多层印制电路板为在绝缘基板上制成二层以上印制导线的印制电路板。它由几层较薄的单面或双面印制电路板（每层厚度在0.4mm以下）叠合压制而成。为了将夹在绝缘基板中的印制导线引出，多层印制电路板上安装元件的孔需经金属化处理，使之与夹在绝缘基板中的印制导线沟通。目前，广泛使用的有四层、六层、八层，更多层的也有使用。

软性印制电路板：也称柔性印制电路板，是以软层状塑料或其他软质绝缘材料为基材制成的印制电路板。可分为单面、双面和多层三大类。此类印制电路板除重量轻、体积小、可靠性高以外，最突出的特点是具有挠性，能折叠、弯曲、卷绕，自身可端接以及进行三维空间排列。软性印制电路板在电子计算机、自动化仪表、通信设备中应用广泛。

② 印制电路板基材的组成如下：

$$\text{基材的组成} \begin{cases} \text{电解铜箔} \\ \text{增强材料：玻璃纤维布(毡)、纤维纸等} \\ \text{黏合剂：酚醛、环氧、聚酯、聚酰亚胺、聚四氟乙烯、有机硅等} \\ \text{添加剂：固休剂、稳定剂、防燃剂等} \end{cases}$$

制造印制电路板的主要材料是覆铜板（表3-11），覆以铜箔的绝缘层压板称为覆铜箔层压板，简称覆铜板。它是用腐蚀铜箔法制作电路板的主要材料。覆铜箔层压板的种类很多，按基材的品种可分为纸基覆铜板和玻璃布覆铜板；按黏结树脂来分有酚醛覆铜板、环氧酚醛覆铜板、聚四氟乙烯覆铜板等。

表3-11 几种常用覆铜板的性能特点

品种	标称厚度（mm）	铜箔厚度（μm）	性能特点	典型应用
酚醛纸基覆铜板	1.0, 1.5, 2.0, 2.5, 3.0, 3.2, 6.4	50~70	价格低，易吸水，不耐高温，阻燃性差	中、低档消费类电子产品，如收音机、录音机等
环氧纸基覆铜板	同上	35~70	价格高于酚醛纸基板，机械强度、耐高温和耐潮湿较好	工作环境好的仪器仪表和中、高档消费类电子产品
环氧玻璃布覆铜板	0.2, 0.3, 0.5, 1.0, 1.5, 2.0, 3.0, 5.0, 6.4	35~50	价格较高，基板性能优于酚醛纸板且透明	工业装备或计算机等高档电子产品
聚四氟乙烯玻璃布覆铜板	0.25, 0.3, 0.5, 0.8, 1.0, 1.5, 2.0	35~50	价格高，介电性能好，耐高温、耐腐蚀	超高频（微波）、航空航天和军工产品
聚酰亚胺覆铜板	0.2, 0.5, 0.8, 1.2, 1.6, 2.0	35	重量轻，用于制造挠性印制电路板	工业装备或消费类电子产品，如计算机、仪器仪表等

> 🔔 **提示：**
>
> ### 覆铜层压板的选用
>
> ① 铜箔厚度的选择：印制电路板铜箔厚度有：10μm、18μm、35μm、50μm、70μm等。对于导电线路较窄的，选取铜箔较薄的板材，否则选用厚些的。一般选用35μm和50μm厚的。
>
> ② 板材的厚度的选择：常用覆铜板的材质标称厚度有：0.5、0.7、0.8、1.0、1.2、1.5、1.6、2.0、2.4、3.2、6.4（单位mm）。电子仪器和通用设备一般选用1.5mm，对于电源板和板上有大功率器件或装有重物以及尺寸较大的电路板，可选用2.0~3.0mm的板材。

4）磁性材料

① 磁性材料的分类。磁性材料通常分为两大类：软磁材料和硬磁材料（又称永磁材料）。

软磁材料：软磁材料的主要特点是高导磁率和低矫顽力，软磁材料在较弱的外磁场下能产生高的磁感应强度，并随外磁场的增强很快达到饱和。当外磁场去除时，它的磁性即基本消失。

硬磁材料：又称为永磁材料，其主要特点是具有高矫顽力，在所加磁化磁场去掉后仍能在较长时间内保持强而稳定的磁性。永磁材料包括金属永磁性材料和永磁铁氧体材料。

② 常用磁性材料的主要用途。软磁材料主要用来导磁，作为变压器、扼流圈、电感线圈、继电器的铁芯或磁芯、听筒的膜片、扬声器中的导磁零件等。永磁材料主要用来储存和供给磁能，用于各种电声器件，如扬声器、拾音器、话筒等。此外，在电子聚焦装置、磁控管、微电机中亦有应用。表3-12为常用磁性材料的主要用途。

表3-12 常用磁性材料的主要用途

分类	名称	型号	主要用途
金属软磁材料	电磁纯铁	DT3~DT6	用于磁体屏蔽、话筒膜片、直流继电器磁芯等恒定磁场（不适用于交流）
	硅钢片	DQ，QW系列	电源变压器、音频变压器、铁芯扼流圈、电磁继电器的铁芯，还可作为驱动控制用微电机的铁芯（低频）
	铁镍合金	1J50, 1J79系列	中、小功率变压器、扼流圈、继电器及控制微电机的铁芯
		1J51 1J85~1J87	中、小功率的脉冲变压器和记忆元件，扼流圈、音频变压器铁芯，也可用于录音机磁头
	软磁合金	1J6, 1J12, J13, J16等	微电机铁芯、中功率音频变压器、水声和超声器件、磁屏蔽等
	非晶态软磁材料	Fe、Fe-Ni Fe-Co系列	50~400Hz电源变压器、20~200kHz开关电源变压器
非金属软磁材料	磁介质（铁粉芯）	Fe	用于制造高频电路中磁性线圈（可达几十兆赫）
	铁氧体磁性材料（铁淦氧）	锰锌铁氧体	适用于2MHz以下的磁性元件，如滤波线圈、中频变压器、偏转线圈、中波磁性天线等的磁芯
		MnO，ZnO，Fe₂O₃	高频性能（1~800MHz），短波天线磁棒及调频中周和高频线圈磁芯
金属永磁材料	铝镍钴系（铸造粉末）稀土类永磁材料、塑性变形永磁材料		用于微电机、扬声器耳机、继电器、录音机、电机等
	永磁铁氧体材料、塑料铁氧体材料	BaM	扬声器、助听器、话筒等电声器件的永磁体以及电视机显像管、耳机、薄型扬声器、舌簧开关、继电器、磁放大器、伺服电机和磁性信息存储器等

5）焊接材料

将元器件引线与印制板或底座焊接在一起的过程称为焊接。在焊接过程中用于熔合两种或两种以上的金属面，使它们成为一个整体的金属或合金叫焊料。焊料是一种熔点低于被焊金属，在被焊金属不熔化的条件下，能润湿被焊金属表面，并在接触面处形成合金层的物质。按组成的成分不同焊料可分为锡铅焊料、银焊料和铜焊料等；按熔点不同焊料可分为软焊料（熔点在450℃以下）和硬焊料（熔点高于450℃）。在电子产品装配中，常用的是软焊料，即锡铅焊料，锡铅比一般采用锡含量为60%～63%的共晶焊料，简称焊锡。目前电子行业使用的焊料通常是由63%的锡和37%的铅组成的，这种合金焊料共晶熔点低，只有183℃。铅能降低焊料表面张力，便于润湿焊接面，成本低。

① 常用焊锡：

管状焊锡丝：将助焊剂与焊锡放在一起做成管状，在焊锡管中夹带固体助焊剂。助焊剂一般选用特级松香为基质材料，并添加一定的活化剂。管状焊锡丝一般适用于手工焊接，直径有0.5mm、0.8mm、1.2mm、1.5mm、2.0mm、2.3mm、2.5mm、4.0mm、5.0mm。

抗氧化焊锡：在锡铅合金中加入少量的活性金属，能使氧化锡、氧化铅还原，并漂浮在焊锡表面形成致密覆盖层，从而保护焊锡不被继续氧化。这类焊锡适用于浸焊和波峰焊。

含银焊锡：在锡铅焊料中加0.5%～2.0%的银，可减少镀银件中银在焊料中的熔解量，并可降低焊料的熔点，适合焊接含银焊件。

焊膏：是表面安装技术中一种重要的粘贴材料，是一种由焊粉、有机物和溶剂组成的糊状物。能方便地用丝网、模板或点膏机印涂在印制电路板上，需在0～5℃的温度条件下保存。

焊粉：焊粉是用于焊接的金属粉末，其直径为15～20μm，目前已有Sn-Pb、Sn-Pb-Ag、Sn-Pb-In等。有机物包括树脂或一些树脂溶剂混合物，用来调节和控制焊膏的黏性。使用的溶剂有触变胶、润滑剂、金属清洗剂。

无铅焊料：目前，国际上并无无铅焊料的统一标准。通常是以锡为基体，添加少量的铜、银、铋、锌或铟等组成。例如：美国推荐的锡、4%银、0.5%铜的焊料，日本推荐的锡、3.2%银、0.6%铜的焊料。应该指出，这些焊料中并不是一点铅都没有，通常规定其含量小于0.1%。使用无铅焊料带来的问题：熔点高（260℃以上），润湿差，成本高。

② 助焊剂：助焊剂（简称焊剂，见表3-13及图3-18）是进行锡铅焊接的辅助材料。焊剂主要用于锡铅焊接中去除被焊金属表面的氧化物，防止焊接时被焊金属和焊料再次出现氧化，并降低焊料表面的张力，增加焊料的流动性，有助于焊接。

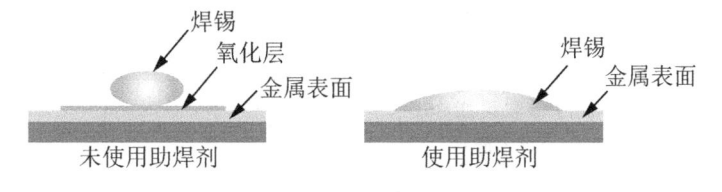

图3-18 助焊剂的作用示意图

电子产品焊接时对焊剂（助焊剂）的要求如下：熔点应低于焊料，表面张力、粘度、比重小于焊料，残渣易于清除，不能腐蚀母材，不产生有害气体和刺激性气味。

电子产品装配中常用的助焊剂是松香类焊剂（主要成分是松香）。在加热情况下，松香具有去除焊件表面氧化物的能力，同时焊接后形成的膜层具有覆盖和保护焊点不被氧化腐蚀的作用。松香助焊剂的缺点是酸值低、软化点低（55℃左右），且易结晶、稳定性差，在高温时很容易碳化而造成虚焊。

目前出现了一种新型的助焊剂——氢化松香，它是用普通松脂提炼的。氢化松香在常温下不易氧化变色，软化点高、脆性小、酸值稳定、无毒、无特殊气味、残渣易清洗，适用于波峰焊接。

提示：

使用助焊剂应注意以下问题

1. 对可靠性要求较高的产品及高频电子产品，焊接后要用专用清洗剂清除焊剂的残留物。常用的松香助焊剂在超过60℃时，绝缘性能会下降，焊接后的残渣对发热元件有较大的危害，所以要在焊接后清除焊剂残留物。

2. 存放时间过长的助焊剂不宜再使用。因为助焊剂存放时间过长时，助焊剂的成分会发生变化，活性变差，影响焊接质量。

3. 对可焊性较差的元器件使用活性较强的焊剂。在元器件加工时，若引线表面状态不太好，又不便采用有效的清洗手段时，可选用活化性强和清除氧化物能力强的助焊剂。

4. 对可焊性较好的元器件宜使用残留物较少的免清洗焊剂。在总装时，焊件基本上都处于可焊性较好的状态，可选用助焊性能不强、腐蚀性较小、清洁度较好的助焊剂。

表3-13 常用助焊剂的配方及主要用途

品种	配方（g）	酸值	浸流面积（m²）	绝缘电阻（Ω）	可焊性	适用范围
盐酸二乙胺助焊剂	盐酸二乙胺4、三乙醇胺6、特级松香20、正丁醇10、无水乙醇60	47.66	749	1.4×10^{11}	好	整机手工焊，元器件、零部件的焊接
盐酸苯胺助焊剂	盐酸苯胺4.5、三乙醇胺2.5、特级松香23、无水乙醇70、溴化水杨酸10	53.4	418	2×10^{9}	中	浸焊及手工焊
HY-3A	溴化水杨酸9.2、缓蚀剂0.12、改性丙烯酸1.3、树脂A2、X-3过氯乙烯9.2、特级松香18、无水乙醇61.4	53.76	351	1.2×10^{10}	中	浸焊、波峰焊
201助焊剂	树脂A20、溴化水杨酸10、特级松香20、无水乙醇50	57.97	681	1.8×10^{10}	好	元器件引线浸焊、波峰焊
210-1助焊剂	溴化水杨酸7.9、丙稀酸树脂101 3.5、特级松香20.5、无水乙醇60		551		好	印制板储存保护
SD助焊剂	SD6.9、溴化水杨酸3.4、特级松香12.7、无水乙醇77	38.49	529	4.5×10^{9}	好	浸焊、波峰焊
TH-1预涂助焊剂	改性松香29、活化剂0.2、缓蚀剂0.02、表面活化剂1、无水乙醇70	90	90%以上可焊率	1×10^{11}		印制电路板预涂防氧化

③ 清洗剂：在完成焊接操作后，焊点周围存在残余焊剂、油污等杂质，对焊点有腐蚀作用，会造成绝缘电阻下降、电路短路或接触不良等，因此要对焊点进行清洗。

常用的清洗剂有：无水乙醇（无水酒精）、航空洗涤汽油、三氯三氟乙烷（F113）。

④ 阻焊剂：是一种耐高温的涂料，作用是保护印制电路板上不需要焊接的部位。常见的印制板上没有焊盘的绿色涂层即为阻焊剂。广泛用于浸焊和波峰焊。

阻焊剂具有以下优点：

- 在焊接中，可避免或减少浸焊时桥接、拉尖、虚焊等现象，使焊点饱满，大大减少板子的返修量，提高焊接质量，保证产品的可靠性。
- 使用阻焊剂后，除焊盘外，其余部分均不上锡，可节省大量焊料；另外，由于受热区域小、冷却快，可降低印制板的温度，进而减小印制板受到的热冲击，使印制板的板面不易起泡和分层，起到了保护元器件和集成电路的作用。
- 由于板面部分为阻焊剂膜所覆盖，增加了一定硬度，是印制板很好的永久性保护膜，还可以起到防止印制板表面受到机械损伤的作用。

阻焊剂的种类很多，一般分为干膜型阻焊剂和印料型阻焊剂。现广泛使用印料型阻焊剂。这种阻焊剂又可分热固化和光固化两种。热固化阻焊剂的优点是附着力强，能耐300℃高温，缺点是要在200℃高温下烘烤2小时，板子易翘曲变形，能源消耗大，生产周期长。光固化型（光敏阻焊剂）的优点是在高压汞灯照射下，只要2~3分就能固化，节约了大量能源，大大提高了生产效率，便于组织自动化生产，毒性低，减少了环境污染。不足之处是溶于酒精，能和印制板上喷涂的助焊剂中的酒精成分相溶而影响印制板的质量。

⑤ 粘合剂（表3-14）：粘合剂又称胶粘剂，是一种具有优良粘结性能，能将各种材料牢固地粘结为一体的物质。

粘合剂具有重量轻、耐疲劳、强度高、适应性强、能密封、能防锈等特点，但其使用温度不高，若超过使用温度会使其强度迅速下降。

粘合剂的分类如下：

按粘合强度可分为低强度粘合剂、中强度粘合剂和高强度粘合剂。

按胶合件材料分：

- 橡胶，用于橡胶之间、橡胶与金属之间的粘合，如 xy-401 胶。
- 木胶，用于木料之间的粘合，如牛皮胶、聚醋酸胶。
- 塑料胶，用于一般塑料之间、塑料与金属之间的粘合，如聚氨脂类的 101 胶。
- 纤维胶，用于纤维板层压、浸渍及其胶合，如缩醛类 X98-1 胶。
- 硬质材料胶，用于陶瓷、玻璃、金属等材料之间的粘合，如环氧胶。
- 有机玻璃胶，用于粘合有机玻璃，经抛光后无痕迹，如三氯甲烷、502 胶。

按胶膜的特殊性能分（特种粘合剂）：

- 导电胶，具有良好的导电性能。
- 导磁胶，具有较好的导磁性能，用于硅钢片、铁氧体磁芯的胶结。
- 感光胶，胶膜对光照有敏感性，可作为丝网漏印的模板。
- 密封胶，密封胶胶膜的气密性好，有一定弹性，用于要密封的场合，如聚醚型聚氨酯胶。

- 防潮灌封胶，防潮灌封胶具有防潮、绝缘和固定作用，为线包组件的灌封材料，如有机硅凝胶。
- 超低温胶，在－196℃或更低的负温下仍有较好的粘合强度，如DW－3胶。
- 高温结构胶，在＋180℃～250℃温度中仍具有中等粘合强度，如E－4胶。
- 压敏胶，胶合时只需用手指的压力就能粘合，胶膜不固化，能被撕剥，便于返修，适于标牌的粘贴。
- 热熔胶，在室温时为固态，加热到一定温度时成为熔融状态，冷却后，可与被粘物体接在一起。

表3－14 常用黏合剂特性和应用一览表

牌号名称	组分	固化条件	应用
101 乌得当胶	双组分 甲、乙	室温为5～6小时，100℃为1.5～2小时，130℃为30分	纸张、皮面、木材；一般材料；金属胶合
XY－401 橡胶胶	单组分立体胶，丁(烷)基酚甲醛树脂	室温24小时，80～90℃下2小时	橡皮之间，橡皮与金属、玻璃、木材的胶合
501、502 瞬干胶	单组分	室温下仅几秒至几分	金属、陶瓷、玻璃、塑料（除聚乙烯、聚四氟乙烯外），橡皮本身及相互间胶合
Q98－1 硝基胶	单组分	常温24小时	织物、木材、纸之间胶合，镀层补涂
G98－1 过氯乙烯胶	单组分，过氯乙烯树脂	常温24小时	聚氯乙烯自身及其与金属、织物之间的胶合
白胶水	单组分，聚醋酸乙烯树酯	常温24小时	织物、木材、纸、皮革自身或相互间胶合
X98－1 缩醛胶	单组分	60℃为8小时 80～100℃为2～4小时	金属、陶瓷、玻璃、塑料（聚氯乙烯、聚乙烯除外）自身及相互间胶合
压敏胶	单组分，氯丁橡胶	室温无固化期	轻质金属、纸、塑料薄膜标牌的胶合
204 耐高温胶	单组分，酚醛-缩醛-有机硅	180℃下2小时	各种金属玻璃钢、耐热酚醛板自身及相互间胶合
环氧胶	多组分，环氧树脂为基体	不同固化剂、不同比例有不同固化条件	柔韧型用于橡胶与塑料，刚性型多作为结构胶用；胶合金属、玻璃、陶瓷、胶木

⑥ 其他材料：

a. **塑料**：塑料是一种绝缘材料，在电子产品制作中，常用在布线工艺上。其特点是：原料丰富、价格便宜，但对温度和潮湿的变化比较敏感。在电子产品生产工艺中，常用塑料有：聚酰胺（尼龙）、甲基丙烯酸甲酯（有机玻璃）、酚醛塑料、工程塑料等。

b. **漆料**：电子设备装配中，漆料主要用于书写元器件的文字代号、标出焊接点及螺钉装配的合格标记、产品总装等场合。

c. **电子安装小配件**：

焊片：焊片通常固定在螺钉、接线柱、大功率器件等零部件上，是一种导电附件。外形如图3－19所示。

散热器：散热器是用来传导、释放热量的装置，常用传热较好的铝或铜等金属制造。外形如图3-20所示。

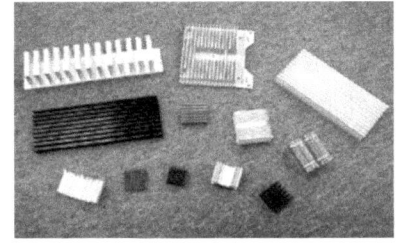

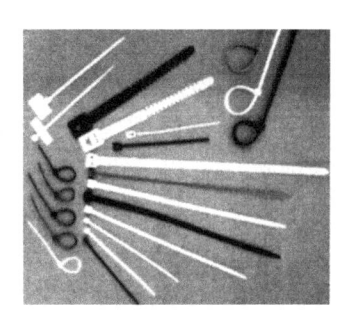

扎线带：扎线带（尼龙）采用UL尼龙66（Nylon 66）材料注塑制成，防火等级94V-2，具有良好的耐酸、耐腐蚀、绝缘性，不易老化，承受力强。操作温度为-20℃到+80℃（普通尼龙66℃）。广泛应用于电子厂捆扎电视机、计算机等内部连接线，灯饰、电机、电子玩具等产品内线路的固定，该产品具有绑扎快速、绝缘性好、自锁紧固、使用方便等特点。外形如图3-21所示。

图3-19 焊片　　　　图3-20 散热器　　　　图3-21 扎线带

（2）装配工具

在电子产品装配过程中，必须使用一些工具和设备，主要包括常用的五金工具、焊接工具和专用设备等。目前，在电子产品的生产装配中，大多采用自动化程度很高的专业流水线，像剥线机、捻头机、成形机、切脚机、压接机、插件机、浸焊机、波峰机、贴片机等专用设备已成为目前整机生产装配上的主体。随着电子工具的发展，新型多功能乃至智能化的机器人的出现，使绝大部分的手工操作被专用设备所代替。但是手工工具，如螺钉旋具（各种螺丝刀）、扳手、电烙铁、尖嘴钳、偏口钳、剪刀、镊子等，仍然是装配工人不可缺少的工具。作为整机生产的技术人员，只有对这些常用工具和专用设备有所了解，并熟练地掌握其使用方法、操作要领及维护知识，才能真正成为一名合格的电子产品生产者、管理者或产品开发技术人员。

1）普通工具

普通工具是指既可用于电子产品装配，又可用于其他机械装配的通用工具，如螺钉旋具、尖嘴钳、斜口钳、钢丝钳、剪刀、镊子、扳手、手锤、锉刀等。

① 螺钉旋具（也称螺丝刀，俗称改锥或起子），用于紧固或拆卸螺钉。常用的螺钉旋具有一字形、十字形两大类，又分为手动、自动、电动和风动等形式。外形如图3-22、图3-23、图3-24所示。

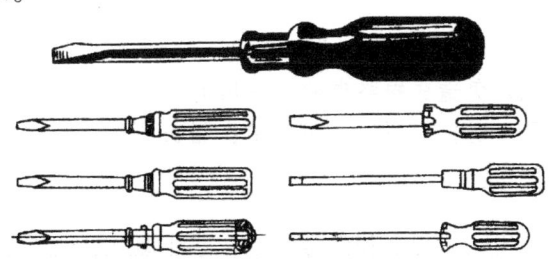

图3-22 一字形螺钉旋具

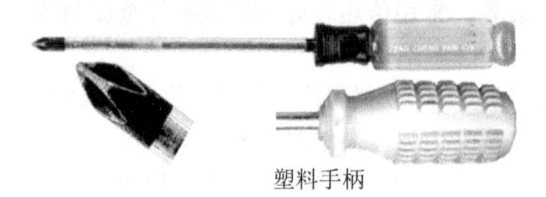

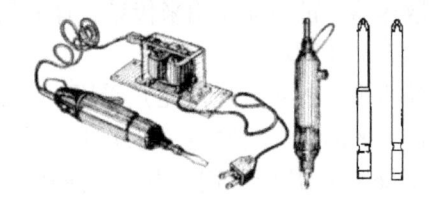

图 3-23　十字螺钉旋具　　　　　图 3-24　小型电动和风动螺钉旋具

塑料手柄

② 螺帽旋具（螺帽起子），螺帽旋具适用于装拆外六角螺母或螺丝，比使用扳手效率高、省力，不易损坏螺母或螺钉。外形如图 3-25 所示。

③ 尖嘴钳，通常使用的尖嘴钳有两种：普通尖嘴钳和长尖嘴钳。主要用来夹持零件、导线及进行零件引脚弯折，还能将单股导线弯成所需要的各种形状。尖嘴钳内部有一剪口，用来剪断 1mm 以下的细小电线。外形如图 3-26 所示。

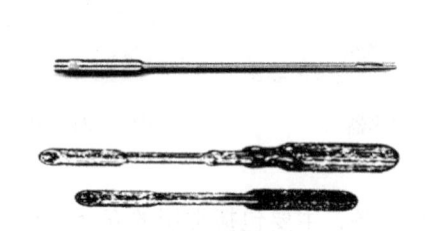

图 3-25　螺帽旋具　　　　　图 3-26　尖嘴钳

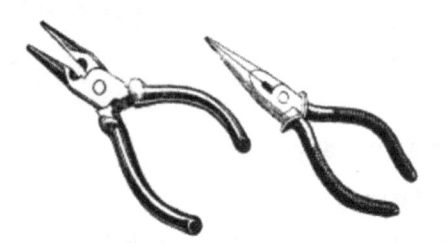

提示：

> 使用时注意事项：不允许用尖嘴钳装拆螺母，也不允许把尖嘴钳当锤子使用。为防止钳嘴端头断裂，不宜用尖嘴钳，尤其是长尖嘴钳网绕、夹取较粗、较硬的金属导线及其他物体。要防止尖嘴钳头部长时间受热，如经常用其夹取焊片等在锡锅内热浸锡。这样容易使尖嘴钳头部退火，降低钳头部分强度，同时也容易使塑料柄熔化或老化。为了确保使用者人身安全，严禁使用塑料柄破损、开裂的尖嘴钳在非安全电压下操作。

④ 钢丝钳（平口钳），主要用于夹取和拧断金属薄板及金属丝等，有铁柄和绝缘柄两种。带绝缘柄的钢丝钳可在带电的场合使用，工作电压一般在 500V，有的则可耐压 5000V。钢丝钳的规格以钳身长表示，有 150、175、200、225mm 等几种。在剪切时，先根据钢丝粗细合理选用不同规格的钢丝钳，然后将钢丝放在剪口根部，不要放斜或靠近剪口边缘，以防崩口卷刃。钢丝钳可用于弯曲元器件的管脚或导线。外形如图 3-27 所示。

提示：

> 使用时注意事项：剪切带电导线时，应单根剪切，不允许用刀口同时剪切相线和零线或同时剪切两根相线，以避免造成短路事故；使用时必须检查绝缘柄上的绝缘套管是否完好。破损的绝缘套管应及时更换，不能勉强使用；钳头不能当作敲打的锤子来使用，钳头的轴销上应经常加机油润滑。

⑤ 斜口钳（偏口钳），用于剪断较粗的金属丝、零件脚、线材及导线电缆，尤其适用于剪掉焊接点上网绕导线后多余的线头及印制电路板安放插件的过长的引线；还常用来代替一般剪

·120·

刀剪切绝缘套管、尼龙扎线卡等。可与尖嘴钳合用,剥去导线的绝缘皮。外形如图3-28所示。

提示:

使用时注意事项:操作时,要特别注意防止剪下的线头飞出,伤人眼部。剪线时,双目不能直视被剪物。应使钳口朝下,当被剪物不易弯动方向时,可用另一手遮挡飞出的线头。不允许用斜口钳剪切螺钉及较粗的钢线等,以免损坏钳口;钳口如有轻微的损坏或变钝时,可用砂轮或油石修磨。

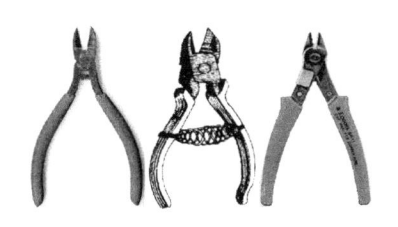

图3-27 钢丝钳　　　　　图3-28 斜口钳

⑥ 剪刀,除常用的普通剪刀外,还有剪切金属线材的剪刀,这种剪刀的头部短而宽,为的是使剪切方便有力。外形如图3-29所示。

⑦ 镊子,镊子分尖头镊子和圆头镊子两种。尖头镊子主要用于夹持较细的导线,以便于装配焊接。圆头镊子主要用于弯曲元器件引线和夹持元器件进行焊接等,用镊子夹持元器件焊接还起散热作用。镊子还常用来夹取微小器件,在装配件上网绕较细的线材,绑扎线把时夹置绑扎线等。外形如图3-30所示。

⑧ 手锤,手锤俗称榔头。用于凿削和装拆机械零件等操作的辅助工具。使用手锤时,用力要适当,要特别注意安全。

⑨ 锉刀,锉刀是钳工锉削使用的工具,适用于修整精密表面或零件上难以进行机械加工的部位。外形如图3-31所示。

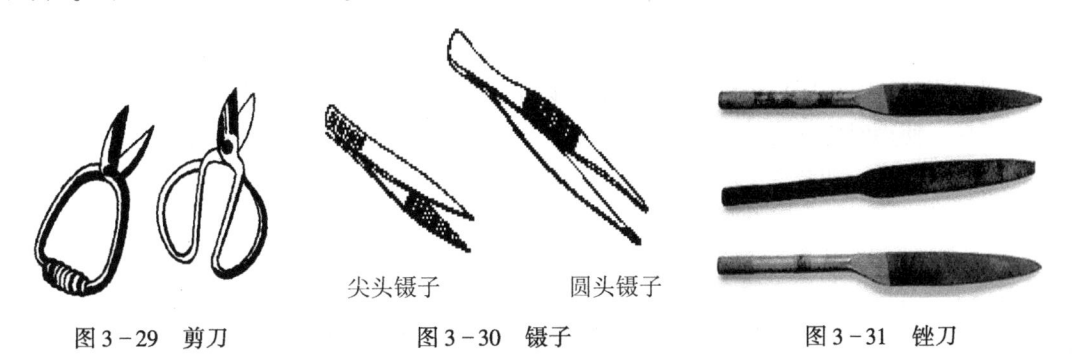

尖头镊子　　圆头镊子

图3-29 剪刀　　　图3-30 镊子　　　　图3-31 锉刀

⑩ 扳手,扳手有固定扳手、套筒扳手、活动扳手三类,是紧固或拆卸螺栓、螺母的常用工具。外形如图3-32所示。

⑪ 电工刀:电工刀是用来剖削电线线头、切割木台缺口、削制木榫的专用的工具,外形如图3-33所示。

(a) 固定扳手　　　　　　(b) 活动扳手　　　　(c) 套筒扳手

图 3-32　扳手

图 3-33　电工刀

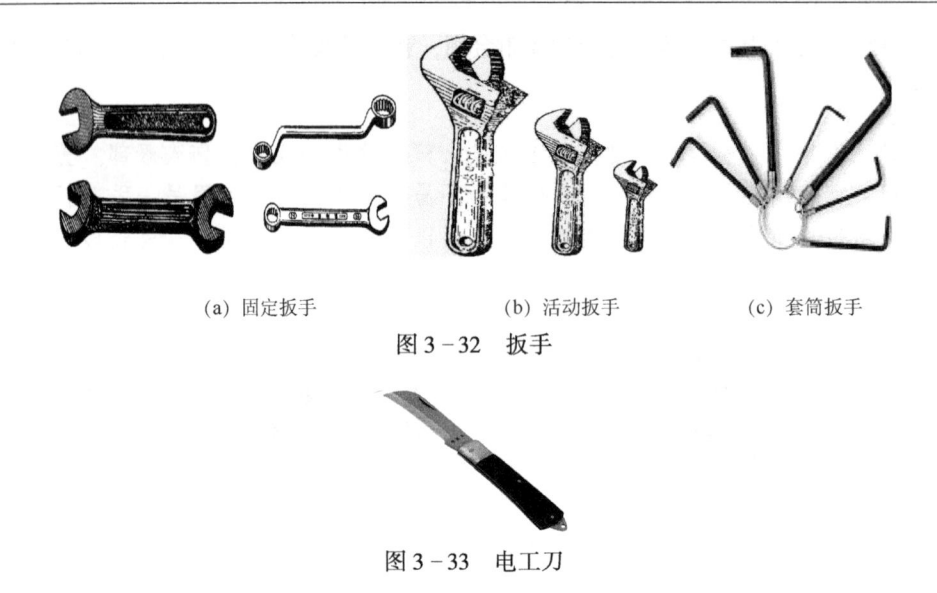

提示：

电工刀的使用方法：
使用时，应将刀口朝外剖削。切削导线绝缘层时，应使刀面贴近导线，以免割伤线芯。
使用时的注意事项：
- 使用电工刀时应该注意避免伤手，不得传递刀身未折进刀柄的电工刀。
- 刀柄无绝缘保护，不能用于带电作业，以免造成触电的后果。
- 电工刀操作完毕，应将刀身折进刀柄。

2）专用工具

专用工具是指功能很专业的工具。这里是指专门用于电子整机装配加工的工具，包括剥线钳、成形钳、压接钳、绕接工具、热熔胶枪、手枪式线扣钳、元器件引线成形夹具、特殊开口螺钉旋具、无感的小旋具及钟表起子等。

① 剥线钳，是专门用于剥掉直径 3cm 及以下的塑胶线、蜡克线等线材的端头表面绝缘层的专用工具。使用时应注意将需剥皮的导线放入合适的槽口，剥皮时不能剪断导线，剪口的槽并拢后应为圆形。如图 3-34 所示。

提示：

注意：
① 操作时一手握着待剥导线，另一只手握着钳柄。将导线放入选定的钳口内，紧握钳柄用力合拢，即可切断导线的绝缘层并将其拉出，然后将两钳柄松开取出导线。
② 用剥线钳剥掉导线端头绝缘层时，切口不太整齐，操作也较费力，故在大批量的导线剥头时应使用导线剥头机。

② 绕接器，绕接器是无锡焊接中进行绕接操作的专用工具。目前常用的绕接器有手动及电动两种。如图 3-35 所示。

图 3-34 剥线钳及其使用

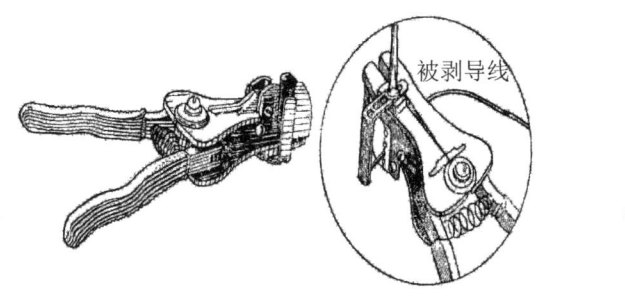

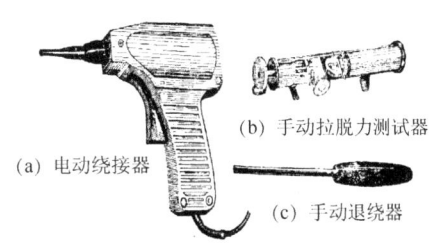

图 3-35 绕接工具
(a) 电动绕接器
(b) 手动拉脱力测试器
(c) 手动退绕器

③ 压接钳，压接钳是无锡焊接中进行压接操作的专用工具。如图 3-36 所示。

提示：

注意：压接钳的钳口应根据不同的压接要求制成各种形状。使用时，将待压接的导线插入焊片槽并放入钳口，用力合拢钳柄压紧接点即可实现压接。

④ 热熔胶枪，热熔胶枪是专门用于胶棒式热熔胶的熔化胶接的专用工具。外形如图 3-37 所示。

提示：

注意：热熔胶枪的使用方法很简单。将胶棒插入胶枪尾部进料口，接通电源后连续扣动扳机，胶棒在加热腔熔化，从枪口喷流到胶接部位，自然冷却后胶体固化形成胶。

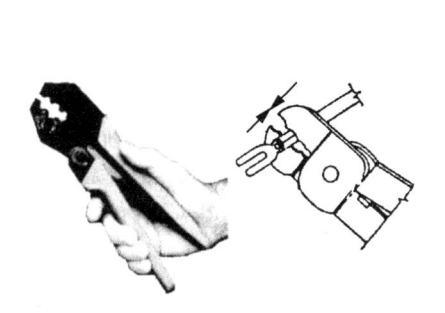

图 3-36 压接钳

图 3-37 热熔胶枪

⑤ 手枪式线扣钳，手枪式线扣钳专门用于线束捆扎时拉紧塑料线扎搭扣。如图 3-38 所示。

提示：

注意：操作时，将塑料线扎搭扣按要求固定在线束（线把）上，把线扎搭扣带放入线扣钳的工作部分，用手指扳动扳机，便可拉紧线扎搭扣，使线束（线把）扎紧。扳动扳机要均匀用力，不能过猛，以防止损坏钳子或搭扣。

⑥ 元器件引线成形夹具，用于不同元器件的引线成形的专用夹具。

提示：

> 注意：如图 3-39（a）所示为单件手工成形模具，它的垂直方向开有供插入元器件引线的长条形孔，水平方向开有供插入锥形插杆的圆形孔，孔距等于格距。成形时，将元器件的引线从上方插入长条形孔，然后从侧面对应圆形孔横向插入锥形插杆，引线即可成形。图 3-39（b）为简单的固体元器件引线成形夹具，这种夹具由装有弹簧及活动定位螺钉的上模和下模两部分组成。使用时将元器件排在下模上，然后将上模与下模合拢，元器件的引线即按一定的形状成形。为了适合不同的成形要求，有时将上、下模做成可调节模宽的活动、多用的成形夹具。

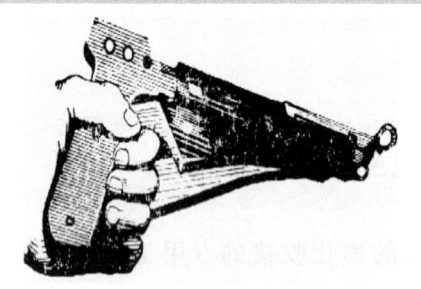

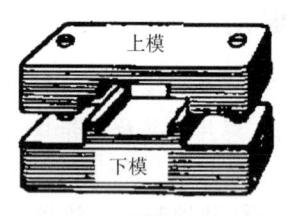

图 3-38　手枪式线扣钳

(a) 手动成形模具　　(b) 固体元器件成形夹具

图 3-39　元器件引线成形夹具

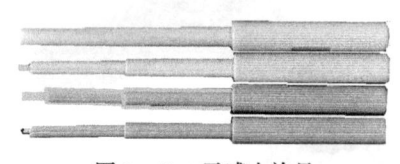

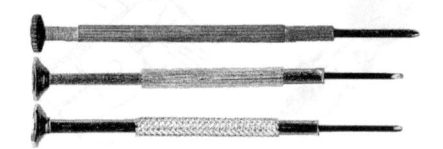

⑦无感小旋具（图3-40），无感小旋具又称无感起子，是用非磁性材料（如象牙、有机玻璃或胶木等非金属材料）制成的，用于调整高频谐振回路电感与电容的专用旋具。在整机调试时，使用无感起子，可避免由于金属体及人体感应对高频回路产生的影响，确保调整工作能顺利准确地进行。如对收音机和电视机等的高中频谐振回路、电感线圈、微调电容器、磁帽、磁芯的调整。

⑧钟表起子（图3-41），钟表起子主要用于小型或微型螺钉的装拆，有时也用于小型可调元件的调整。

图 3-40　无感小旋具　　　　图 3-41　钟表起子

提示：

> 注意：使用时，用食指按压住圆形压板，用大拇指和中指旋转手柄即可装、拆小螺钉。主要用于小型或微型螺钉的装拆，有时也用于小型可调元件的调整。由于它通体为金属，使用时要特别注意安全（用电）。

3）焊接工具

焊接工具是指电气焊接用的工具。电子产品装配中使用的焊接工具主要有：电烙铁、电热风枪、烙铁架等。

①电烙铁：电烙铁用于各类无线电整机产品的手工焊接、补焊、维修及更换元器件。其工作原理是烙铁芯内的电热丝通电后，将电能转换成热能，经烙铁头把热量传给被焊工件，

对被焊接点部位的金属加热，同时熔化焊锡，完成焊接任务。为叙述方便，本书中部分内容将电烙铁简称为烙铁。

电烙铁按加热方式分类可分为直热式（直热式又分为内热式电烙铁、外热式电烙铁）、感应式、气体燃烧式等多种，目前最常用的是单一焊接用的直热式电烙铁；按功率分类可分为 20W、30W、35W、45W、50W、75W、100W、150W、200W、300W 等多种；按功能分类可分为单用式、两用式、恒温式、吸锡式等。

a. 内热式电烙铁：内热式电烙铁的发热元件装在烙铁头的内部，其外形如图 3-42 所示，由烙铁芯、烙铁头、弹簧夹、连接杆、手柄、接线柱、电源线及紧固螺丝等部分组成；从烙铁头内部向外传热，所以被称为内热式电烙铁。它发热速度快，一般通电两分钟就可以进行焊接，能量转换效率高，可达到 85%～90% 以上（20W 内热式烙铁的实际发热功率与 25～40W 的外热式烙铁相当，头部温度可达到 350℃ 左右），但使用寿命较短（与外热式相比），规格多为小功率型，常用的有 20W、25W、35W、50W 等；具有发热快、体积小、重量轻和耗电低等特点。

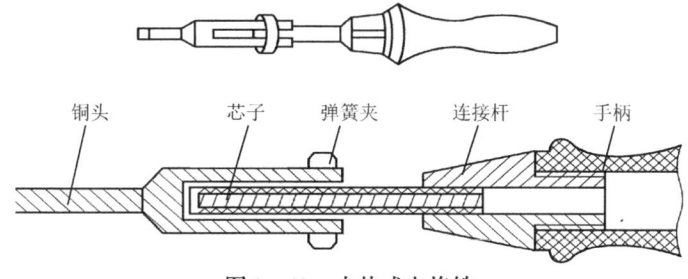

图 3-42 内热式电烙铁

b. 外热式电烙铁：外热式电烙铁的组成部分与内热式电烙铁相同，但是烙铁头安装在烙铁芯的里面，即产生热能的烙铁芯在烙铁头外面，故称为外热式电烙铁；有直立式、T 形等不同形式，其中最常用的是直立式，外形和结构见图 3-43。外热式烙铁的优点是经久耐用、使用寿命长，长时间工作时温度平稳，焊接时不易烫坏元器件，但其体积较大、升温慢。外热式烙铁常用的规格有 25W、45W、75W、100W、200W 等，以 100W 以上的最为常见，工作电压有 220V、110V、36V 的几种，最常用的是 220V 规格的。

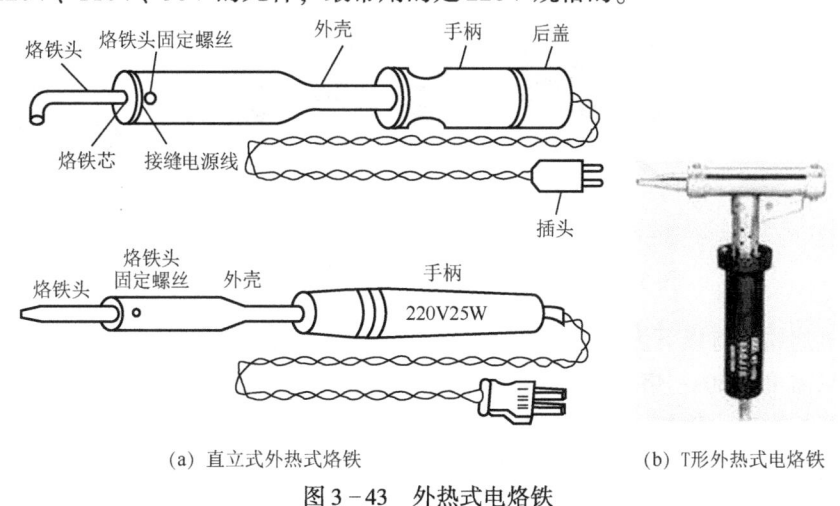

(a) 直立式外热式烙铁　　(b) T形外热式电烙铁

图 3-43 外热式电烙铁

提示:

> 使用外热式电烙铁时应注意以下事项:
> ① 烙铁头一般用紫铜制作,在温度较高时容易氧化,在使用过程中其端部易被焊料浸蚀而失去原有形状,因此需要及时加以修整。初次使用或经过修整后的烙铁头,都必须及时挂锡,以利于提高电烙铁的可焊性和延长使用寿命。目前也有合金烙铁头,使用时切忌用锉刀修理。
> ② 使用过程中不能任意敲击,应轻拿轻放,以免损坏电烙铁内部发热器件而影响其使用寿命。
> ③ 电烙铁在使用一段时间后,应及时将烙铁头取出,去掉氧化物后再重新装配使用。这样可以避免烙铁芯与烙铁头卡住而不能更换烙铁头。

内热式电烙铁的使用注意事项与外热式电烙铁基本相同。由于其连接杆的管壁厚度只有0.2mm,而且发热元件是用瓷管制成的,所以更应注意不要敲击,不要用钳子夹连接杆;使用时,应始终保持烙铁头头部挂锡。擦拭烙铁头要用浸水海绵或湿布,不得用砂纸或砂布打磨烙铁头,也不要用锉刀锉,以免破坏镀层,缩短使用寿命。若烙铁头不沾锡,可用松香助焊剂或202浸锡剂在浸锡槽中上锡。

c. 恒温(调温)电烙铁:目前使用的外热式和内热式电烙铁的烙铁头温度都超过300℃,这对焊接晶体管、集成块等是不利的,一是焊锡容易被氧化而造成虚焊;二是烙铁头的温度过高,若烙铁头与焊点接触时间长,就会造成元器件损坏。在要求较高的场合,通常采用恒温电烙铁。如图3-44所示。

恒温电烙铁的温度能自动调节保持恒定。当烙铁头的温度低于规定数值时,温控装置就接通电源,对电烙铁加热,使温度上升;当达到预定温度时,温控装置自动切断电源。恒温电烙铁有电控和磁控两种。电控恒温电烙铁用热电偶作为传感元件来检测和控制烙铁头温度。磁控恒温电烙铁则借助于电烙铁内部的磁性开关达到恒温的目的。

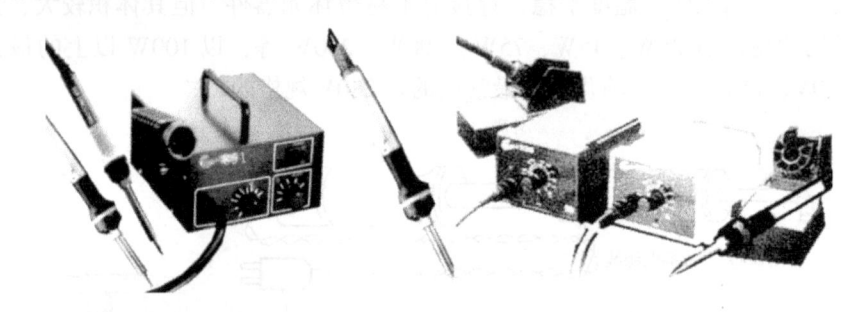

(a) 带气泵型自动调温恒温电烙铁(含吸锡电烙铁) (b) 防静电型自动调温恒温电烙铁(两台)

图3-44 调温恒温电烙铁(吸锡及防静电焊台)

恒温式电烙铁具有以下优点:断续加热,不仅省电,而且烙铁不会过热,寿命延长;升温时间快,只需40~60s;烙铁头采用渗镀铁镍的工艺,不需要修整;烙铁头温度不受电源电压、环境温度的影响。例如,50W、270℃的恒温烙铁,当电源电压在180~240V的范围内均能恒温,在电烙铁通电很短时间内就可达到270℃。

d. 吸锡电烙铁:在检修无线电整机时,经常需要拆下某些元器件或部件,这时使用吸锡电烙铁就能够方便地吸附印制电路板焊接点上的焊锡，使焊接件与印制电路板脱离，从而可以方便地进行检查和修理。吸锡电烙铁由烙铁体、烙铁头、橡皮囊和支架等部分组成。使用时先缩紧橡皮囊，然后将空烙铁头的口子对准焊点，稍微用力。待焊锡熔化时放松橡皮囊，焊锡就被吸入烙铁头内，移开烙铁头，再按下橡皮囊，焊锡便被挤出。结构如图 3-45 所示。

e. 防静电电烙铁：防静电电烙铁用于有特殊要求的场合，如焊接超大规模的 CMOS 集成块、计算机板卡、手机等。

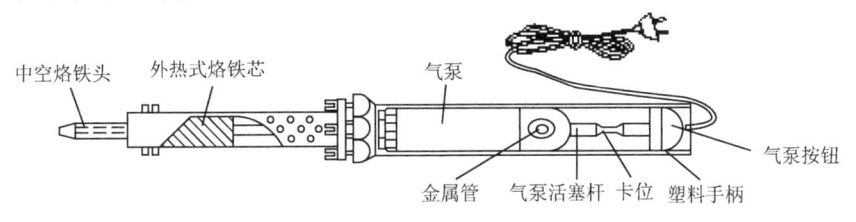

图 3-45 吸锡电烙铁

f. 自动送锡电烙铁：自动送锡电烙铁在普通烙铁的基础上增加了焊锡丝输送机构，能在焊接时由烙铁自动将焊锡送到焊接点。使用这种电烙铁，可使操作者腾出一只手（原来拿焊锡的手）来固定工件。如图 3-46 所示。

g. 感应式烙铁（也叫速烙铁或焊枪）：感应式烙铁通过一个次级只有 1~3 匝的变压器，将初级的高电压（交流 220V）变换到次级的低压大电流，并使次级感应出的大电流流过烙铁头，使烙铁头迅速达到焊接所需的温度。该烙铁的特点是加热速度快，一般通电几秒，即可达到焊接温度，特别适于断续工作的使用。但该烙铁头上带有感应信号，对一些感应敏感的器件不要使用这种烙铁焊接。如图 3-47 所示。

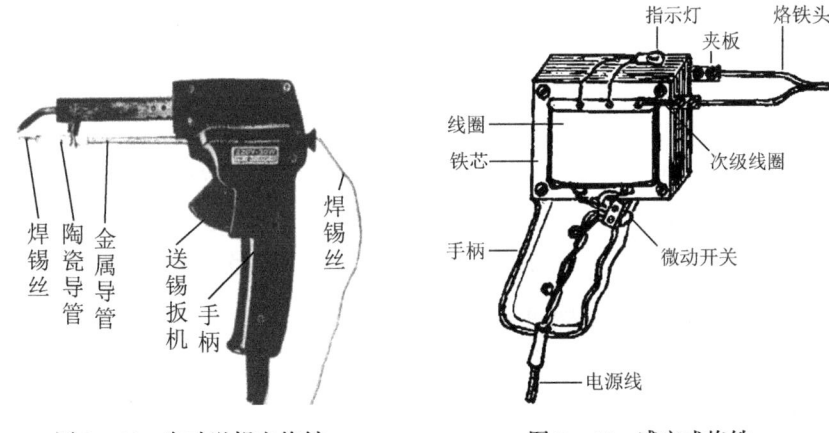

图 3-46 自动送锡电烙铁　　图 3-47 感应式烙铁

② 电热风枪：电热风枪由控制台和电热风吹枪组成。其工作原理是利用高温热风，加热焊锡膏和电路板及元器件引脚，使焊锡膏熔化，来实现焊装或拆焊的目的，是专门用于焊装或拆卸表面贴装元器件的专用焊接工具。如图 3-48 所示。

③ 烙铁架：用于搁放通电加温后的电烙铁，以免烫坏工作台或其他物品。见图 3-49。

④ 吸锡器：吸锡器是常用的拆焊工具，使用方便，价格适中。如图 3-50 所示，吸锡器实际是一个小型手动空气泵，压下吸锡器的压杆，就排出了吸锡器腔内的空气；释放吸锡器压杆的锁钮，弹簧推动压杆迅速回到原位，在吸锡器腔内形成负压，就能够把熔融的焊料吸

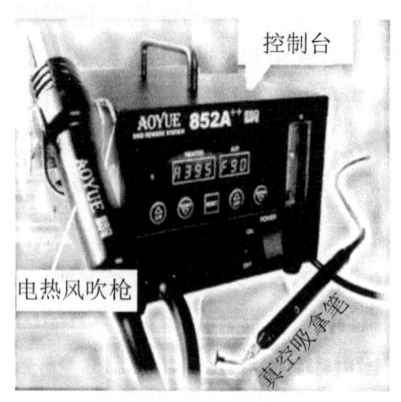

图 3-48 电热风枪

走。在电烙铁加热的帮助下，用吸锡器很容易拆焊电路板上的元器件。

⑤ 两用电烙铁：图 3-51 所示的是一种焊接、拆焊两用的电烙铁，又称吸锡电烙铁。它是在普通直热式电烙铁上增加吸锡结构组成的，使其具有加热、吸锡两种功能。

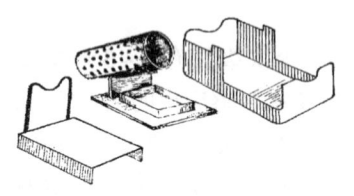

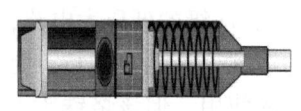

图 3-49 烙铁架　　图 3-50 吸锡器　　图 3-51 两用电烙铁

4) 常用的专用设备

专门为整机装配加工而生产制造的设备称为电子整机装配专用设备。一般用于一些批量大、要求一致性强的加工，如导线的剪切、剥头、捻线、打标记、元器件的引线成形、印制电路板的插件、焊接、切脚、清洗等方面。常用的电子整机装配专用设备包括：波峰焊接机、自动插件机、引线自动成形机、切脚机、超声波清洗机、搪锡机、自动切剥机等；使用这些专用设备，即可提高生产效率、保证成品的一致性，又可减轻劳动强度。

任务三　导线的加工和元器件引线的成形

1. 任务要求

了解元器件引线成形的目的，熟悉导线、元器件引线成形的技术要求；掌握各种导线的加工、元器件引线成形的方法，能按要求将元器件引线加工成所需形状；掌握电线电缆装配焊接前处理的方法和技能；掌握带有金属编织屏蔽层线材的端头加工处理的方法和技能；学会起始结扣、中间结扣和终端结扣的系法。

2. 相关知识

（1）导线的加工

导线加工包括绝缘导线加工和屏蔽导线端头加工。

1）绝缘导线加工

绝缘导线加工工序为：剪裁→剥头→清洁→捻头（对多股线）→浸锡。

① 剪裁要求：按工艺文件的导线加工表的规定进行剪裁。用斜口钳或剪刀先剪长导线，后剪短导线，这样可减小线材的浪费。剪裁绝缘导线时，要先拉直再剪切，长度要符合公差要求。如无特殊公差要求，则按表3-15选择公差。绝缘层已损坏或芯线有锈蚀的导线不能使用。

剪线用工具和设备：斜口钳、钢丝钳、钢锯、剪刀、自动剪线机和半自动剪线机等。

表3-15 导线长度与公差要求表

导线长度（mm）	50	50~100	100~200	200~500	500~1000	1000以上
公差（mm）	+3	+5	+5~+10	+10~+15	+15~+20	+30

② 剥头。剥头是指把绝缘导线的端头绝缘层去掉一定的长度，露出芯线的过程。

剥头要求：剥头长度应符合工艺文件的要求，剥头时不应损坏芯线，多股芯线应尽量避免断股。认真检查导线的绝缘层是否损坏和芯线是否有锈蚀。使用剥线钳剥头时要选择与芯线粗细相配的剥线口，并要对准所需要的剥头距离。蜡克线和塑胶线可用电剥头器剥头。

剥头长度的确定方法：剥头长度应根据芯线截面积、接线端子的形状以及连接形式来确定。若工艺文件的导线加工表中无明确要求时，可按照表3-16和表3-17来选择剥头长度，表3-17中列出了一般电子产品所用的接线端子在不同的连接方式下的剥头长度及调整范围。

表3-16 导线粗细与剥头长度的关系

芯线截面积（mm²）	<1	1.1~2.5
剥头长度（mm）	8~10	10~14

表3-17 剥头长度及调整范围表

连接方式	剥头长度（mm） 基本尺寸	调整范围
搭焊	3	±2.0
勾焊	6	±4.0
绕焊	15	±5.0

剥头方法：导线剥头方法通常分为热截法和刃截法两类。

刃截法就是用专用剥线钳进行剥头，其优点是操作简单易行，只要把导线端头放进钳口并对准剥头距离，握紧钳柄，然后松开，取出导线即可。在大批量生产中多使用自动剥线机，手工操作时也可用剪刀、电工刀。为了防止出现损伤芯线或拉不断绝缘层的现象，应选择与芯线粗细相配的钳口。刃截法易损伤芯线，故对单股导线不宜用刃截法。对损伤芯线股数的要求如表3-18所示。

提示：

注意：① 用电工刀或剪刀剥头时，按要求的尺寸横向切一圈（小心不要损坏芯线），然后用手捏住切过的绝缘层，边扭边往外拔，这样既可去除导线的绝缘层，又可将芯线捻紧。对于剥头长度大于20mm的，应先切除中间约10mm的一段（方法是先用剥刀或剪刀按要求的尺寸在原位置横向切一圈，再在距离原位置约10mm的位置横向切一圈，然后纵向削除两横向切圈之间的绝缘层），然后用手捏住头部剩下的绝缘层，边扭边往外拔，如图3-52所示。

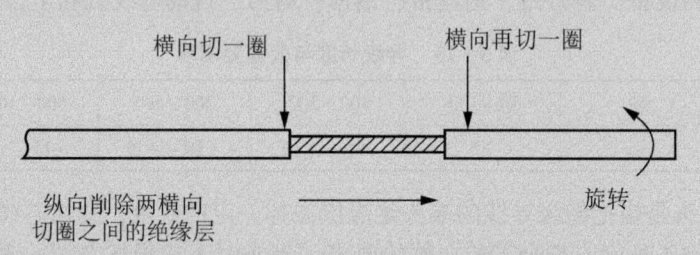

图3-52 剥头长度大于20mm的剥头方法

② 对BVV2双芯双绝缘的导线剥头时，必须先剥除外绝缘护套层，剥除长度应大于剥头长度10~20mm。方法是用电工刀或剪刀先横向切一圈，再纵向切开后剥除。

对于多股芯线，剥头后应捻头，即顺着芯线旋转的方向将多股芯线旋成单股。

热截法就是使用热控剥皮器进行剥头，热控剥皮器如图3-53所示。使用时将剥皮器预热一段时间，待电阻丝呈暗红色时便可进行截切。为使切口平齐，应在截切的同时转动导线，待四周绝缘层均被切断后用手边转动边向外拉，即可剥出端头。热截法的优点是操作简单，不损伤芯线，但加热绝缘层时会放出有害气体，因此要求有通风装置。操作时应注意调节温控器的温度。温度过高易烧焦导线，温度过低则不易切断绝缘层。

表3-18 芯线股数与允许损伤芯线的股数关系表

芯线股数	允许损伤芯线的股数	芯线股数	允许损伤芯线的股数
<7	0	26~36	4
7~15	1	37~40	5
16~18	2	>40	6
19~25	3		

③ 清洁。绝缘导线在空气中长时间放置，导线端头易被氧化，有些芯线上则有油漆层。故在浸锡前应进行清洁处理，除去芯线表面的氧化层和油漆层，提高导线端头的可焊性。清洁的方法有两种：一是用小刀刮去芯线的氧化层和油漆层，在刮时注意用力适度，同时应转动导线，刮掉氧化层和油漆层。二是用砂纸清除芯线上的氧化层和油漆层，用砂纸清除时，砂纸应由导线的绝缘层端向端头单向运动，以避免损伤导线。

④ 捻头。多股芯线经过清洁后，芯线易松散开，因此必须进行捻头处理，以防止浸锡后线端直径太粗。捻头时应按原来合股方向扭紧。捻线角一般在30°~45°之间，如图3-54所示。捻头时用力不宜过猛，以防捻断芯线。大批量生产时可使用捻头机。

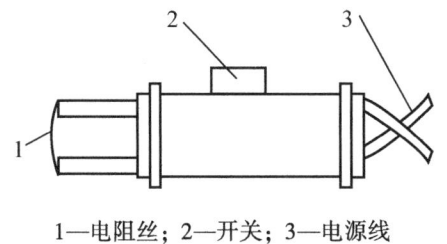

1—电阻丝；2—开关；3—电源线

图 3-53 热控剥皮器

图 3-54 多股导线的捻头角度

⑤ 浸锡。经过剥头和捻头的导线应及时浸锡，以防止氧化。可以使用电烙铁给导线端头上锡或用锡锅浸锡。倘若采用锡锅浸锡，锡锅通电加热使焊料熔化后，应将导线端头蘸上助焊剂，垂直插入锅中，并且使浸锡层与绝缘层之间有 1~2mm 间隙，待浸润后取出即可，浸锡时间为 1~3s。应随时清除残渣，以确保浸锡层均匀、光亮。

提示：

> 用电烙铁上锡处理方法：
> 先给干净的导线端头上助焊剂（如松香），然后在导线端头上一层焊锡。上锡时，要特别小心，时间要短，千万不能烫伤导线的绝缘层。端头短于 5mm 时，线头可全部上锡，也允许端部绝缘层略有热收缩现象。端头长度大于 5mm 时，上锡层到绝缘层的距离为 1~2mm。这样可防止导线的绝缘层因过热而收缩、破裂或老化。同时也便于检查芯线伤痕和断股。

2）屏蔽导线的加工

屏蔽导线是指在绝缘导线外面套上一层金属编织线的特殊导线，防止导线周围的电场或磁场干扰电路正常工作。在对屏蔽导线进行端头处理时应注意去除的屏蔽层不宜太多，否则会影响屏蔽效果。去除的长度应根据导线的工作电压而定，通常可按表 3-19 中所列的数据进行选取。

表 3-19 去屏蔽层长度

工作电压	去除屏蔽层长度
600V 以下	10~20mm
600~3000V	20~30mm
3000V 以上	30~50mm

屏蔽导线和同轴电缆的端头处理过程是：去外护层、外导体（屏蔽层）加工处理、绑扎、芯线剥头、捻头、浸锡等，其加工示意图如图 3-55 所示。

① 屏蔽导线不接地端的加工。加工步骤如图 3-56 所示。

采用热截法或刃截法剥去一段屏蔽导线的外绝缘层，如图 3-56（a）所示。切去的长度要根据工艺文件的要求，或根据工作电压（确定内绝缘层端到外屏蔽层端的距离 L_1）和焊接方式（确定芯线的剥头长度 L_2）共同确定。绝缘层 L_1 的长度按表 3-20 确定剪切，芯线 L_2 的长度按表 3-19 确定，故外护套层的切除长度 $L = L_1 + L_2 + L_0 (L_0 = 1~2mm)$，如图 3-55 所示。

表 3-20 L_1 与工作电压的关系

工作电压	内绝缘层长度 L_1
<500V	10~20mm
500~3000V	20~30mm
>3000V	30~50mm

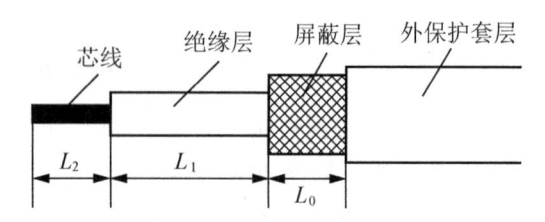

图 3-55 屏蔽导线端头的加工示意图

a. 左手拿住屏蔽导线的外护套，用右手手指向左推屏蔽层，使之成为图 3-56（b）所示形状，再用剪刀剪断松散的屏蔽层。剪断长度应根据导线的外护套厚度及导线粗细来定，留下的长度（从外护层端开始计算），约为外护套厚度的两倍。如图 3-56（c）所示。

b. 将剩下的屏蔽层向外翻套在外护套外面，并使端面平整，如图 3-56（d）所示。

c. 套上热收缩套管并加热，套管将外翻的屏蔽层与外护套套牢，如图 3-56（e）所示。

d. 截去芯线外绝缘层，其方法、要求同普通塑胶导线。

e. 给芯线浸锡，如图 3-56（f）所示，方法、要求同普通塑胶导线。

（a）剥去屏蔽导线的外绝缘层   （b）手推屏蔽铜编织线

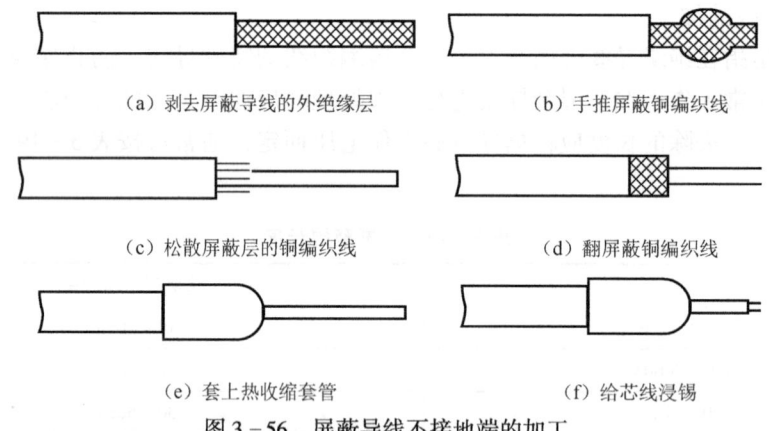

（c）松散屏蔽层的铜编织线   （d）翻屏蔽铜编织线

（e）套上热收缩套管   （f）给芯线浸锡

图 3-56 屏蔽导线不接地端的加工

② 屏蔽导线接地端的加工。加工步骤如图 3-57 所示。

- 用热截法或刃截法剥去一段屏蔽导线的外绝缘层，切去的长度要求与上述"屏蔽导线不接地线端的加工"中的要求相同，如图 3-57（a）所示。

- 从屏蔽铜编织线中取出芯线，如图 3-57（b）和图 3-57（c）所示。操作时可用钻针或镊子在屏蔽铜编织线上拨开一个小孔，弯曲屏蔽层，从小孔中取出导线。

- 将分开后的屏蔽层引出线按焊接要求的长度剪断。长度一般比芯线的长度短，这样主要是为了使安装后导线上的受力由强度大的屏蔽层来承受，而强度小的芯线不受力，使其不易断线。

- 将拆散的屏蔽铜编织线拧紧。有时，也可以将屏蔽铜编织线剪短并去掉一部分，然后焊上一段引出线，以作为接地线使用，如图3-57（d）所示。
- 去掉一段芯线绝缘层，并将芯线和屏蔽铜编织线进行浸锡，如图3-57（e）所示。

提示：

> 加套管的方法：
>
> 线端经过加工的屏蔽导线，有一段呈多股裸导线状态，一般需要在线端套上绝缘套管，以保证绝缘和便于使用。加套管的方法一般有三种。其一，用热收缩套管。用外径相适应的热缩套管先套住已剥出的屏蔽层，然后用较粗的热缩套管将芯线连同已套在屏蔽层的小套管的根部一起套住，留出芯线和一段小套管及屏蔽层，如图3-58（a）所示。其二，用稀释剂软化套管。在套管上开一小口，将套管套在屏蔽层上，芯线从小口穿出来，如图3-58（b）所示。其三，采用专用的屏蔽导线套管。这种套管的一端有一较粗的管口，套住整线，而另一端有一大一小两个管口，分别套在屏蔽层和芯线上，如图3-58（c）所示。用热收缩套管时，可用灯泡或电烙铁烘烤，收缩套紧即可，如图3-59（a）所示；用稀释剂软化套管时，可将套管泡在香蕉水中半个小时后取出套上，待香蕉水挥发尽后便可套紧，如图3-59（b）所示。

(a) 剥去屏蔽导线的外绝缘层　　(b) 弯曲屏蔽层
(c) 取出导线　　(d) 焊接地线
(e) 浸锡

图3-57　屏蔽导线接地端的加工

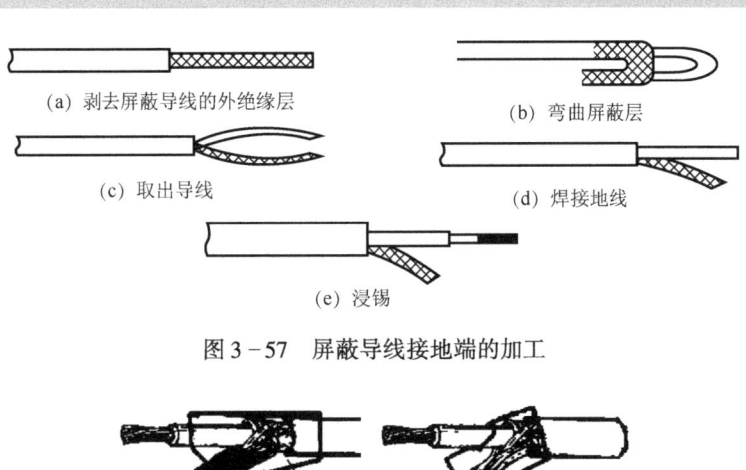

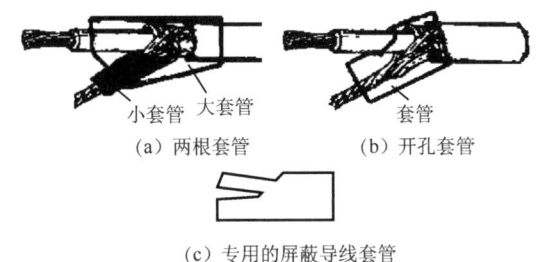

(a) 两根套管（小套管、大套管）　　(b) 开孔套管（套管）
(c) 专用的屏蔽导线套管

图3-58　屏蔽导线端加套管示意图

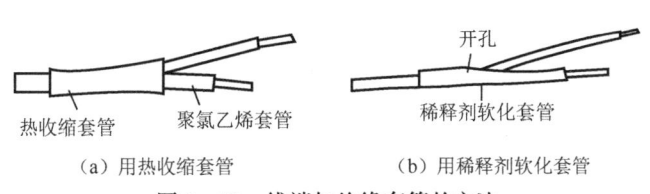

(a) 用热收缩套管（热收缩套管、聚氯乙烯套管）　　(b) 用稀释剂软化套管（开孔、稀释剂软化套管）

图3-59　线端加绝缘套管的方法

③ 屏蔽线末端处理：屏蔽线或同轴电缆末端连接对象不同，处理方法也不同。无论采用何种连接方式均不应使芯线承受拉力。如图3-60所示。

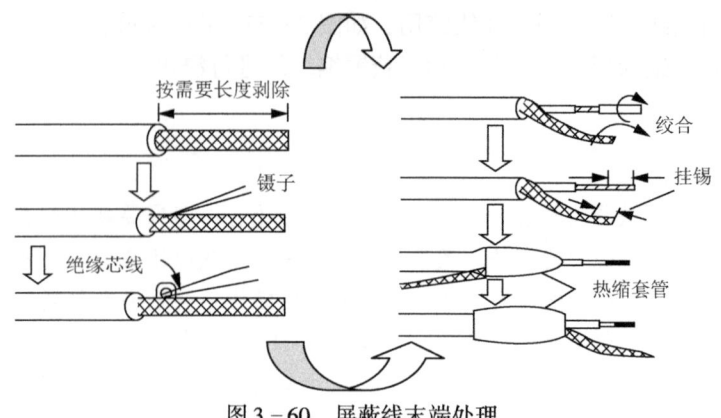

图 3-60 屏蔽线末端处理

④ 同轴电缆端头加工方法如图 3-61 所示，具体步骤如下：
　　a. 剥去同轴电缆的外表绝缘层；
　　b. 去掉一段金属编织物；
　　c. 根据同轴电缆端头的连接方式，剪去芯线的部分绝缘层；
　　d. 对芯线进行浸锡处理。
（2）元器件引线成形
为使元器件在印制板上的装配排列整齐并便于焊接，在安装前通常采用手工或专用机械把元器件引线弯曲成一定的形状（整形），也就是元器件的引线成形。
1）元器件预成形要求
① 引线成形基本要求：如图 3-62 所示。

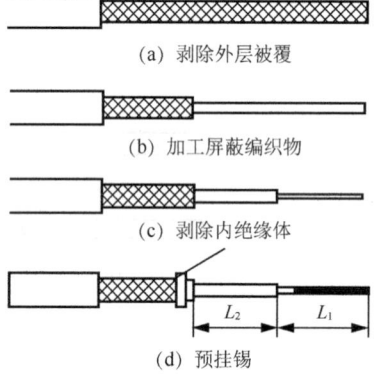

图 3-61 同轴电缆端头的加工方法

图中 $A \geqslant 2\text{mm}$；$R \geqslant 2d$；h：图（a）h 为 $0 \sim 2\text{mm}$，图（b）$h \geqslant 2\text{mm}$；$C = np \pm 0.5\text{mm}$（p 为印制电路板坐标网格尺寸，n 为正整数，允许公差为 0.5 毫米）。

提示：

注意：
① 成形跨距即元器件引脚之间的距离应等于印制板安装孔的中心距离，若跨距过大或过小，会使元器件插入印制板后在元器件的根部间产生应力，从而影响元器件的可靠性。如图 3-63 所示。
② 成形台阶即元器件插入印制板后的高度有两种安装要求。一种是元器件的主体紧贴板面 [如图 3-64（a）所示]，不需要控制；另一种是需要与板面保持一定的距离，这是因为大功率元器件需要增加引线长度以利散热 [如图 3-64（b）所示] 或是由于元器件引线根部的漆膜过长 [如图 3-64（c）所示]，这类元器件成形时要将引线的适当部位弯成台阶。如图 3-65 所示，元件距板面高度：卧式元器件为 5~10 毫米，立式元器件为 3~5 毫米，电解电容约为 2.5 毫米。
③ 引线长度：是指元器件主体底部至引线端头的长度，如图 3-66 所示。
④ 引线不平行度：是指两引线不处在同一平面内，会影响插件，并使元件受到应力。不平行度应小于 1.5 毫米，如图 3-67 所示。
⑤ 折弯弧度：是指引线弯曲处的弧度。避免加工时引线受损，折弯处应有一定的弧度，折弯处的伤痕应不大于引线直径的 1/10，如图 3-68 所示。

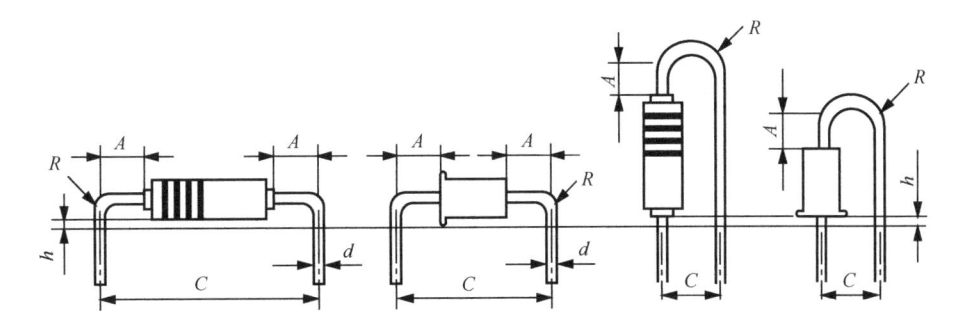

(a) 水平安装

(b) 垂直安装

图 3-62 引线成形基本要求

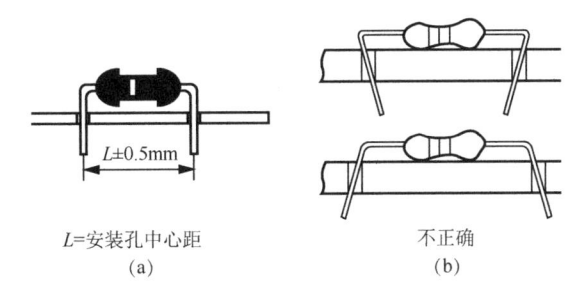

L=安装孔中心距
(a)

不正确
(b)

图 3-63 成形跨距示意图

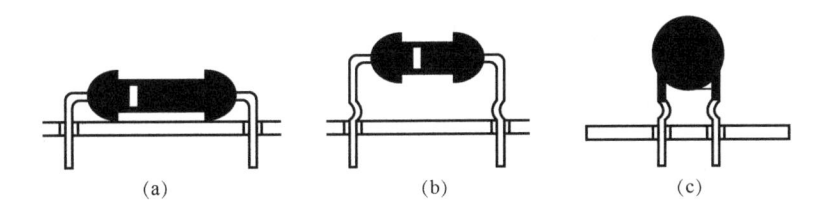

图 3-64 成形台阶成因

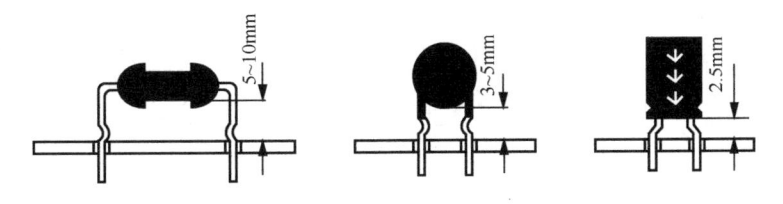

图 3-65 成形台阶示意图

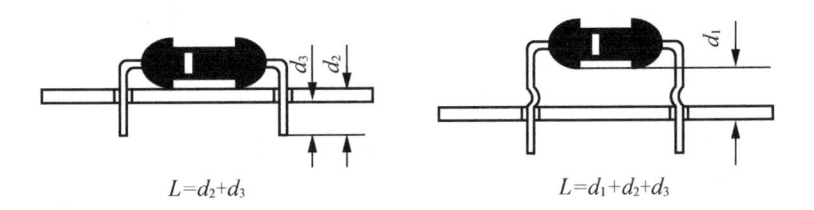

$L=d_2+d_3$

$L=d_1+d_2+d_3$

图 3-66 引线长度示意图

图 3-67 引线不平行度示意图　　　图 3-68 折弯弧度示意图

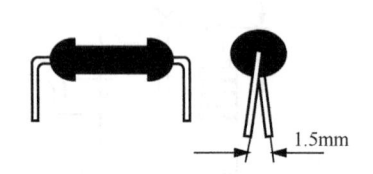

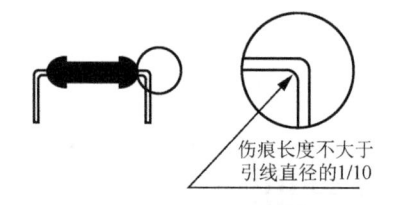

② 元器件引线成形的技术要求归纳如下：
- 引线成形后，元器件本体不应产生破裂，表面封装不应损坏，引线弯曲部分不允许出现模印、压痕和裂纹。
- 成形时，引线弯折处距离引线根部尺寸应大于 1.5mm，以防止引线折断或被拉出。

引线弯曲的最小半径不得小于引线直径的 2 倍，不能"打死弯"，以减少弯折处的机械应力。对立式安装，引线弯曲半径应大于元器件的外形半径。手工组装的元器件可以弯成直角，但机器组装的元器件弯曲一般不要成直角，圆弧半径应大于引脚直径的 1~2 倍。其直径的减小或变形不应超过 10%，其表面镀层剥落长度不应大于引线直径的 1/10。

- 凡有标记的元器件，装配后，其标志符号应朝上（卧式）或向外（立式），以便检查。
- 装配后，两引出线要平行，其间的距离应与印制电路板两焊盘孔的距离相同；对于卧式安装，两引线左右弯折要对称，以便于插装。
- 对于自动焊接方式，可能会出现因振动使元器件歪斜或浮起等缺陷，宜采用具有弯弧形的引线。
- 晶体管及其他在焊接过程中对热敏感的元件，其引线可加工成圆环形，以加长引线，减小热冲击。

2）元器件引线加工方法

元器件加工方法有手工弯折、专用模具弯折、成形机加工。

① 手工弯折。如图 3-69 所示，用尖嘴钳或镊子靠近元器件的引线根部，按弯折方向弯折引线即可。

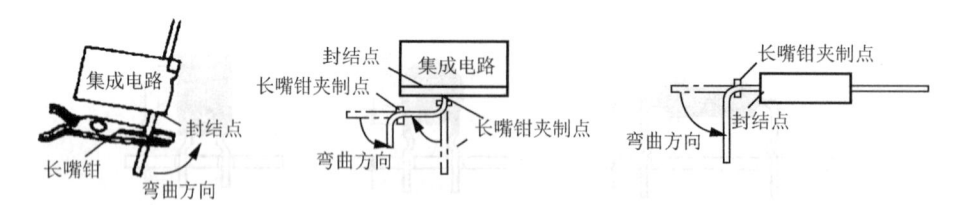

图 3-69 手工加工

② 专用模具弯折。如图 3-70 所示。在模具的垂直方向上开有供插入元件引线的长条形孔，在水平方向开有供插杆插入的圆形孔。元件的引线从上方插入模具的长孔后，水平插入插杆，引线即可成形；然后拔出插杆，将元件从水平方向移出。

③ 成形机加工如图 3-71 所示。利用专门设备对引线进行加工。

(3) 元器件引线的搪锡

在装配之前对元器件的引线进行重新浸锡处理，通常称为"搪锡"。

元器件引线在出厂前一般都进行了处理，多数元器件引线都浸了锡铅合金，有的镀了锡，

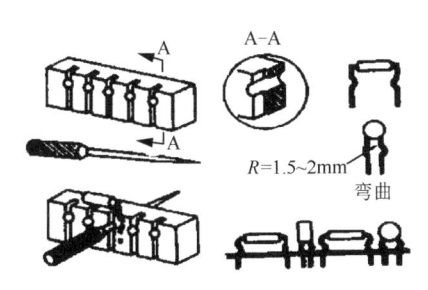

图 3-70 专用模具弯折

有的镀了银。如果元器件存放时间较长，表面有氧化层，导致引线的可焊性较差就需要对引线进行重新浸锡处理。

图 3-71 成形机成形

1）浸锡前对引线的处理——刮脚

刮脚有手工刮脚和自动刮净机刮脚两种方法。

手工刮脚的方法：沿着元器件的引线方向逐渐向外刮，并且要边刮边转动引线，直到将引线上的氧化物或污物刮净为止。

提示：

> 手工刮脚时应注意以下几点：原有的镀层尽量保留；应与引线的根部留出一定的距离；勿将引线刮、切伤或折断；及时进行浸锡。

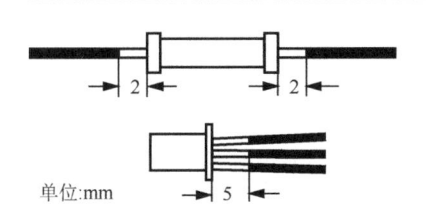

图 3-72 镀层离主体根部的距离

2）对引线浸锡
- 手工上锡：将引线蘸上焊剂，然后用带锡的电烙铁给引线上锡。
- 锡锅浸锡：将引线蘸上焊剂，然后将引线插入锡锅中浸锡。

要求：锡层应光亮、均匀，没有剥落、针孔、不润湿等缺陷；镀层离主体根部的距离：轴向引出的元器件为 2~3mm，径向引出的元器件为 4~5mm，类似插座形式的元件为 1~2mm；元器件表面保持清洁，无残留助焊剂，表面不允许出现烧焦、烫伤等现象。

（4）线扎的制作

在电子产品装配过程中，有时导线很多。为了使配线整洁，简化装配结构，减少占用空间，方便安装维修，并使电气性能稳定可靠，通常将互连导线绑扎在一起，成为具有一定形状的导线束。用线绳、线扎搭扣、黏合剂等将导线扎制在一起并使其形成不同形状的线扎称为线把的扎制，简称线扎。

线扎制作过程：剪截导线及线端加工→线端印标记→制作配线板→排线→扎线。

① 剪裁导线及加工线端。按工艺文件中的导线加工表剪裁符合规定尺寸和规格的导线，并进行剥头、捻头、浸锡等线端加工。操作过程及要求与绝缘导线加工相同。

② 线端印标记。常用的标记有编号和色环。印标记方法如下：

- 用酒精将线端擦洗干净，凉干待用。
- 用盐基性染料加10%的聚氯乙烯和90%的二氯乙烷配制印制颜料（或用各种油墨）调匀。
- 用眉笔描色环或橡皮章打印标记。打印前将颜料或油墨调匀，将少量油墨放在玻璃板上，用油辊滚成一层薄层，再用印章蘸油墨。打印时印章要对准位置，用力要均匀。如果标记印得不清，应立即擦掉重印。
- 导线编号标记位置应在离绝缘端 8～15mm 处，色环标记应在 10～20mm 处，如图 3-73 所示。要求印字清楚、方向一致，数字大小与导线粗细相配。

③ 制作配线板。将1:1的配线图贴在足够大的平整木板上，在图上盖一层透明薄膜，以防图纸受污损。再在线扎的分支或转弯处钉上去帽钢钉，并在钢钉上套一段聚氯乙烯套管，以便扎线。

④ 排线。如图 3-74 所示，按导线加工表和配线板上的图样排列导线。排线时，屏蔽导线应尽量放在下面，然后按先短后长的顺序排完所有导线。如果导线较多不易放稳时，可在排完一部分导线后，用废导线临时绑扎在线束的主要位置上，待所有导线排完后，一边绑扎一边拆除废导线。

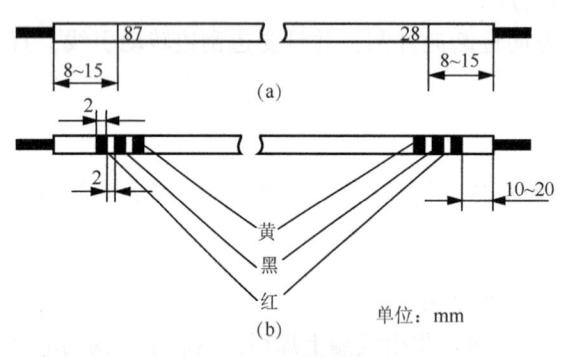

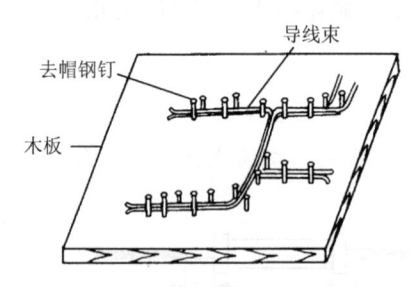

图 3-73 导线终端印标记

图 3-74 配线板排线

⑤ 扎线。扎线方法较多，主要有黏合剂结扎、线扎搭扣绑扎、线绳绑扎等。

- 黏合剂结扎：当导线比较少时，可用黏合剂四氢化呋喃黏合成线束，如图 3-75 所示。操作时，应注意黏合完成后，不要立即移动线束，要经过 2～3min 待黏合剂凝固以后方可移动线束。
- 线扎搭扣绑扎：线扎搭扣又叫线卡子、卡箍等，如图 3-76 所示，搭扣一般用尼龙或其他较柔软的塑料制成。绑扎时可用专用工具拉紧，最后剪去多余部分。如图 3-77 所示。

图 3-75 黏合剂结扎

图 3-76 线扎搭扣形状

图 3-77 线扎搭扣绑扎

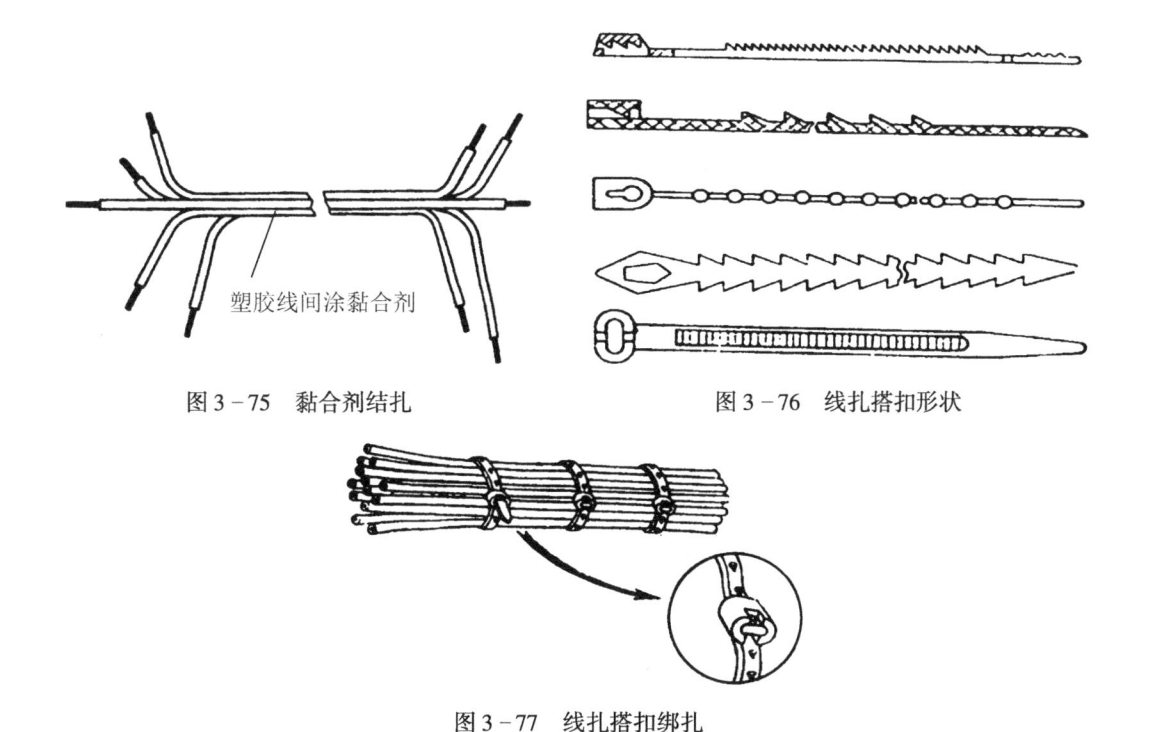

- 线绳绑扎：捆扎线有棉线、尼龙线、亚麻线等。线绳绑扎的优点是价格便宜，但在批量大时工作量较大。为防止打滑，捆扎线要用石蜡或地蜡进行浸渍处理，但温度不宜太高。绑扎方法有连续结和点结两种。

连续结：用一条扎线先打一个初结，再打若干个中间结，最后打一个终结，称为连续结。连续结的打法如图 3-78 所示。其中 (a) 是初结的打法，先绕一圈拉紧，再绕第二圈，第二圈与第一圈紧靠；(b)、(c) 是中间结的打法，(b) 为双线结，(c) 为单线结，可根据线扎的粗细来选用；(d) 是终端结的打法，先绕一个中间结，再绕一圈固定扣。初始结与终结绑扎完毕后应涂上清漆，以防松脱。线扎较粗或带分支时可按图 3-79 所示方法绑扎。在分支拐弯处应多绕几圈，以便加固。

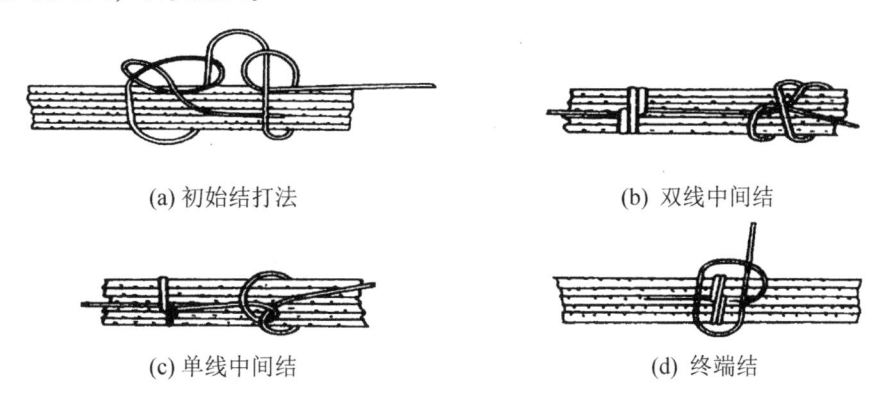

(a) 初始结打法

(b) 双线中间结

(c) 单线中间结

(d) 终端结

图 3-78 连续结打法示意图

(a)多分支线的绑扎　　　　　　　　(b)两分支线合并的绑扎

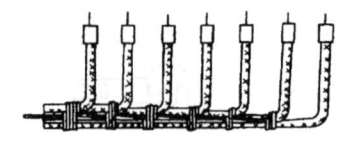

(c)单分支线的绑扎

图3-79　分支线的绑扎

点结：点结是用扎线打成不连续的结，如图3-80所示。由于这种打结法比连续结简单，可节省工时，因此点结法正逐渐地代替连续结。

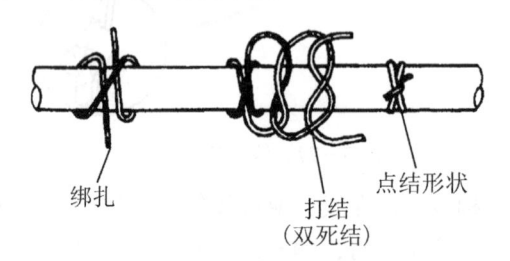

绑扎　　　打结（双死结）　　点结形状

图3-80　点结的打法

实践训练——导线的加工

工作任务1：请按表3-21所示线材加工工艺卡要求对屏蔽导线和电缆线进行加工处理。

表3-21　屏蔽导线与电缆线加工

工序号	工序名称	线材加工工艺卡	产品型号		部件图号			
03	导线加工		产品名称	屏蔽导线与电缆加工	部件名称		共　页	第1页
工装内容			序号	工装元器件（零部件）名称、参数	数量	印制电路板相应代号	说明	
1. 对右表所列导线进行加工处理			1	屏蔽导线：2P×50±5mm	2			
			2	屏蔽导线：2P×100±10mm	2			
			3	电缆线：2P×50±25mm	2			
			4	电缆线：2P×100±10mm	2			

续表

工艺要求		
1	按规定要求确定相应导线长度后，芯线去绝缘层、浸锡，屏蔽层捻线、浸锡	
2	端头去除屏蔽层长度：15±5mm	
3	导线长度：规定值范围	
4	屏蔽层捻线角度：45°±5°	
5	屏蔽层浸锡时用尖嘴钳夹住，浸锡长度：5±5mm	
工装设备		
1	斜口钳：1把	
2	剥线钳：1把	
3	捻线机：1台	
4	搪锡机：1台	

(a)
(b)
(c)
屏蔽线制作地线工艺图

标记	处数	更改文件号	签字	日期	标记	处数	更改文件号	签字	日期	设计（日期）	审核（日期）	标准化（日期）	会签（日期）

工作任务2：请按表3-22所示线材加工工艺卡要求对普通装配导线进行加工处理。

表3-22 普通装配导线加工

工序号	工序名称	线材加工工艺卡	产品型号		部件图号			
01	导线加工		产品名称	普通装配导线加工	部件名称		共 页	第2页

	工装内容	序号	工装元器件（零部件）名称、参数	数量	印制电路板相应代号	说明
1	对右表所列导线进行加工处理	1	单股导线：1P×20±1mm	10		
		2	单股导线：1P×50±2mm	10		
		3	单股导线：1P×100±5mm	10		
		4	多股导线：1P×20±1mm	10		
		5	多股导线：1P×50±2mm	10		
		6	多股导线：1P×100±5mm	10		
		7	电源装配导线：2P×1500mm	10		带插头

续表

	工 艺 要 求
1	按规定要求确定相应导线长度后,剥线、捻线、浸锡
2	剥线长度:10±2mm
3	导线长度:规定值范围
4	捻线角度:45°±5°
5	浸锡量:均匀,距胶皮2±1mm
	工 装 设 备
1	斜口钳:1把
2	剥线钳:1把
3	剪刀:1把
4	捻线机:1台
5	搪锡机:1台

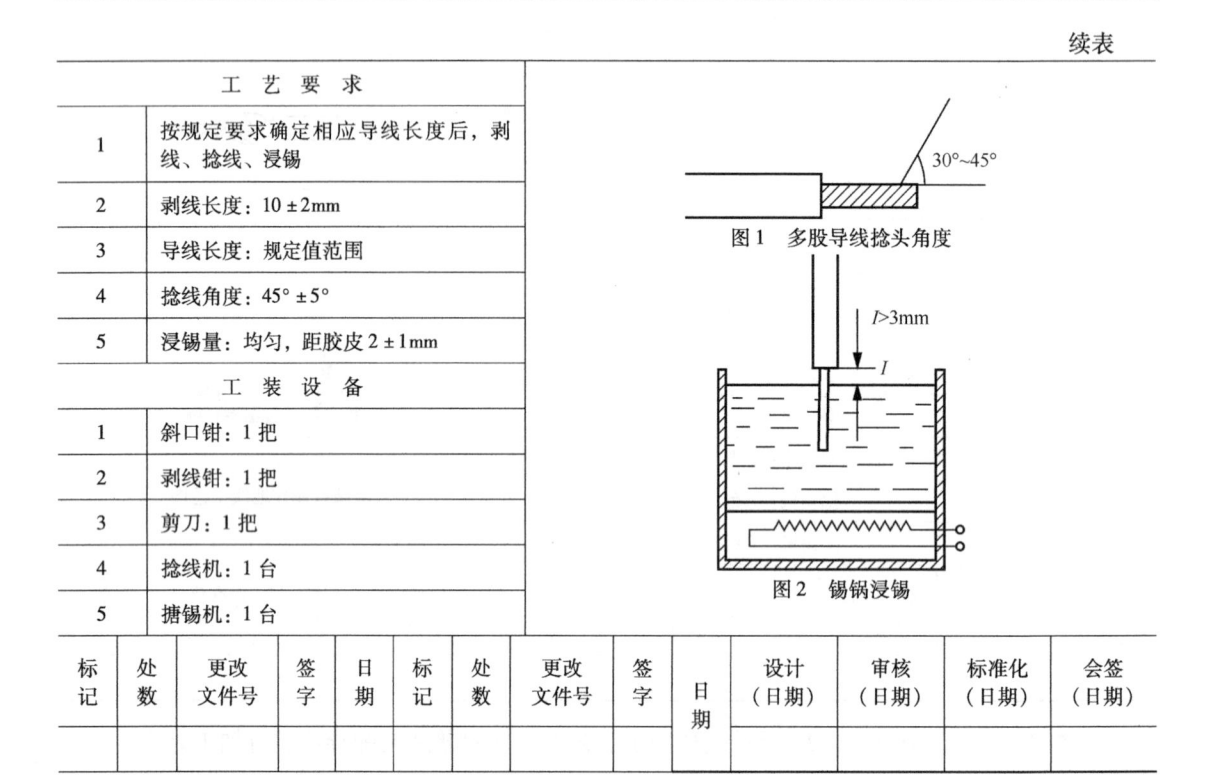

图1 多股导线捻头角度

图2 锡锅浸锡

标记	处数	更改文件号	签字	日期	标记	处数	更改文件号	签字	日期	设计(日期)	审核(日期)	标准化(日期)	会签(日期)

工作任务3:制作网线水晶头。

1. 制作材料和工具(图3-81):双绞线、RJ-45水晶头、压线钳、测线仪。

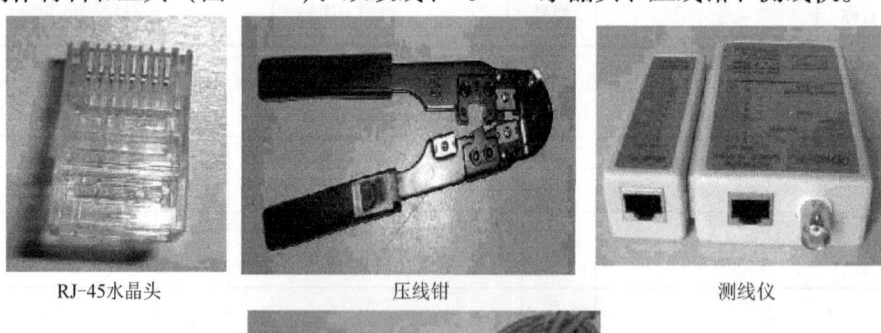

RJ-45水晶头　　压线钳　　测线仪

双绞线

图3-81 制作材料和工具

2. 制作步骤

(1) 利用斜口钳剪下所需要的双绞线长度(至少0.6米),用双绞线剥线切口将双绞线的外皮除去2~3厘米(如图3-82所示)。利用压线钳的剪线刀口将线头剪齐,再将线头放入剥线专用的刀口,稍微用力握紧压线钳慢慢旋转,让刀口划开双绞线的保护胶皮。

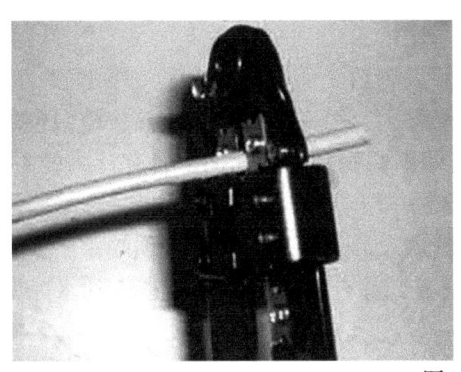

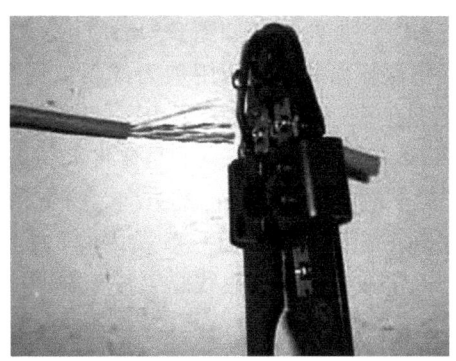

图 3-82

（2）剥除灰色的塑料保护层之后即可见到双绞线网线的 4 对（8 条）芯线，并且可以看到每对的颜色都不同。每对缠绕的芯线由一条染有相应颜色的芯线加上一条只染有少许相应颜色的白底芯线组成。四条全色芯线的颜色为：棕色、橙色、绿色、蓝色。每对线都是相互缠绕在一起的，制作网线时必须将 4 个线对的 8 条细导线逐一解开、理顺、扯直，然后按照规定的线序排列整齐。

双绞线的制作方式有两种国际标准，分别为 EIA/TIA 568A 以及 EIA/TIA 568B。而双绞线的连接方法也主要有两种，分别为直通线缆以及交叉线缆；同种设备相连用交叉线，不同设备相连用直通线。直通线缆就是水晶头两端同时采用 T568A 标准或者 T568B 标准的接法，而交叉线缆则是水晶头一端采用 T586A 的标准制作，而另一端则采用 T568B 标准制作（即 A 水晶头的 1、2 对应 B 水晶头的 3、6，而 A 水晶头的 3、6 对应 B 水晶头的 1、2）。

T568A 标准描述的线序从左到右依次为：

1—绿白（绿色的外层上有些白色，与绿色的是同一组线）

2—绿色

3—橙白（橙色的外层上有些白色，与橙色的是同一组线）

4—蓝色

5—蓝白（蓝色的外层上有些白色，与蓝色的是同一组线）

6—橙色

7—棕白（棕色的外层上有些白色，与棕色的是同一组线）

8—棕色

T568B 标准描述的线序从左到右依次为：

1—橙白（橙色的外层上有些白色，与橙色的是同一组线）

2—橙色

3—绿白（绿色的外层上有些白色，与绿色的是同一组线）

4—蓝色

5—蓝白（蓝色的外层上有些白色，与蓝色的是同一组线）

6—绿色

7—棕白（棕色的外层上有些白色，与棕色的是同一组线）

8—棕色

（3）小心地剥开每一对线，遵循 EIA/TIA 568B 的标准（橙白—橙—绿白—蓝—蓝白—

绿—棕白—棕）排列好（如图3-83所示）。

（4）将裸露出的双绞线用剪刀或斜口钳剪下只剩约1.4厘米的长度，如图3-84所示。再将双绞线的每一根线依序放入RJ-45接头的引脚内，第一只引脚内应该放橙白色的线，结果如图3-85所示。需要注意的是要将水晶头有塑料弹簧片的一面向下，有针脚的一面向上，使有针脚的一端指向远离自己的方向，有方形孔的一端对着自己。插入的时候需要注意缓缓地用力把8条线缆同时沿RJ-45头内的8个线槽插入，一直插到线槽的顶端。

（5）确定双绞线的每根线是否按正确顺序放置，并查看每根线是否进入到水晶头的底部位置，如图3-86所示。

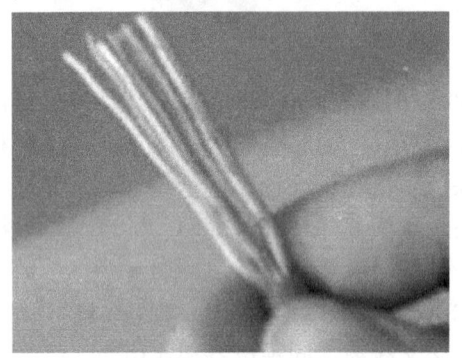

图3-83

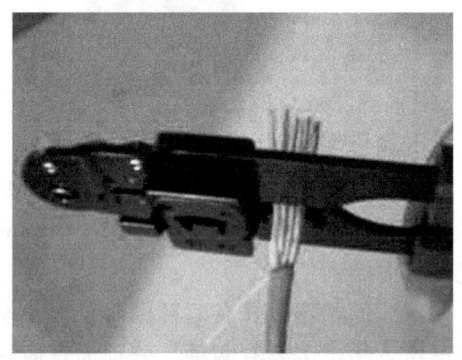

图3-84

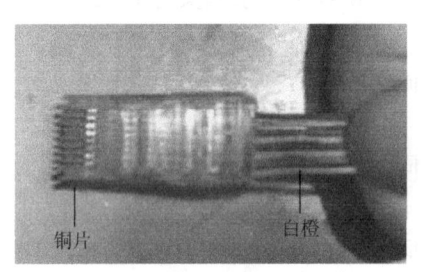

图3-85

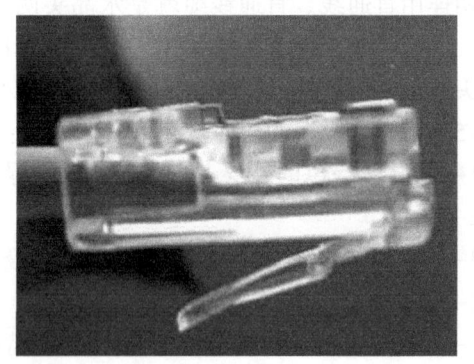

图3-86

（6）用压线钳压接RJ-45接头。用力握紧压线钳，把水晶头里的8块小铜片压下去后，使每一块铜片的尖角都触到一根铜线，受力之后听到轻微的"啪"一声即可，如图3-87所示。

（7）重复步骤1到步骤6，制作另一端的RJ-45接头。因为工作站与集线器之间是直接对接的，所以两端RJ-45接头的引脚接法完全一样。

（8）最后用测线仪测试网线和水晶头是否连接正常，倘若直通线连接测试时，两测试仪指示灯1-1、2-2、3-3、4-4、5-5、6-6、7-7、8-8对应同时亮，表明制作成功；如果是交叉线连接测试时，两测试仪指示灯1-3、2-6、3-1、4-4、5-5、6-2、7-7、8-8对应同时亮，表明制作成功。如图3-88所示。

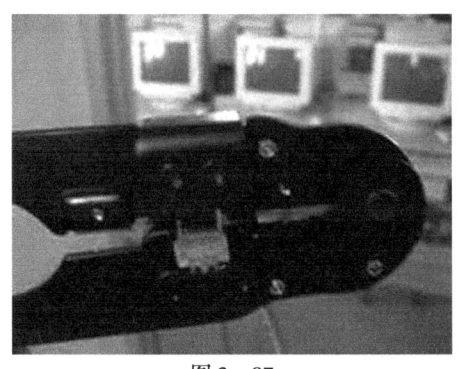

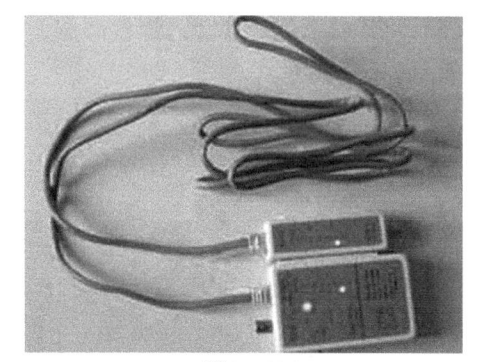

图 3-87　　　　　　　　　　　　　　图 3-88

工作任务 4：音频线材的制作

为了使 MP3 等产品的声音能够传输给其他设备（如放大器），就必须制作音频线材。对于已经含有耳机接口的设备，只需要制作一根 3.5mm 的耳机接头互连接线即可，如图 3-89 所示。装配结构如图 3-90 所示。

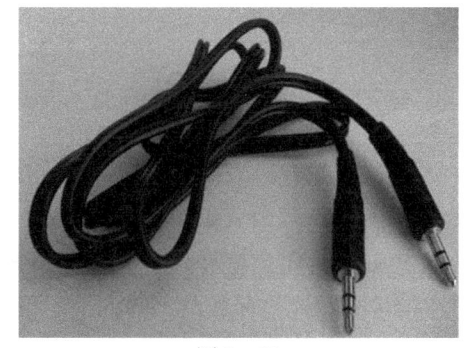

图 3-89　　　　　　　　　　　　　　图 3-90

所需设备及器件如表 3-23 所示：

表 3-23

设备及器件名称	数量
耳机接头	2
电烙铁	1
剥线钳或斜口钳	1
数字万用表	1
双芯音频线、焊锡	若干

操作步骤如下。

（1）将音频线截取适当长度，将其两端外部的绝缘层剥去适当长度，并将其内部的信号传输线以及屏蔽线整理清楚，如图 3-91 所示。

（2）将导线两端信号线外层的绝缘皮剥去，露出适当长度的金属层。

（3）按照图 3-92 所示，将音频线一端的信号线的金属层以及屏蔽线与一个耳机接头的对应端子相连，结果如图 3-93 所示。

（4）将连接处通过电烙铁进行焊接，并用"卡爪"夹紧导线的外层，固定耳机接头与导线的位置，如图 3-94 所示。

· 145 ·

(5) 将焊接端绝缘套套入焊接部位，并将套筒弹簧装入套筒中，最后将耳机头旋入套筒中，如图 3-95 所示。

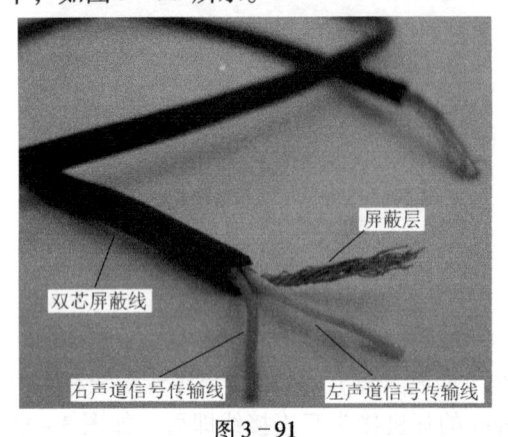

图 3-91

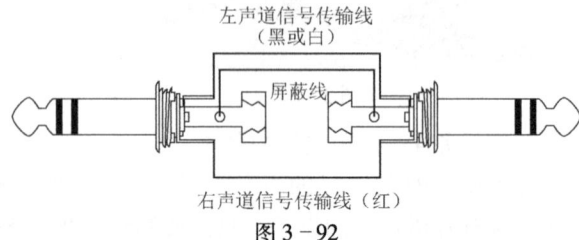

图 3-92

图 3-93 　　　　　图 3-94 　　　　　图 3-95

(6) 按照同样方法处理另一个耳机接头。

(7) 使用数字万用表测试焊接的导线是否出现短路，检测方法：用万用表分别测量左声道与右声道、左声道与地、右声道与地之间的电阻值，若是∞，表明焊接导线无短路。再用万用表分别测量左声道与左声道信号线、右声道与右声道信号线、地与屏蔽线之间的电阻值，倘若为 0，表明导线焊接无虚焊，焊接无错误。确认无误后，导线焊接完毕。

操作过程中应注意以下几个方面：

(1) 接线的对应关系不要弄错。

(2) 在焊接过程中，信号线与信号线之间、信号线与屏蔽线之间切勿短路。另外，一定要焊接牢固，不要发生虚焊现象。

(3) 焊接前，一定先要把套筒、套筒弹簧和焊接端绝缘套套在导线上，否则在焊接完毕后将无法套入。

测试步骤：

(1) 将制作好的 3.5mm 耳机线分别插入 MP3 和音箱的耳机接口中。

(2) 启动音箱电源并使 MP3 开始播放。

相关知识

1. 耳机接头（3.5mm）

当 MP3、笔记本计算机等设备需要外接耳机或者放大器时，就需要使用 3.5mm 耳机接头，也称"小三芯接头"。3.5mm 耳机接头可用于传输立体声或者单声道，其内部结构如图 3-96 所示。

2. 音频线

音频线的种类很多，常见的有单芯音频线和双芯音频线。

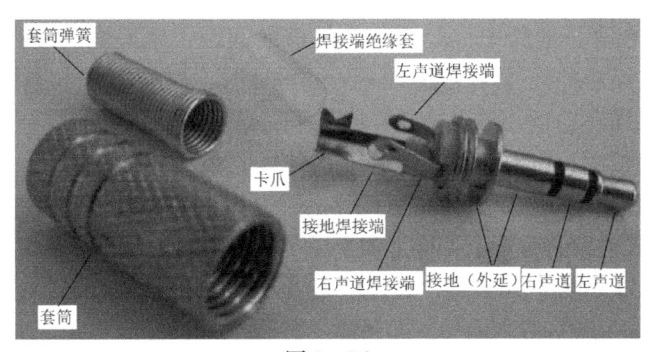

图 3-96

(1) 单芯音频线

单芯音频线为单芯屏蔽导线，如图 3-97 所示，主要用来传输音频信号，例如作为 3.5mm 耳机接头与 RCA 接头的连接线。单芯音频线也可用来传输模拟视频信号。

(2) 双芯音频线

双芯音频线为双芯屏蔽导线，常用来作为 3.5mm 耳机接头互连接线，也称耳机线、对录线，如图 3-98 所示。

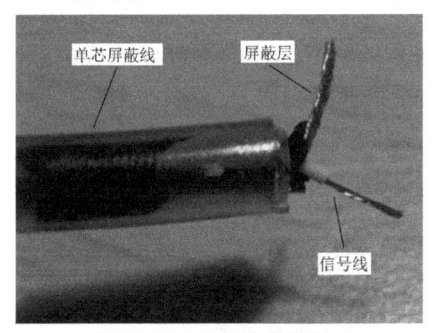

图 3-97 单芯音频线　　　　　图 3-98 双芯音频线

任务四　印制电路板的设计与制作

1. 任务要求

理解印制电路板设计的一般原则，掌握设计制作印制电路板的方法。

2. 相关知识

(1) 印制电路板的设计

印制电路板（PCB）设计也称印制板排版设计，通常包括以下过程：

1) 确定印制板的外形及结构

① 印制电路板的形状、尺寸和厚度的选择：印制电路板的形状由整机结构和内部空间的大小决定，外形应该尽量简单，最佳形状为矩形（正方形或长方形，长宽比为 3:2 或 4:3），避免采用异形板。

印制电路板的尺寸大小应根据整机的内部结构和板上元器件的数量、尺寸及安装排列方式选择，同时要考虑到元器件散热和邻近走线干扰等因素。一般情况下，在禁止布线层中指定的布线范围就是电路板尺寸的大小。面积应尽量小，元器件之间保持一定的间距（应不小于 0.5mm），特别是在高压电路中，应该留有足够的间距；要考虑到发热元件安装散热片占用面积的尺寸；当电路板的尺寸大于 200mm×150mm 时，应该考虑电路板的机械强度；在确定了板的面积后，四周还应留出 5～10mm（单边），以便于印制电路板在整机中的固定。在设计具有机壳的电路板时，电路板的尺寸还受机箱外壳大小的限制。

常见的覆铜板的厚度有 0.5mm、1.0mm、1.5mm、2.0mm 等。在确定板的厚度时，主要考虑印制电路板上装配完元器件后的质量承受能力和机械负荷能力。如果只装配集成电路、小功率晶体管、电阻器、电容器等小功率元器件，在没有较强的负荷振动条件下，使用厚度为 1.5mm 或 1.6mm（尺寸在 500mm×500mm 之内）的印制板；如果板面较大或无法支撑时，应选择 2～2.5mm 厚的印制板；对于小型电子产品中使用的印制板（如计算器、电子表和便携式仪表中用的印制板），可选用更薄一些的覆铜箔层压板来制造。如果板的尺寸过大或者板上的元器件过重，都应当适当增加板的厚度或者采取加固措施，否则电路板容易产生翘曲。当印制电路板对外通过插座连线时（如图 3-99 所示），插座槽的间隙一般为 1.5mm，板材过厚则插不进去，过薄容易造成接触不良。

印制板对外连接一般包括电源线、地线、板外元器件的引线、板与板之间连接线等。

导线焊接方式：

导线焊接是指用导线将印制电路板上的对外连接点与板外元器件或其他部件直接焊接，不需要任何接插件。其优点是成本低、可靠性高，避免了因接触不良而造成的故障。缺点是维修不方便。常用于对外连接较少的场合，如收录机、电视机、小型仪器等。

提示：

采用导线焊接方式时，应注意以下几点：

印制电路板的对外焊点应尽可能引至整板的边缘，并按一定尺寸排列，以利于焊接和维修，如图 3-100 所示。

为提高导线连接的机械强度，避免因导线受到拉扯将焊盘或印制线条拽掉，应该在印制板上焊点的附近钻孔，让导线从电路板的焊接面穿过通孔，再从元件面插入焊盘孔进行焊接，如图 3-101 所示。

将导线排列或捆扎整齐，通过线卡或其他紧固件将线与板固定，避免导线因移动而折断，如图 3-102 所示。

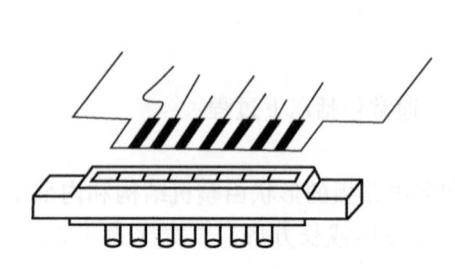

图 3-99 印制电路板经插座对外引线

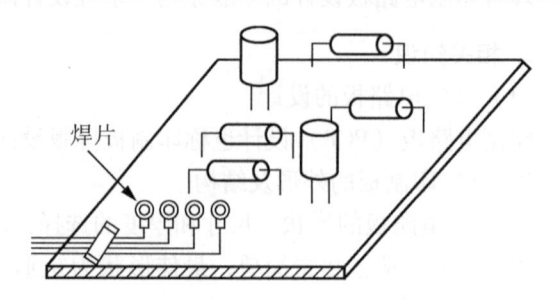

图 3-100 焊接式对外引线

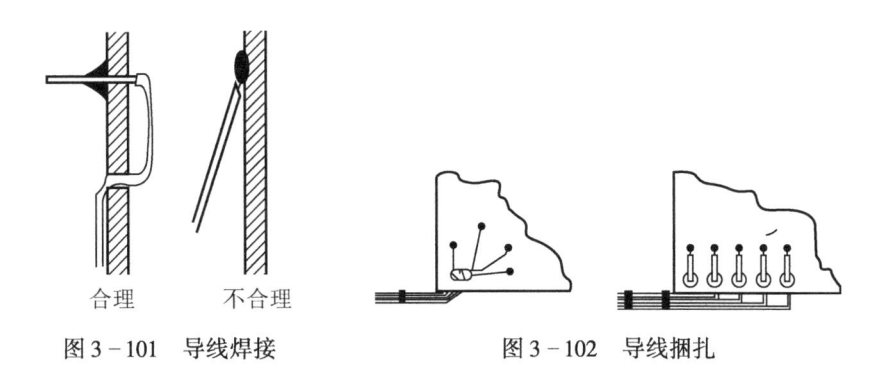

图 3-101　导线焊接　　　　　图 3-102　导线捆扎

② 印制电路板对外连接方式的选择：接插件连接是指通过插座将印制电路板上对外连接点与板外元器件进行连接。其优点是保证了产品批量生产的质量，降低了成本，调试维修方便；缺点是因接触点多，可靠性较差。常用在比较复杂的仪器设备中。

a. 印制板插座：插接件连接方式中。使用最多的是印制电路板插座形式，即把印制电路板的一端做成插头。插头部分按插座尺寸、接点数、接点距离、定位孔位置等进行设计。其优点是装配简单，维修方便。缺点是可靠性差，常因插头部分氧化或插座簧片老化等而接触不良。

b. 插针式接插件：插座可以装焊在印制板上，在小型仪器中用于印制板的对外连接。

c. 带状电缆接插件：扁平电缆由几十根并排黏合在一起，电缆插头将电缆两端连接起来，插座部分直接焊装在印制板上。电缆插头与电缆的连接不是焊接，而是靠压力使连接端上的刀口刺破电缆的绝缘层来实现电气连接。工艺简单可靠，适用于低电压、小电流的场合，不适合用在高频电路中。

③ 印制电路板固定方式的选择：印制电路板在整机中的固定方式有两种，一种是采用接插件连接方式固定；另一种是采用螺钉紧固（将印制板直接固定在机座或机壳上），这时要注意当基板厚度为 1.5mm 时，支承间距不超过 90mm；而厚度为 2mm 时，支承间距不超过 120mm。支承间距过大，抗震动冲击能力下降，影响整机的可靠性。

2）印制电路板的排版布局

所谓排版布局就是把电路图上所有的元器件都合理地安排到面积有限的印制板上。印制电路板排版设计评价标准是：不会带来干扰；装配维修方便；性能价格比佳；对外引线可靠；元件排列整齐；布局合理美观。

印制电路板的布局原则是：按信号走向布局；先设置特殊元件；避免电磁干扰；避免热干扰；考虑机械强度；方便操作。

① 优先考虑特殊元器件的位置。布局时应分析电路原理，首先决定特殊元器件的位置，然后再安排其他元器件，避免干扰。

a. 高频元件：高频元件之间的连线越短越好，设法减小连线的分布参数和相互之间的电磁干扰；易受干扰的元件不能离得太近；输入和输出元件应尽量远离。

b. 具有高电位差的元件：应适当加大具有高电位差元件和连线之间的距离，以免出现意外短路时损坏元件。为了避免爬电现象的发生，要求电位差大于 2000V 的铜膜线间距离应该大于 2mm。

如果相邻元器件的电位差较高，则应当保持安全距离，如图 3-103 所示，安全间隙一般不应小于0.5mm。一般环境中的间隙安全电压是200V/mm。为了保证调试维修时的安全，带有高电压的器件，应该尽量布置在调试时手不易触及的地方。

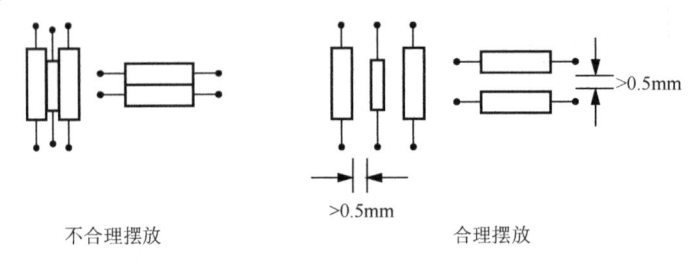

图3-103 具有高电位差的元件的安全间距

c. 重量太大的元件：大而重的元器件尽可能安置在印制板上靠近固定端的位置，并降低重心，以提高机械强度和抗震、耐冲击能力，以及减小印制板的负荷和变形。重量超过15g的元器件（如大型电解电容），应当用支架加以固定，然后焊接，如图3-104所示。那些又大又重、发热量多的元器件（如电源变压器），不宜装在印制板上，而应装在整机的机箱底板上，且应考虑散热问题。

d. 发热与热敏元件：发热量较大的元器件应加装散热器或小风扇，尽可能放置在有利于散热的位置以及靠近机壳处；大功率元器件（如功耗大的集成块、大或中功率管、电阻等），要布置在容易散热的地方，在水平方向应尽量靠印制电路板边沿布置，而在垂直方向要尽量靠上方布置，并与其他元件隔开一定距离；发热元件（如功放管、电源变压器、功率电阻器）应该远离热敏元件（晶体管）和怕热元件（电解电容、瓷片电容）。对温度敏感的元器件应尽量布置在温度最低的区域，远离发热元件，切忌安装在发热元器件上方。由于空气总是向阻力小的地方流动，因此元器件在印制电路板上应尽量均匀布置，不可某处空隙过大，而另一处却过于紧密。双面放置元件时，底层一般不放置发热元件。如图3-106所示。

e. 可以调节的元件：对于电位器、可调电感线圈、可变电容、微动开关等可调元件的布局应该考虑整机的结构要求，若是机内调节，应该放在电路板上容易调节的地方，若是机外调节，其位置要与调节旋钮在机箱面板上的位置相适应。

f. 显示元器件：显示用的数码管和发光二极管，要放置在印制板的边缘处，方便观察。如图3-105所示。

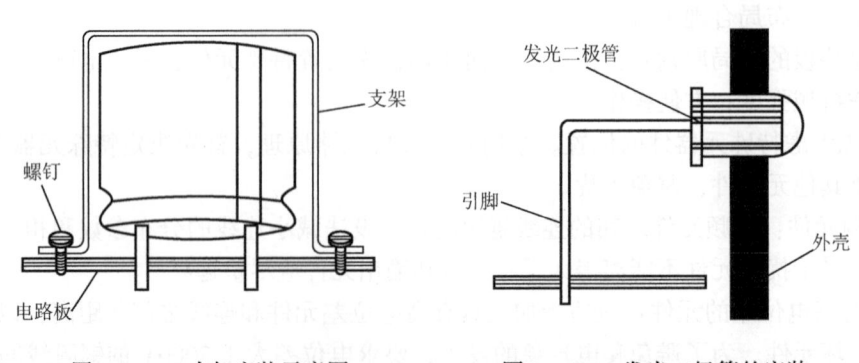

图3-104 支架安装示意图　　图3-105 发光二极管的安装

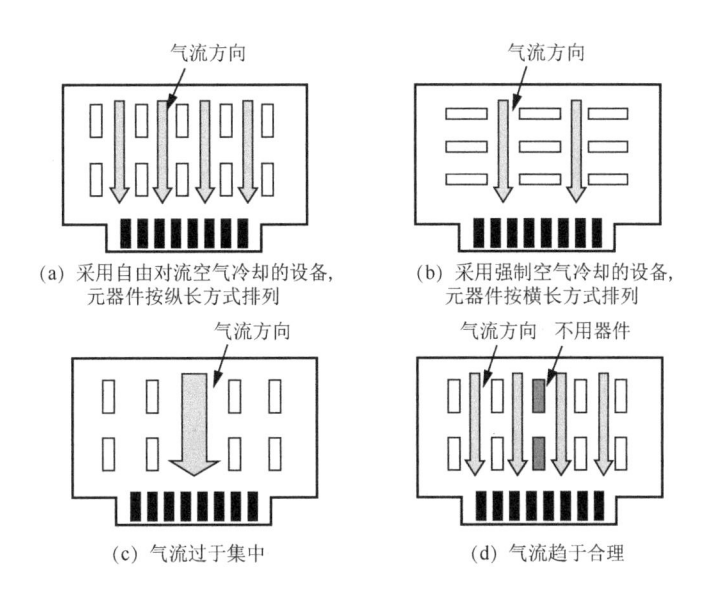

(a) 采用自由对流空气冷却的设备，元器件按纵长方式排列

(b) 采用强制空气冷却的设备，元器件按横长方式排列

(c) 气流过于集中

(d) 气流趋于合理

图 3-106 元器件板面的散热设计

- 电路板安装孔和支架孔：应该预留出电路板的安装孔和支架的安装孔，因为这些孔和孔附近是不能布线的。
- 电源插座：电源插座要尽量布置在印制板的四周，要有利于插座、连接器的焊接及电源线缆设计和扎线，电源插座及连接器的布置间距应考虑方便电源插头的插拔。

② 按照信号走向布局原则。如果没有特殊要求，尽可能按照原理图的元件安排对元件进行布局，信号从左边输入、从右边输出，从上边输入、从下边输出，与输入、输出端直接相连的元件应当放在靠近输入、输出、接插件或连接器的地方。按电路模块（实现同一功能的相关电路称为一个模块）进行布局，也就是以每个功能电路的核心元件为中心，围绕它来进行布局。例如先考虑以三极管、集成电路为中心的单元电路所在位置，将其外围元器件尽量安排在周围，如图 3-107 所示。电路模块中的元件应采用就近集中原则，同时数字电路和模拟电路分开，按照电路流程，安排各个功能电路单元的位置，使信号流通更加顺畅和保持方向一致。元件安排应该均匀、整齐、紧凑，减少和缩短各个元件之间的引线和连接。

③ 注意元件离电路板边缘的距离。所有元件离板边缘的距离均应不小于 3mm，或者至少距电路板边缘的距离等于板厚，这是由于在大批量生产中进行流水线插件和进行波峰焊时，导轨槽使用，预留一定距离也可防止由于外形加工引起电路板边缘破损，引起铜膜线断裂导致产品报废。如果电路板上元件过多时，可以在电路板边缘再加上 3mm 宽的辅边，在辅边上开 V 形槽，在生产时用手掰开。贴装元件焊盘的外侧与相邻插装元件的外侧距离大于 2mm。

④ 避免电磁干扰。集成电路的去耦电容要尽量就近安放；高频元器件为减小分布参数，一般就近安放（不规则排列），一般电路（低频电路）应按规则排列，便于焊接；变压器、电感、高压导线等磁场较强的元器件必须保留适当的空间或采取屏蔽措施避免形成干扰。

(a) 两级放大电路　　　　　　　　　(b) 直线排列方式

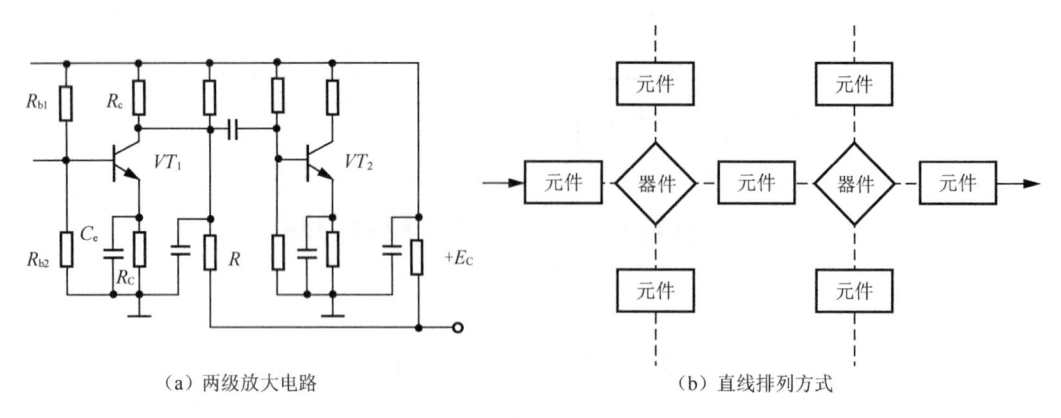

图 3-107　两级放大电路的布局

提示:

> 印制电路板散热设计的基本原则是：有利于散热，远离热源。具体措施如下：
> 热源外置。发热元件放置在机壳外部。
> 热源单置。发热元件单独设计一个功能单元，置于机内板边缘容易散热的位置，必要时强制通风，如计算机的电源部分。
> 热源高置。热元件切忌贴板安装。

⑤ 合理配制元器件。所有 IC 元件单边对齐，同一板上有极性的器件极性标示方向尽量保持一致，并且极性标示不得多于两个方向，出现两个方向时，两个方向互相垂直；板面布线应疏密得当，当疏密差别太大时应以网状铜箔填充，网格大于 8mil（或 0.2mm）；卧装电阻、电感（插件）、电解电容等元件的下方避免布过孔，以免波峰焊后过孔与元件壳体短路。

⑥ 元器件的排列如图 3-108 所示。

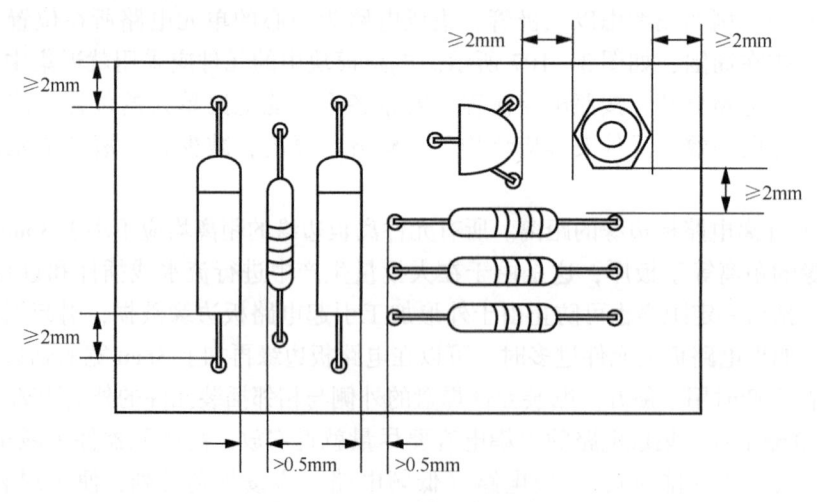

图 3-108　元器件的标准排列

● 元器件在整个板面上的排列要均匀、整齐、紧凑。单元电路之间的引线要尽可能短，引出线的数目尽可能少。

- 元器件不要占满整个板面，元器件的引线焊盘与印制电路板的边缘的距离必须大于等于2mm。
- 元器件的布设不得立体交叉和重叠上下交叉，避免元器件外壳相碰；元器件的外壳至其他元器件的引线焊盘的距离必须大于等于2mm（图3-109）。
- 相邻电子元器件的外壳间距必须大于0.5mm，若是带有200V高压的元器件，相邻间距不得小于1mm。高电位的元件应排列在横轴方向上，低电位的元件应排列在纵轴方向上。
- 机械固定用的垫圈等零件与元器件的引线焊盘之间的距离必须不小于2mm。

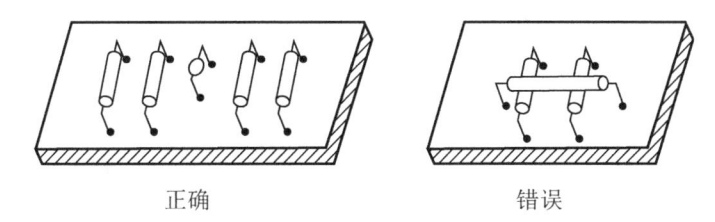

正确　　　　　　错误

图3-109　元器件的布设不得立体交叉和重叠上下交叉

3）布线设计

① 布线规则：
- 印制导线应尽可能短，能走直线的就不要绕弯。
- 走线平滑自然，间距能一致的尽量一致，避免急拐弯和尖角出现。布线时尽可能避免成环或减小环形面积（图3-110）。

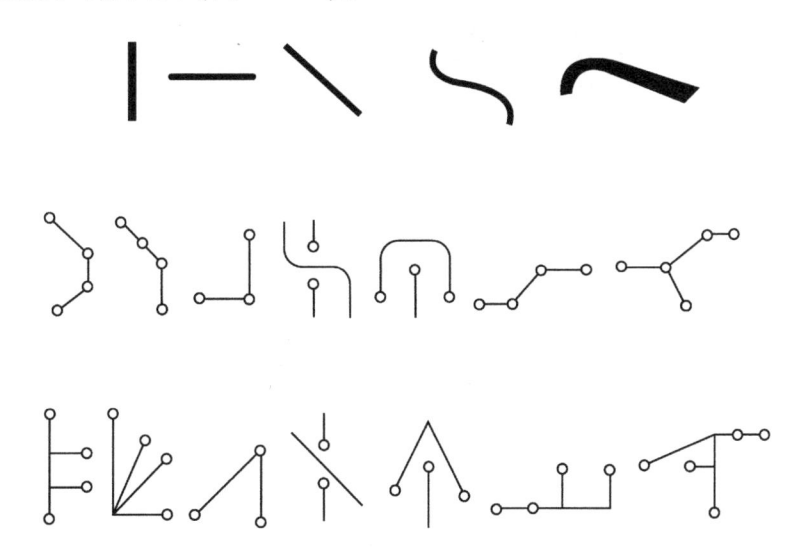

图3-110　印制导线的形状

- 多级电路为防止局部电流而产生阻抗干扰，各级电路应在一点接地（或尽量集中接地）；高频电路（30MHz以上）常采用大面积接地，这时各级的内部元件也应集中一小块区域接地。印制板上大面积铜箔应镂空成栅状，导线宽度超过3mm时中间留槽，以利于印制板涂覆铅锡及波峰焊（图3-111）。
- 电路中数字地和模拟地要分开，然后在一点接地，以防形成地回路。易受干扰器件和线路可用地线包围。
- 导线间避免近距离平行走长线，这样寄生耦合较大。双面印制线避免平行，最好垂直或斜交。导线与印制板的边缘应留有一定距离。
- 一般将电源线、地线布置在印制板的最边缘，便于与机架（地）相连接。电源线和地线靠近，尽量减小围出的面积，以降低电磁干扰。公共地线应尽可能多地保留铜箔。注意电源线与地线应尽可能设计成放射状，信号线不能出现回环走线。
- 输入输出线最好远离，中间可用地线隔开。
- 距 PCB 板边 ≤1mm 的区域内，以及距安装孔 1mm 区域内，禁止布线。

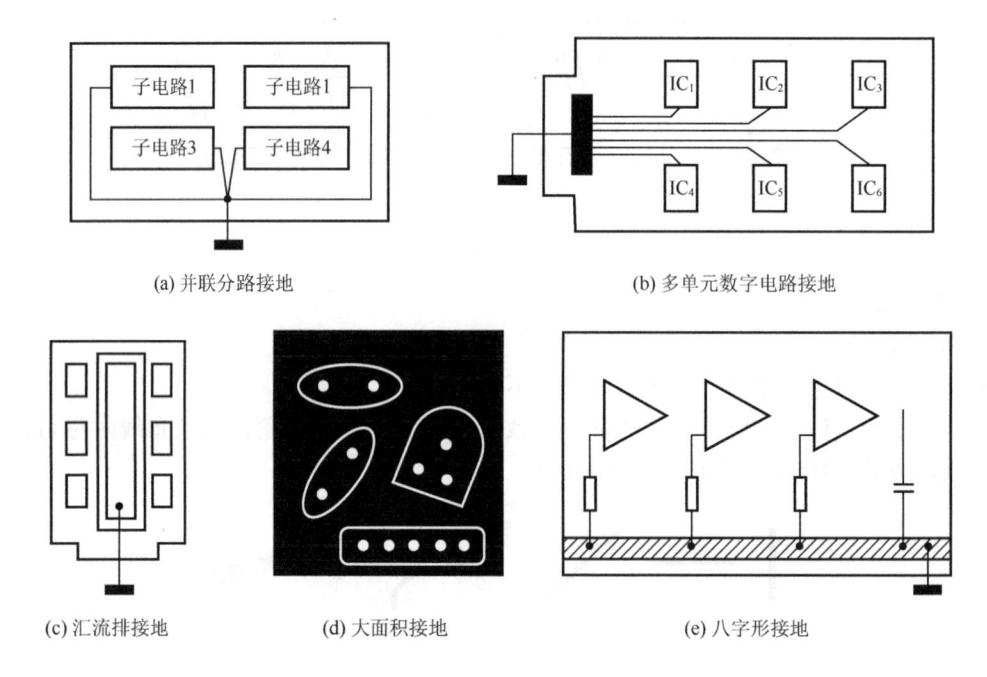

(a) 并联分路接地　　(b) 多单元数字电路接地

(c) 汇流排接地　　(d) 大面积接地　　(e) 八字形接地

图 3-111　板内地线布局方式

② 印制导线的宽度。通常地线宽度 > 电源线宽度 > 信号线宽度。导线的宽度与印制电路板铜箔厚度和导线通过的电流大小有关，如表 3-24 所示。PCB 线宽和电流关系公式：

$$I = K \times T^{0.44} \times A^{0.75}$$

其中 K 为修正系数，一般覆铜线在内层时取 0.024，在外层时取 0.048；A 为覆铜截面积，单位为 mil^2（平方毫英寸），I 为允许的最大电流，单位为安培。也可以使用经验公式计算：$0.15 \times$ 线宽 $(W) = A$，以上数据均为温度在 25℃ 下的线路电流承载值。一般情况下（印制板上的铜箔厚度多为 0.05mm），宽度为 1~1.5mm 左右的导线就可以满足电路的需要。对于集成电路的信号线，导线宽度可以选 0.25~1mm；对于电流、地线、大电流的信号线，电源、地线宽度可以放宽到 4~5mm，甚至更宽，只要印制板面积及线条密度允许，就应尽可能采用较宽的导线。

表 3-24 PCB 设计铜箔厚度、线宽和电流关系表

铜厚/35μm		铜厚/50μm		铜厚/70μm	
电流（A）	线宽（mm）	电流（A）	线宽（mm）	电流（A）	线宽（mm）
4.5	2.5	5.1	2.5	6	2.5
4	2	4.3	2.5	5.1	2
3.2	1.5	3.5	1.5	4.2	1.5
2.7	1.2	3	1.2	3.6	1.2
3.2	1	2.6	1	2.3	1
2	0.8	2.4	0.8	2.8	0.8
1.6	0.6	1.9	0.6	2.3	0.6
1.35	0.5	1.7	0.5	2	0.5
1.1	0.4	1.35	0.4	1.7	0.4
0.8	0.3	1.1	0.3	1.3	0.3
0.55	0.2	0.7	0.2	0.9	0.2
0.2	0.15	0.5	0.15	0.7	0.15

③ 印制导线的间距。确定导线的间距应当考虑导线之间的绝缘电阻和击穿电压在最坏的工作条件下的要求。印制导线越短，间距越大，绝缘电阻按比例增加。导线之间间距在 1.5mm 时，绝缘电阻超过 10MΩ，允许的工作电压可达 300V 以上；间距为 1mm 时，允许电压为 200V。一般设计中，间距电压的安全参考值如表 3-25 所示。

表 3-25 导线间距最大允许工作电压

导线间距（mm）	0.5	1	1.5	2	3
工作电压（V）	100	200	300	500	700

为了保证产品的可靠性，印制导线间距应尽可能不小于 1mm。

4）确定焊盘（PAD）与过孔（VIA）的形状和尺寸

① 确定焊盘内径。焊盘是焊接元件的地方，元件的一根引线只能对应一个焊盘，不允许一个焊盘焊接多个元件引线。焊盘的内孔直径优先采用 0.5mm、0.8mm、1.0mm、1.2mm。焊盘孔径要比所插入元件引线直径略大些，但不要过大。否则，焊锡易从引线孔中流过而损坏被焊元件，或由于元件的活动容易造成虚焊。PCB 板上设计的元件安装孔径应比元件管脚的实际尺寸大 0.2~0.4mm 左右。通常情况下以金属引脚直径加上 0.2mm 作为焊盘的内孔直径。例如，电阻的金属引脚直径为 0.5mm，则焊盘孔直径为 0.7mm。

② 确定焊盘外径和焊盘形状。焊盘外径的大小主要由所焊接元件的载流量和机械强度等因素所决定，焊盘外径通常为焊盘孔径加 1.2mm。一般单面板焊盘外径应大于内径 1.5mm 以上，双面板大于 1.0mm，高密度精密板大于 0.5mm。焊盘不宜过小，太小则极易在焊接中脱落。圆形焊盘，其外径一般为 2~3 倍孔径，当焊盘直径为 1.5mm 时，为了增加焊盘的抗剥

离强度，可采用方形焊盘。如图 3-112 所示。

表 3-26　常用的焊盘尺寸

焊盘孔直径（mm）	0.4	0.5	0.6	0.8	1.0	1.2	1.6	2.0
焊盘外径（mm）	1.5	1.5	2.0	2.0	2.5	3.0	3.5	4

③ 引线孔和过孔孔径的确定。引线孔有电气连接和机械固定双重作用，引线孔既不能过大，也不能过小。过大容易使焊锡从引线孔流过而损坏元件，或形成气孔造成焊接缺陷；过小则带来安装困难，焊锡不能润湿金属孔。引线孔径应比元器件引线直径大 0.2~0.4mm。

(a)圆形　　(b)方形　　(c)矩形

图 3-112　焊盘形状

过孔作用是连接不同层面之间的电气连线。一般电路过孔直径可取 0.6~0.8mm，高密度板可减小到 0.4mm，尺寸越小则布线密度越高，过孔的最小极限受制板厂技术设备条件的制约。

④ 安装孔孔径的确定。安装孔用于在印制板上固定大型元器件，或将印制板固定在机壳内部的安装支架上，安装孔根据实际需要选取，优先选择 2.2、3.0、3.5、4.0、4.5、5.0、6.0mm。

⑤ 确定定位孔。定位孔是印制板加工和检测定位用的。一般采用三孔定位方式，孔径根据装配工艺确定。

印制电路板设计通常有两种方式：一种是人工设计，另一种是计算机辅助设计（CAD）；无论采取哪种方式，都必须符合原理图的电气连接和电气、机械性能的要求。

(2) 印制电路板的制作

目前，大批量生产印制电路板普遍采用丝网漏印和感光晒板法制作印制电路板。除此之外还有其他制作印制板的方法，如快速计算机雕刻法，直接将计算机设计好的图形输入雕刻机，直接在覆铜板上钻孔、雕刻导电图形、加工外形及异形槽孔等，再经孔金属化、镀铅锡合金等工序即可获得高质量印制板。这种方法制板周期短，仅几小时即可完成。这里介绍印制电路板的简易制板法和小型工业制板法。

1) 印制电路板的简易制板法

① 选取板材。根据电路的电气功能和使用的环境条件选取合适的印制板材质；依据印制板上印制导线的宽窄和通过电流的大小以及相邻元器件、导线之间的电压差的高低确定铜箔厚度，一般选用 35μm 和 50μm 厚的；根据设备的具体要求选择印制板的板材的厚度，通用电子设备一般选用 1.5mm 的最多，若印制板上有比较重的元器件或电路板尺寸较大的可选用板材相对厚一些的印制板。

② 裁板。按设计的印制板的实际尺寸剪裁覆铜板，并用平板锉刀或纱布将四周打磨平整、光滑，去除毛刺。

③ 清洁板面。将准备加工的覆铜板的铜箔面先用水磨砂纸打磨几下,去除表面的污物,然后加水用布将板面擦亮,最后用干布擦干净。

④ 打印印制板线路图形。用激光打印机将设计好的线路图形打印到热转印纸上。

⑤ 图形转印。用热转印机将印制板的图形转印到覆铜板上。

⑥ 腐蚀电路板。将转印好电路图形的电路板放入盛有三氯化铁腐蚀液的容器中,腐蚀铜箔的三氯化铁的浓度一般为28%~42%,其中浓度为34%~38%时,腐蚀效果最好。时间约15分钟。

提示:

注意:腐蚀过程中要有人看管,注意时间不能过长,待板面上的没有用的部分全部腐蚀掉,立即将电路板从腐蚀液中取出。

⑦ 清水冲洗。从腐蚀液中取出腐蚀好的电路板应立即用清水冲洗干净。否则残存的腐蚀液会使铜箔连线旁出现毛刺和黄色沉淀物。冲洗用的清水最好是流动的。冲洗干净后将电路板擦干。

⑧ 除去保护层。用沾有稀料或丙酮的棉球擦掉保护漆,这时铜箔电路就显露出来了,之后一定要再用清水冲洗干净,以免化学药物对人皮肤产生伤害。

提示:

倘若没有稀料或丙酮也可用钢丝球洗刷电路板将保护层去掉。

⑨ 修板。将腐蚀好的电路板再次与原图对照,用刻刀修整导电条的边缘和焊盘,使导电条边缘平滑无毛刺,焊点圆润。

⑩ 钻孔。按图纸所标尺寸钻孔,孔必须钻正。

提示:

① 孔一定要钻在焊盘的中心,且垂直板面。
② 钻孔时,一定要使钻出的孔光洁、无毛刺。
③ 为达到前述要求,钻头要磨得快,元件孔在直径2mm以下的,还须采用高速台钻(4000转/分以上)钻孔。对于直径在3mm以上的孔,转速可相应放低些。

2)双面板小型工业制板法。

工业制板可分为六大工艺板块:PCB设计、底片制作、金属过孔、线路制作、阻焊制作、字符制作。其制作工艺流程如下:

底片制作→裁板→钻孔→抛光→金属化孔→镀铜→湿膜→烘干→曝光→显影→镀锡→去膜→腐蚀→阻焊层制作→字符层制作。

① 底片制作。可采用CAD光绘法或照相法获得符合质量要求的1:1的底图胶片(也叫原版底片)。

CAD光绘法工艺过程:软件剪裁→曝光→显影→定影→水洗→干燥→修板。

② 裁板。板材准备又称下料,在PCB板制作前,应根据设计好的PCB图大小来确定所需PCB板基的尺寸规格。

③ 钻孔。钻孔有手工钻孔和雕刻机钻孔两种方法。前面简易制板法介绍的是手工钻孔,

而雕刻机能根据 Protel 生成的 PCB 文件自动识别钻孔数据，并快速、精确地完成终点定位、钻孔等任务。

④ 板材抛光。板材抛光的作用是去除覆铜板金属表面氧化物及油污，进行表面抛光处理。

⑤ 金属化孔。金属化孔是利用氧化还原反应，把铜沉积在两面导线或焊盘的孔壁上，使原来非金属化的孔壁金属化。金属化后的孔称为金属化孔。这是解决双面板两面的导线或焊盘连通的必要措施。金属化孔被广泛应用于有通孔的双层或多层电路板中，其目的是使孔壁上非导体部分（树脂及玻纤）金属化，以进行后续的电镀铜工序。

金属化孔的工艺过程：钻孔→抛光→金属化孔→镀铜。

⑥ 线路制作。线路制作可将底片上的电路图像转移到覆铜板上，线路图形用电镀锡保护，经后续去膜腐蚀即可完成线路制作。

线路制作的工艺过程：

用湿膜法刷线路油墨→烘干→曝光→显影→水洗→烘干→镀锡→水洗→去膜→水洗→腐蚀。

⑦ 阻焊层制作。阻焊油墨适用于双面电路板。其制作方法与线路制作方法相似，但湿膜漏印的是绿色的阻焊油墨。

阻焊层制作过程：刷阻焊油墨（阻焊油墨中加固化剂，增强固化能力）→烘干→曝光→显影→水洗→烘干固化。

⑧ 字符层制作。字符层制作方法与线路制作方法相似，但湿膜漏印的是白色的字符油墨。

字符层制作过程：刷文字油墨→烘干→显影→固化。

提示：

> 湿膜法：采用丝网漏印法在印制板上粘附一层感光油墨。也就是将感光油墨倒在固定丝网的框内，将丝网板放置在覆铜板上方，用橡皮板刮压油墨，将丝网板上的油墨漏印到覆铜板上，漏印后的线路油墨板要烘干。
>
> 线路曝光：曝光是以对孔的方式，在线路油墨板上进行曝光，被曝光油墨与光线发生反应后，经显影后可呈现图形。这样，经光源作用将原始底片上的图像转移到电路板上。
>
> 线路显影：显影是将没有曝光的湿膜层部分除去得到所需电路图形的过程。
>
> 电镀锡：化学电镀锡主要是在电路板线路部分镀上一层锡，用来保护电路板线路部分不被蚀刻液腐蚀，同时增强电路板的可焊接性。镀锡与镀铜原理一样，只不过镀铜是整板镀铜，而镀锡是线路部分镀锡。
>
> 去膜：蚀刻前需要把电路板上所有的膜清洗掉，露出非线路铜层。
>
> 腐蚀：腐蚀是以化学方法将覆铜板上多余铜箔除去，使之形成所需要电路图形。

实践训练——设计并制作印制电路板

工作任务：利用 Protel 软件绘制如图 3-8 所示晶闸管调光电路的原理图，并设计印制电路板 PCB 图，制作出装配用的 PCB 电路板。要求如下：

① 元件布局要整齐、美观、方便操作。

② 电位器要摆放在板子边缘便于调节的位置。
③ 注意元件封装引脚的极性,要做到元件实物、元件电气符号、元件封装三对照。
④ 一般元件的焊盘设置为内径1mm,外径2.5mm的圆形焊盘,其他元件焊盘根据引脚实际尺寸设置。
⑤ 信号线宽设置为1mm,电源线线宽设置为2mm,地线线宽设置为3mm。
⑥ 满足基本的布线规则要求。

任务五　装配晶闸管调光灯电路

1. 任务要求

通过手工装配晶闸管调光灯电路,了解印制电路板组装的工艺流程和插装形式,掌握元器件插装的技术要求和插装方法;掌握锡铅焊接的基本知识,掌握焊接和拆焊的工艺技能,掌握电子产品线路基板的调试方法。

2. 相关知识

(1) 印制电路板上元器件的插装

插装元器件就是根据工艺设计文件和工艺规程的要求,将电子元器件按一定方向和次序插装到印制电路板规定的位置上,并用紧固件或锡焊等方法将其固定的过程。

1) 印制电路板组装工艺流程(图3-113)

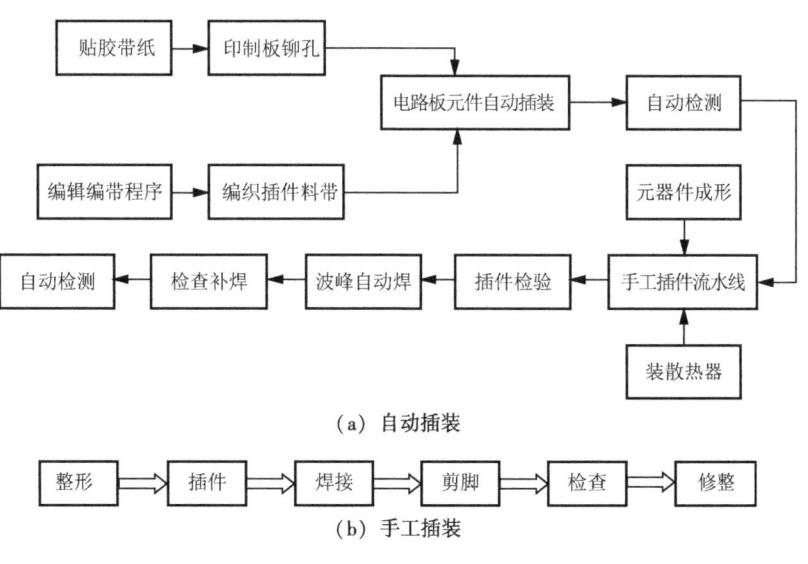

(a) 自动插装

(b) 手工插装

图3-113　工艺流程

2) 元器件的插装形式

插装形式可分为立式插装、卧式插装、倒立插装、横向插装和嵌入插装,如图3-114所示。

① 卧式插装。将元器件紧贴印制电路板的板面水平放置,这样做的好处是稳定性好,较牢固。在单面印制板上卧式装配时,小功率元器件总是平行地紧贴板面;在双面板上,元器件则可以离开板面约1~2mm,避免因元器件发热而减弱铜箔对基板的附着力,并防止元器件的裸露部分同印制导线短路。功率小于1W的元器件、中周、线圈、集成电路、各种插座

可贴近印制电路板板面插装，而塑料导线，外塑料层紧贴板面安装；功率较大的元器件应距离印制电路板 2mm 或插到台阶处，以利于元器件散热。电阻、二极管、双列直插及扁平封装集成电路多采用卧式插装方式。

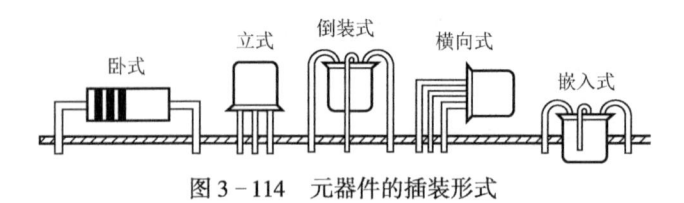

图 3-114 元器件的插装形式

② 立式插装。立式插装是将元器件垂直插入印制电路板。具有插装密度大，占用印制电路板的面积小，拆卸方便等优点，多用于小型印制板插装元器件较多的情况。半导体三极管、电容器、晶体振荡器和单列直插集成电路多采用立式插装方式。

③ 横向式插装。先将元器件垂直插入，然后再沿水平方向弯曲，对于大型元器件要采用胶粘、捆扎等措施以保证有足够的机械强度，适用于在元器件插装中对组件有一定高度限制的情况。

④ 倒立插装与嵌入插装。将元器件倒立或嵌入置于印制电路板上。为提高元器件安装的可靠性，常在元件与嵌入孔间涂上胶粘剂，该方式可提高元器件的抗震能力，降低插装高度。

3）元器件插装的技术要求

① 插件前核对元器件型号、规格，并对元器件预成形。

② 将已检验合格的元器件按不同品种、规格装入元件盒或纸盒内，并整齐有序地放置在工位插件板的前方位置，然后严格按照工位的前上方悬挂的工艺卡片操作。

③ 元器件的插装应遵循先小后大、先轻后重、先低后高、先里后外、先一般元器件后特殊元器件的基本原则。

提示：

- 如果是手工插装、焊接，应该先安装那些需要机械固定的元器件，如功率器件的散热器、支架、卡子等，然后再安装靠焊接固定的元器件。否则，就会在机械紧固时，使印制板受力变形而损坏其他已经安装的元器件。
- 如果是自动机械设备插装、焊接，就应该先安装那些高度较低的元器件，例如电路的"跳线"、电阻一类元件，后安装那些高度较高的元器件，例如轴向（立式）插装的电容器、晶体管等元器件，对于贵重的关键元器件，例如大规模集成电路和大功率器件，应该放到最后插装。安装散热器、支架、卡子等，要靠近焊接工序，这样不仅可以避免先装的元器件妨碍插装后装的元器件，还有利于避免因为传送系统振动丢失贵重元器件。

④ 元器件在印刷板上的分布应尽量均匀，疏密一致，排列整齐美观。不允许斜排、立体交叉和重叠排列。

提示：

1. 应该尽量使元器件的标记（用色码或字符标注的数值、精度等）朝上或朝着易于辨认的方向，并注意标记的读数方向一致（从左到右或从上到下），这样有利于检验人员直观检查。

2. 立式安装的色环电阻应该高度一致，最好让起始色环向上以便检查安装错误，上端的引线不要留得太长以免与其他元器件短路。

⑤ 同一规格的元器件应尽量安装在同一高度上。有极性元器件（晶体管、电解电容、集成电路）极性方向不能插反。

提示：

1. 立式装配的元器件机械性能较差，抗震能力弱，如果元器件倾斜，就有可能接触临近的元器件而造成短路。为使引线相互隔离，往往采用元器件引线加绝缘套管的方法，如图3-115所示，以增加电气绝缘性能、元器件的机械强度等。

2. 在同一个电子产品中，元器件各条引线所加套管的颜色应该一致，便于区别不同的电极。因为这种装配方式需要手工操作，除了那些成本非常低廉的民用小产品之外，在档次较高的电子产品中不会采用。

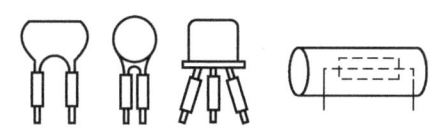

图3-115 引线加绝缘套管的方法

⑥ 为了保证整机用电安全，插件时须注意保持元器件间的最小放电距离，插装的元器件不能有严重歪斜，以防止元器件之间因接触而引起的各种短路和高压放电现象，一般元器件安装高度和倾斜范围如图3-116所示（单位：mm）。

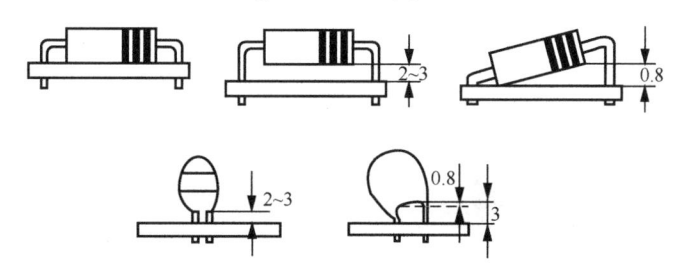

图3-116 一般元器件的安装高度和倾斜规范

⑦ 插装玻璃壳体的二极管时，最好先将引线绕1~2圈，形成螺旋形以增加留线长度，如图3-117所示，不宜紧靠引线根部弯折，以免二极管受力破裂损坏。

⑧ 印制电路板插装元器件后，元器件的引线穿过焊盘应保留一定长度，一般应多于2mm。为使元器件在焊接过程中不浮起和脱落，同时又便于拆焊，引线弯的角度最好在45°~60°之间，如图3-118所示。

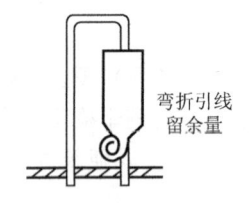

图 3-117 玻璃壳二极管的插装　　图 3-118 元器件引线穿过焊盘后的成形

⑨ 插装元器件要戴手套,尤其对易氧化、易生锈的金属元器件,以防止汗渍对元器件的腐蚀。

提示：

> 常见插装不良现象有：
> - 插错和漏插：由于人为的误插及来料中有混料造成插入印制板的元器件规格、型号、标称值、极性等与工艺文件不符。
> - 歪斜不正：一般是指元器件歪斜度超过了规定值,如图 3-119 (a) 所示。歪斜不正的元器件会造成引线互碰而短路,还会因两脚受力不均,在震动后产生焊点脱落、铜箔断裂的现象。
> - 过深或浮起：插入过深,使元器件根部漆膜穿过印制板,造成虚焊；插入过浅,使引线未穿过安装孔,而造成元器件脱落。

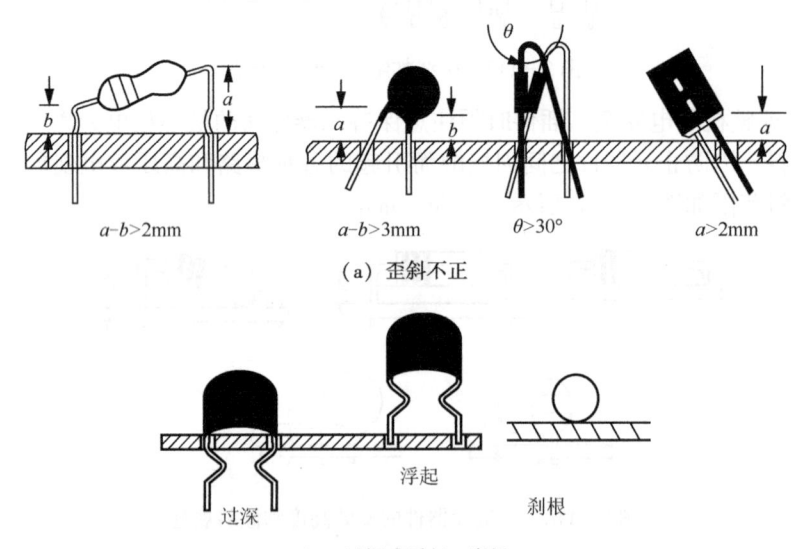

$a-b>2mm$　　$a-b>3mm$　　$\theta>30°$　　$a>2mm$

（a）歪斜不正

过深　　浮起　　剃根

（b）过深或浮起、剃根

图 3-119 不良现象

为了保证电路板插装质量,必须加强流水线的工艺管理。在插件流水线的最后设置检验工序,检查印制电路板组装元器件有无错插、漏插,电解电容的极性插装是否正确,插入件有无隆起、歪斜等现象,并及时纠正。

4）特殊元器件的插装方法及要求

在电子元器件插装过程中,对一些体积、质量较大的元器件和集成电路,要应用不同的工艺方法以提高插装质量和改善电路性能。如图 3-120 ~ 图 3-122 所示。

① 发热元件要与印刷板面保持一定的距离，不允许贴面安装，较大元器件的安装应采取固定（绑扎、粘、支架固定等）措施。大功率三极管、电源变压器、彩色电视机高压包等大型元器件，其插装孔一般要用铜铆钉加固；体积、质量都较大的电解电容器，因其引线强度不够，在插装时，除用铜铆钉加固外，还应用黄色树酯硅胶将其底部粘在印制电路板上。

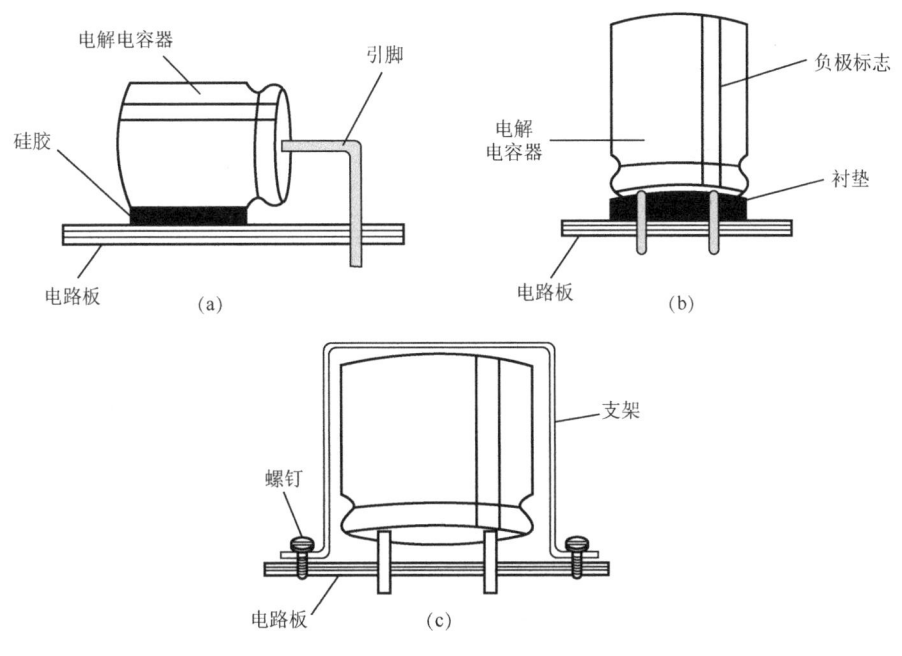

图 3-120 大容量的电解电容器的安装

大功率的三极管、功放集成电路等在工作过程中发出热量而产生较高的温度，要采取散热措施，加装散热片（铝合金材料制成），保证元器件和电路能在允许的温度范围内正常工作。安装时，既要保证绝缘的要求，又不能影响散热的效果，即导热而不导电。如果工作温度较高，应该使用云母垫片；低于100℃时，可以采用没有破损的聚酯薄膜作为垫片，并且在器件和散热器之间涂抹导热硅脂，能够降低热阻、改善传热的效果。穿过散热器和机壳的螺钉也要套上绝缘管。

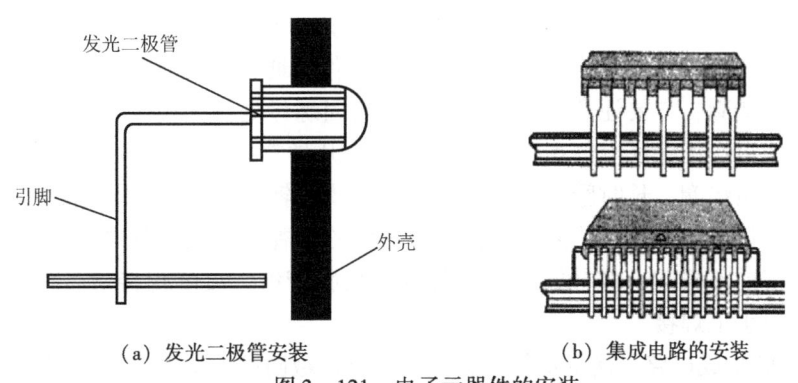

(a) 发光二极管安装　　　　(b) 集成电路的安装

图 3-121 电子元器件的安装

(a) 电容器

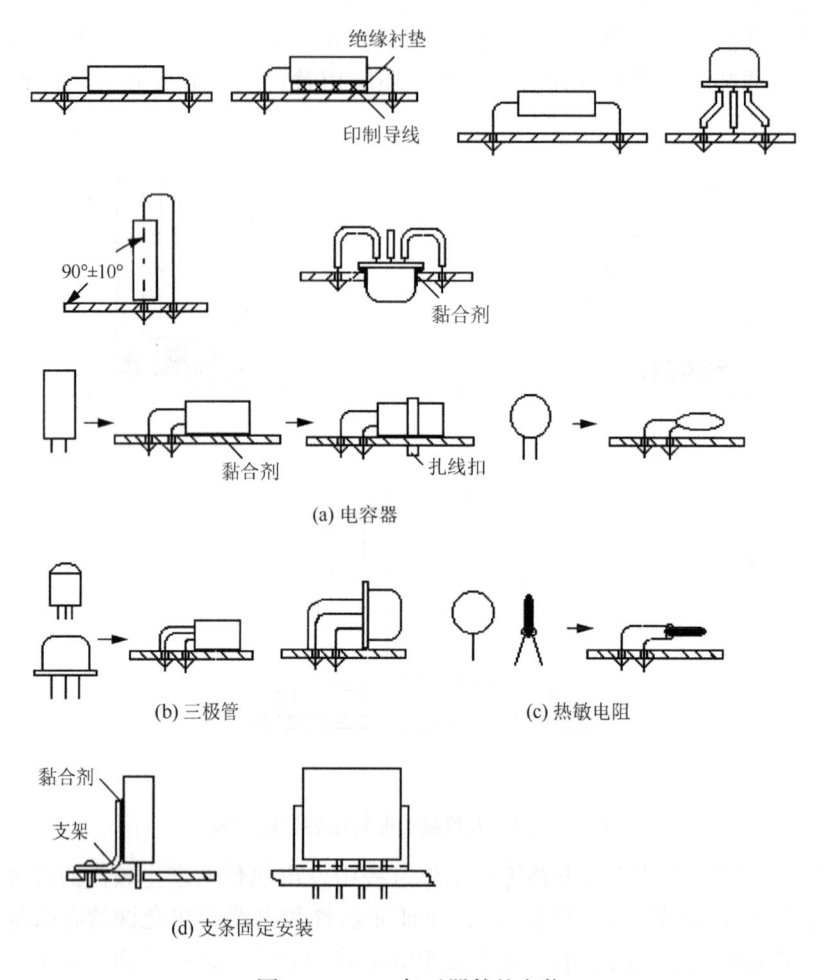

(b) 三极管　　　　　　　　(c) 热敏电阻

(d) 支条固定安装

图 3-122　一般元器件的安装

② 显示用的数码管和发光二极管，要放置在印制板的边缘处，方便观察。

③ 中频变压器、输入输出变压器带有固有插脚，在插装时，将脚压倒并锡焊固定。较大的电源变压器则采用螺钉固定，并加弹簧垫圈防止螺母、螺钉松动。

④ 面板上调节控制所用电位器、波段开关、接插件等通常都是螺纹安装结构。安装时一要选用合适的防松垫圈，二要注意保护面板，防止紧固螺母划伤面板。安装中，靠紧固螺钉以及弹簧垫圈的止退作用保证电气连接。图 3-123 为几种常见面板元器件的安装方法。如果安装时忘记装上弹簧垫圈，长时间工作的振动会使螺母逐渐松动，导致连接发生问题。

一些开关、电位器等元器件，为了防止助焊剂中的松香浸入元器件内部的触点而影响使用性能，在波峰焊前不插装，在插装部位的焊盘上贴胶带纸。波峰焊接后，再撕下胶带纸，插装元器件，进行手工焊接。

⑤ 插装 CMOS 集成电路、场效应管时，操作人员须戴防静电腕套。已经插装好这类元器件的印制电路板，应在接地良好的流水线上传递，以防止元器件被静电击穿。

⑥ 插装集成块时应弄清引线脚排列顺序，并与插孔位置对准，用力要均匀，不要倾斜，

以防止引线折断或偏斜。

⑦ 电源变压器、伴音中放集成块、高频头、遥控红外接收器等需要屏蔽的元器件，屏蔽装置应良好接地。

5) 几种元器件的安装

① 开关、插座、电位器的安装如图3-123所示。

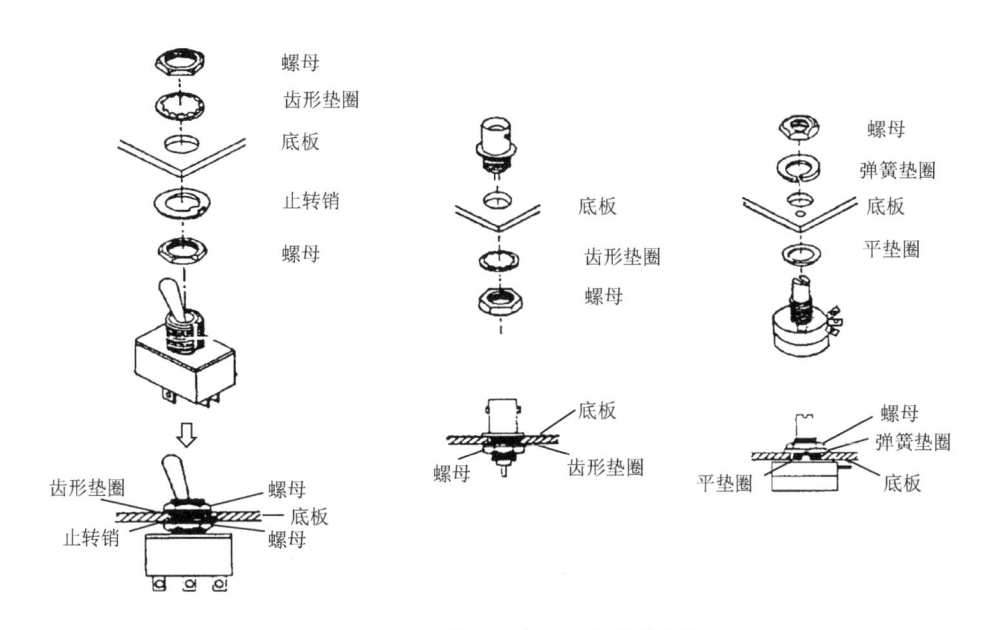

图3-123 开关、插座、电位器的安装

② 散热器的安装如图3-124所示。

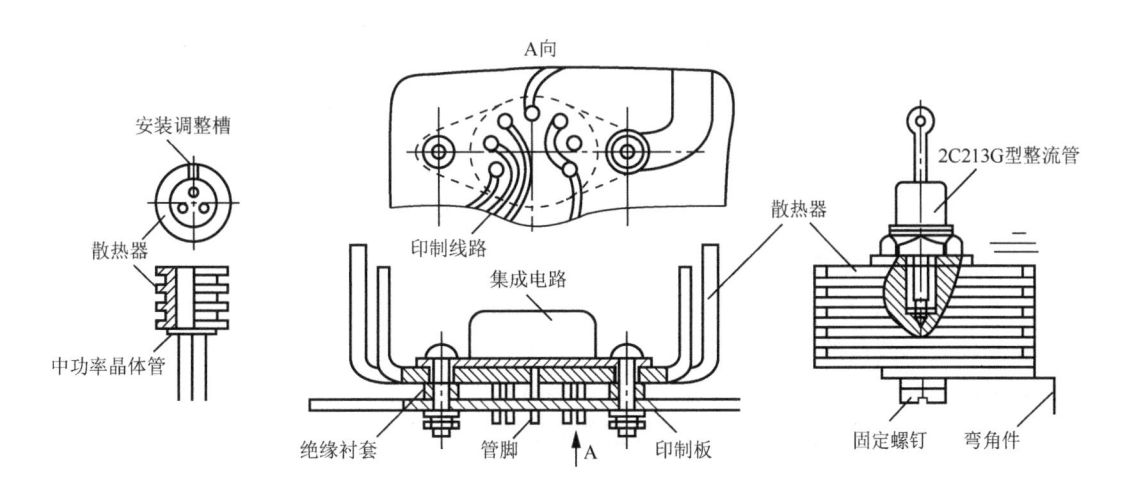

图3-124 散热器的安装

③ 大功率晶体管及集成电路器件的安装如图3-125所示。

(a) 大功率晶体管

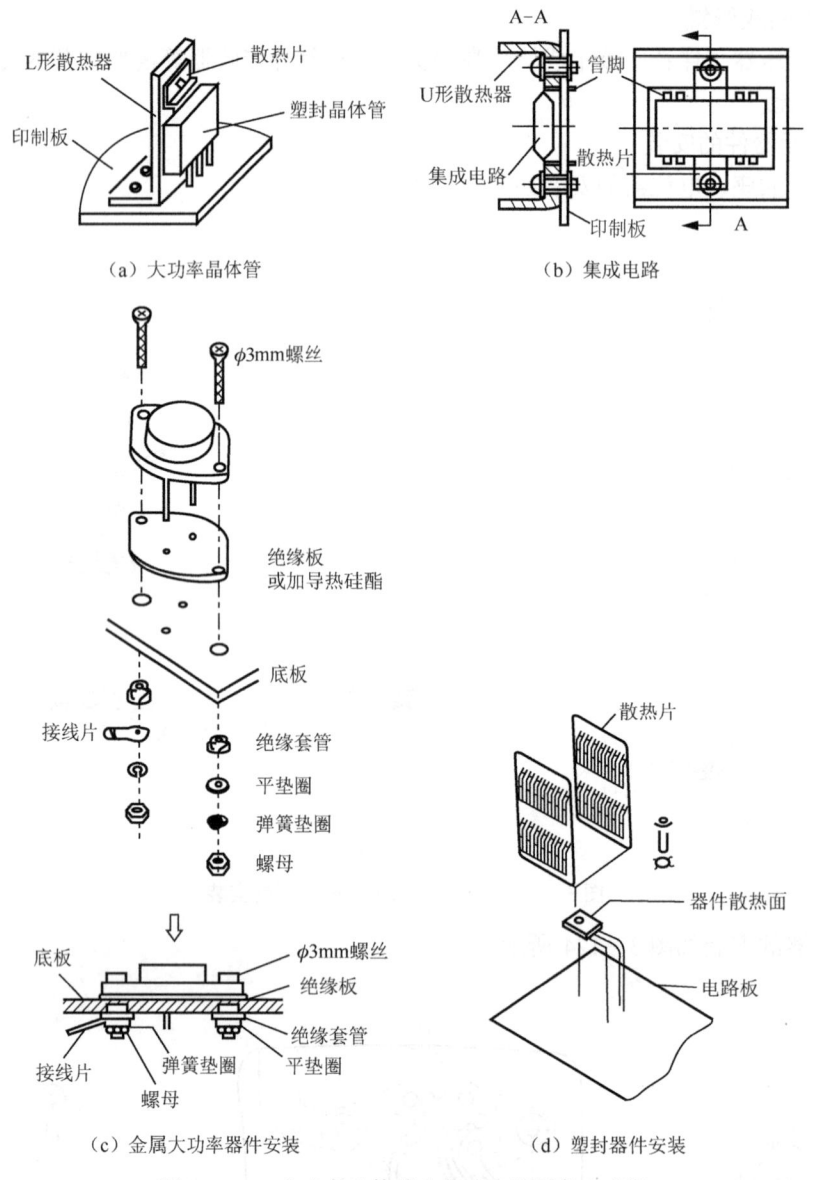

(b) 集成电路

(c) 金属大功率器件安装

(d) 塑封器件安装

图 3-125 大功率晶体管和集成电路器件的安装

④ 元器件手动插装及自动插装形式如图 3-126 所示。

(2) 电路板的焊接

焊接是使金属连接的一种方法，是电子产品生产人员必须掌握的一种基本操作技能。它利用加热手段，在两种金属的接触面，通过焊接材料的原子或分子的相互扩散作用，使两种金属间形成一种永久的牢固结合。利用焊接的方法进行连接而形成的接点叫焊点。

1) 焊接的原理和分类

现代焊接技术主要分为下列三类：

① 熔焊：是一种直接熔化母材的焊接技术，如电弧焊、气焊等。

② 钎焊：是一种母材不熔化，焊料熔化的焊接技术。使用焊料的熔点高于 450 度的焊接称硬钎焊；使用焊料的熔点低于 450 度焊接称软钎焊。

（a）手动插装

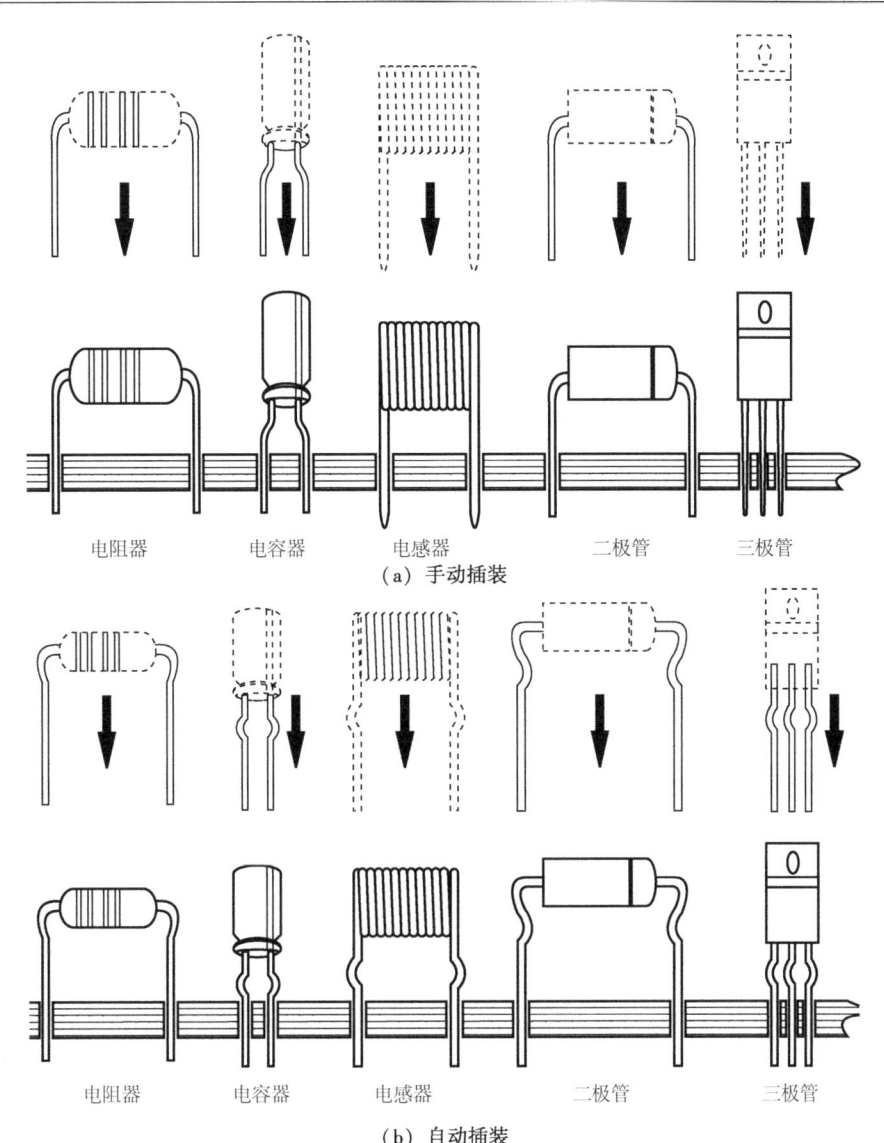

（b）自动插装

图3-126 元器件插装形式

③ 接触焊：是一种不用焊料和焊剂，即可获得可靠连接的焊接技术。如超声波焊、脉冲焊、摩擦焊等。

电子产品安装工艺中所谓的"焊接"就是软钎焊的一种，俗称"锡焊"。它是将焊件和熔点比焊件低的焊料共同加热到锡焊温度，在焊件不熔化的情况下，使焊料熔化并浸润焊接面，伴随着润湿现象发生，焊料逐渐向铜金属扩散，在焊料与铜金属的接触界面上生成合金层，使两者牢固结合起来。其主要特征有三点：焊料熔点低于焊件；焊接时将焊料与焊件共同加热到锡焊温度，焊料熔化而焊件不熔化；焊接的形成依靠熔化状态的焊料浸润焊接面，由毛细作用使焊料进入焊件的间隙，形成一个合金层，从而实现焊件的结合。

2）焊接条件要求

① 被焊件必须具有可焊性。所谓可焊性，是指液态焊料与被焊件之间应能互相溶解。锡铅焊料，除了含有大量铬和铝的合金材料不易互溶外，与其他金属材料大都可以互溶。为了提高可焊性，一般采用表面镀锡、镀银等措施。

② 被焊金属表面应保持清洁。焊料和被焊金属表面之间不应有氧化层，更不应有污染。当焊料与被焊接金属之间存在氧化物或污垢时，就会阻碍熔化金属的原子的自由扩散，就不会产生浸润作用。元件引脚或 PCB 焊盘氧化是产生"虚焊"的主要原因之一。金属表面轻度的氧化层可以通过焊剂作用来清除，氧化程度严重的金属表面，则应采用机械或化学方法清除，例如进行刮除或酸洗等。

③ 使用合适的助焊剂。助焊剂的作用是清除焊件表面的氧化膜、净化焊接面、使焊点光滑、明亮。电子装配中的助焊剂通常是松香，一般是用酒精将松香溶解成松香水使用。

④ 具有适当的焊接温度。焊锡的最佳温度为 250±5℃，最低焊接温度为 240℃。温度过低，难于焊接，可能造成虚焊；温度过高（高于 260℃）会加速助焊剂的分解，使焊料性能下降，还会导致印制板上的焊盘脱落。

⑤ 具有合适的焊接时间。完成浸润和扩散两个过程需 2~3s，一般集成电路、三极管焊接时间小于 3s，其他元件焊接时间为 4~5s。焊接时间过长易损坏焊接部位及元器件，过短则达不到焊接要求。

3）手工焊接工具和焊接材料

手工焊接工具有电烙铁、镊子、剪刀、斜口钳、尖嘴钳、吸锡器等，焊接材料有焊锡和松香类助焊剂等，如图 3-127 所示。

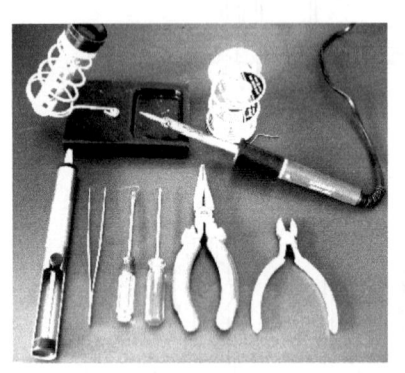

图 3-127 焊接工具和材料

① 电烙铁的选择。一般应选内热式 20~35W 或调温式电烙铁，电烙铁的温度以不超过 300℃ 为宜。烙铁头形状应根据印制电路板焊盘大小采用凿形或锥形。目前印制电路板发展趋势是小型密集化，因此一般常用小型圆锥烙铁头。

图 3-128 是几种常用烙铁头的外形。其中，圆斜面式是市售烙铁头的一般形式，适于在单面板上焊接不太密集的焊点；凿式和半凿式烙铁头多用于电气维修工作；尖锥式和圆锥式烙铁头适合于焊接高密度的焊点和小而怕热的元件，例如焊接 SMT 元器件；当焊接对象变化大时，可选用适合于大多数情况的斜面复合式烙铁头。如表 3-27 所示。

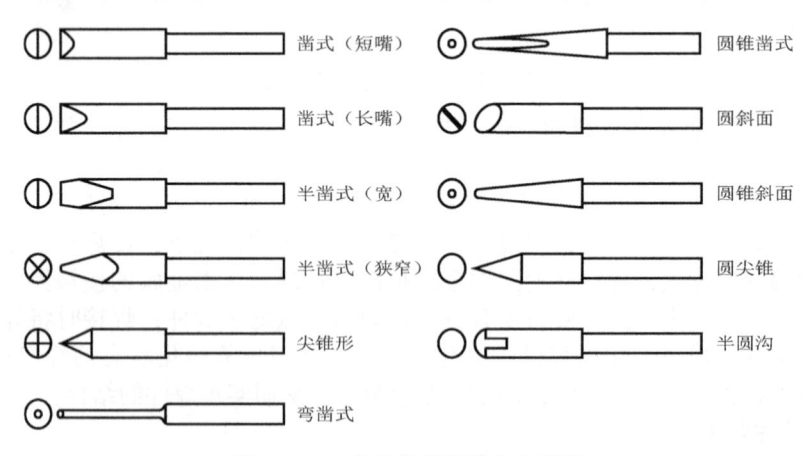

	凿式（短嘴）		圆锥凿式
	凿式（长嘴）		圆斜面
	半凿式（宽）		圆锥斜面
	半凿式（狭窄）		圆尖锥
	尖锥形		半圆沟
	弯凿式		

图 3-128 各种常用烙铁头的形状

表 3-27　选择烙铁的依据

焊接对象及工作性质	烙铁头温度（℃） （室温、220V 电压）	选用烙铁
一般印制电路板、安装导线	300~400	20W 内热式、30W 外热式、恒温式
集成电路	300~400	20W 内热式、恒温式
焊片、电位器、2~8W 电阻、大电解电容器、大功率管	350~450	35~50W 内热式、恒温式 50~75W 外热式
8W 以上大电阻、φ2mm 以上导线	400~550	100W 内热式、150~200W 外热式
汇流排、金属板等	500~630	300W 外热式
维修、调试一般电子产品	300~400	20W 内热式、恒温式、感应式、储能式、两用式

烙铁头的修整与镀锡：

按照规定，电烙铁头经过镀铁镍合金，具有较强的耐高温氧化性能，但目前市售的一般低档电烙铁的烙铁头大多只是在紫铜表面镀了一层锌合金。镀锌层虽然也有一定的保护作用，但在经过一段时间的使用以后，由于高温及助焊剂的作用（松香助焊剂在常温时为中性，在高温下呈弱酸性），烙铁头往往出现氧化层，使表面凹凸不平，这时就需要修整。一般是将烙铁头拿下来，夹到台钳上用粗锉刀修整成自己要求的形状，然后再用细锉刀修平，最后用细砂纸打磨。

修整过的烙铁头应该立即镀锡。方法是将烙铁头装好后，在松香水中浸一下；然后接通烙铁的电源，待烙铁热后，在木板上放些松香并放一段焊锡，烙铁头蘸上锡，在松香中来回摩擦；直到整个烙铁头的修整面均匀镀上一层焊锡为止。也可以在烙铁头蘸上锡后，在湿布上反复摩擦。应该记住，新的电烙铁通电以前，一定要先浸松香水，否则烙铁头表面会生成难以镀锡的氧化层。修整多次后变短的烙铁头，可在需要高温烙铁时用以代替功率较大的烙铁。为了热量集中，可以把它修得细一些。

提示：

> **电烙铁使用注意事项**
> ◆ 通电前，认真检查电烙铁是否有短路和漏电等情况。如发现问题应及时解决，避免发生人身伤害事件。
> ◆ 电烙铁在不焊接时，应放置在烙铁架上，且烙铁架周围不能放置其他物品，以免损坏。
> ◆ 使用过程中，切勿敲击电烙铁，以免损坏烙铁芯及固定电源线或导致烙铁芯的螺丝松动，造成短路等。
> ◆ 禁止甩动电烙铁，防止烙铁头脱落或烙铁头上的锡珠飞溅，伤害别人。

4）手工焊接技术

① 焊接操作姿势。一般情况下，烙铁到鼻子的距离应该不少于 20cm，通常以 30cm 为宜。电烙铁拿法有三种，如图 3-129（a）所示。

握笔法类似于写字时手拿笔一样，易于掌握，但长时间操作易疲劳，烙铁头会出现抖动现象，因此适用于小功率的电烙铁和热容量小的被焊件，适合在操作台上进行印制板的焊接；反握法是用五指把电烙铁柄握在手掌内，这种握法焊接时动作稳定，长时间操作不易疲劳。

它适用于大功率的电烙铁和热容量大的被焊件；正握法是用五指把电烙铁柄握在手掌外，适于中功率烙铁或带弯头电烙铁的操作。

焊锡丝一般有两种拿法，如图3-129（b）所示。连续锡丝拿法是用拇指和四指握住焊锡丝，三手指配合拇指和食指把焊锡丝连续向前送进。它适用于成卷（筒）焊锡丝的手工焊接。断续锡丝拿法是用拇指、食指和中指夹住焊锡丝，采用这种拿法，焊锡丝不能连续向前送进。它适用于用小段焊锡丝的手工焊接。

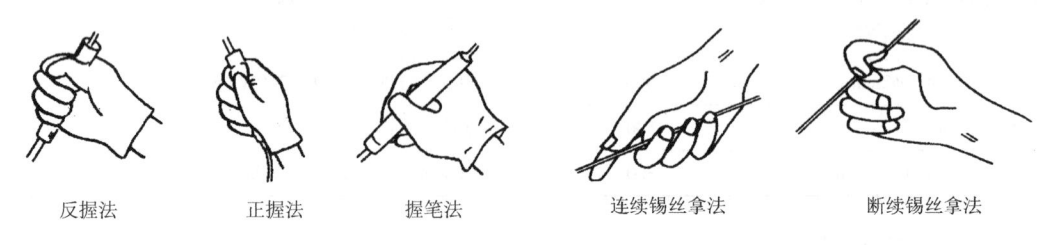

   反握法   正握法   握笔法   连续锡丝拿法   断续锡丝拿法

     （a）电烙铁的握法   （b）焊锡丝的拿法

图3-129 焊接手法

② 手工焊接的基本方法：

正确的手工焊接操作，可以分成五个步骤（图3-130）。

步骤一：准备施焊。左手拿焊丝，右手握烙铁，进入备焊状态。要求烙铁头保持干净，无焊渣等氧化物，并在表面镀有一层焊锡。

步骤二：加热焊件。烙铁头靠在两焊件的连接处，加热整个焊件，时间大约为1~2s。对于在印制板上焊接元器件来说，要注意使烙铁头同时接触两个被焊接物。例如，图3-130（b）中的导线与接线柱、元器件引线与焊盘要同时均匀受热。

步骤三：送入焊丝。焊件的焊接面被加热到一定温度时，焊锡丝从烙铁对面接触焊件。注意：不要把焊锡丝送到烙铁头上。

步骤四：移开焊丝。当焊丝熔化一定量后，立即沿左上45°方向移开焊丝。

步骤五：移开烙铁。焊锡浸润焊盘和焊件的施焊部位以后，沿右上45°方向移开烙铁，结束焊接。从第三步开始到第五步结束，时间大约是1~2s。

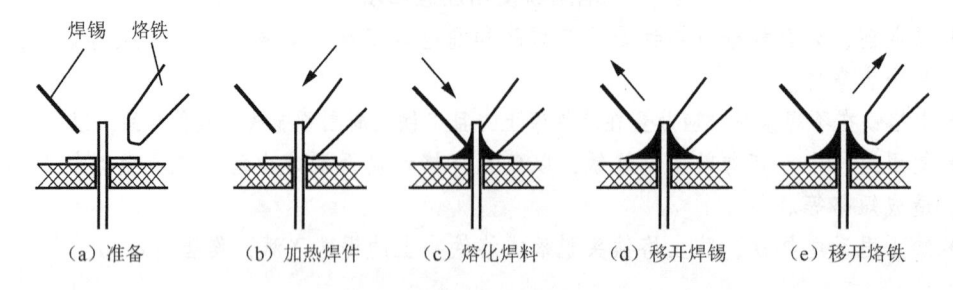

（a）准备 （b）加热焊件 （c）熔化焊料 （d）移开焊锡 （e）移开烙铁

图3-130 手工焊接五步法

对于热容量小的焊件，例如印制板上较细导线的连接，可以简化为三步操作。

- 准备：同以上步骤一。
- 加热与送丝：烙铁头放在焊件上后即放入焊丝。
- 去丝移烙铁：焊锡在焊接面上浸润扩散达到预期范围后，立即拿开焊丝并移开烙铁，并注意移去焊丝的时间不得滞后于移开烙铁的时间。

对于吸收低热量的焊件而言，上述整个过程的时间不超过 2~4s。在五步骤操作法中可用数秒的办法控制时间：烙铁接触焊点后数一、二（约 2s），送入焊丝后数三、四，移开烙铁，焊丝熔化量要靠观察决定。

提示：

焊接操作的注意事项

由于焊丝成分中铅占一定比例，而铅是对人体有害的一种重金属，因此操作时应戴手套或操作后洗手，避免食入。

焊剂加热时挥发出来的化学物质对人体是有害的，如果在操作时人的鼻子距离烙铁头太近，则很容易将有害气体吸入。

使用电烙铁要配置烙铁架，一般放置在工作台右前方，电烙铁使用以后，一定要稳妥地插放在烙铁架上，并注意导线等其他杂物不要碰到烙铁头，以免烫伤导线，造成漏电等事故。

用烙铁对焊点加力加热是错误的。会造成被焊件的损伤，例如电位器、开关、接插件的焊接点往往都固定在塑料构件上，加力容易造成元件失效。

当焊点一次焊接不成功或上锡量不够时，便要重新焊接。重新焊接时，必须待上次的焊锡一同熔化并熔为一体时才能把烙铁移开。

焊接小窍门

① 焊料的施加方法可根据焊点的大小及被焊件的多少而定。

若要将引线焊接于接线柱上时，首先将烙铁头放在接线端子和引线上，当被焊件经过加热达到一定温度时，先给烙铁头位置少量焊料，使烙铁头的热量尽快传到焊件上，当所有的被焊件温度都达到了焊料熔化温度时，应立即将焊料从烙铁头向其他需要焊接的部位延伸，直到距电烙铁加热部位最远的地方，并等到焊料润湿整个焊点，一旦润湿达到要求，要立即撤掉焊锡丝，以避免造成堆焊。如图 3-131 所示。

如果焊点较小，最好使用焊锡丝，应先将烙铁头放在焊盘与元器件引脚的交界面上，同时对二者加热。当达到一定温度时，将焊锡丝点到焊盘与引脚上，使焊锡熔化并润湿焊盘与引脚。当刚好润湿整个焊点时，及时撤离焊锡丝和电烙铁，焊出光洁的焊点。

② 焊接时应注意电烙铁的位置，如果没有焊锡丝，且焊点较小，可用电烙铁头蘸适量焊料，再蘸松香后，直接放于焊点处，待焊点着锡并润湿后便可将电烙铁撤走。撤电烙铁时，要从下面向上提拉，以使焊点光亮、饱满。要注意把握时间，如时间稍长，助焊剂就会分解，焊料就会被氧化，将使焊接质量下降。

③ 如果电烙铁的温度较高，所蘸的助焊剂很容易分解挥发，就会造成焊接时助焊剂不足。解决的办法是将印制电路板焊接面朝上放在桌面上，用镊子夹一小粒松香助焊剂（一般芝麻粒大小即可）放到焊盘上，再用烙铁头蘸上焊料进行焊接，就比较容易焊出高质量的焊点。

④ 焊接时被焊件要扶稳，在焊锡凝固过程中不能晃动被焊元器件引线，否则将造成虚焊。

⑤ 掌握好电烙铁的撤离方向，可带走多余的焊料，提高焊点的质量。

烙铁头与轴向成 45°角（斜上方）撤离，能形成美观、圆滑的焊点，是较好的撤离方式；

烙铁头垂直向上撤离，容易造成焊点的拉尖及毛刺现象；烙铁头以水平方向撤离，将使烙铁头带走很多的焊锡，将造成焊点锡量不足。如图 3-132 所示。

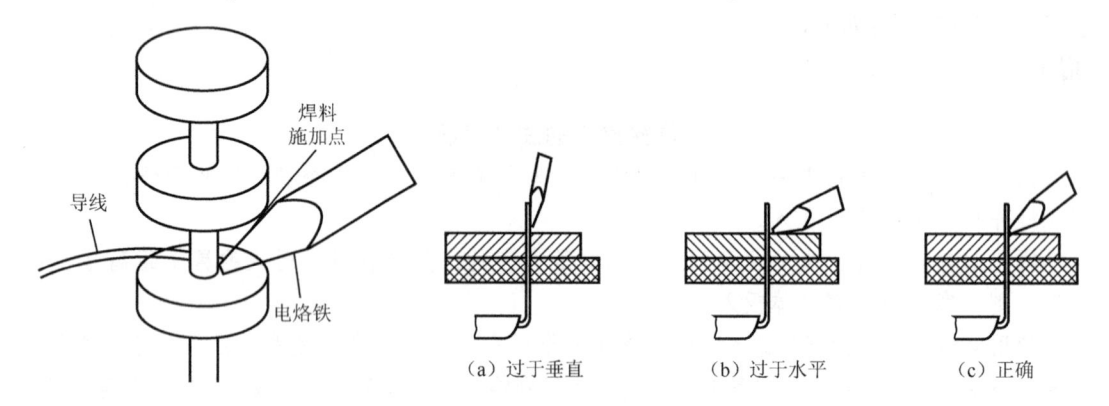

图 3-131 接线柱施加焊料

图 3-132 烙铁头撤离角度

(a) 过于垂直　　(b) 过于水平　　(c) 正确

⑥ 焊点的重焊。当焊点一次焊接不成功或上锡量不够时，要重新焊接。重新焊接时，必须等上次的焊锡一同熔化为一体时，才能把电烙铁移开。

⑦ 焊接后的处理。在焊接结束后，应将焊点周围的助焊剂清洗干净，并检查电路有无漏焊、错焊、虚焊等现象。用镊子将每个元器件拉一拉，看有无松动现象。

5）手工焊接的要求

① 焊点要保证良好的导电性能，要避免虚焊。

虚焊是指焊料与被焊物表面没有形成合金结构，只是简单地依附在被焊金属的表面，如图 3-133 所示。虚焊用仪表测量很难发现，但却会使产品质量大打折扣，以致出现产品质量问题，因此在焊接时为使焊点具有良好的导电性能，应杜绝产生虚焊。

(a) 与引线浸润不好　　(b) 与印制电路板浸润不好

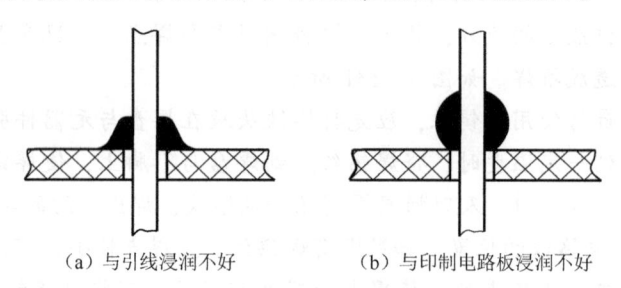

图 3-133 虚焊

② 焊接点要有足够的机械强度，以保证被焊件在受到振动或冲击时不至于脱落、松动。

为使焊点有足够的机械强度，一般可采用把被焊元器件的引线端子打弯后再焊接的方法。一般采用 3 种方式，如图 3-134 所示。其中图 3-134（a）所示为直插式，这种处理方式的机械强度较小，但拆焊方便；图 3-134（b）所示为打弯处理方式，所弯角度为 45°左右，其焊点具有一定的机械强度；图 3-134（c）所示为完全打弯处理方式，所弯角度为 90°左右，这种形式的焊点具有很高的机械强度，但拆焊比较困难。还可以根据需要将元器件引线、导线先行网绕、绞合、钩接在接点上再进行焊接。

(a) 直插式　　　(b) 弯成45°　　　(c) 弯成90°

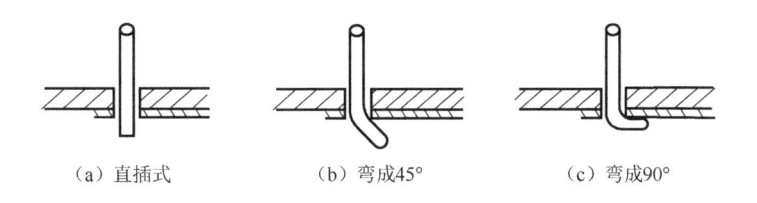

图 3-134　引线穿过焊盘后的处理方式

③ 焊点上的焊料要适量。

焊点上的焊料过少，不仅降低机械强度，而且会导致焊点早期失效；焊点上的焊料过多，既增加成本，又容易造成焊点桥连（短路），也会掩饰焊接缺陷。所以焊点上的焊料要适量。印制电路板焊接时，焊料布满焊盘呈裙状展开时为最适宜。

④ 焊点不能出现搭接、短路现象。

如果两个焊点很近，很容易造成搭接、短路的现象。

⑤ 焊点表面要光亮、圆滑、清洁。如图 3-135 所示。

焊点不光洁表现为焊点出现粗糙、拉尖、棱角等现象。焊点表面存在毛刺、缝隙，不仅不美观，还会给电子产品带来危害，尤其在高压电路部分将会产生尖端放电而损坏电子设备。

焊点表面的污垢，如果不及时清除，酸性物质会腐蚀元器件引线、接点及印制电路，吸潮会造成漏电甚至短路燃烧等，从而带来严重隐患。良好的焊点表面应光亮且色泽均匀。为使焊点表面光滑、清洁、整齐，不但要有熟练的焊接技能，而且还要选择合适的焊料和助焊剂。

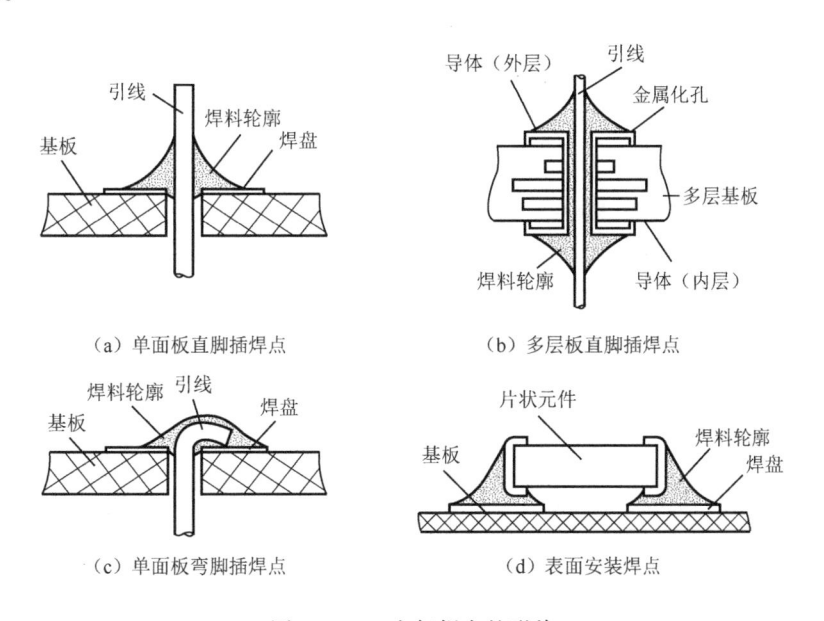

(a) 单面板直脚插焊点　　　(b) 多层板直脚插焊点

(c) 单面板弯脚插焊点　　　(d) 表面安装焊点

图 3-135　良好焊点的形貌

6) 焊点缺陷及质量分析见表 3-28

表3-28 焊点的质量及其原因分析

焊点缺陷	外观特点	危害	原因分析
虚焊	焊锡与元器件引线和铜箔之间有明显黑色界限，焊锡向界限凹陷	不能正常工作	1. 元器件引线未清洁好、未镀好锡或锡氧化 2. 印制板未清洁好，喷涂的助焊剂质量不好
焊料堆积	焊点呈白色、无光泽，结构松散	机械强度不足，可能虚焊	1. 焊料质量不好 2. 焊接温度不够 3. 焊接未凝固前元器件引线松动
焊料过多	焊点表面向外凸出	浪费焊料，可能包藏缺陷	焊丝撤离过迟
焊料过少	焊点面积小于焊盘的80%，焊料未形成平滑的过渡面	机械强度不足	1. 焊锡流动性差或焊锡撤离过早 2. 助焊剂不足 3. 焊接时间太短
松香焊	焊缝中夹有松香渣	强度不足，导通不良，可能时通时断	1. 助焊剂过多或已失效 2. 焊接时间不够，加热不足 3. 焊件表面有氧化膜
过热	焊点发白，表面较粗糙，无金属光泽	焊盘强度降低，容易剥落	烙铁功率过大，加热时间过长
冷热	表面呈豆腐渣状颗粒，可能有裂纹	强度低，导电性能不好	焊料未凝固前焊件抖动
浸润不良	焊料与焊件交界面接触过大，不平滑	强度低，不通或时通时断	1. 焊件未清理干净 2. 助焊剂不足或质量差 3. 焊件未充分加热
不对称	焊锡未流满焊盘	强度不足	1. 焊料流动性差 2. 助焊剂不足或质量差 3. 加热不足
松动	导线或元器件引线移动	不导通或导通不良	1. 焊锡未凝固前引线移动造成间隙 2. 引线未处理好（不浸润或浸润差）

续表

焊点缺陷	外观特点	危害	原因分析
拉尖	焊点出现尖端	外观不佳,容易造成桥接短路	1. 助焊剂过少而加热时间过长 2. 烙铁撤离角度不当
桥接	相邻导线连接	电气短路	1. 焊锡过多 2. 烙铁撤离角度不当
针孔	目测或低倍放大镜可见焊点有孔	强度不足,焊点容易腐蚀	引线与焊盘孔的间隙过大
气泡	引线根部有喷火式焊料隆起,内部藏有空洞	暂时导通,但长时间容易引起导通不良	1. 引线与焊盘孔间隙大 2. 引线浸润性不良 3. 双面板导通孔焊接时间长,孔内空气膨胀
铜箔翘起	铜箔从印制板上剥离	印制板已被损坏	焊接时间太长,温度过高
剥离	焊点从铜箔上剥落(不是铜箔与印制板剥离)	断路	焊盘上金属镀层不良

从上面焊接缺陷产生原因的分析中可知,焊接质量的提高要从两个方面着手:
- 熟练地掌握焊接技能,准确地掌握焊接温度和焊接时间,使用适量的焊料和助焊剂,认真对待焊接过程的每一个步骤。
- 要保证被焊物表面的可焊性,必要时采取涂敷浸锡措施。

7) 焊接顺序

元器件焊接顺序的原则是先低后高、先轻后重、先耐热后不耐热。一般的焊接顺序依次是电阻器、电容器、二极管、三极管、集成电路、大功率管等。

8) 常见元器件的装配焊接

① 电阻器的装配焊接。按图纸要求将电阻器插入规定位置,插入孔位时要注意,字符标注的电阻器的标称字符要向上(卧式)或向外(立式),色码电阻器的色环顺序应朝一个方向,以方便读取。

② 电容器的装配焊接。将电容器按图纸要求装入规定位置,并注意有极性电容器的阴、阳极不能接错,电容器上的标称值要易看可见。可先装玻璃釉电容器、金属膜电容器、瓷介电容器,最后装电解电容器。

③ 二极管的装配焊接。将二极管辨认正、负极后按要求装入规定位置，型号及标记要向上或朝外。对于立式安装二极管，其最短的引线焊接要注意焊接时间不要超过 2s，以避免温升过高而损坏二极管。

④ 三极管的装配焊接。晶体管焊接一般是在其他元件焊接好后进行。按要求将 e、b、c 三个引脚插入相应孔位，每个管子的焊接时间不要超过 5~10s，并使用钳子或镊子夹持管脚散热。焊接大功率三极管，若需要加装散热片时，应使散热片的接触面平整，并打磨光滑，涂上导热硅脂后再紧固，以加大接触面积。要注意，有的散热片与管壳间需要加垫绝缘薄膜片。引脚与印制电路板上的焊点需要进行导线连接时，应尽量采用绝缘导线。

⑤ 集成电路的焊接。集成电路的安装焊接有两种方式，一种是将集成电路块直接与印制电路板焊接；另一种是将专用插座（IC 插座）焊接在印制电路板上，然后将集成电路块插在专用插座上。前者的优点是连接牢固，但拆装不方便，也易损坏集成电路。后者利于维护维修，拆装方便，但成本较高。

集成电路焊接时使用的助焊剂熔点一般不要高于 150℃；工作台上如果铺有橡皮、塑料等易于积累静电的材料，不宜将集成电路块和印制电路板放在台面上；当集成电路不使用插座，而是直接焊接到印制电路板上时，安全焊接顺序应是地端→输出端→电源端→输入端；焊接集成电路插座时，必须按集成电路块的引线排列图焊好每一个点。

集成电路价格高，内部电路密集，要防止过热损坏，一般温度应控制在 200℃ 以下。

MOS 场效应管或 CMOS 工艺的集成电路在焊接时要注意防止元器件内部因静电击穿而失效。一般可以利用电烙铁断电后的余热焊接，操作者必须戴防静电手套，在防静电接地系统良好的环境下焊接，有条件者可选用防静电焊台。

⑥ 注塑元器件的锡焊。由各种有机材料，包括有机玻璃、聚氯乙烯、聚乙烯、酚醛树脂等材料制成的电子元器件，如各种开关、插接件等，由于不能承受高温，施焊时，如不注意控制加热时间，极容易造成塑性变形，导致元器件失效或降低性能，造成隐性故障。因此，这类元器件在预处理时要一次镀锡成功；在锡锅中浸镀时，要掌握好浸入深度及时间；镀锡及焊接时加助焊剂量要少，防止浸入电接触点；焊接时，烙铁头要修整得尖一些，焊接一个接点时不能碰相邻接点；烙铁头在任何方向均不要对接线片施加压力；焊接时间越短越好。实际操作时，在焊件预焊良好的情况下只需用挂上锡的烙铁头轻轻一点即可；焊后不要在塑壳未冷前对焊点进行牢固性试验。

⑦ 瓷片电容器、中周、发光二极管等元器件的焊接。这类元器件加热时间过长就会失效，其中瓷片电容器、中周等元器件是内部接点开焊，发光二极管则是管芯损坏。焊接前一定要处理好焊点，施焊时强调一个"快"字。采用辅助散热措施可避免过热失效。

9）导线的焊接

预焊在导线的焊接中是关键的步骤，尤其是多股导线，如果没有预焊的处理，焊接质量很难保证。导线的预焊又称为挂锡，方法与元器件引线预焊方法一样，需要注意的是，导线挂锡时要边上锡边旋转。多股导线的挂锡要防止"烛芯效应"，即焊锡浸入绝缘层内，造成软线变硬，容易导致接头故障。

导线与接线端子、导线与导线之间的焊接一般采用绕焊、钩焊、搭焊三种基本的焊接形式。

① 导线同接线端子的焊接：

绕焊：导线和接线端子的绕焊，是把经过镀锡的导线端头在接线端子上绕一圈，然后用钳子拉紧缠牢后进行焊接，如图 3-136（a）所示。在缠绕时，导线一定要紧贴端子表面，绝缘层不要接触端子。一般取 $L=1\sim3\text{mm}$ 为宜。

导线之间的连接以绕焊为主，操作步骤如下：

a. 去掉一定长度绝缘皮。
b. 端子上锡，穿上合适套管。
c. 绞合，施焊。
d. 趁热套上套管，冷却后套管固定在接头处。

钩焊：将导线弯成钩形，钩在接线点的眼孔内，用钳子夹紧后再焊接，如图 3-136（b）所示。其端头的处理方法与绕焊相同。钩焊的强度不如绕焊，但操作简便，易于拆焊。

搭焊：搭焊是把经过镀锡的导线或元器件引线搭接在焊点上，再进行焊接，如图 3-136（c）所示。搭与焊是同时进行的，因此无绕头工艺。这种连接方法最简便，但强度可靠性最差，仅用于临时连接或不便于缠、钩的地方焊接以及要求不高的产品。

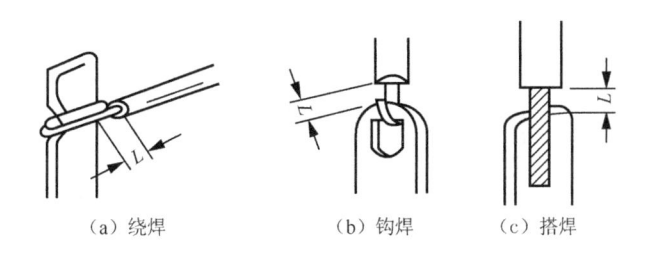

（a）绕焊　　　（b）钩焊　　　（c）搭焊

图 3-136　导线同接线端子的连接的基本形式

② 导线与导线的连接如图 3-137，图 3-138 所示：

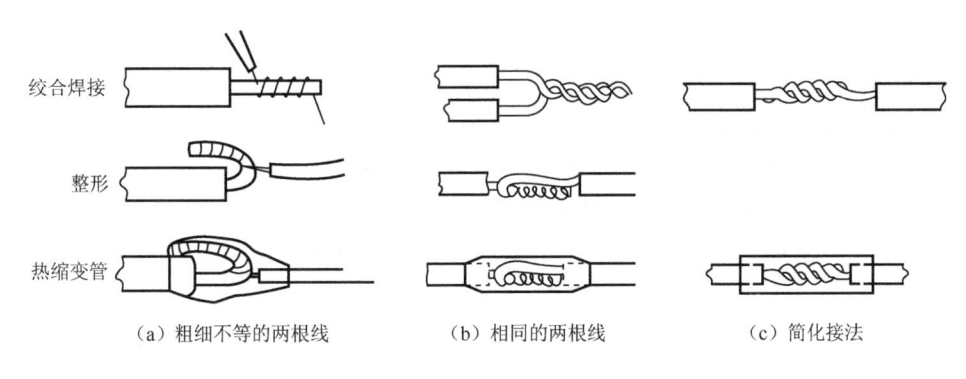

绞合焊接
整形
热缩变管

（a）粗细不等的两根线　　（b）相同的两根线　　（c）简化接法

图 3-137　导线与导线的连接

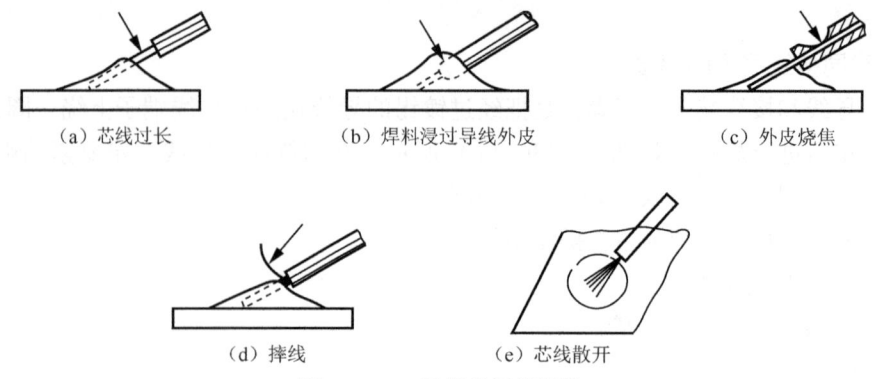

(a) 芯线过长　　(b) 焊料浸过导线外皮　　(c) 外皮烧焦

(d) 摔线　　(e) 芯线散开

图 3-138　导线的焊接缺陷

10）几种典型焊点的焊法

① 杯形焊件焊接法：这类接点多见于接线柱和接插件，一般尺寸较大，如果焊接时间不足，容易造成"冷焊"。这种焊件一般是和多股软线连接，焊前要对导线进行处理，先绞紧各股软线，然后镀锡，对杯形件也要进行处理。操作方法见图 3-139。

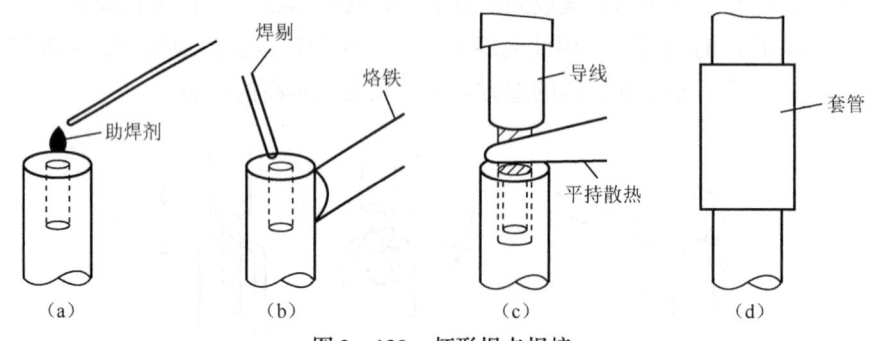

(a)　　(b)　　(c)　　(d)

图 3-139　杯形焊点焊接

操作步骤：

a. 往杯形孔内滴助焊剂。若孔较大，用脱脂棉蘸助焊剂在孔内均匀擦一层。

b. 用烙铁加热并将锡熔化，靠浸润作用流满内孔。

c. 将导线垂直插入到孔的底部，移开烙铁并保持到凝固。在凝固前，导线切不可移动，以保证焊点质量。

d. 完全凝固后立即套上套管。

由于这类焊点一般外形较大，散热较快，所以在焊接时应选用功率较大的电烙铁。

② 片状焊件的焊接方法如图 3-140 所示：

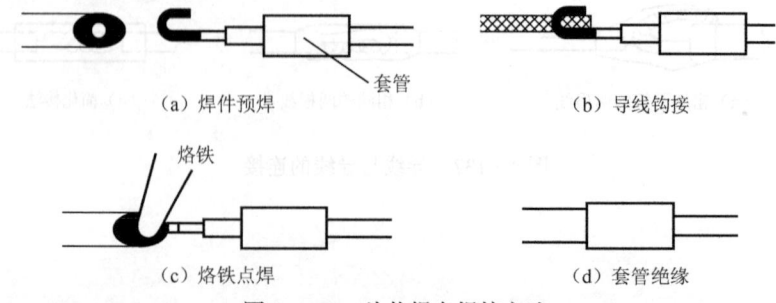

(a) 焊件预焊　　(b) 导线钩接

(c) 烙铁点焊　　(d) 套管绝缘

图 3-140　片状焊点焊接方法

③ 在金属板上焊导线：在金属板上焊接的关键是往板上镀锡。一般金属板的表面积大，吸热多而散热快，要用功率较大的烙铁。根据板的厚度和面积的不同，选用 50～300W 的烙铁为宜。若板的厚度在 0.3mm 以下时，也可以用 20W 烙铁，只是要适当增加焊接时间。

对于紫铜、黄铜、镀锌板等材料，只要表面清洁干净，使用少量的助焊剂，就可以镀上锡。如果要使焊点更可靠，可以先在焊区用力划出一些刀痕再镀锡，如图 3-141 所示。由于铝板表面在焊接时很容易生成氧化层，而且不能被焊锡浸润，采用一般方法很难镀上焊锡。可先用刀刮干净待焊面并立即加上少量助焊剂，然后用烙铁头适当用力在板上画圆，同时将一部分焊锡熔化在待焊区。这样，靠烙铁头破坏氧化层并不断地将锡镀到铝板上去。铝板镀上锡后，焊接就比较容易了。当然，也可以使用酸性助焊剂（如焊油），只是焊接后要及时清洗干净。

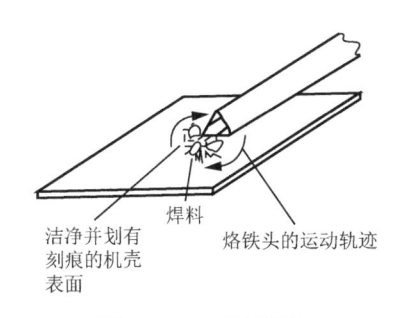

图 3-141 铝板焊接

④ 槽形、板形、柱形焊点焊接方法如图 3-142 所示。

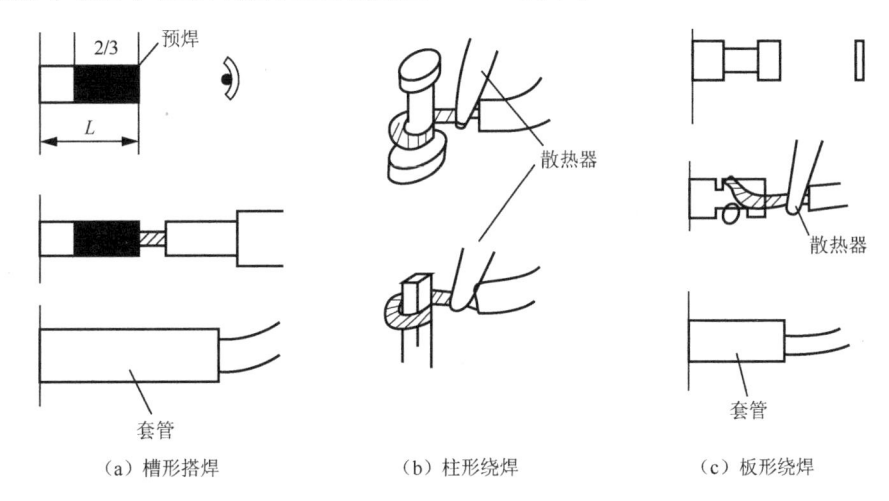

（a）槽形搭焊　　（b）柱形绕焊　　（c）板形绕焊

图 3-142 槽形、板形、柱形焊点焊接方法

11）印制电路板上元器件的拆焊

在调试或维修电子仪器时，经常需要将焊接在印制电路板上的元器件拆卸下来，这个拆卸的过程就是拆焊，有时也称为解焊。如果拆焊时方法不得当，就会破坏印制电路板，也会使换下而并没有失效的元器件无法重新使用。一般电阻、电容、晶体管等管脚不多，且每个引脚能相对活动的元器件可用烙铁直接拆焊。对于多个直插式管脚的集成元件拆焊，应用吸锡电烙铁（或烙铁＋吸锡器）确保吸尽每个管脚上的焊锡，也可用专用拆焊电烙铁使全部元件管脚同时加热而脱焊拔出。

① 拆焊工具：普通电烙铁、镊子、吸锡器、吸锡电烙铁等。

② 拆焊方法：

分点拆焊。焊接在印制电路板上的电容元件，通常只有两个点，在器件水平放置的情况下，两个焊点的距离较大，可采用分点拆除的办法，即先拆除一端焊接点上的引线，再拆除另一端焊接点上的引线，最后将器件拔出。如果焊接点的引线是折弯的引线，拆焊时要先吸去焊接点上的焊锡，用烙铁撬直引线后再拆除器件。

集中拆焊。如三极管以及直立安装的阻容器件，焊接点之间的距离都比较小，可用电烙铁同时加热几个焊接点，待焊锡熔化后一次拔出器件。此法要求操作时加热迅速，注意力集中，动作快。如果焊接点上的引线是弯成一定角度的，拆焊时要先吸去焊锡，撬直后再拆除。撬直时可采用带缺口的烙铁头。对多接点的器件，可使用专用烙铁一次加热取下。有些多接点器件，如波段开头、插座等，拆除时在没有特殊要求的情况下，可另用一把烙铁辅助加热，一次取下。

间断加热拆焊。一些带有塑料骨架的器件，如中频变压器、线圈等，其骨架不耐高温，其接点既集中又比较多。对这类器件要采用间断加热法拆焊。拆焊时应先除去焊接点上的焊锡，露出轮廓。接着用划针挑开焊盘与引线的残留焊料。最后用烙铁头对个别未清除焊锡的接点加热并取下器件。拆焊这类器件时，不能长时间集中加热，要逐点间断加热。

不论用哪种拆焊方法，操作时都应先将焊接点上的焊锡去掉。在使用一般电烙铁不易清除时，可使用吸锡工具。在拆焊过程中不要使焊料或助焊剂飞溅或流散到其他元件及导线的绝缘层上，以免烫伤这些器件。

③ 拆焊步骤（图3-143）：
- 加热焊点。
- 吸焊点焊锡。
- 移去电烙铁和吸锡器。
- 用镊子拆去元器件。

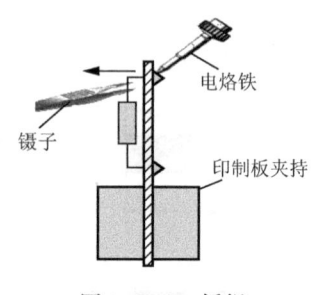

图3-143 拆焊

除手工浸焊外，还可使用机器设备浸焊。机器浸焊与手工浸焊的不同之处在于：浸焊时先将印制板装到具有振动头的专用设备上，让印制板浸入锡液并停留2~3s后，开启振动器，使之振动2~3s即可。这种焊接效果好，并可震掉多余的焊料，减少焊接缺陷，但不如手工浸焊操作简便。

提示：

拆焊时的注意事项

为保证拆焊的顺利进行，应注意以下几点：

拆焊印制电路板上的元器件或导线时，不要损坏元器件和电路板上的焊盘及印制导线。

用烙铁头加热被拆焊点时，焊料一熔化，就应及时按垂直印制板的方向拔出元器件的引脚，不管元器件的安装位置如何，都不要强拉或扭转元器件，以避免损伤印制电路板和其他元器件。

当插装新元器件之前，必须把焊盘插孔内的焊料清除干净，否则在插装新元件引脚时，将造成印制电路板的焊盘翘起。

(4) 单元基板的调试

调试是用测量仪表和一定的操作方法按照调试工艺规定对单元电路板和整机的各个可调

元器件或零部件进行调整与测试,使产品达到技术文件所规定的技术性能指标。调试是实现电子产品功能、保证质量的重要工序;也是发现产品设计、工艺缺陷和不足的重要环节;还可为不断提高电子产品的性能和品质积累可靠的技术性能参数。

1)调试的过程

调试的过程分为通电前的检查(调试准备)和通电调试两大阶段。

① 通电前的检查。应根据图纸(电气原理图、整机连线图等),用万用表、自制蜂鸣器或专用设备检查,重点检查项目如下:

- 可用万用表的"Ω"挡检查电源的正、负极是否接反,有无短路现象,电源线、地线是否接触可靠。
- 元器件的型号(参数)是否有误、引脚之间有无短路现象。有极性的元器件,如二极管、晶体管、电解电容、集成电路等的极性或方向是否正确。
- 连接导线有无接错、漏接、断线等现象。
- 焊接质量检查:

目视检查(可借助放大镜、显微镜观察):就是从外观上检查焊接质量是否合格,目视检查主要有以下内容:

a. 是否有漏焊(漏焊是指应该焊接的焊点没有焊上)。

b. 焊点的光泽好不好。

c. 焊点的焊料足不足。

d. 焊点周围是否有残留的助焊剂。

e. 有没有连焊。

f. 焊盘有没有脱落。

g. 焊点有没有裂纹。

h. 焊点是不是凹凸不平。

i. 焊点是否有拉尖现象。

手触检查主要有以下内容:

a. 用手指触摸元器件时,有无松动、焊接不牢的现象。

b. 用镊子夹住元器件引线轻轻拉动时,有无松动现象。

c. 焊点在摇动时,上面的焊锡是否有脱落现象。

② 通电调试:通电检查包括调整和测试两个方面。较复杂的电路调试通常采用先分块调试,然后进行总调试。通电调试一般包括通电观察、静态调试和动态调试。

通电观察。在外观检查及连线检查无误后再进行通电检查。将符合要求的电源正确地接入被调电路,观察有无异常现象,如发现电路冒烟、有异常气味以及元器件发烫等现象,应立即切断电源,检查电路。通电检查排除故障后,方可重新接通电源进行测试。通电检查是检验电路性能的关键步骤,可以发现许多微小的缺陷,例如用目测观察不到的电路桥接,但对于内部虚焊的隐患就不容易觉察。通电观察若没发现问题,可进行静态调试,静态测试正常后再加输入信号进行动态调试。

静态调试是指在不加输入信号(或输入信号为零)的情况下,进行电路直流工作状态的测量和调整。通过静态测试,可以及时发现已损坏的元器件,判断电路工作情况并及时调整电路参数，使电路工作状态符合设计要求。

动态调试就是在电路的输入端接入适当频率和幅度的信号，循着信号的流向逐级检测电路各测试点的信号波形和有关参数，并通过计算测量的结果来估算电路性能指标，必要时进行适当的调整，使指标达到要求。

2）调试过程中的故障查找与排除

① 调试过程中的故障特点：
- 故障以焊接和装配故障为主。
- 一般都是机内故障。
- 新产品样机可能存在特有的设计缺陷或元器件参数不合理的故障。
- 故障的出现有一定的规律性。

② 调试过程中故障出现的原因：
- 焊接故障，如漏焊、虚焊、错焊、桥接等。
- 装配故障，如机械安装位置不当、错位、卡死等；电气连线错误、断线、遗漏等。
- 元器件安装错误，如集成块装反、二极管、晶体管的电极装错等。
- 元器件失效，如集成电路损坏、晶体管击穿或元器件参数达不到要求等。
- 电路设计不当或元器件参数不合理造成的故障，这是样机特有的故障。

通电检查焊接质量的结果及原因分析如表 3-29 所示。

表 3-29　通电检查焊接质量的结果及原因分析

通电检查结果		原因分析
元器件损坏	失效	过热损坏
	性能降低	烙铁漏电
导通不良	短路	桥接、焊料飞溅、错焊、印制电路板短路
	断路	焊点开焊、焊盘剥落、漏焊、印制导线断开
	时通时断	松香焊、虚焊、插座接触不良

提示：

调试应注意以下安全措施

- 测试场地内所有的电源线、插头、插座、熔断器、电源开关等都不允许有裸露的带电导体，所用电器的工作电压和电流均不能超过额定值。
- 当调试设备需使用调压变压器时，应注意其接法。因调压器的输入端与输出端不隔离，因此接入电网时必须使公共端接零线，以确保后面所接电路不带电。若在调压器前面再接入 1:1 隔离变压器，则输入线无论如何连接，均可确保安全。

测试仪器的安全措施有：
- 仪器及附件的金属外壳都应接地，尤其是高压电源及带有 MOS 电路的仪器更要良好接地。

- 测试仪器外壳易接触的部分不应带电,非带电不可时,应加绝缘覆盖层防护。仪器外部超过安全电压的接线柱及其他端口不应裸露,以防使用者接触。
- 仪器电源线应采用三芯插头,地线必须与机壳相连。

实践训练——手工装配晶闸管调光灯电路板

1. 工作任务

熟悉装配工艺文件,按照装配作业指导书要求装配任务四制作的晶闸管调光灯电路板,并对装配电路进行调试。

2. 装配工艺文件

(1) 工艺流程图如表 3-30 所示。
(2) 元器件清单如表 3-31 所示。
(3) 仪器仪表明细表如表 3-32 所示。
(4) 装配作业指导书如表 3-33 所示。
(5) 调试工艺卡如表 3-34 所示。
(6) 常见故障分析表如表 3-35 所示。

表 3-30 工艺流程图

工艺流程图		产品名称		产品图号	
		晶闸管调光灯电路板		AAA	
工艺流程图：按工艺文件归类元器件 → 元器件整形 → 插装元器件 → 焊接元器件 → 剪脚 → 检查 → 修整					
旧底图总号	更改标记	数量	更改单号	签名	日期		签名	日期	第3页
						拟 制			共11页
底图总号						审 核			第1册
						标准化			共1册

表3-31 元器件清单

元器件清单		产品名称	产品图号
^		晶闸管调光灯电路板	AAA

序号	器件类型	器件参数	数量	备注
1	二极管	1N4004～1N4007 均可	5	
2	稳压管	IN4740	1	
3	单结晶体管	BT33F	1	
4	晶闸管	100V 塑封立式 3CT1	1	
5	涤纶电容器	63V、0.1μF	1	
6	电阻器	RJ 150Ω 1W(150Ω 色环电阻)	2	
7	电阻器	RJ 510Ω 1/2W(510Ω 色环电阻)	1	
8	电阻器	RJ 2kΩ 1/2W(2kΩ 色环电阻)	1	
9	电位器	B100K、1/2W	1	
10	指示灯	0.15A、12V	1	
11	电源变压器	220V/12V	1	
12	印制电路板		1	
13	带插头电源线		1	
14	按键电源开关		1	
15	固定螺钉、螺帽、垫片		4套	

旧底图总号	更改标记	数量	更改单号	签名	日期	签名	日期	第4页
					拟制			共11页
底图总号					审核			第1册
					标准化			共1册

表 3-32 仪器仪表明细表

仪器仪表明细表		产品名称		产品图号	
^^		晶闸管调光灯电路板		AAA	
序号	型 号	名 称		数量	备 注
1		电烙铁		1把	
2		镊子		1把	
3		尖嘴钳		1把	
4		改锥		1把	
5		斜口钳		1把	
6		焊锡丝		若干	
7		万用表		1只	
8		示波器		1台	

旧底图总号	更改标记	数量	更改单号	签名	日期	签名	日期	第5页
						拟 制		共11页
底图总号						审 核		第1册
						标准化		共1册

表 3-33 装配作业指导书

作业指导书	产品名称	产品图号
	晶闸管调光灯电路板	AAA

1. 装配准备

(1) 熟悉工艺文件，检查电路板

对照原理图检查印制电路板布线及各元器件位置是否正确。清楚地将原理图和印制电路板的元器件和连线对应起来；检查印制电路板的可焊性、图形、孔位和孔径是否符合图纸要求，有无断线、缺孔等；表面处理是否合格，有无氧化发黑或污染变质，并查看其有无短路、断路、孔金属化不良以及是否涂有助焊剂或阻焊剂等。倘若只有几个焊盘氧化严重，可用蘸有无水酒精的棉球擦拭。如果板面整个发黑，建议不使用该电路板；若必须使用，可把该电路板放在酸性溶液中浸泡，取出清洗、烘干后涂上松香酒精助焊剂再使用。

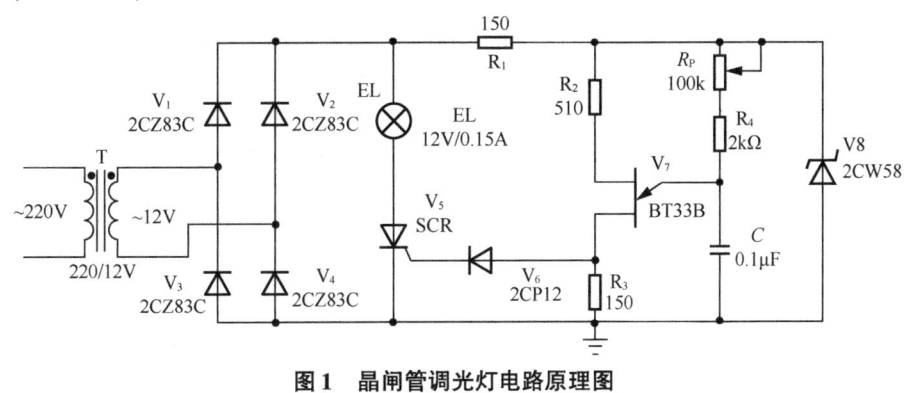

图 1 晶闸管调光灯电路原理图

续表

作业指导书	产品名称	产品图号
	晶闸管调光灯电路板	AAA

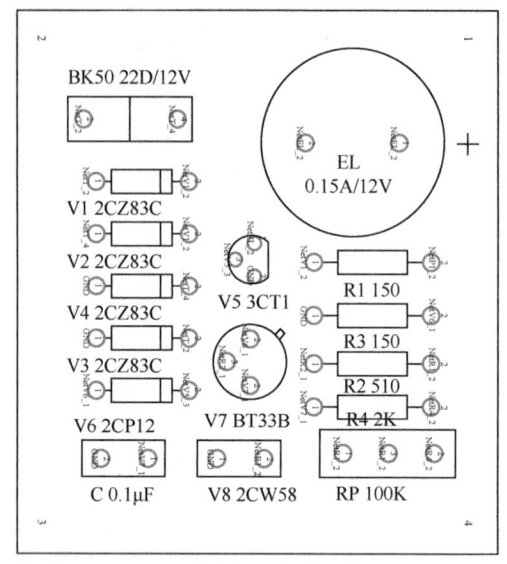

图 2　晶闸管调光灯电路装配图

(2) 准备装配用工具、材料、检测仪器和仪表
(3) 元器件分类与筛选
1) 元器件分类

按电路图或工艺文件将电阻器、电容器、电感器、三极管、二极管、变压器、插排线、插座、导线、紧固件等归类。

2) 元器件的筛选

① 对元器件进行外观质量筛选。

检查元器件品种、规格、外封装是否与图纸吻合，外观是否完好无损，表面无凹陷、划痕、裂口、污垢和锈斑、规格标志、极性符号是否完整、清晰、牢固；电极引线是否光洁，无压折扭曲，无影响焊接的氧化层、污垢和伤痕；电位器在其调节范围内是否活动灵活，松紧适当，开关元件是否接触良好，动作迅速。

② 用万用表对其电气性能进行筛选以确定元件的优劣，剔除那些已经失效的元器件。

2. 电路板的装配

(1) 元器件引线成形

如图 3 所示，图中 L_a 为元器件两焊盘跨距，l_a 为轴向引线元器件体长，d_a 为元器件引线直径，R 为引线折弯半径。折弯点到元器件引脚根部长度不应小于 1.5mm。

(2) 焊接

① 在焊接之前，应用万用表进行校验，检查每个元器件插放是否正确、整齐，二极管、电解电容极性是否正确，电阻读数的方向是否一致，全部合格后方可进行元器件的焊接。

作业指导书	产品名称	产品图号
	晶闸管调光灯电路板	AAA

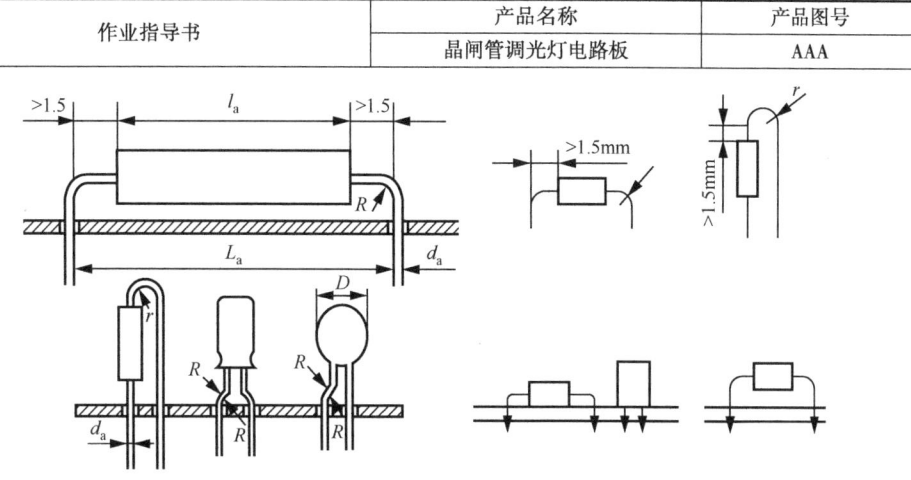

图3 元器件引线成形

② 元器件的插装与焊接元器件引线成形后，进行手工插装、焊接。手工焊接的基本操作包括拿电烙铁的手势及操作步骤两个方面。

烙铁拿法见"手工焊接"部分。

注意：切忌在风扇下焊接，以免影响焊接温度。焊接过程中不能震动或移动工件，以免影响焊接质量。

按工序流程焊接：

电阻→电容→二极管→稳压管→单结晶体管→晶闸管→电位器→灯座

③ 焊点外观检查。

良好的焊点外观如图4所示。不良焊点一般有虚焊、夹渣、搭焊、气孔、毛刺、沙眼、溅锡等。

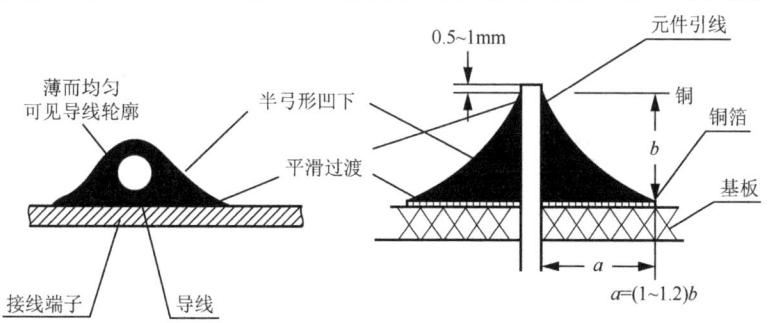

图4 焊点质量判断

（3）修补

1）补焊的工序

① 将摆放不整齐的元器件扶正。

② 补虚焊点、漏焊点及漏插的元器件。

2）补焊注意事项

① 必须要明确哪些焊点是不符合实际要求的，针对这些焊点进行补焊。

② 必须知道电烙铁的正确使用方法，明确焊接时间控制在2~4秒。

③ 剪脚的时候不能将引脚对准别人或自己，防止意外事故发生。

④ 调试（参看调试工艺卡）。

旧底图总号	更改标记	数量	更改单号	签名	日期		签名	日 期	第6~8页
						拟 制			共11页
底图总号						审 核			第1册
						标准化			共1册

表3-34 调试工艺卡

调试单卡	产品名称	调试项目
	晶闸管调光灯电路板	电路板功能的检测

调试步骤分二步进行：①通电前的检查；②通电检查。

(1) 通电前的检查。

根据电原理图，用万用表检查，重点检查项目如下：

- 用万用表的"Ω"挡检查电源的正、负极是否接反，有无短路现象，电源线、地线是否接触可靠。
- 元器件的型号（参数）是否有误、引脚之间有无短路现象。有极性的元器件（如二极管、晶体管、电解电容、集成电路等）的极性或方向是否正确。
- 连接导线有无接错、漏接、断线等现象。
- 电路板各焊接点有无漏焊、桥接短路等现象。

(2) 通电检查

安装完毕的电路经检查确认无误后，接通电源进行调试。

① 通电观察。

将调光灯电路接入220V交流电源，观察有无异常现象。如发现电路冒烟、有异常气味以及元器件发烫等现象，应立即切断电源，检查电路。排除故障后，方可重新接通电源进行测试。

② 通电调试。

先调控制电路，然后再调试主电路。控制电路的调试步骤是：在控制电路接上电源后，先用示波器观察稳压管两端的电压波形（应为梯形波）；再观察电容器两端的电压波形（应为锯齿波）；最后调节电位器R_p，锯齿波的频率有均匀的变化。

表1 晶闸管调光电路中各主要点的波形

电压名称	观察点	波形
桥式整流后脉动电压	1-0	
梯形波同步电压	2-0	
锯齿波电压（R_p较大）	3-0	
锯齿波电压（R_p较小）	3-0	
输出脉冲（R_p较大）	4-0	
输出脉冲（R_p较小）	4-0	
阳极电压（R_p较小）	5-0	

主电路的调试步骤是：用信号发生器给主电路加一个低电压（40~50V），用示波器观察晶闸管阳、阴极之间的电压波形。波形上有一部分是一条平线，它是晶闸管的导通部分；调节电位器R_p，波形中平线的长度随之变化，表示晶闸管导通角可调，电路工作正常。否则要检查原因，排除故障后，重新调试。待检查无误后，给主电路加工作电压，灯泡EL发光。调节R_p，当增大R_p时，则EL变暗；当减小R_p时，则EL变亮，说明电路工作正常。

图1 调光灯电路通电调试

旧底图总号	更改标记	数量	更改单号	签名	日期		签名	日期	第9~10页
						拟 制			共11页
底图总号						审 核			第1册
						标准化			共1册

表3-35 常见故障分析表

常见故障分析表		产品名称	分析项目
		晶闸管调光灯电路板	常见故障分析
序号	故障现象	可能原因及故障分析	备注
1	灯泡亮度不高	晶闸管坏;整流二极管极性焊接错误、稳压管击穿	
2	灯泡亮度不可调	单结晶体管极性焊接错误	
3	灯泡亮度低,并且调电位器时会灭	电位器坏或接触不良	
4	灯泡亮度不高	晶闸管坏;整流二极管极性焊接错误、稳压管击穿	
5	灯泡亮度不可调	单结晶体管极性焊接错误	

旧底图总号	更改标记	数量	更改单号	签名	日期		签名	日期	第11页
						拟 制			共11页
底图总号						审 核			第1册
						标准化			共1册

电路应用及技能扩展

本项目电路本质是一个晶闸管直流调压电路,可应用于需要进行直流调压的场合。电路经过调整,可用于调光台灯、温控电路和电动机直流调速等电路中。

项 目 小 结

1. 电子产品装配过程中常用的工程图纸有方框图、电原理图、印制电路板图、接线图、装配图等。

2. 电子材料主要分成安装导线与绝缘材料。安装导线一般由铜导体和绝缘层组成。绝缘材料除有隔离带电体的作用外,往往还起到机械支撑、保护导体及防止电晕和灭弧等作用。

3. 测量导线的方法主要是用万用表的欧姆挡对其两端进行测量,通过电阻值的读数判断导线的通断。

4. 在电子产品中还要用到粘接材料，对粘接材料的选用和接头的处理直接关系到产品的质量。

5. 电子元器件和各种导线在装配前一定要先进行处理，这是一道不可缺少的工序。

6. 导线主要可分成绝缘导线和屏蔽导线，对它们的处理主要是端头的处理。

7. 对在一块电路板上有许多导线在一起的安装，要对导线进行扎线，也就是要把导线扎成线扎，线扎的形式要根据电路的要求决定。

8. 各种电子元器件的引脚也要进行处理，要根据电路的特点和装配方式的不同，将元器件引线做成相应的形状。

9. 元器件引线的处理有手工制作和机器制作两种方法。

10. 印制电路板有手工制作和工厂制作两种途径。手工制作适合于电路的研制阶段，但批量生产的电子产品的印制电路板都通过工厂来制作。

11. 手工焊接是从事电子产品生产的人员必须掌握的基本技能，要正确使用焊接工具，掌握正确的焊接方法。

12. 调试的过程分为通电前的检查（调试准备）和通电调试两大阶段。

课后练习

1. 单芯导线和多芯导线分别适用于什么电路？
2. 屏蔽线有几种类型？分别适用于什么电路？
3. 磁性材料分为几种？分别适用于什么场合？
4. 粘接有什么特点？粘接材料分为几种？分别适用于什么场合？
5. 为什么要对导线和元器件引线进行加工？
6. 绝缘导线加工的主要步骤是什么？
7. 屏蔽导线加工的目的是什么？
8. 绑扎线束有哪几种方法？
9. 简述射频电缆的加工方法。
10. 元器件引线的加工方法有哪些？
11. 手工焊接需要进行哪几个步骤？
12. 为什么要对元器件引脚进行镀锡？为什么要对导线进行挂锡？
13. 导线的焊接有哪几种方法？导线与注塑元器件焊接时要注意什么问题？导线在铝板上焊接时要采取什么方法？
14. 手工拆焊需要有什么工具？对少引脚元器件拆焊可用什么方法？对多引脚元器件拆焊时要用什么方法？对导线与注塑元器件拆焊时要注意什么问题？对屏蔽线进行拆焊时要采取什么顺序？
15. 简述印制电路板设计的主要内容。
16. 试述在印制电路板上如何布局、布线。如何确定导线宽度和导线间距？
17. 印制电路板对外连接方法有哪些？
18. 简述印制电路板调试时的注意事项。

项目四　表面安装元器件电路板的装配

【项目实施目标】

本项目的工作任务是用贴片元器件手工装配"单片机控制汉字显示"电路板（电路原理图如图3-155所示）和用自动焊接技术装配"具有定时报警功能数字抢答器"电路板（电路原理图如图3-182所示），项目的主要目标是学习SMT组装技术的基础知识，了解贴片元件封装的结构和特点；学习自动装配焊接知识，熟悉自动装配焊接设备，掌握浸焊、波峰焊、回流焊的工作原理和工艺过程；学习手工装配SMB板的方法和技能，掌握表面安装技术。

【教学导航】

教	知识重点	SMT基础知识；贴片元件的识读；手工装配SMB；浸焊、波峰焊、回流焊的工作原理
	知识难点	贴片元件的识读；浸焊、波峰焊、回流焊的工作原理
	推荐教学方式	课堂讲授：表面组装技术介绍；SMT元器件的种类和规格；表面组装工艺；自动装配焊接设备介绍；浸焊、波峰焊、回流焊的工作原理剖析；浸焊、波峰焊、回流焊的工艺过程介绍。 多媒体演示：准备常用贴片元器件图片；表面组装工艺图片；手工装配SMB、自动装配焊接设备图片；浸焊、波峰焊、回流焊的工艺过程图片、手工装配和自动装配印制电路板生产工艺教学视频在相应教学环节播放。 学生操作练习：学生在教师指导下完成"单片机控制汉字显示"、"具有定时报警功能数字抢答器"电路板的装配
	建议学时	8学时
学	推荐学习方法	通过认真听课堂讲授、动手装配电路板的实践活动、认真观看教学视频，学习表面贴装技术的基础知识，认识常用贴片元器件，掌握手工装配调试SMT电路板的方法和对装配质量的评价方法；通过认真观看教学视频，熟悉自动装配焊接设备，掌握其工作原理，加深对工艺流程的了解，掌握回流焊装配焊接表面贴装元器件的技能；通过上网查询SMT相关知识介绍，加深对SMT技术的了解
	知识目标	明确表面组装技术、表面组装元器件、表面组装印制电路板的概念；了解SMT元器件的种类和规格，掌握常用贴片元器件的选择和使用；熟悉SMT工艺的元器件组装方式和工艺流程；熟悉手工进行元器件焊接的步骤；熟悉自动装配焊接设备；掌握浸焊、波峰焊、回流焊的工作原理和工艺过程；了解表面组装元件焊接的缺陷出现的原因；熟悉回流焊方式进行表面贴装元器件焊接的步骤；熟悉ICT、AOI、AXI检测设备及其功能和工作原理；掌握电子产品组装与调试方法。了解表面组装元件焊接的缺陷出现的原因
	技能目标	能用目测法识别常用贴片元件的类型；能正确选择和使用贴片元件；学会表面组装元件的手动焊接的操作；学会回流焊机操作，能够采用回流焊方式进行表面贴装元器件焊接；学会鉴别回流焊接表面组装元件的缺陷
	素质目标	通过装配电路板的实践活动，培养学生严谨的科学态度和工作作风；耐心、细致、认真的做事习惯；增强团队意识；培养与人沟通交流能力；创新意识、环保意识、成本意识；自我评价和评价他人的能力

【项目实施器材】

1. "单片机控制汉字显示"电路元器件每人一套,元器件清单见表 3-46。

2. "具有定时报警功能数字抢答器"电路元器件每组一套,元器件清单见表 3-51。

3. 各种类型不同规格的贴片元器件若干。

4. 剥线钳、剪刀、镊子、尖嘴钳、改锥,每组一把。

5. 15~20W 防静电恒温烙铁或 20W 内热式电烙铁、烙铁架每人一把。

6. 焊锡膏、0.5~0.8mm 焊锡丝、吸锡带、松香、酒精、电热风枪、含水海绵垫适量、元件盒、防静电腕带、放大镜、细毛笔、胶水。

7. 高精度丝印台、成形钢网、再流焊机、插件流水线各一台,万用表每组一块。

8. 导线若干米。

【项目实施步骤】

手工装配"单片机控制汉字显示"电路板:

1. 装配准备

(1) 设计制作"单片机控制汉字显示"印制电路板,准备装配作业指导书。

(2) 准备装配用电子材料及装配工具。

(3) 装配元器件分类筛选和电气性能的检测。

(4) 熟悉工艺文件,检查印制电路板。

2. 基板装配

"单片机控制汉字显示"电路板的手工贴装。

"单片机控制汉字显示"电路基板的手工焊接。

3. 装配质量检查

学生按两人一组,先自我检查装配质量并评分,然后再检查同组同学的板子质量并给予评分。

用自动焊接技术装配"具有定时报警功能数字抢答器"电路板:

1. 装配准备

(1) 设计制作"具有定时报警功能数字抢答器"印制电路板,准备装配作业指导书。

(2) 准备装配用电子材料及装配工具。

(3) 装配元器件分类筛选和电气性能的检测。

(4) 熟悉工艺文件,检查印制电路板。

2. 基板装配

表面贴装元器件的手工或自动贴装。

表面贴装元器件的回流焊接。

印制电路板的调试与检验。

3. 装配质量检查

学生按每 6~8 人一组,先自我检查装配质量并评分,然后各小组再相互检查并给予评分。

【项目总结报告】

1. 项目完成小组编号、同组人姓名、完成时间、地点、指导教师等。

2. 项目组成框图、原理图、工作原理及装配的主要工作过程。

3. 项目完成过程中出现的问题、故障及处理过程和结果。
4. 装配质量评分（包括个人和同组同学的分数）。
5. 收获、体会及建议等。

【项目考核方法】

采取平时20%（作业、纪律、认真听讲、积极参与）＋项目总结报告10%＋装配操作考核40%（包括贴片元器件识别与检测、电路板的装配、故障排除三个方面）＋装配质量评价20%＋团队合作10%综合考查的方法。

相关知识

1. 表面安装技术介绍

随着电子科学理论的发展和工艺技术的改进，出现了表面安装技术，又称表面贴装技术，简称SMT（Surface Mount Technology 的缩写）。表面安装技术可将电子元器件直接安装在印制电路板的表面，它的主要特征是元器件是无引线或短引线的，如图3-144所示，安装时管脚与元件焊在印制电路板的同一侧面，具有体积小、重量轻、装配密度高、产品的可靠性高、适合自动化生产、降低了生产成本的特点。它不同于传统的印制电路板的通孔安装技术，它使电子产品体积缩小，重量变轻，功能增强，可靠性提高，这种方式可以大大节省印制电路板的面积。

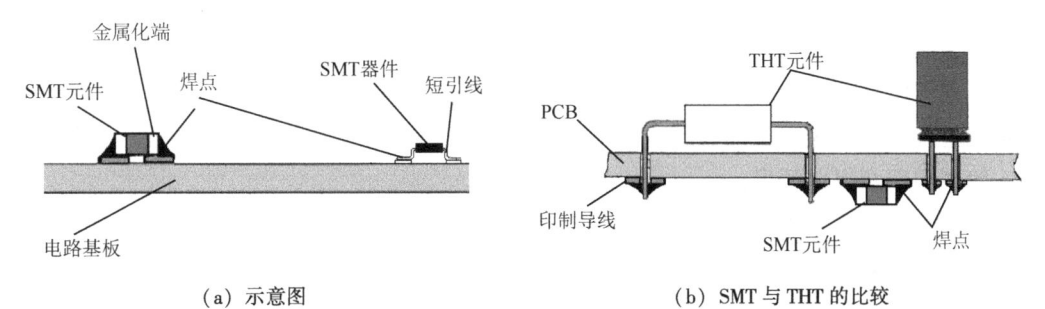

图3-144 表面组装技术

SMT技术诞生于20世纪60年代，起初是飞利浦公司将其应用于生产手表的纽扣状微型器件，美国是世界上最早应用SMT的国家，一直重视在投资类电子产品和军事装备领域发挥SMT技术优势；日本在20世纪70年代从美国引进SMT技术并将之应用在消费类电子产品领域，投入巨资大力加强基础材料、基础技术和推广应用方面的开发研究工作；欧洲各国SMT的起步较晚，由于他们重视SMT技术的发展，并有较好的工业基础，其SMT发展水平仅次于日本和美国；我国SMT的应用起步于20世纪80年代初期，最初从美、日等国成套引进了SMT生产线用于彩电调谐器生产，20世纪80年代中期以来，SMT进入高速发展阶段，90年代初已成为完全成熟的新一代电路组装技术，并逐步取代通孔插装技术。

SMT技术的发展经历了四个阶段。
- 第一阶段（1960~1975）：小型化，混合集成电路，主要应用于计算器、石英表生产。
- 第二阶段（1976~1980）：减小体积，增强电路功能，主要应用于摄像机、录像机、数码相机的生产。
- 第三阶段（1980~1995）：降低成本，大力发展生产设备，提高产品性价比，主要应用于超大规模集成电路。
- 现阶段（1995 至今）：微组装、高密度组装、立体组装。

其技术现状：据国外资料报道，进入 20 世纪 90 年代以来，全球采用通孔组装技术的电子产品正以每年 11% 的速度下降，而采用 SMT 的电子产品正以 8% 的速度递增。到目前为止，日、美等国已有 80% 以上的电子产品采用了 SMT 技术。

2. 表面安装技术与通孔插装技术的区别

表面安装技术（SMT）与传统的通孔插装技术（THT）的区别如图 3-132 和表 3-36 所示。

表 3-36 THT 与 SMT 的区别

名称	年代	技术缩写	代表元器件	安装基板	安装方法	焊接技术
通孔安装技术	20 世纪 60~70 年代	THT	晶体管，轴向引线元件	单、双面 PCB	手工/半自动插装	手工焊，浸焊
	70~80 年代		单、双列直插 IC，轴向引线元器件编带	单面及多层 PCB	自动插装	波峰焊，浸焊，手工焊
表面安装技术	20 世纪 80 年代开始	SMT	SMC，SM 片式封装 LSI，VLSI	高质量 SMB	自动贴片机	波峰焊，回流焊

与传统的通孔插装技术比较，表面安装技术具有以下特点：
- 提高了组装密度，使电子产品小型化、薄型化、轻量化，节省原材料。
- 无引线或引线很短，减少了寄生电容和寄生电感，从而改善了高频特性，有利于提高使用频率和电路速度。
- 形状简单、结构牢固，紧贴在印制板表面上，提高了可靠性和抗震性。
- 组装时没有引线的打弯、剪线，在制造印制板时，减少了插装元器件的通孔，降低了成本。
- 形状标准化，适合于用自动贴装机进行组装，效率高、质量好、综合成本低。
- SMT 的特点可以简单概括为：高集成化、高可靠性、高性能、易于实现自动化、节约成本。

任务一　识别表面安装元器件

1. 任务要求

了解贴片元器件的特点、规格和封装类型，学会识别表面安装元器件。

2. 相关知识

（1）表面安装元器件

表面安装元器件（表面安装元件 SMC 和表面安装器件 SMD）又称为贴片元器件或片式元器件，它包括电阻器、电容器、电感器、半导体器件和集成电路等。它具有体积小、重量轻、无引线或短引线、安装密度高、可靠性高、抗震性能好、易于实现自动化等特点。表面安装元器件在彩色电视机（高频头）、VCD、DVD、计算机、手机等电子产品中已大量使用。

表面安装元器件基本上都是片状结构的。这里所说的片状是个广义的概念，从结构的形状说，包括薄片矩形、圆柱形、扁平异形等。表面安装元器件从功能上分类为无源元件和有源器件。它最重要的特点就是标准化和小型化。

（2）表面安装元器件的种类、规格及封装形式

表面安装元器件按其形状可分为矩形、圆柱形和异形（如翼形、钩形等）三类，按其功能可分为无源、有源和机电元器件三类，具体见表3-37。

表3-37 表面安装元器件的种类和规格

类别	封装形式	种　　类
无源表面安装元件	矩形片式	厚膜和薄膜电阻器、热敏电阻、压敏电阻、单层或多层陶瓷电容器、钽电解电容器、片式电感器、磁珠等
	圆柱形	碳膜电阻器、金属膜电阻器、陶瓷电容器、热敏电容器、陶瓷晶体等
	异形	电位器、微调电位器、铝电解电容器、微调电容器、线绕电感器、晶体振荡器、变压器等
	复合片式	电阻网络、电容网络、滤波器等
有源表面安装器件	圆柱形	二极管
	陶瓷组件（扁平）	无引脚陶瓷芯片载体LCCC、有引脚陶瓷芯片载体CBGA
	塑料组件（扁平）	SOT、SOP、SOJ、PLCC、QFP、BGA、CSP等
机电元件	异形	继电器、开关、连接器、延迟器、薄型微电机等

表面安装元器件按照使用环境分类，可分为非气密性封装器件和气密性封装器件。非气密性封装器件对工作温度的要求一般为0～70℃。气密性封装器件的工作温度范围可达到-55～+125℃。气密性器件价格昂贵，一般使用在高可靠性产品中。

1）无源元件SMC

SMC包括片状电阻器、电容器、电感器、滤波器和陶瓷振荡器等，如图3-145所示，SMC的典型形状是一个矩形六面体（长方体），也有一部分SMC采用圆柱体的形状，这对于利用传统元件的制造设备、减少固定资产投入很有利。还有一些元件矩形化比较困难，属于异形SMC。

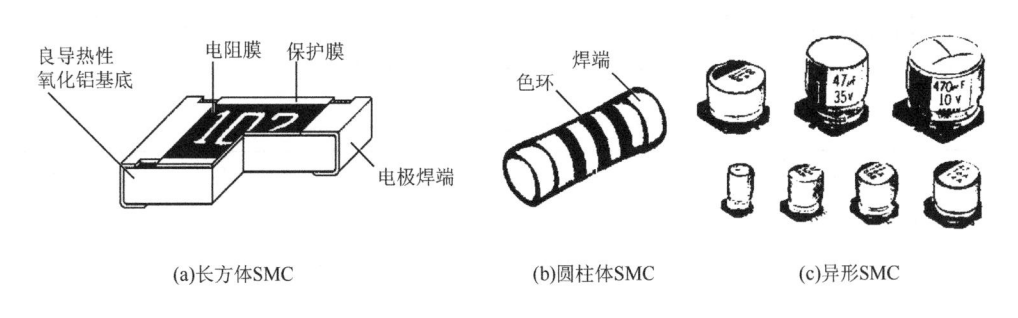

(a)长方体SMC　　(b)圆柱体SMC　　(c)异形SMC

图3-145 SMC的基本外形

片状元器件可以用三种包装形式提供给用户：散装、管状料斗和盘状纸编带。SMC的阻

容元件一般用盘状纸编带包装，如图3-146（a）所示，便于采用自动化装配设备。

使用最广泛的是片状电阻和电容，多为两端无引线，有焊端，外形为薄片矩形的表面组装元件，如图3-146（b）所示。片状表面组装电阻器是根据其外形尺寸的大小划分成几个系列型号的，现有两种表示方法，欧美产品大多采用英制系列，日本产品大多采用公制系列，我国这两种系列都可以使用。无论哪种系列，系列型号的前两位数字表示元件的长度（L），后两位数字表示元件的宽度（W）。例如，公制系列3216（英制1206）的矩形贴片元件，长$L=3.2$mm（0.12inch），宽$W=1.6$mm（0.06inch）。并且，系列型号的发展变化也反映了SMC元件的小型化进程：5750（2220）→4532（1812）→3225（1210）→3216（1206）→2520（1008）→2012（0805）→1608（0603）→1005（0402）→0603（0201）。典型SMC系列的外形尺寸见表3-38。

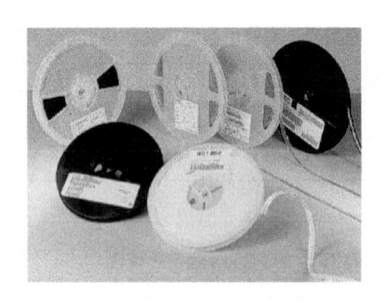

(a) 盘状纸编带　　　　　　　　　　(b) 片状元件外形尺寸

图3-146　无源元件

表3-38　典型SMC系列的外形尺寸（单位：mm/inch）

公制/英制型号	L	W	a	b	T
3216/1206	3.2/0.12	1.6/0.06	0.5/0.02	0.5/0.02	0.6/0.024
2012/0805	2.0/0.08	1.25/0.05	0.4/0.016	0.4/0.016	0.6/0.016
1608/0603	1.6/0.06	0.8/0.03	0.3/0.012	0.3/0.012	0.45/0.018
1005/0402	1.0/0.04	0.5/0.02	0.2/0.008	0.25/0.01	0.35/0.014
0603/0201	0.6/0.02	0.3/0.01	0.2/0.005	0.2/0.006	0.25/0.01

注：公制/英制转换：1inch=1000mil；1inch=25.4mm，1mm≈40mil。

虽然SMC的体积很小，但它的数值范围和精度并不差（见表3-39）。以SMC电阻器为例，3216系列的阻值范围是$0.39\Omega \sim 10M\Omega$，额定功率可达到1/4W，允许偏差有±1%、±2%、±5%和±10%四个系列，额定工作温度上限是70℃。

表3-39　常用典型SMC电阻器的主要技术参数

系列型号	3216	2012	1608	1005
阻值范围（Ω）	0.39～10M	2.2～10M	1～10M	10～10M
允许偏差（%）	±1，±2，±5	±1，±2，±5	±2，±5	±2，±5
额定功率（W）	1/4，1/8	1/10	1/16	1/16
最大工作电压（V）	200	150	50	50
工作温度范围/额定温度（℃）	-55～+125/70	-55～+125/70	-55～+125/70	-55～+125/70

表面安装电阻器最为常见的有 0201、0402、0805、0603、1206、1210、1812、2010、2512 几类，还可以以排阻的形式出现，四位、八位都有。表面组装电阻器按封装外形，可分为片状和圆柱形两种，如图 3-147 所示。图 3-147（a）是片状表面安装电阻器的外形尺寸示意图，图 3-147（b）是圆柱形表面安装电阻器的结构示意图。

表面安装电阻器的特性：体积小，重量轻；适应再流焊与波峰焊；电性能稳定，可靠性高；装配成本低，并与自动装贴设备匹配；机械强度高、高频特性优越。

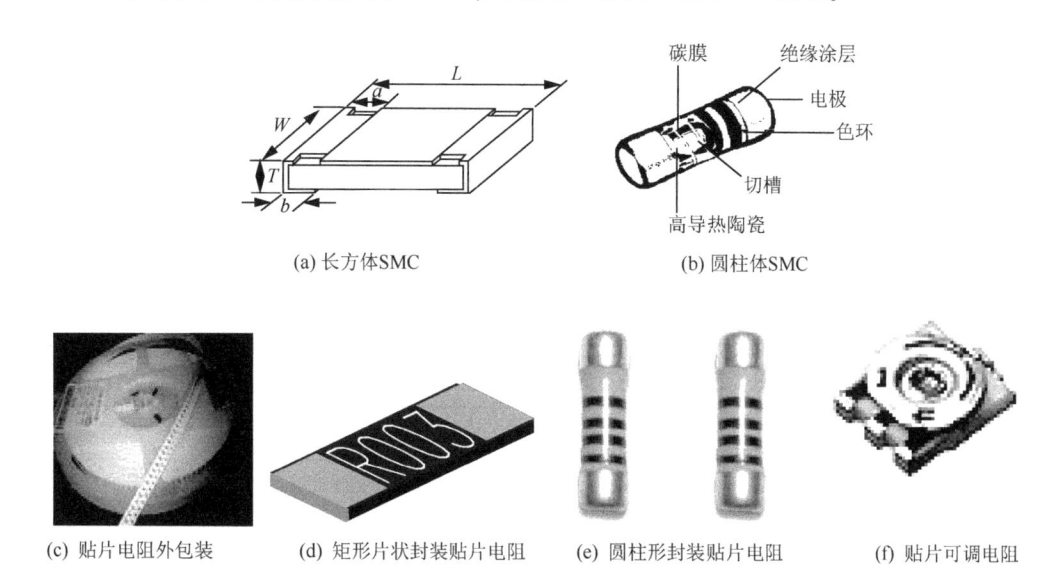

(a) 长方体SMC　　　　(b) 圆柱体SMC

(c) 贴片电阻外包装　(d) 矩形片状封装贴片电阻　(e) 圆柱形封装贴片电阻　(f) 贴片可调电阻

图 3-147　表面安装电阻器

表面安装电阻网络常见封装外形有：0.150 英寸宽外壳形式（称为 SOP 封装）有 8、14 和 16 根引脚，如图 3-148 所示；0.220 英寸宽外壳形式（称为 SOMC 封装）有 14 和 16 根引脚；0.295 英寸宽外壳形式（称为 SOL 封装件）有 16 和 20 根引脚。

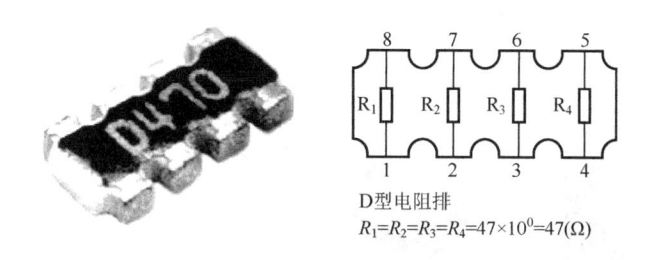

D型电阻排
$R_1=R_2=R_3=R_4=47\times10^0=47(\Omega)$

图 3-148　SOP 封装电阻排

表面安装电容器目前使用较多的主要有两种：陶瓷系列（瓷介）的电容器和钽电解电容器，其中瓷介电容器约占 80%。

表面安装陶瓷电容器以陶瓷材料为电容介质，多层陶瓷电容器是在单层盘状电容器的基础上构成的，电极深入电容器内部，并与陶瓷介质相互交错。电极的两端露在外面，并与两端的焊端相连。多层陶瓷电容器的结构如图 3-149 所示，表面安装多层陶瓷电容器的可靠性很高，已经大量用于汽车工业、军事和航天产品。

表面安装电容器的材料常规分为三种，NPO、X7R、Y5V。其中 NPO 材质电性能最稳定，几乎不随温度、电压和时间的变化而变化，适用于低损耗，稳定性要求高的高频电路。容量精度在 5% 左右，但这种材质只适用于容量较小的、常规 100pF 以下的贴片电容，100pF ~ 1000pF 的价格较高。X7R 材质比 NPO 稳定性差，但容量比 NPO 要高，容量精度在 10% 左右。Y5V 材质的电容稳定性较差，容量偏差在 20% 左右，对温度电压较敏感，但这种材质能做到很高的容量，而且价格较低，适用于温度变化不大的电路。表面安装多层陶瓷电容器所用介质有三种；COG、X7R 和 Z5U。其电容量与尺寸、介质的关系见表 3-40。

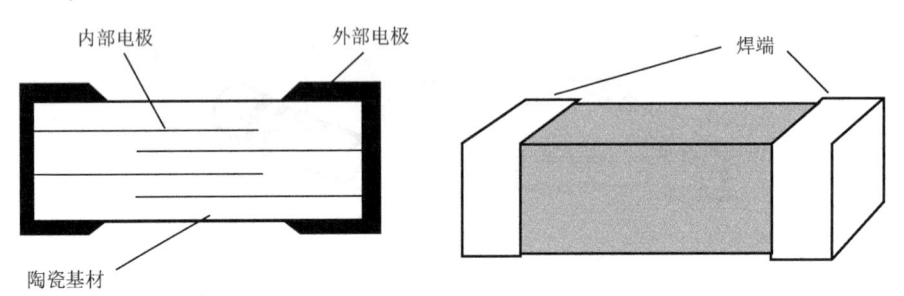

图 3-149 多层陶瓷电容器的结构示意图

表 3-40 不同介质材料的电容量范围

型号	COG	X7R	Z5U
0805C	10 ~ 560pF	120pF ~ 0.012μF	
1206C	680 ~ 1500pF	0.016 ~ 0.033μF	0.033 ~ 0.10μF
1812C	1800 ~ 5600pF	0.039 ~ 0.12μF	0.12 ~ 0.47μF

表面安装电容器有中高压贴片电容器和普通贴片电容器，系列电压有 6.3V、10V、16V、25V、50V、100V、200V、500V、1000V、2000V、3000V、4000V。表面安装电容器的尺寸表示法有两种，一种以英寸为单位来表示，一种以毫米为单位来表示，表面安装电容器系列的型号有 0201、0402、0603、0805、1206、1210、1812、2010、2225 等，表面安装电容器外形如图 3-150 所示。

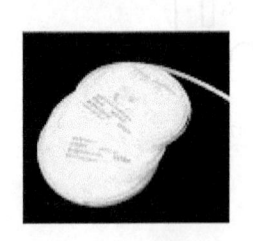

(a) 电容器外包装　　(b) 可调电容器外形　　(c) 多层片状瓷介电容外形

图 3-150 表面安装电容器

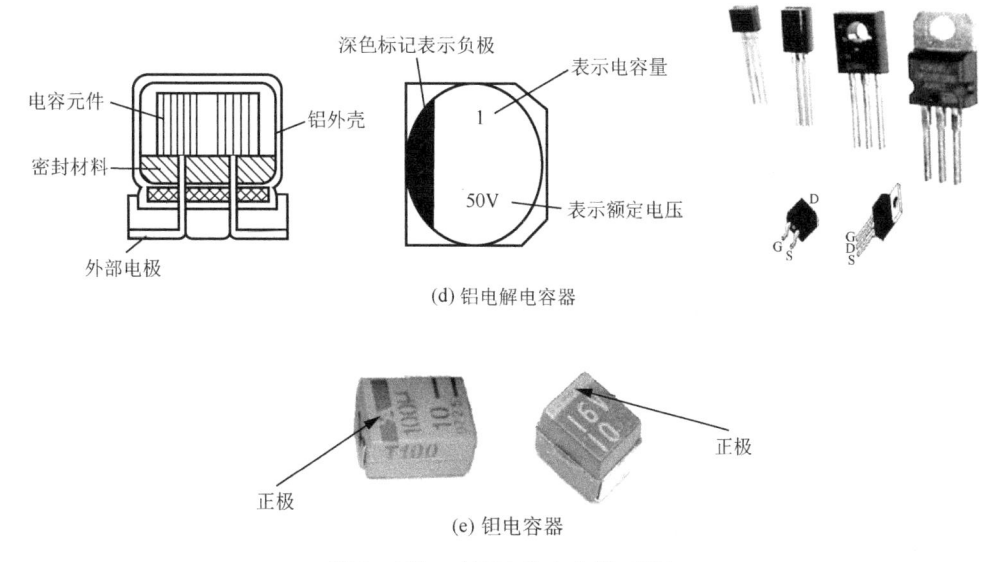

图 3-150　表面安装电容器（续）

表面安装电容器可分为无极性和有极性两种，范围从 0.22pF~100μF，常见的无极性电容封装为 0805、0603。极性电容也就是我们平时所称的电解电容，一般我们用铝电解电容，由于其电解质为铝，所以其温度稳定性以及精度都不是很高，而贴片元件由于其紧贴电路版，要求温度稳定性要高，所以表面安装电容器以钽电容为多。

表面安装钽电容器外形都是矩形，按两头的焊端不同，分为非模压式和塑模式两种，其特点是体积小、容量大（电容量范围是 0.1~100μF，直流电压范围为 4~25V）、漏电流低、使用寿命长、综合性能优异，是最优秀的电容器，不仅在常规条件下比陶瓷、铝、薄膜等其他电容器体积小、容量高、功能稳定，而且能在许多其他电容器所不能胜任的恶劣条件下正常工作。钽电容已经越来越多应用于各种电子产品上，属于比较贵重的零件，发展至今，也有了一个标准尺寸系列，用英文字母 Y、A、X、B、C、D 来代表，其对应关系如表 3-41 所示。

表 3-41　钽电容的型号规格

规格/型号	Y	A	X	B	C	D
L（mm）	3.2	3.8	3.5	4.7	6.0	7.3
W（mm）	1.6	1.9	2.8	2.6	3.2	4.3
H（mm）	1.6	1.6	1.9	2.1	2.5	2.8

提示：

注意：电容值相同但规格型号不同的钽电容不可代用。如："10μF/16VB 型"与"10μF/16VC 型"不可相互代用。

极性贴片电容根据其耐压不同，可分为 A、B、C、D 四个系列，具体如表 3-42 所示：

表 3-42　极性贴片电容的类型

类型	封装形式	耐压
A	3216	10V
B	3528	16V
C	6032	25V
D	7343	35V

表面组装电感器除了与传统的插装电感器有相同的扼流、退耦、滤波、调谐、延迟、补偿等功能外,还特别在 LC 调谐器、LC 滤波器、LC 延迟线等多功能器件中体现了独到的优越性。常见封装有 0402、0603、0805、1206。贴片电感器如图 3-151 所示,其标准封装见表 3-43。

(a) 贴片电感外包装(感排) 　　(b) 片式贴片电感 　　(c) 贴片电感

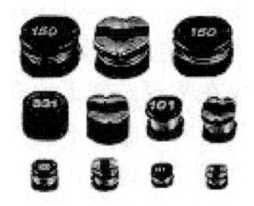

(d) 线绕贴片电感 　　(d) 可调贴片电感

图 3-151　贴片电感器

表 3-43　贴片电感的标准封装

封装	精度	Q 值	频率（Hz）	允许电流（A）
0402	±0.1nH	3	100	455
0405	±0.2nH	5	25.2	350,315
0603	±0.3nH	10	25	280,210
1005	±3%	20	10	200
1608	±5%	25	7.96	150

2) SMD 分立器件

SMD 分立器件包括各种分立半导体器件,有二极管、晶体管、场效应管,也有由二、三只晶体管、二极管组成的简单复合电路。

① SMD 分立器件的外形。二极管类器件一般采用 2 端或 3 端 SMD 封装，小功率晶体管类器件一般采用 3 端或 4 端 SMD 封装，4~6 端 SMD 器件大多封装了 2 只晶体管或场效应管，典型 SMD 分立器件的外形尺寸如图 3-152 所示，电极引脚数为 2~6 个。

② 二极管。二极管外形如图 3-152 所示。

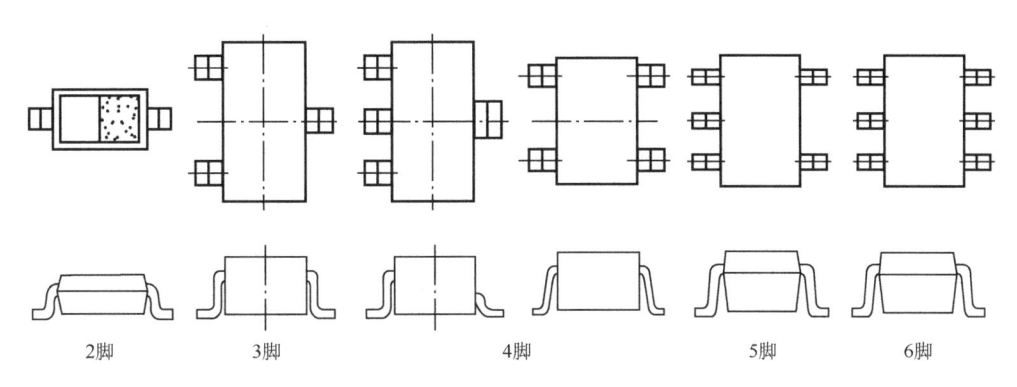

2 脚　　　3 脚　　　　4 脚　　　　5 脚　　　6 脚

(a) 典型 SMD 分立器件的外形尺寸

无引线柱形玻璃封装二极管　　　塑封二极管　　　发光二极管

(b) 表面安装二极管外形

图 3-152　SMD 分立器件外形

◆ 无引线柱形玻璃封装二极管：

无引线柱形玻璃封装二极管将管芯封装在细玻璃管内，两端以金属帽为电极。通常用于稳压、开关和通用二极管，功耗一般为 0.5~1W。

◆ 塑封二极管：

塑封二极管用塑料封装管芯，有两根翼形短引线，一般做成矩形片状，额定电流 150mA~1A，耐压 50~400V。

◆ 发光二极管：

颜色有红、黄、绿、蓝之分；亮度分普亮、高亮、超亮三个等级；常用的封装形式有三类：0805、1206、1210。

③ 表面安装三极管。表面安装三极管采用带有翼形短引线的塑料封装（SOT，Short Outline Transistor 小型晶体管），常用的封装形式有四种：SOT23、SOT89、SOT143、TO252 等，如图 3-153 所示，产品有小功率管、大功率管、场效应管和高频管几个系列。小功率管额定功率为 100~300mW，电流为 10~700mA；大功率管额定功率为 300mW~2W，两条连在一起的引脚是集电极。

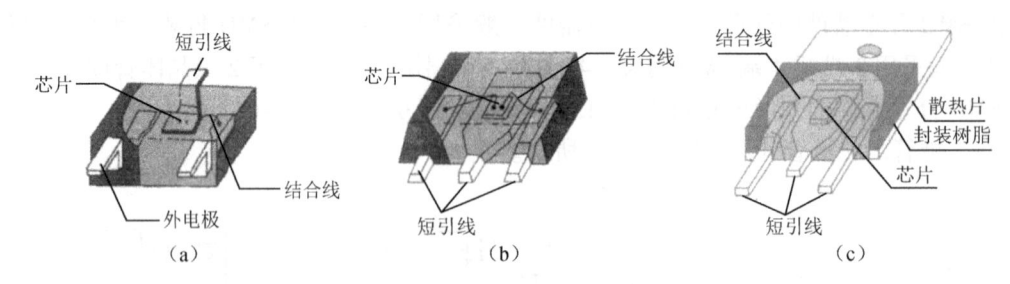

图 3-153 常见贴片三极管封装形式

◆ SOT23 型，如图 3-153（a）所示。它有三条"翼形"短引线，常用于小功率晶体管、场效应管、复合管。

◆ SOT143 型，结构与 SOT23 型相仿，不同的是有四条"翼形"短引线。其中较宽的是集电极，它的散热性能与 SOT23 基本相同，常用于双栅场效应管及高频晶体管。

◆ SOT89 型，如图 3-153（b）所示。适用于中功率的晶体管（300mW~2W），它的三条短引线从管子的同一侧引出。自带散热片，功耗 500mW，在陶瓷板上可达到 1W，常用于硅功率晶体管。

◆ TO252 型，如图 3-153（c）所示。在管子的一侧有三条较粗的引线，芯片贴在散热铜片上。功耗为 2~5W，适用于大功率晶体管。

3）SMD 集成电路。

① SMD 集成电路的主要封装形式：

a. SO 封装。引线比较少的小规模集成电路大多采用这种小型封装。SO 封装又分为几种。

SOP（Small Outline Package）封装：小型封装，零件两面有脚，脚向外张开（一般称为翼形引脚），芯片宽度小于 0.15inch，电极引脚数目比较少（一般在 8~40 脚之间）。

有些 SOP 封装采用小型化或薄型化封装，分别称为 SSOP 封装和 TSOP 封装。大多数 SO 封装的引脚采用翼形电极，也有一些存储器采用 J 形电极（称为 SOJ）。

SSOP（Shrink Small Outline Package）：缩小型封装。

TSSOP（Thin Shrink Small Outline Package）：薄缩小型封装。

SOJ（Small Outline J-lead Package，J 形脚封装）：零件两面有脚，脚向零件底部弯曲（J 形引脚）。

SOL 封装：芯片宽度在 0.25 inch 以上，电极引脚数目在 44 以上的，这种芯片常用于随机存储器（RAM）。

SOW 封装：芯片宽度在 0.6 inch 以上，电极引脚数目在 44 以上的，这种芯片常用于可编程存储器（EEPROM）。

b. QFP 封装（Quad Flat Package 四方形封装）：矩形四边都有电极引脚的 SMD 集成电路称为 QFP 封装，零件四边有脚，零件脚向外张开。其中 PQFP（Plastic QFP）封装的芯片四角有突出（角耳），薄形 TQFP（Thin Quad Flat Package 薄四方形封装）的厚度已经降到 1.0mm 或 0.5mm。QFP 封装也采用翼形的电极引脚。QFP 封装的芯片一般都是大规模集成电路，在商品化的 QFP 芯片中，电极引脚数目最少为 28 脚，最多可能达到 300 脚以上。

c. LCCC 封装（陶瓷无引线封装）：LCCC 是陶瓷芯片载体封装的 SMD 集成电路中没有引脚的一种封装；芯片被封装在陶瓷载体上，无引线的电极焊端排列在封装底面上的四边，电极数目为 18~156 个。LCCC 引出端子的特点是在陶瓷外壳侧面有类似城堡状的金属化凹槽和外壳底面镀金电极相连，提供了较短的信号通路，电感和电容损耗较低，可用于高频工作状态。LCCC 集成电路的芯片是全密封的，可靠性高但价格高，主要用于军用产品中，并且必须考虑器件与电路板之间的热膨胀系数是否一致的问题。

d. PLCC（Plastic Leaded Chip Carrie 宽脚距塑料封装）：PLCC 是集成电路的有引脚塑封芯片载体封装，零件四边有脚，零件脚向零件底部弯曲。

它的引脚向内钩回，称为钩形（J 形）电极，电极引脚数目为 16~84。PLCC 封装的集成电路大多是可编程的存储器。芯片可以安装在专用的插座上，容易取下来对其中的数据进行更改；为了减少插座的成本，PLCC 芯片也可以直接焊接在电路板上，但用手工焊接比较困难。PLCC 的外形有方形和矩形两种，方形的称为 JEDEC MO－047；矩形的称为 JEDEC MO－052。

e. BGA（Ball Grid Array 球状栅阵列封装）：零件表面无脚，其脚成球状矩阵排列于零件底部。BGA 是大规模集成电路的一种极富生命力的封装方法。20 世纪 90 年代后期，BGA 方式已经大量应用。导致这种封装方式出现的根本原因是集成电路的集成度迅速提高，芯片的封装尺寸必须缩小。BGA 封装是将原来器件 PLCC/QFP 封装的 J 形或翼形电极引脚，改变成球形引脚；把从器件本体四周"单线性"顺列引出的电极，变成本体底面之下"全平面"式的格栅阵排列。这样，既可以加大引脚间距，又能够增加引脚数目。

目前，使用较多的 BGA 的 I/O 端子数是 72~736，预计将达到 2000。阵列在器件底面可以呈完全分布或部分分布。

提示：

注意：对 IC 的称呼一般采用"类型 + PIN 脚数"的格式，如：SOP14PIN、SOP16PIN、SOJ20PIN、QFP100PIN、PLCC44PIN 等。常见贴片元件封装见表 3－44。

表 3－44 常见贴片元件封装

名称	图示	缩写含义	应用
Chip		片式元件	电阻，电容，电感
MLD		模制本体元件	钽电容，二极管
CAE		有极性	铝电解电容

续表

名称	图示	缩写含义	应用
Melf		两个金属电极	圆柱形玻璃二极管，电阻（少见）
SOT		小型晶体管 常见的是 SOT-23 和 SOT-89	三极管，场效应管
TO	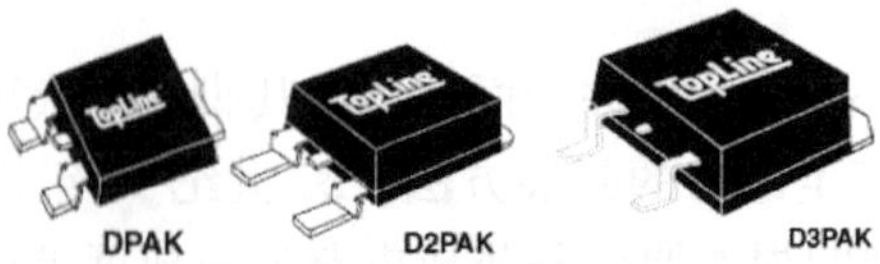	晶体管外形的贴片元件	电源模块
OSC		晶体振荡器	晶振
Xtal		二引脚晶振	晶振
SOD		小型二极管（相比插件元件）常见有 SOD-80	二极管
SOIC		小型集成芯片	集成电路芯片，座子
SOP		小外形封装，也称 SO，SOIC 前缀：S：Shrink T：Thin	集成电路芯片
SOJ		J 形引脚的小芯片	集成电路芯片

续表

名称	图示	缩写含义	应用
PLCC		塑封引线芯片载体	集成电路芯片
LCCC		陶瓷无引线封装	集成电路芯片
DIP		双列直插式封装，贴片元件	变压器，开关
QFP		方形扁平封装 带有 J 形引线的称为 QFJ	集成电路芯片
BGA	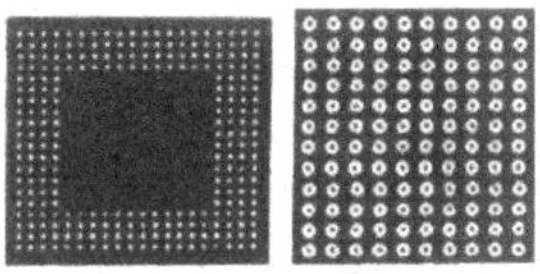	球形栅格阵列 塑料：P 陶瓷：C	集成电路芯片
QFN		四方扁平无引脚器件	集成电路芯片
SON		小型无引脚器件	集成电路芯片

（3）表面安装元器件的识读

1）SMC 的元件表示法

贴片元件的型号及参数直接标注在元器件上，由于元器件的体积越来越小型化，所以通常所采用的是文字符号法、数码标注法和色标法。含义与普通元器件表示法相同。文字符号法具体规定如下：对于十个基本标注单位以上的元件，用三位数字标注元件的数值，前两位数字表示数值的有效数字，第三位数字表示数值的倍率。电阻的基本标注单位是欧姆（Ω），电容的基本标注单位是皮法（pF），电感的基本标注单位是微亨（μH）。

① 贴片电阻的表示一般用数标法：
- 三位数字标印在电阻器上，其中前两位表示为有效数字，第三位表示倍数10的n次方。例如：473表示电阻值为$47 \times 10^3 \Omega = 47k\Omega$，101表示$100\Omega$。
- 小于10欧的电阻值用字母R与二位数字表示。如：5R6 = 5.6Ω，R82 = 0.82Ω。
- 精密电阻（±1%）通常用四位数字表示，前三位为有效数字，第四位表示倍数10的n次方。例如：147Ω的精密电阻，其字迹为1470，但在0603型的电阻器上再打印四位数字，不但印刷成本高，而且肉眼难于辨别，故有E96系列的表示方法。E96贴片电阻器的阻值通常用4位数字表示（3位基本值加一位乘10的次方数）。这在3216（1206型）、2125（0805型）外形的电阻器上尚可清晰地印刷与辨认。但在1608（0603）外形规格的电阻器上，再打印4位数，不但印刷成本高而且肉眼难于辨认。目前生产厂家多采用两位数字和一位字母来表示。即使用01～96这96个二位数依次代表E96系列中1.0～9.76这96个基本数值，而第三位英文字母（X、A、B、C、D）则表示该基本数值乘以10的1、2、3、4、5次方。例如："65A"表示：4.64×10^2 = 464Ω；"15B"表示：$1.40 \times 1000 = 1400\Omega$；"66B"表示：$4.75 \times 1000 = 4750\Omega$ = $4.75k\Omega$；"09C"表示：$1.21 \times 10000 = 12100\Omega = 12.1k\Omega$。也有1608（0603）电阻器的字体下有"－"表示精密电阻。

② 贴片电容的标注。电容有两种指标：大小和耐压值。

大小表示。在普通的多层陶瓷电容本体上一般是没有标注的，这和它的制作工艺有关，贴片电容经过高温烧结而成，所以没办法在它的表面印字。而在钽电容本体上一般均有标注，其标注如下：容器上的标注，103表示其容量为$10 \times 10^3 = 10000pF = 0.01\mu F$，475表示其容量为$47 \times 10^5 = 4700000pF = 4.7\mu F$；1R5表示其容量为1.5pF。

耐压值表示。电容器耐压的标注有一种是采用一个数字和一个字母组合而成。数字表示10的幂指数，字母表示数值，单位是V（伏）。

表3-45 电容耐压值的标注

字母	A	B	C	D	E	F	G	H	J	K	Z
耐压值	1.0	1.25	1.6	2.0	2.5	3.15	4.0	5.0	6.3	8.0	9.0

例如：1J代表$6.3 \times 10 = 63V$；2G代表$4.0 \times 100 = 400V$；3A代表$1.0 \times 1000 = 1000V$；1K代表$8.0 \times 10 = 80V$；数字最大为4，如4Z代表$9.0 \times 10^4 = 9.0 \times 10000 = 90kV$。

2）表面安装元器件的型号命名

目前，我国尚未对SMT元件的规格型号表示方法制定标准，市场上销售的SMT元件，部分是国外进口，其余是用从国外厂商引进的生产线生产的，其规格型号的命名难免带有原厂商的烙印，下面各用一种贴片电阻和贴片电容举例说明。

例1：1/8W，470Ω，±5%的陶瓷电阻器。

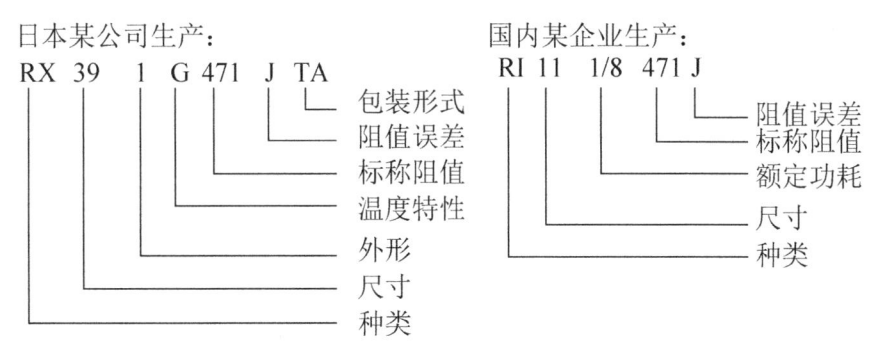

日本某公司生产：
RX 39 1 G 471 J TA
├─ 包装形式
├─ 阻值误差
├─ 标称阻值
├─ 温度特性
├─ 外形
├─ 尺寸
└─ 种类

国内某企业生产：
RI 11 1/8 471 J
├─ 阻值误差
├─ 标称阻值
├─ 额定功耗
├─ 尺寸
└─ 种类

例2：1000pF，±5%，50V的瓷介电容器。

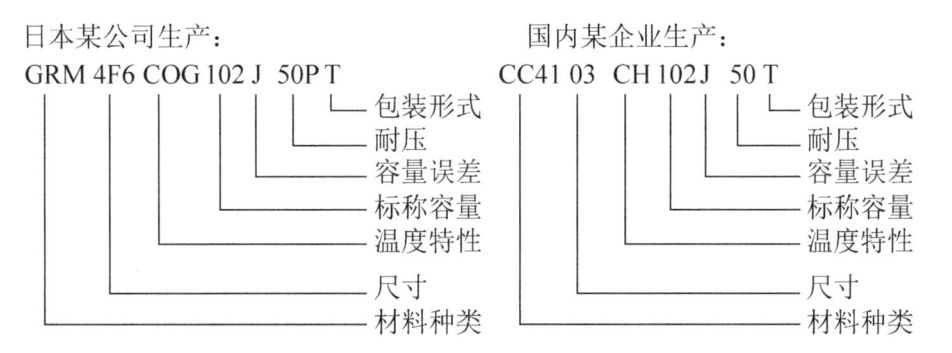

日本某公司生产：
GRM 4F6 COG 102 J 50P T
├─ 包装形式
├─ 耐压
├─ 容量误差
├─ 标称容量
├─ 温度特性
├─ 尺寸
└─ 材料种类

国内某企业生产：
CC41 03 CH 102J 50 T
├─ 包装形式
├─ 耐压
├─ 容量误差
├─ 标称容量
├─ 温度特性
├─ 尺寸
└─ 材料种类

贴片电容的命名所包含的参数有贴片电容的尺寸、做这种贴片电容用的材质、要求达到的精度、要求的电压、要求的容量、端头的要求以及包装的要求。

提示：

> **怎样区分贴片的电阻与电容**
> 由于电阻上面有白色的字体表示，所以除端角外背景颜色应该是黑色的；而电容上就没有字体表示，也不会有黑色的颜色，因为有黑色的话容易让人误以为电容被氧化。

3）贴片元件极性识别

在SMT元器件中，可分为有极性器件与无极性元件两大类。

- 无极性元件：电阻、电容、排阻、排容、电感。
- 有极性器件：二极管、钽质电容、IC。

① 二极管：在实际生产中二极管又有很多种类别和形态，常见的有 Glass Tube Diode、Green LED、Cylinder Diode 等几种。

- Glass Tube Diode：红色玻璃管一端为正极（黑色一端为负极）。
- Green LED：一般在零件表面用一黑点或在零件背面用一正三角形作为记号，零件表面黑点一端为正极（有黑色一端为负极）；若在背面标注，则正三角形所指方向为负极。
- Cylinder Diode：有白色横线一端为负极。

② 钽质电容：表面标有白色横线一端为正极。

③ 集成电路（IC）类：IC类贴片元件一般在元件面的一个角标注一个向下凹的小圆点，或在一端设置一小缺口来表示其极性。

提示：

> 注意：上面说明了常见贴片元件的极性表示，但在生产过程中，正确的极性指的是元件的极性与 PCB 上标注的极性一致，一般在 PCB 上装着 IC 的位置都有很明确的极性表示，IC 元件的极性表示与 PCB 上相应标注吻合即可。

4）识读料盘

TYPE：元件类型品名；

LOT：生产批次；

QTY：每包装数量；

P/N：元件编号；

VENDER：售卖者厂商代号；

P/O NO：定单号码；

DESC：描述；

DEL DATE：（选购）生产日期；

DEL NO：（选购）流水号；

L/N：生产批次；

SPEC：描述。

（4）表面组装元器件存放的环境条件

- 环境温度：库存温度 <40℃。
- 生产现场温度 <30℃。
- 环境湿度 <RH60%。
- 库存及使用环境中不得有影响焊接性能的硫、氯、酸等有毒气体。
- 防静电措施：要满足 SMT 元器件对防静电的要求。
- 元器件的存放周期：从元器件厂家的生产日期算起，库存时间不超过两年；整机厂用户购买后的库存时间一般不超过一年；假如是自然环境比较潮湿的整机厂，购入 SMT 元器件以后应在三个月内使用。
- 对有防潮要求的 SMD 器件，开封后 72 小时内必须使用完毕，最长也不要超过一周。如果不能用完，应存放在 RH20% 的干燥箱内，已受潮的 SMD 器件要按规定进行去潮烘干处理。
- 在运输、分料、检验或手工贴装时，假如工作人员需要拿取 SMD 器件，应该佩带防静电腕带，尽量使用吸笔操作，并特别注意避免碰伤 SOP、QFP 等器件的引脚，预防引脚翘曲变形。

（5）SMT 元器件的选择

选择表面安装元器件，应该根据系统和电路的要求，综合考虑市场供应商所能提供的规格、性能和价格等因素，主要从以下两方面选择。

① SMT 元器件类型选择：

- 选择元器件时要注意贴片机的精度。
- 钽和铝电容器主要用于电容量大的场合。
- PLCC 芯片的面积小，引脚不易变形，但维修不够方便。
- LCCC 的可靠性高但价格高，主要用于军用产品中，并且必须考虑器件与电路板之间的热膨胀系数是否一致的问题。
- 机电元件最好选用有引脚的元件。

② SMT 元器件的包装选择。SMC/SMD 元器件厂商向用户提供的包装形式有散装、盘状编带、管装和托盘，后三种包装的形式如图 3-154 所示。

(a) 盘状纸/塑料编带包装　　(b) 塑料管包装　　(c) 托盘包装

图 3-154　SMT 元器件的包装形式

散装：无引线且无极性的 SMC 元件可以散装，例如一般矩形、圆柱形电容器和电阻器。散装的元件成本低，但不利于自动化设备拾取和贴装。

盘状编带包装：编带包装适用于除大尺寸 QFP、PLCC、LCCC 芯片以外的其他元器件，如图 3-154（a）所示。SMT 元器件的包装编带有纸带和塑料带两种。纸编带主要用于包装片状电阻、片状电容、圆柱状二极管、SOT 晶体管。纸带一般宽 8mm，包装元器件以后盘绕在塑料架上。塑料编带包装的元器件种类很多，各种无引线元件、复合元件、异形元件、SOT 晶体管、引线少的 SOP/QFP 集成电路等。纸编带和塑料编带的一边有一排定位孔，用于贴片机在拾取元器件时引导纸带前进并定位。定位孔的孔距为 4mm（元件小于 0402 系列的编带孔距为 2mm）。在编带上的元件间距依元器件的长度而定，取 4mm 的倍数。

管式包装：如图 3-154（b）所示，管式包装主要用于 SOP、SOJ、PLCC 集成电路、PLCC 插座和异形元件等，从整机产品的生产类型看，管式包装适合于品种多、批量小的产品。

托盘包装：如图 3-154（c）所示，托盘包装主要用于 QFP、窄间距 SOP、PLCC、BGA 集成电路等器件。

实践训练——识读表面安装元器件

工作任务：准备若干常用贴片元器件和装配有贴片元器件的电路板，要求说出其名称和类型。

任务二　手工装配单片机控制汉字显示电路板

1. 工作任务

用贴片元件手工装配如图 3-147 所示电路板。

2. 任务要求

熟悉表面组装工艺，掌握手工焊接贴片元件的方法和技能。

3. 相关知识

（1）单片机控制汉字显示电路原理图如图 3-155 所示
（2）MP3 音乐功放元器件清单如表 3-46 所示

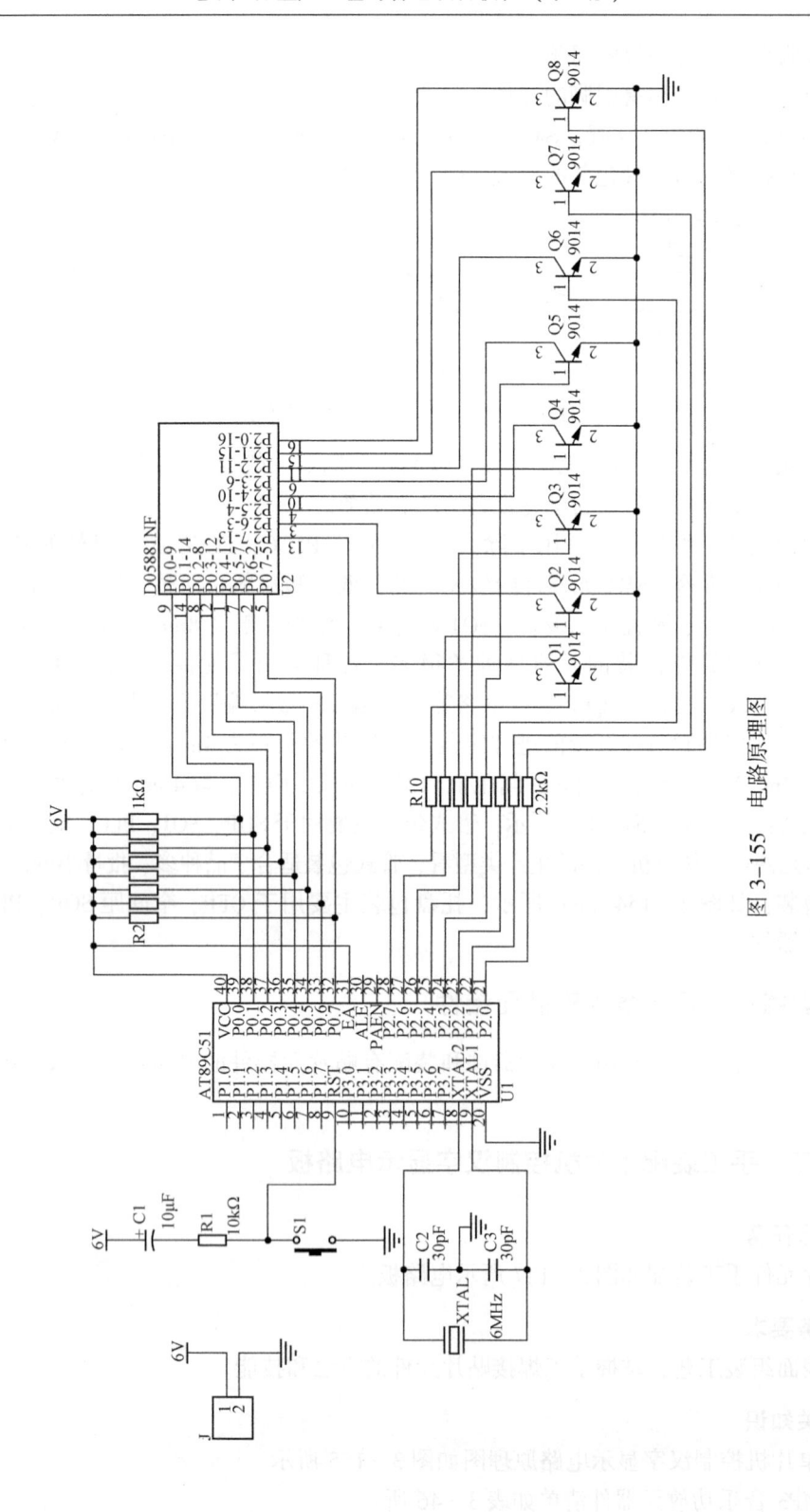

图 3-155 电路原理图

表 3-46 单片机程控汉字显示电路元器件清单

元器件清单		产品名称		产品图号
		单片机程控汉字显示电路板		
序号	器件类型	器件规格	数量	备注
1	单片机	AT89S51（带底座，插件）	1	
2	晶振	6MHz（贴片）	1	
3	贴片电阻	10kΩ（1206 或 0805 型）	1	
4	贴片电阻	1kΩ（1206 或 0805 型）	8	
5	贴片电阻	2.2kΩ（1206 或 0805 型）	8	
6	极性贴片电解电容	10μF	1	
7	非极性贴片电容	30pF（1206 或 0805 型）	2	
8	点阵显示器	共阳极 8×8 LED 点阵	1	
9	贴片三极管	9014（SOT23 型）	8	
10	贴片开关		1	
11	USB 接口		1	
12	连接导线		若干	
旧底图总号	更改标记	数量	更改单号	签名	日期		签名	日期	第　页
						拟制			共　页
底图总号						审核			第　册
						标准化			共　册

（3）SMT 工艺的元器件组装方式

SMT 的组装方式及其工艺流程主要取决于表面组装组件（SMA）的类型、使用的元器件种类和组装设备条件。大体上可分为单面混装、双面混装和全表面组装 3 种类型共 6 种组装方式。表面安装方式见表 3-47。

表 3-47 表面安装技术的安装方式

	组装方式	示意图	电路基板	焊接方式	特征
全表面组装	单面表面组装		单面 PCB 陶瓷基板	单面回流焊	工艺简单，适用于小型、薄型简单电路
	双面表面组装		双面 PCB 陶瓷基板	双面回流焊	高密度组装、薄型化
单面混装	SMD 和 THC 都在 A 面		双面 PCB	先 A 面回流焊，后 B 面波峰焊	一般采用先贴后插，工艺简单
	THC 在 A 面 SMD 在 B 面		单面 PCB	B 面波峰焊	PCB 成本低，工艺简单，先贴后插。如果先插后贴，工艺复杂

续表

组装方式		示意图	电路基板	焊接方式	特 征
双面混装	THC 在 A 面，A、B 两面都有 SMD		双面 PCB	在 A 面回流焊，后 B 面波峰焊	适合高密度组装
	A、B 两面都有 SMD 和 THC		双面 PCB	先 A 面回流焊，后 B 面再波峰焊，B 面插装件后附	工艺复杂，很少采用

1）单面混合组装

第一类是单面混合组装，如图 3-156（a）所示，即 SMC/SMD 与通孔插装元件（THC）分布在 PCB 不同的两个面上混装，但其焊接面仅为单面。这一类组装方式均采用单面 PCB 和波峰焊接工艺，具体有两种组装方式。

- 先贴法。第一种组装方式称为先贴法，即在 PCB 的 B 面（焊接面）先贴装 SMC/SMD，而后在 A 面插装 THC。
- 后贴法。第二种组装方式称为后贴法，即先在 PCB 的 A 面插装 THC，后在 B 面贴装 SMC/SMD。

2）双面混合组装

第二类是双面混合组装，SMC/SMD 和 THC 可混合分布在 PCB 的同一面，同时，SMC/SMD 也可分布在 PCB 的双面。双面混合组装采用双面 PCB、双波峰焊接或回流焊接，如图 3-157 所示。在这一类组装方式中也有先贴还是后贴 SMC/SMD 的区别，一般根据 SMC/SMD 的类型和 PCB 的大小合理选择，通常采用先贴法较多。该类组装常用两种组装方式。

① SMC/SMD 和 THC 同侧方式。SMC/SMD 和 THC 同在 PCB 的一侧，如图 3-156（b）所示。

② SMC/SMD 和 THC 不同侧方式。把表面组装集成芯片（SMIC）和 THC 放在 PCB 的 A 面，而把 SMC 和小型晶体管（SOT）放在 B 面，如图 3-156（c）所示。

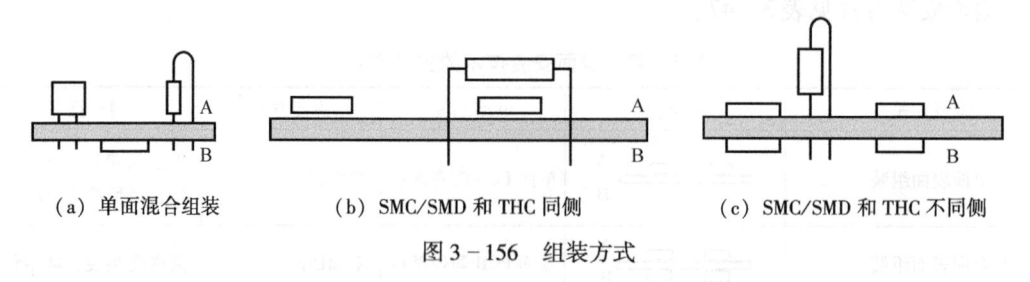

（a）单面混合组装　　（b）SMC/SMD 和 THC 同侧　　（c）SMC/SMD 和 THC 不同侧

图 3-156　组装方式

3）全表面组装

第三类是全表面组装，在 PCB 上只有 SMC/SMD 而无 THC。由于目前元器件还未完全实现 SMT 化，实际应用中这种组装形式不多。这一类组装方式一般是在细线图形的 PCB 或陶瓷基板上，采用细间距器件和再流焊（即回流焊，后同）接工艺进行组装。它也有两种组装方式，如图 3-158 所示。

（4）表面安装技术的工艺流程

表面安装技术的工艺流程包括：涂膏（点胶）、固化、贴片、焊接、清洗、检测和返修等过程。

先做A面：

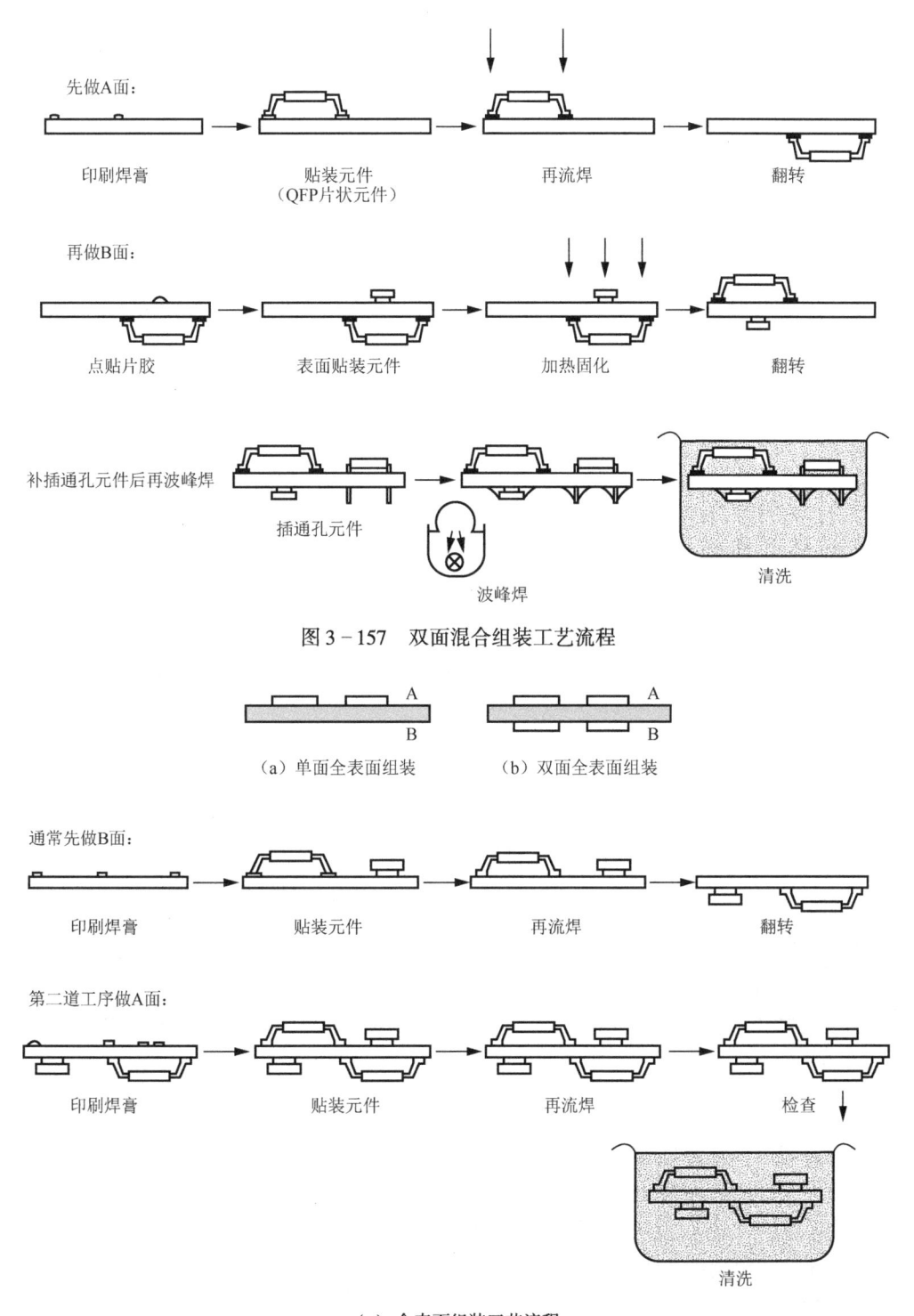

印刷焊膏 → 贴装元件（QFP片状元件） → 再流焊 → 翻转

再做B面：

点贴片胶 → 表面贴装元件 → 加热固化 → 翻转

补插通孔元件后再波峰焊

插通孔元件 → 波峰焊 → 清洗

图 3-157 双面混合组装工艺流程

（a）单面全表面组装　　（b）双面全表面组装

通常先做B面：

印刷焊膏 → 贴装元件 → 再流焊 → 翻转

第二道工序做A面：

印刷焊膏 → 贴装元件 → 再流焊 → 检查 → 清洗

（c）全表面组装工艺流程

图 3-158 全表面组装

1）单面全表面安装工艺流程

来料检测→涂膏（点胶）→贴片→再流焊→清洗→检测/返修。

2）双面全表面安装工艺流程

来料检测→涂膏（点胶）→贴片→再流焊→清洗→翻转基板→涂膏（点胶）→贴片→再流焊→清洗→检测/返修。

3）单面混合安装工艺流程

点胶→贴放 SMC/SMD→固化胶粘剂→翻转基板→插入插装元器件→波峰焊→清洗→检测/返修。

4）双面混合安装工艺流程

来料检测→涂膏→贴片→再流焊→清洗→机插→翻转基板→点胶→贴片→固化→翻转基板→手插波峰焊→清洗→检测/修理。

流程解释：

1）涂膏

涂膏也称丝印，其作用是将焊膏或贴片胶漏印到 PCB 的焊盘上，为元器件的焊接做准备。SMT 焊膏是由作为焊料的金属合金粉末与糊状助焊剂均匀混合而形成的膏状焊料。常用焊料合金有：锡-铅（63% Sn - 37% Pb）、锡-铅（60% Sn - 40% Pb）、锡-铅-银（62% Sn - 36% Pb - 2% Ag）；助焊剂采用活性为 RMA 级的弱活性松香助焊剂。

常用涂膏方法有印刷法（就是将焊膏以印刷的方法通过丝网板（见图 3-159）或模板的开口孔涂敷在焊盘上）、注射法（将焊膏置于注射器内部并借助于气动、液压或电驱动方式加压，使焊膏经针孔排至 SMB 焊盘表面）。

涂膏质量标准：适量、准确。具体要求如下：

形貌：良好涂膏的形貌如图 3-159（c）所示，均匀覆盖在焊盘上，无凸峰、边缘不清、拉丝、搭接等不良现象。

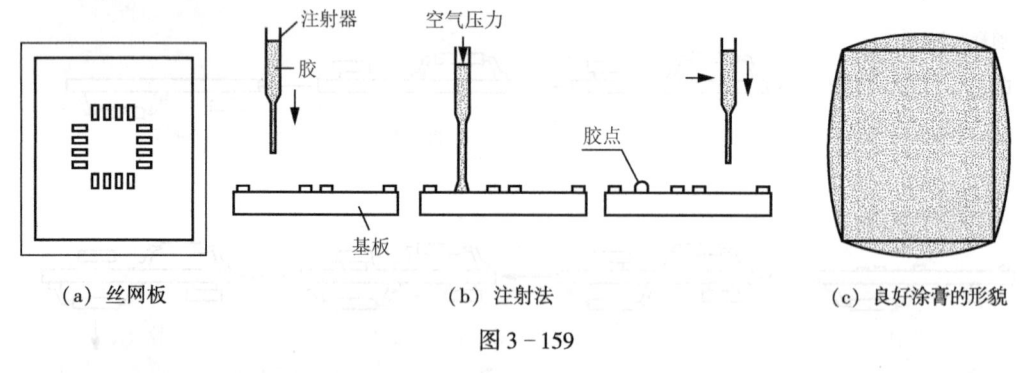

（a）丝网板　　（b）注射法　　（c）良好涂膏的形貌

图 3-159

- 印刷面积：焊膏图形与焊盘对准，两者尺寸和形状相符，焊膏图形在焊盘的覆盖面积必须大于焊盘面积的 75%，小于焊盘面积的两倍。
- 印刷厚度：印刷厚度决定了焊点处的焊料体积，一般漏印焊膏的厚度要求在 100 ~ 300mm，间距越细要求印刷厚度越薄。

不良涂膏现象：如图 3-160 所示。

2）点胶

点胶指在 SMC/SMD 主体的下方（非焊接部位）点上胶黏剂的方法及过程。其主要作用是将元器件固定到 PCB 板上。

SMT 在实际生产时，有两种情况需要点胶。①采用波峰焊焊接前，须先将片状元件用胶黏剂粘贴在 SMB 的规定位置，然后才能进入波峰焊焊接；②采用再流焊焊接双面板前，为防止先焊好的 A 面上的大型器件 B 面再流焊时脱落，需要在先焊的 A 面大型器件下点胶，将其黏接在 SMB 上。SMT 使用的胶黏剂，又称贴片胶，它是一种红色的膏状体，其主要成分为：胶黏剂、固化剂、染料、溶剂。常用的表面安装胶黏剂主要有环氧树脂和聚丙烯类两类。

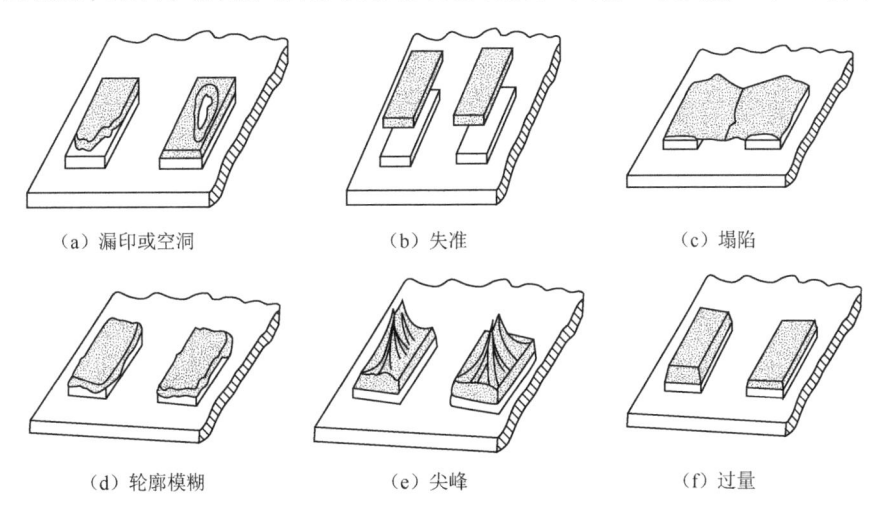

(a) 漏印或空洞　　(b) 失准　　(c) 塌陷

(d) 轮廓模糊　　(e) 尖峰　　(f) 过量

图 3-160　不良涂膏现象

常用点胶方法有印刷法（与焊膏的印刷方法相仿）、针孔转印法（在硬件系统控制下，针板网格在胶黏剂托盘中吸收胶黏剂后转移到 SMB 上。简便高效，适用于单一品种的大批量生产）、注射法（与焊膏的印刷方法相仿）。

点胶后质量标准：
- 胶点轮廓：不应出现塌落、拉丝、玷污焊盘等不良现象。
- 点胶量：$C \geq 2(A+B)$。

点胶量示意图见图 3-161。

不良点胶现象：拉丝（又称拖尾）、过量、塌落、失准、空点，如图 3-162 所示。

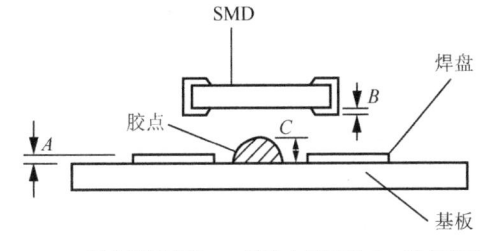

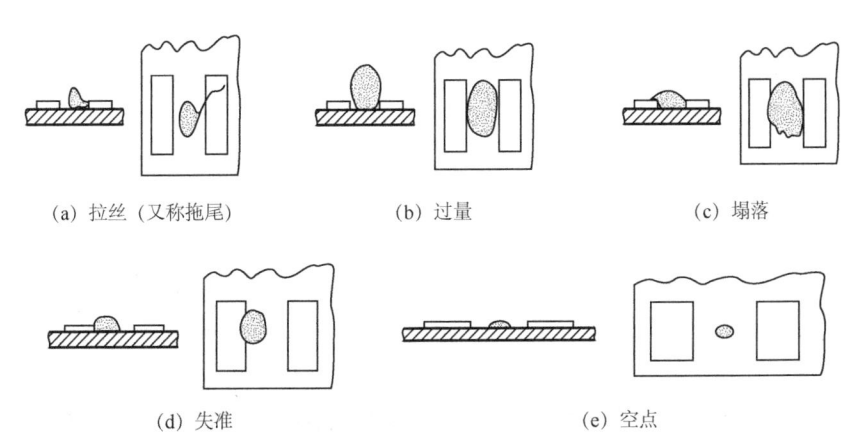

A：焊盘铜箔厚度　B：端头电极厚度　C：胶点高度

图 3-161　点胶量示意图

(a) 拉丝（又称拖尾）　　(b) 过量　　(c) 塌落

(d) 失准　　(e) 空点

图 3-162　不良点胶现象

3）固化（又称烘干）

用加热或紫外线照射的方法烘干黏合剂，使 SMT 元器件牢固地固定在印制板上。若采用混合安装法，这时还要完成传统元器件的插装工作。

固化的质量标准：胶黏剂应达到一定的固化程度，既能承受波峰焊时的应力，不致造成元器件脱落，又满足元器件在焊接时的自我调整要求；固化后的胶黏剂内部应无孔洞。

产生不良固化的原因：由于固化时间和温度不足，使胶黏剂固化程度不够，导致波峰焊时元器件脱落；固化时温度上升速率太快，使固化后的胶黏剂内部出现孔洞，这是危害性很大的缺陷，因为若胶黏剂内存在孔洞，会使焊剂残留在孔中而无法清洗干净，造成对电路及元器件的腐蚀。

4）贴片

贴片是指在涂膏或点胶完成后，将 SMC/SMD 贴放到 SMB 的规定位置的方法及过程。贴片可以采用手工、半自动、全自动的方式，贴片设备通常称为贴片机。由于片状元器件的微小化、安装的高密度等特点，贴片作业基本上均采用贴片机，手工贴片只是在数量很少的情况下才使用。

5）焊接

采用波峰焊或再流焊的方式进行焊接。在 SMT 中的波峰焊，一般采用双波峰焊接工艺。具体内容见后面项目五任务二表面元器件的自动焊接。

6）清洗

对经过焊接的印制板进行清洗，去除残留在板面的杂质，避免腐蚀印制电路板，然后进行电路检验测试。

目前常用的清洗方法有离心清洗（靠旋转产生的离心力与清洗剂的化学作用去除污染物）；气相清洗（把元器件放入加热到气相的溶液中清洗）；超声波清洗（用超声波发生器发出的高频振荡转换成机械振荡，激励清洗剂产生很强的冲击力和扩散作用，对元件底部缝隙清洗效果较好）；喷射清洗（在压力泵的作用下，清洗剂经喷嘴高速喷出冲洗元器件）。

随着科技发展的进步，电子清洗及其他清洗行业取得了可喜的成果，尤其是免清洗焊接技术的逐步实施越来越受到人们的重视，成为表面安装技术的重要发展方向，以保证产品符合 ISO 9000 质量体系的要求。免清洗焊接技术有两种，一种采用低固体成分的免洗焊剂（或焊膏），另一种是采用惰性气体保护的免洗焊接设备。

7）检测

SMT 组件的检测技术包括通用安装性能检测、焊点检测、在线测试和功能测试：

● 通用安装性能检测。

根据通用安装性能的标准规定，安装性能包括可焊性、耐热性、抗挠强度、端子黏合度和可清洗性。

● 焊点检测。

印制板焊点检测是非接触式检测，能检测接触式测试探针探测不到的部位。激光红外检测、超声检测、自动视觉检测等技术在 SMT 印制电路板焊点质量检测中得到应用。

● 在线测试。

在线测试是在没有其他元器件的影响下对元器件逐点提供测试（输入）信号，在该元器件的输出端检测其输出信号。

● 功能测试。

功能测试是在模拟操作环境下，将电路板组件上的被测单元作为一个功能体，对其提供输入信号，按照功能体的设计要求检测输出信号。在线测试和功能测试都属于接触式检测技术。

8）返修

其作用是对检测出现故障的 PCB 板进行返工。

(5) 手工装配

1）手工焊接贴片元器件常用工具

如图 3-163 所示。

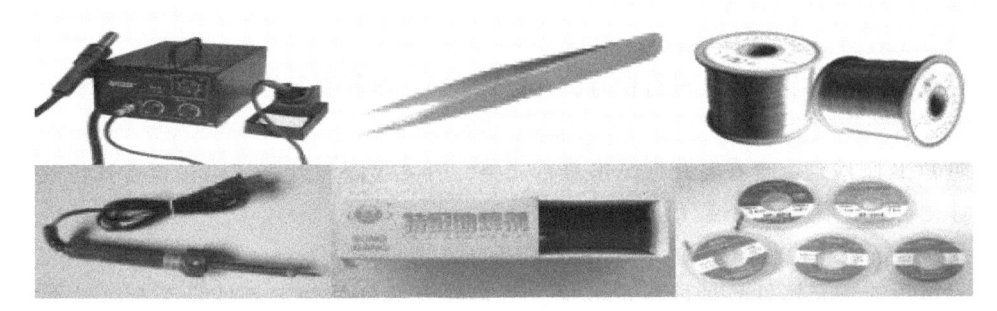

从左至右，第一排为：热风枪、镊子、焊锡丝。第二排为：电烙铁、松香、吸锡带

图 3-163　手工焊接贴片元件常用工具

提示：

① 烙铁头形状选用圆尖形，在焊接管脚密集的贴片芯片的时候，能够准确方便地对某一个或某几个管脚进行焊接，倘若使用普通烙铁，要有良好的接地。

② 尽可能地使用细的焊锡丝，这样容易控制给锡量，从而避免浪费焊锡和吸锡的麻烦。

③ 焊接贴片元件时，很容易出现上锡过多的情况。特别在焊密集多管脚贴片芯片时，很容易导致芯片相邻的两脚甚至多脚被焊锡短路。传统的吸锡器是不管用的，这时候就需要用到编织的吸锡带。

④ 松香是焊接时最常用的助焊剂，因为它能析出焊锡中的氧化物，保护焊锡不被氧化，增加焊锡的流动性。在焊接直插元件时，如果元件生锈要先刮亮，放到松香上用烙铁烫一下，再上锡。而在焊接贴片元件时，松香除了助焊作用外还可以配合铜丝作为吸锡带用。

⑤ 热风枪是利用其枪芯吹出的热风来对元件进行焊接与拆卸的工具。其使用的工艺要求相对较高。从取下或安装小元件到大片的集成电路都可以用到热风枪。在不同的场合，对热风枪的温度和风量等有特殊要求，温度过低会造成元件虚焊，温度过高会损坏元件及电路板。风量过大会吹跑小元件。对于普通的贴片焊接，可以不用热风枪。

⑥ 对于一些管脚特别细小密集的贴片芯片，焊接完毕之后需要检查管脚是否焊接正常、有无短路现象，此时用人眼是很费力的，因此可以用放大镜，从而方便可靠地查看每个管脚的焊接情况。

2）手工装配工艺流程

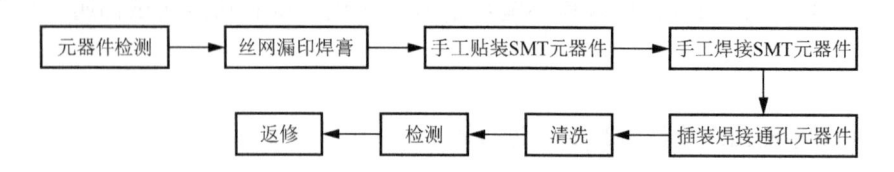

如图 3-164 所示。

图 3-164　贴片混装电路板手工装配工艺流程

3）装配步骤

① 安装前的检查、清洁。

● SMB（表面安装印制电路板）检查。

在焊接前应对要焊的 PCB 进行检查，确保其干净。对其表面的油性手印以及氧化物等要进行清除，避免影响上锡。

对照 PCB 图检查：查看电路板图形是否完整，有无短路、开路缺陷；查看孔位及尺寸是否与设计相符；查看表面涂覆（阻焊层）。

● 元器件清点与检测。

按材料单清查元器件品种规格及数量，并查看元器件外观，元件是否有极性要求，元件脚是否有氧化、有油渍等；用万用表对其电气性能进行筛选，剔除那些已经失效的元器件。

检查时的注意事项：

● 按材料清单一一对应，记清每个元件的名称与外形。

● 清点材料时请将元器件放到元件盒里。

② 丝网漏印焊膏。

从冷藏库中取出锡膏，解冻使其恢复至室温，然后沿一个方向搅拌 3 分钟，用钢尺蘸取适量的锡膏粘附在刮板的前端。

丝网漏印焊膏操作步骤如下：

a. 对位。将印制电路板固定在工作台上，并让模板的孔与印制电路板的焊盘一一对应，用定位销固定丝印模板。

提示：

> 手工焊接 PCB 时，如果条件允许，可以用焊台固定，一般情况下用手固定，注意避免手指接触 PCB 上的焊盘影响上锡。

b. 填充。印刷刮板向下压在模板上，使模板底面接触到电路板顶面，如图 3-165 所示。印刷角度为 45°~60°，速度 20~40mm/s，刮刀的压强设定在 5~12N/25mm^2 左右（理想的刮刀速度与压力应该以正好把焊锡膏从钢板表面刮干净为准），当刮板走过所腐蚀的整个图形区域长度时，锡膏通过丝网上的开孔印刷到焊盘上。

c. 整平。在锡膏已经沉积之后，丝网在刮板之后马上脱开回到原地。脱开距离与刮板压力是两个达到良好印刷品质的与设备有关的重要变量。

d. 释放。在印刷时，刮板以一定的速度和角度向前移动时，对焊锡膏产生一定的压力，推动焊锡膏在刮板前面滚动，焊锡膏的黏性摩擦力使焊锡膏在刮板和网板交界处产生切变力，切变力使焊锡膏黏性下降，使焊锡膏顺利注入模板孔内，然后刮去多余锡膏，在 PCB 焊盘上留下与模板一样厚的锡膏。

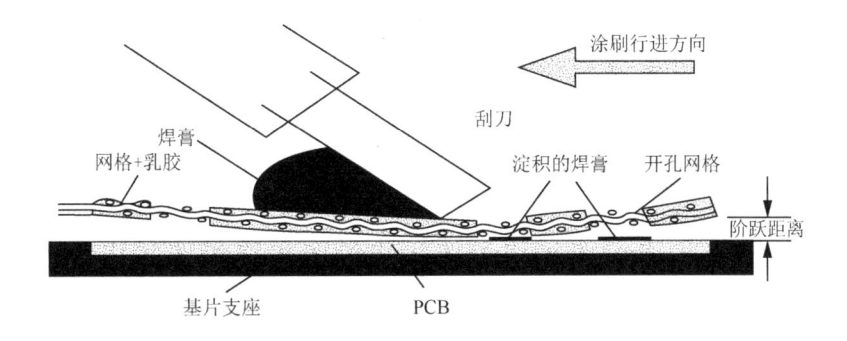

图 3-165 贴片混装电路板手工装配工艺流程

e. 检查。将印刷好的 PCB 板用镊子夹住小心放入托盘中，在放大镜下仔细观察有无印刷不完全、塌边、错位、毛刺、厚度不一致等印刷缺陷。若不能够补救，将 PCB 板上的焊锡膏擦拭干净后，重新印刷焊锡膏，直至满意为止。

如果没有脱开，这个过程叫接触印刷。当使用全金属模板和刮刀时，使用接触印刷。非接触印刷用于柔性的金属丝网。

提示：

焊膏的使用和保管

① 密封状态在 2~10℃ 条件下可以保存一年。

② 使用前至少提前 4 小时从冰箱中取出，待焊锡膏恢复室温后再打开容器盖。如果在低温下打开，容易吸收水汽，再流焊时容易产生锡珠。

③ 使用前用清洁的不锈钢搅拌棒搅拌，手工搅拌时应顺一个方向搅拌，使用前先搅拌 3~5 分钟。

④ 印刷后应尽量在 4 小时内完成再流焊。印刷焊锡膏或进行贴片时，要求手拿 PCB 的边缘或戴手套，以防止污染 PCB。

印刷焊锡膏的缺陷及解决办法

印刷焊锡膏的主要缺陷有印刷不完全、塌边、错位、毛刺、厚度不一致等。印刷焊锡膏的缺陷及解决办法见表 3-48。

表 3-48 印刷的缺陷及解决办法

缺陷种类	产生原因	解决方法
错位	1. 钢网对位不准 2. 丝印机精度不够	重对位
印刷不完全	1. 开孔堵塞 2. 焊膏黏度过大或过小 3. 合金颗粒	清洗钢网表面及开孔

续表

缺陷种类	产生原因	解决方法
塌边	1. 刮刀压力过大 2. 焊膏黏度太低 3. 焊膏中合金粉末太细 4. 印制板定位不牢	调整刮刀压力 更换焊膏 控制室温在23℃±3℃ 重新固定印制板
边缘及表面有毛刺	1. 钢网开孔内壁不光滑 2. 印制板定位不恰当 3. 钢网厚度过大 4. 焊膏黏度偏小	选择合适的焊膏 调整钢网与PCB之间的距离 改换钢网的开孔方式及厚度
厚度不一致	1. 钢网与PCB板不平行 2. 焊膏搅拌不均匀 3. 合金颗粒均匀度不够	调整钢网与PCB板的平度 选择合适的焊膏 在使用之前应充分搅拌
焊膏成形后太薄	1. 钢网厚度偏小 2. 刮刀压力太大 3. 焊膏的流动性不够	选择厚度适宜的钢网 调小刮刀压力 改用黏度合适的焊膏

③ 手工贴装元器件：

● 手工贴装方法：

矩形、圆柱形元件贴装方法。用镊子夹住元件中间部位，不应夹着引脚或焊接端，将元件焊端对准两端焊盘，居中贴放在焊盘锡膏上，有极性的元件贴装方向要符合图纸的要求，确认准确后用镊子轻轻往下压，使元件焊端浸入锡膏。

SOT元件贴装方法。用镊子夹住SOT元件，对准方向，对准焊盘，居中贴放在锡膏上，确认准确后用镊子轻轻往下压，使元件引脚不小于1/2厚度浸入锡膏中，并使元件引脚全部位于焊盘上。

提示：

> 注意：不使用丢掉或标注不明的元器件，贴装完成后在3~5倍台式放大镜下检查是否有错位和桥接现象，并用镊子轻推矫正或用干净的细铁丝调开。

● 手工贴装顺序：先贴小元件，再贴大元件；先贴矮元件，再贴高元件。
● 手工贴装的缺陷及解决办法：手工贴装的主要缺陷有飞片、掉片、膏体相连等。手工贴装的缺陷及解决办法见表3-49。

表3-49 手工贴装的缺陷及解决办法

缺陷种类	产生原因	解决方法
贴片易挪动	1. 手工贴片时，人为工艺因素 2. 焊膏的黏度偏低 3. PCB板走动时，振动过大	选择合适的锡膏，手工贴片时注意手法准确，一次定位，PCB板前进时应缓慢平衡

续表

缺陷种类	产生原因	解决方法
飞片、掉片	1. 焊膏黏性不够 2. 手工操作不当，比如贴片时手的抖动	选择合适的锡膏，手工贴片时注意手法平稳准确，一次定位
膏体相连	1. 焊膏黏性太低 2. 手工贴片时，一次不能到位，会移动贴片，造成相连	选择合适的锡膏，手工贴片时注意手法平稳准确，一次定位

④ 手工焊接 SMT 元器件工艺要求：

a. 表面贴装元件手工焊接

◆ 操作人员应戴防静电腕带。

◆ 一般采用功率 15~20W 的防静电恒温烙铁，使用普通烙铁要良好接地。

◆ 不允许直接加热贴片元件的焊端和元件引脚根部，焊接时间不能超过 3 秒。同一焊点的焊接次数不能超过两次。

◆ 烙铁头要始终保持清洁，无钩、无刺。

◆ 拆卸元件时，应等全部元件引脚焊锡全部熔化时再取下元件，以免破坏元件的共面性。

b. 无引线片式元件手工焊接（逐点焊接）

◆ 用镊子夹持元件，居中放在相应焊盘上，对准后用镊子按住，不要移动元件。

◆ 用细毛笔蘸少许助焊剂涂在元件两端焊盘上。

◆ 用尖头烙铁头加少许 0.5mm 的焊锡丝，焊锡丝碰上烙铁头后应迅速离开，否则焊料会加得过多。

◆ 先用烙铁头加热一端焊盘大约 2 秒左右，撤离烙铁；然后用同样的方法加热另一端焊盘大约 2 秒左右，撤离烙铁。

c. 翼形引脚与 J 形引脚元件手工焊接（拖焊法）

◆ 用镊子夹持器件，对准极性和方向，使引脚对准焊盘，对准后用镊子按住，不要移动元件，先用尖头烙铁焊牢器件斜对角 1~2 个引脚。

◆ 用细毛笔蘸少许助焊剂涂在器件焊盘上。

◆ 用尖头烙铁头加少许 0.5mm 的焊锡丝，从第一个引脚开始缓慢匀速拖动烙铁，将所有引脚全部焊牢。

提示：

① 贴片元件的固定是非常重要的。根据贴片元件的管脚多少，其固定方法大体上可以分为两种——单脚固定法和多脚固定法。对于管脚数目少（一般为 2~5 个）的贴片元件如电阻、电容、二极管、三极管等，一般采用单脚固定法。即先在板上对其中的一个焊盘上锡，然后左手拿镊子夹持元件放到安装位置并轻抵住电路板，右手拿烙铁靠近已镀锡焊盘，熔化焊锡将该引脚焊好。焊好一个焊盘后元件已不会移动，此时镊子可以松开。而对于管脚多而且多面分布的贴片芯片，单脚是难以将芯片固定好的，这时就需要多脚固定，一般可以采用对脚固定的方法，即焊接固定一个管脚后再固定其对角线方向上的管脚，从而达到整个芯片被固定好的目的。需要注意的是，管脚多且密集的贴片芯片，管脚精准对齐焊盘尤其重要。

② 对于管脚少的元件，可左手拿焊锡丝，右手拿烙铁，依次点焊即可。对于管脚多而且密集的芯片，除了点焊外，可以采取拖焊，即在一侧的管脚上足锡然后利用烙铁将焊锡熔化往该侧剩余的管脚上抹去，如提示图 1 及提示图 2 所示，熔化的焊锡可以流动，因此有时也可以将板子适当倾斜，从而将多余的焊锡弄掉。值得注意的是，不论点焊还是拖焊，都很容易造成相邻的管脚被短路。这点不用担心，可采用下面③的方法处理，需要关心的是所有的引脚是否都与焊盘很好地连接在一起，没有虚焊。

提示图 1　手工焊接 SMB 　　　　　提示图 2　对管脚较多的贴片芯片进行拖焊

③ 清除多余焊锡。在②中提到焊接时所造成的管脚短路现象处理：一般而言，可以拿吸锡带将多余的焊锡吸掉。吸锡带的使用方法很简单，向吸锡带加入适量助焊剂（如松香）然后紧贴焊盘，用干净的烙铁头放在吸锡带上，待吸锡带被加热到可使焊盘上的焊锡融化后，慢慢地从焊盘的一端向另一端轻压拖拉，焊锡即被吸入带中。应当注意的是吸锡结束后，应将烙铁头与吸上了锡的吸锡带同时撤离焊盘，此时如果吸锡带粘在焊盘上，千万不要用力拉吸锡带，而应再向吸锡带上加助焊剂或重新用烙铁头加热后再轻拉吸锡带使其顺利脱离焊盘，同时注意防止烫坏周围元器件。如果没有专用吸锡带，可以采用电线中的细铜丝来自制吸锡带，见提示图 3。自制的方法如下：将电线的外皮剥去之后，露出其里面的细铜丝，此时用烙铁熔化一些松香在铜丝上就可以了。清除多余的焊锡之后的效果见提示图 4。此外，如果对焊接结果不满意，可以重复使用吸锡带清除焊锡，再次焊接元件。

提示图 3　自制吸锡带吸去多余焊锡 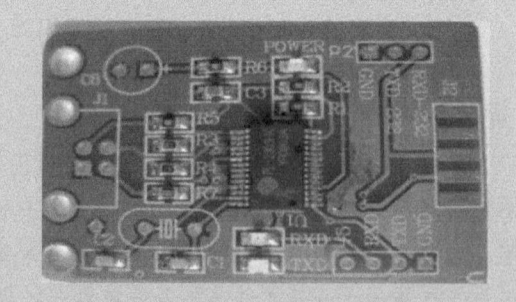　　　　　提示图 4　清除多余焊锡后效果图

⑤ 清洗。使用酒精棉球将电路板上有残留松香的地方擦干净。

焊接和清除多余的焊锡之后，芯片基本上就算焊接好了。但是由于使用松香和吸锡带吸锡的缘故，板上芯片管脚的周围残留了一些松香，虽然并不影响芯片工作和正常使用，但不美观，而且有可能造成检查时不方便，因此有必要对这些残余物进行清理。常用的清理方法是用洗板水或酒精清洗，清洗工具可以用棉签，也可以用镊子夹着卫生纸进行（见图3-166及图3-167）。清洗擦除时应该注意的是酒精要适量，其浓度最好较高，以快速溶解松香之类的残留物；其次，擦除的力道要控制好，不能太大，以免擦伤阻焊层以及伤到芯片管脚等。可以用烙铁或者热风枪对酒精擦洗位置进行适当加热以让残余酒精快速挥发，至此，芯片的焊接就算结束了。

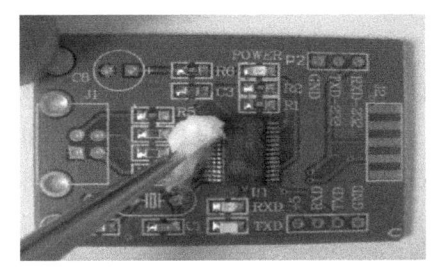

图3-166　用酒精清除掉焊接时所残留的松香　　图3-167　用酒精清洗焊接位置后的效果图

⑥ 检测。用放大镜对贴装好的PCB进行焊接质量和装配质量的检验。检测内容：
- 元件有无遗漏。
- 元件有无错贴。
- 有无短路。
- 有无虚焊。

⑦ 返修。对检测出现故障（例如锡球、锡桥、开路等缺陷）的PCB进行返工。

提示：

操作中容易出现的问题及其处理措施

① 电路基板在丝网印刷机上的定位不准确，不能保证焊膏涂敷到指定的位置上，污染了焊接面，必须调整重来。

② 焊膏印制角度没掌握好，造成料多或料少，不利于焊接，需要用酒精清洗后重新漏印。刮刀角度应掌握在45度~60度之间为宜，焊膏印刷厚度通常在0.15~0.20mm之间为好。

③ 手工贴片时，元件太小未能准确安装到相应的焊盘上时，需要用镊子或真空吸笔小心取出，重新安放。要贴正、贴平、贴稳，然后再轻微下压，焊膏不能塌陷。

④ 对有极性的器件极性辨别不清，容易放错位置。矩形片状电阻虽无方向，但有正反面，放置时需要注意。

⑤ 芯片的管脚判断不正确，检查的时候发现管脚对应错误——把不是第一脚的管脚当做第一脚来焊了。

任务三　具有定时报警功能数字抢答器电路板自动焊接

1. 工作任务

分析具有定时报警功能数字抢答器电路的工作原理；利用万用表对贴片元件的性能进行检测；设计制作具有定时报警功能数字抢答器的印制电路板；利用再流焊工艺对贴装元器件进行自动焊接；并对 8 路抢答器进行电路调试。

2. 任务要求

熟悉自动装配焊接设备，掌握浸焊、波峰焊、回流焊的工作原理和工艺过程；熟悉再流焊方式进行表面贴装元器件焊接的步骤；熟悉 ICT、AOI、AXI 检测设备及其功能和工作原理；学会再流焊机操作，能够采用再流焊方式进行表面贴装元器件焊接；学会鉴别再流焊接表面组装元件的缺陷。

3. 相关知识

（1）自动焊接形式

在印制电路板的装配焊接中，常用的机械自动焊接方式有三种形式：浸焊、波峰焊及再流焊。

1）浸焊技术

浸焊是指将插装好元器件的印制电路板浸入有熔融状焊料的锡锅内，一次完成印制电路板上所有焊点的自动焊接过程。浸焊比手工焊接生产效率高，操作简单，适用于批量生产，但浸焊的焊接质量不如手工焊接和波峰焊，补焊率较高。

手工浸焊的操作过程如下：

锡锅加热→涂敷焊剂→浸焊→冷却→检查焊接质量→修补。

① 锡锅加热：浸焊前应先将装有焊料的锡锅加热，焊接温度控制在 240℃～260℃为宜，温度过高，会造成印制板变形，损坏元器件；温度过低，焊料的流动性较差，会影响焊接质量。为去掉焊锡表面的氧化层，可随时添加松香等焊剂。

② 涂敷焊剂：在需要焊接的焊盘上涂敷助焊剂，一般是在松香酒精溶液中浸一下。

③ 浸焊：夹住印制板的边缘，浸入锡锅时让印制板与锡锅内的锡液成 30°～45°倾角，然后将印制板与锡液保持平行浸入锡锅内，浸入的深度以印制板厚度的 50%～70%为宜，浸焊时间约 3～5s，浸焊完成后仍按原浸入的角度缓慢取出。

④ 冷却：焊接完成的印制板上有大量余热未散，如不及时冷却可能会损坏印制板上的元器件，所以一旦浸焊完毕应马上对印制板进行风冷。

⑤ 检查焊接质量：焊接后可能出现一些焊接缺陷，常见的缺陷有：虚焊、假焊、桥接、拉尖等。

⑥ 修补：焊后如果只有少数焊点有缺陷，可用电烙铁进行手工修补。若有缺陷的焊点较多，可重新浸焊一次。但印制板只能浸焊两次，超过这个次数，印制板铜箔的黏接强度就会急剧下降，或使印制板翘曲、变形，元器件性能变坏。

除手工浸焊外，还可使用机器设备浸焊。机器浸焊与手工浸焊的不同之处在于：浸焊时先将印制板装到具有振动头的专用设备上，让印制板浸入锡液并停留 2～3 秒后，开启振动器，使之振动 2～3 秒即可。这种焊接效果好，并可振动掉多余的焊料，减少焊接缺陷，但不如手工浸焊操作简便。

自动浸焊的工艺流程是：

将待焊印制电路板涂助焊剂→通过加热器烘干印制电路板→将印制电路板送入锡槽浸焊 2~3s→开启振动器振动 2~3s→送入切头机将过长的引脚切掉。

提示：

> **浸焊的注意事项**
> - 浸焊前将未装元器件的插孔用胶带贴上，以避免浸锡时焊锡堵塞。
> - 在浸焊前将不耐高温或半开放式元器件用耐高温胶带封好，以避免损坏。
> - 对锡槽中的高温焊锡，要适时加入松香焊剂，以避免氧化层的形成，影响焊接质量。
> - 操作人员必须注意安全，带好防护设备。

2）波峰焊接技术

波峰焊接是指采用波峰焊机（如图 3-169 所示），将插装好元器件的印制电路板与融化焊料的波峰接触，一次完成印制板上所有焊点的焊接过程。波峰焊的特点是生产效率高，最适于单面印制电路板的大批量焊接；焊接的温度、时间、焊料及焊剂等的用量，均能得到较完善的控制。但波峰焊容易造成焊点桥接的现象，需要补焊修正。

波峰焊接机的主要结构是一个温度能自动控制的熔锡缸（如图 3-168 所示），缸内装有机械式或电磁式离心泵和具有特殊结构的喷嘴。机械泵能根据焊接要求将熔融焊料压向喷嘴，形成一股向上平稳喷涌的焊料波峰并源源不断地从喷嘴中溢出。装有元器件的印制电路板以平面直线匀速运动的方式通过焊料波峰，在焊接面上形成润湿焊点而完成焊接。

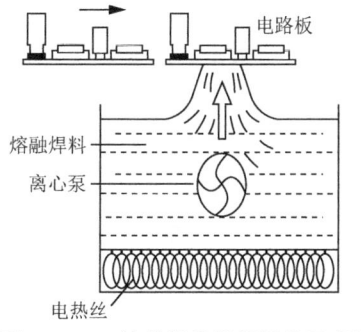

图 3-168 波峰焊机的焊锡槽示意图

波峰焊接工艺流程：

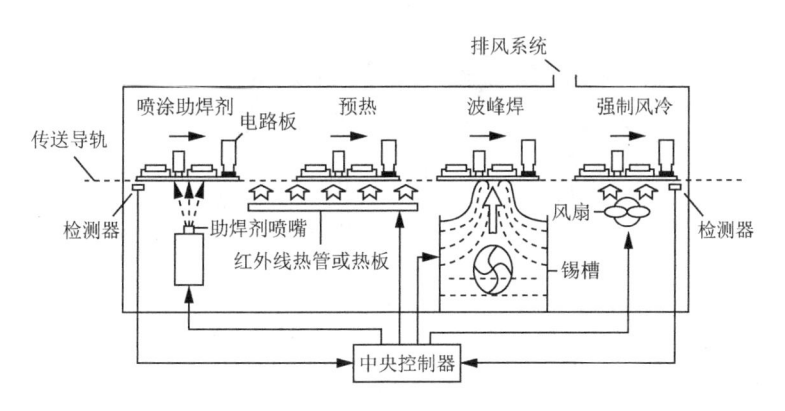

图 3-169 波峰焊机内部结构图

焊前准备→涂焊剂→预热→波峰焊接→冷却→清洗。

① 焊前准备。

焊前准备主要是对印制板进行去油污处理，去除氧化膜和涂阻焊剂。

② 涂敷助焊剂。

当印制电路板组件进入波峰焊机后，在传送机构的带动下，首先在盛放液态助焊剂槽的上方通过，设备将在其表面及元器件的引出端均匀涂上一层薄薄的助焊剂。

③ 预热。

印制电路板表面涂敷助焊剂后，紧接着按一定的速度通过预热区加热。预热是给印制电路板加热，使助焊剂活化并减少印制电路板与锡波接触时遭受的热冲击。印制电路板预热后可提高焊接质量，防止虚焊、漏焊。预热时应严格控制预热温度，一般预热温度为 90～130℃（PCB 表面温度）之间。

④ 波峰焊接。

印制电路板经涂敷助焊剂和预热后，由传送带送入焊料槽，按一定的速度缓慢通过锡峰，印制电路板的板面与焊料波峰接触，焊接时，焊接部位先接触第一个波峰，然后接触第二个波峰，如图 3-170 所示。第一个波峰是由高速喷嘴形成的窄波峰，它流速快，具有较大的垂直压力和较好的渗透性，同时对焊接面具有擦洗作用，提高了焊料的润湿性，克服了因元器件的形状和取向复杂带来的问题。另外高速波峰向上的喷射力足以使助焊剂气体排出，大大地减少了漏焊、桥接和焊缝不充实的焊接缺陷，提高了焊接的可靠性。第二波峰是一个平滑的波峰，流动速度慢，有利于形成充实的焊缝，同时也有利于去除引线上过量的焊料，修正焊接面，消除桥接和虚焊，确保焊接的质量。波峰焊焊接温度由波峰焊接温度曲线决定，一般有铅焊接为 250±5℃，焊接时间 3~4 秒。使用的焊料熔点为 183℃，为取得良好的焊接效果，焊接温度应高于焊料熔点约 50~65℃。温度过高，会导致焊点表面粗糙，形成过厚的金属间化合物，导致焊点的机械强度下降；元器件及印制板过热损伤。温度过低，会导致假焊及桥接缺陷。焊接时间小于 2 秒，会导致桥接、假焊及较大的焊点拉尖现象，板面的助焊剂残留物增加。

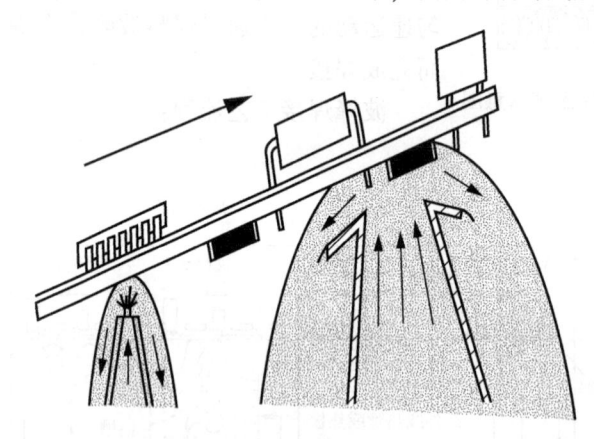

图 3-170 波峰焊示意图

⑤ 波峰焊后的补焊。

在机械焊接后，对焊接面进行修整，通常称为"补焊"。由于机械焊接的焊点不可能达到零缺陷，元器件虽经预成形，但插入后伸出板面的长度不可能全部符合要求，所以补焊是必不可少的。

补焊的工艺规范通常包括如下内容：纠正歪斜元器件；补焊不良焊点；检查漏件；修剪引出脚，如图 3-171 所示。

(a)标准焊点

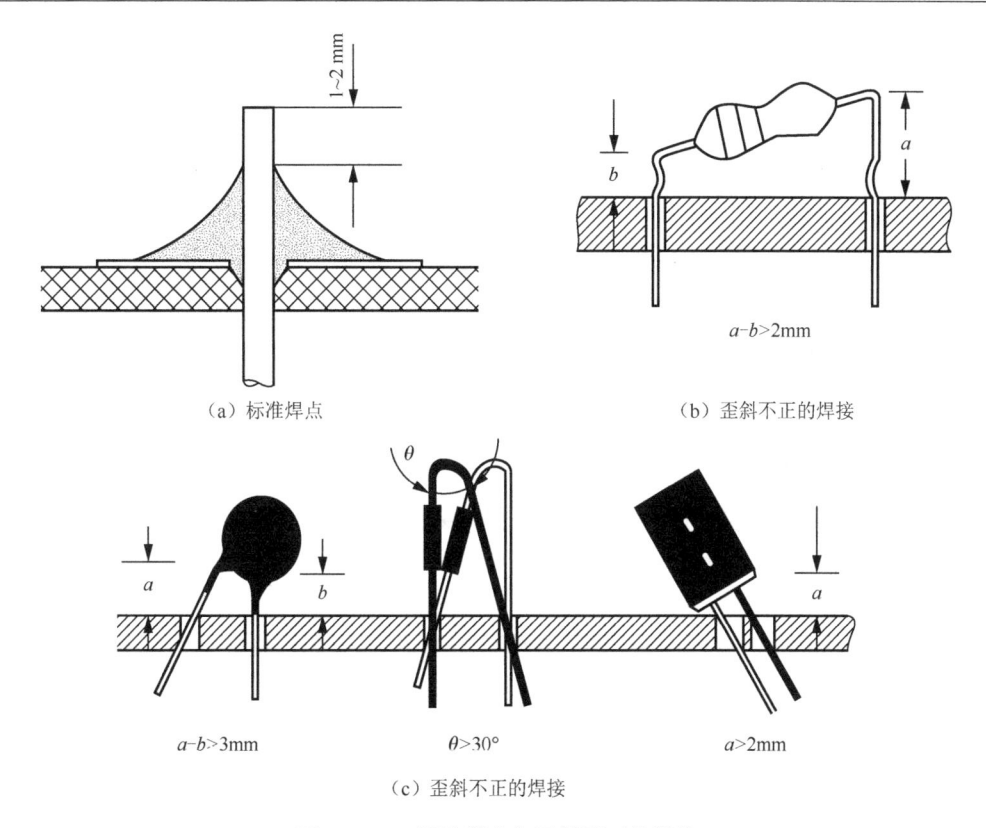

(b)歪斜不正的焊接

(c)歪斜不正的焊接

图3-171 标准焊点与歪斜不正的焊接

⑥ 冷却。

印制板焊接后，板面温度很高，焊点处于半凝固状态，轻微的震动都会影响焊接的质量，另外印制板长时间承受高温也会损伤元器件。因此，焊接后必须进行冷却处理，一般是采用风扇冷却。

⑦ 清洗。

波峰焊接完成后，要对板面残存的污物进行及时清洗，否则既不美观，又会影响焊件的电性能。其清洗材料要求只对焊剂的残留物有较强的溶解和去污能力，而对焊点不应有腐蚀作用。目前普遍使用超声波清洗。

提示：

波峰焊的注意事项

◆ 按时清除锡渣。熔融的焊料长时间与空气接触，会生成锡渣，从而影响焊接质量，使焊点无光泽，所以要定时（一般为4h）清除锡渣；也可在熔融的焊料中加入防氧化剂，这不但可防止焊料氧化，还可使锡渣还原成纯锡。

◆ 波峰的高度。焊料波峰的高度最好调节到印制电路板厚度的1/2~2/3处，波峰过低会造成漏焊，过高会使焊点堆锡过多，甚至烫坏元器件。

◆ 焊接速度和焊接角度。传送带传送印制电路板的速度应保证印制电路板上每个焊点在焊料波峰中的浸润有必需的最短时间，以保证焊接质量；同时又不能使焊点浸在焊料波峰里的时间太长，否则会损伤元器件或使印制电路板变形。焊接速度可以调整，一般控制在0.3~1.2m/min为宜。印制电路板与焊料波峰的倾角约为6°。

◆ 焊接温度。一般指喷嘴出口处焊料波峰温度，通常焊接温度控制在230～260℃，夏天可偏低一些，冬天可偏高一些，并随印制电路板板质的不同可略有差异。

为保证焊点质量，不允许用机械的方法去刮焊点上的焊剂残渣或污物。

3）回流焊技术

回流焊，也称为再流焊，是先将焊料加工成粉末，并加上液态黏合剂，使之成为有一定流动性的糊状焊膏，用它将元器件粘在印制板上，通过加热使焊膏中的焊料熔化而再次流动，达到将元器件焊接到印制板的目的。回流焊技术的特点是被焊接的元器件受到的热冲击小，不会因过热造成元器件的损坏；无桥接缺陷，焊点的质量较高，操作方法简单，效率高，一致性好，节省焊料，是一种适合自动化生产的电子产品装配技术。

回流焊技术的工艺流程：

焊前准备→点膏并贴装（印刷）SMT元器件→加热、再流→冷却→测试→修复、整形→清洗、烘干。

回流焊原理：

如图3-172所示，焊接时SMA随着传动链匀速地进入隧道式炉膛，焊接对象在炉膛内依次通过三个区域，先进入预热区，挥发掉焊膏中的低沸点溶剂，然后进入再流焊区，预先涂敷在基板焊盘上的焊膏在热空气中熔融，润湿焊接面，完成焊接，最后进入冷却区使焊料冷却凝固。预热和焊接可在同一炉膛内完成，无污染，适合于单一品种的大批量生产。不足之处是循环空气会使焊膏外表形成表皮，使内部溶剂不易挥发，再流焊期间会引起焊料飞溅而产生微小锡珠，须彻底清洗。

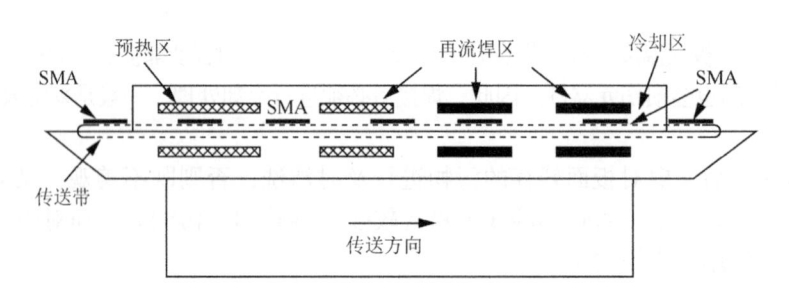

图3-172 回流焊焊接原理示意图

回流焊温度曲线的建立：

回流焊温度曲线是指SMA通过回流炉时，SMA上某一点的温度随时间变化的曲线。温度曲线提供了一种直观的方法，来分析某个元件在整个回流焊过程中的温度变化情况。这对于获得最佳的可焊性，避免由于超温而对元件造成损坏，以及保证焊接质量都非常有用。温度曲线采用炉温测试仪来测试，目前市面上有很多种炉温测试仪供使用者选择。

从温度曲线（见图3-173）分析回流焊的原理：当PCB进入升温区（干燥区）时，焊锡膏中的溶剂、气体蒸发掉，同时焊锡膏中的助焊剂润湿焊盘、元器件端头和引脚，焊锡膏软化、塌落、覆盖了焊盘，将焊盘、元器件引脚与氧气隔离；PCB进入保温区时，使PCB和元器件得到充分的预热，以防PCB突然进入焊接区升温过快而损坏PCB和元器件；当PCB进入焊接区时，温度迅速上升使焊锡膏达到熔化状态，液态焊锡对PCB的焊盘、元器件端头和引脚润湿、扩散、漫流或回流混合形成焊锡接点；PCB 进入冷却区，使焊点凝固，完成整个回流焊。

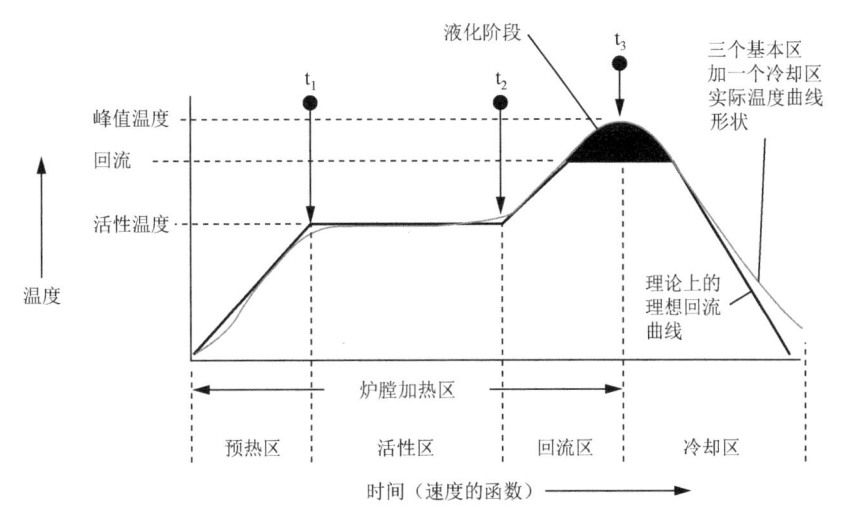

图 3-173 回流焊温度曲线

温度曲线是保证焊接质量的关键，实际温度曲线和焊锡膏温度曲线的升温斜率和峰值温度应基本一致。160℃前的升温速度控制在 1~2℃/s，如果升温速度太快，一方面使元器件及 PCB 受热太快，易损坏元器件，易造成 PCB 变形；另一方面，焊锡膏中的溶剂挥发速度太快，容易溅出金属成分，产生焊锡球。峰值温度一般设定在比焊锡膏熔化温度高 20~40℃ 左右（例如 Sn63%-Pb37% 焊锡膏的熔点为 183℃，峰值温度应设置在 205~230℃左右），回（再）流时间为 10~60s，峰值温度低或回（再）流时间短，会使焊接不充分，严重时会造成焊锡膏不熔；峰值温度过高或回（再）流时间长，造成金属粉末氧化，影响焊接质量，甚至损坏元器件和 PCB。

根据回流焊温度曲线及回流原理，目前市场上的回流焊机一般为简易四温区回流焊机，还有大型的六、八甚至十二温区的回流焊机。

回流焊后的清洗：

对经过焊接的印制板进行清洗，去除残留在板面的杂质，避免腐蚀印制电路板，然后进行电路检验测试。

目前常用的清洗方法有：

① 离心清洗。靠旋转产生的离心力与清洗剂的化学作用去除污染物。

② 气相清洗，把 SMA 放入加热到气相的溶液中清洗。

③ 超声波清洗。用超声波发生器发出的高频振荡（20kHz）转换成机械振荡，激励清洗剂产生很强的冲击力和扩散作用，对元件底部缝隙清洗效果较好。

④ 喷射清洗。在压力泵的作用下，清洗剂经喷嘴高速喷出冲洗 SMA。

随着科技发展的进步，电子清洗及其他清洗行业取得了可喜的成果，尤其是免清洗焊接技术的逐步实施越来越受到人们的重视，成为表面安装技术的重要发展方向，以保证产品符合 ISO 9000 质量体系的要求。免清洗焊接技术有两种，一种采用低固体成分的免洗焊剂（或焊膏），另一种采用惰性气体保护的免洗焊接设备。

回流焊中常见缺陷及解决办法如表 3-50 所示。

表 3-50　回流焊中常见缺陷及解决办法

缺陷种类	定义及其特征	形成原因	解决方法
虚焊	焊接后，焊端/引脚与焊盘之间有时出现电隔离现象。 特征：焊料与 PCB 焊盘或元件引脚/焊端界面没有形成足够厚度的合金层，导电性能差，连接强度低，使用过程中焊点失效，焊料与焊接面开裂	焊盘/元器件表面氧化或被污染或焊接温度过低。事实上，PCB 制造工艺、焊膏、元器件焊端或表面镀层及氧化情况都会产生虚焊	严格控制元器件、PCB 的来料质量，确保可焊性良好；改进工艺条件
锡珠	在元件体周围附有焊球。 特征：分布在元件体周围非焊点处，尺寸比较大并粘附在元件体周围，常常藏于矩形片式元件两端之间的侧面或细间距引脚之间	1. 回流温度曲线设置不当。 2. 焊剂未能发挥作用。 3. 模板的开孔过大或变形严重。 4. 贴片时放置压力过大。 5. 焊膏中含有水分。 6. 印制板清洗不干净。 7. 焊剂失效	1. 回流温度曲线调整至焊膏适宜的回流曲线烘烤 PCB 板材。 2. 重新制作合适的网板。 3. 选择适宜的焊膏
锡球	板上粘附的直径大于 0.13mm 或是距离导线 0.13mm 以内的球状锡颗粒统称为锡球。 特征：锡球尺寸很小（大多数锡球就是焊粉颗粒），数量较多，分布在焊盘周围	1. 板材中含有过多的水分。 2. 阻焊膜未经过良好的处理。阻焊膜的吸附是产生锡球的一个必要条件。 3. 助焊剂使用量太大。 4. 预热温度不够，助焊剂未能有效发挥。 5. 印刷中粘附在板上的锡膏颗粒容易造成锡球现象	1. 合理设计焊盘。 2. 通孔铜层至少 25μm 以减少板内所含水分的影响。 3. 采用合适的助焊剂涂敷方式，减少助焊剂中混入的气体量。 4. 适当提高预热温度。 5. 对板进行焊前烘烤处理。 6. 采用合适的阻焊膜。相对来说平整的阻焊膜表面更容易产生锡球现象
桥接	相临引脚或焊端焊锡连通的缺陷。 特征：元件端头之间、元器件相邻的焊点之间以及焊点与邻近的导线、过孔等电气上不该连接的部位被焊锡连接在一起（桥接不一定短路，但短路一定是桥接）	1. 温度升速过高。 2. 焊膏过量。 3. 模板孔壁粗糙不平，不利于焊膏脱膜，印制出的焊膏也容易坍塌。 4. 贴装偏移或贴片压力过大，使印制出的焊膏发生坍塌。 5. 焊膏的黏度较低，印制后容易坍塌。 6. 电路板布线设计与焊盘间距不规范，焊盘间距过窄。 7. 锡膏印制错位。 8. 过大的刮刀压力，使印制出的焊膏发生坍塌	1. 设置适当的焊接温度曲线。 2. 选用模板厚度较薄的模板，缩小模板开孔尺寸。 3. 采用激光切割的模板。 4. 减小贴装误差，适当降低贴片头的放置压力。 5. 选用黏度较高的焊膏。 6. 改进电路板的设计。 7. 提高锡膏印刷的对准精度。 8. 降低刮刀压力

续表

缺陷种类	定义及其特征	形成原因	解决方法
立碑	两个焊端的表面组装元件，经过回流焊后其中一个端头离开焊盘表面，整个元件呈斜立或直立，如石碑状，又称吊桥、曼哈顿现象。 特征：元件一端翘起，与焊盘分离	1. 贴装精度不够，组件两端与焊膏的黏度不同。 2. 焊盘尺寸设计不合理。 3. 焊膏涂覆过厚。 4. 预热不充分。 5. 组件排列方向设计上存在缺陷。 6. 组件重量较轻	1. 调整贴片机的贴片精度，避免产生较大的贴片偏差。 2. 严格按照标准规范进行焊盘设计，确保焊盘图形的形状和尺寸完全一致。 3. 选用模板厚度薄的模板。 4. 正确设置预热期工艺参数，延长预热时间。 5. 确保片式组件两焊端同时进入回流焊区域，使两端焊盘上的焊膏同时熔化
不润湿/润湿不良	点焊锡合金没有很好铺展开来，从而无法得到良好的焊点并直接影响到焊点的可靠性。 特征：露出的表面没有任何可见的焊料层或不规则地形成一些焊锡滴的区域，这些区域之间留下一个薄的焊锡涂覆层	1. 焊盘或引脚表面的镀层被氧化。 2. 镀层厚度不够或是加工不良。 3. 焊接温度不够。 4. 预热温度偏低或是助焊剂活性不够。 5. 镀层与焊锡之间不匹配。 6. 越来越多的采用0201以及01005元件之后，由于印刷的锡膏量少，在原有的温度曲线下锡膏中的助焊剂快速挥发掉从而影响了锡膏的润湿性能。 7. 焊料或助焊剂被污染	1. 按要求储存板材以及元器件，不使用已变质的焊接材料。 2. 选用镀层质量达到要求的板材。 3. 合理设置工艺参数，适量提高预热或是焊接温度，保证足够的焊接时间。 4. 氮气保护环境中各种焊锡的润湿行为都能得到明显改善。 5. 焊接0201以及01005元件时调整原有的工艺参数，减缓预热曲线爬升斜率，锡膏印刷方面做出调整
开路	引脚与焊盘没有形成焊锡连接，存在肉眼可见的明显间隙，多发生在QFP器件、连接器等多引脚的器件上。又称翘脚。 特征：引脚或焊球与焊盘焊锡面有间隙	1. 元件引脚扁平部分的尺寸不符合规定的尺寸。 2. 元件引脚共面性差，平面度公差超过±0.002英寸，扁平封装器件的引线浮动。 3. 当SMD被夹持时与别的器件发生碰撞而使引脚变形翘曲。 4. 焊膏印刷量不足，贴片机贴装时压力太小，焊膏厚度与其上的尺寸不匹配	1. 选用合格的元件。 2. 避免操作过程中的损伤。 3. 焊膏印刷均匀
芯吸	熔融焊料润湿元件引脚时，焊料从焊点爬上引脚，留下少锡或开路的焊点，又称绳吸。 特征：元器件引脚出现焊料鼓出现象	1. 元器件的引脚的比热容小，在相同的加热条件下，引脚的升温速率大于PCB焊盘的速率。 2. 印制电路板焊盘可焊性差。 3. 过孔设计不合理，影响了焊点热容的损失。 4. 焊盘镀层可焊性太差或过期	1. 使用较慢的加热速率，降低PCB焊盘和引脚之间的温差。 2. 选用合适的焊盘镀层。 3. PCB板过孔的设计不能影响到焊点的热容损失

续表

缺陷种类	定义及其特征	形成原因	解决方法
裂纹	元件体有裂纹的缺陷。特征：元件体表面有裂纹，此缺陷多见于陶瓷体的片式元件，特别是片式电容	1. 组装之前产生破坏。 2. 焊接过程中板材与元件之间的热不匹配性造成元件破裂。 3. 贴片过程处置不当。 4. 焊接温度过高。 5. 元件没按要求进行储存，吸收过量的水分，在焊接过程中造成元件破裂。 6. 冷却速率太大造成元件应力集中	1. 采用合适的工艺曲线。 2. 按要求进行采购、储存。 3. 选用满足要求的焊膏贴片以及焊接设备。 4. 减小贴装压力；优化工艺参数；减少热应力；在拼板分离时严禁用手按压 PCB
气孔	气孔是分布在焊点表面或内部的气孔、针孔或空洞	1. 未达峰值温度。 2. 回流时间不够。 3. 升温段温度过高	在气孔发生的点测量温度曲线，适当调整直到问题解决
PCB 扭曲	PCB 板扭曲变形	1. PCB 本身原材料选用不当，特别是纸基 PCB。 2. PCB 设计不合理。 3. 双面 PCB，若一面的铜箔保留过大（如地线），而另一面铜箔过少，会造成两面收缩不均匀而出现变形。 4. 回流焊中温度过高	1. 选用质量较好的 PCB 或增加 PCB 厚度，以取得最佳长宽比。 2. 合理设计 PCB，双面铜箔面积均衡，在贴片前对 PCB 进行预热；调整夹具或夹持距离，保证 PCB 受热膨胀空间。 3. 焊接工艺温度尽可能调低。 4. 已经出现轻度扭曲时，可以放在定位夹具中，升温复位，以释放应力

（2）通孔插装法的自动焊接工艺

采用通孔插装法在电路板上插装、焊接有引脚的元器件，大批量生产的企业中通常有两种工艺过程，一种是"长脚插焊"，另一种是"短脚插焊"。

所谓"长脚插焊"，是指元器件引脚在整形时并不剪短，把元器件插装到电路板上后，可以采用手工焊接，然后手工剪短过长的引脚；或者采用浸焊、波峰焊设备进行焊接，焊接后用"剪腿机"剪短元器件的引脚。其优点是设备的投入小，适合于生产那些安装密度不高的电子产品。

"短脚插焊"是指在对元器件整形的同时剪短过长的引脚，把元器件插装到电路板上后进行弯脚，这样可以避免电路板在以后的工序传递中脱落元器件。在整个工艺过程中，从元器件整形、插装到焊接，全部采用自动生产设备。其优点是生产效率高，但设备的投入大。

通孔插装的自动焊接工艺可分为一次焊接和二次焊接两类。

一次焊接的工艺流程为：焊前准备→涂敷助焊剂→预热→焊接→冷却→清洗。

直线式波峰焊机适用于"短插/一次焊接"方式，如图 3-174 所示。这种形式的波峰焊机常用于通孔插装及表面安装的各种类型的印制电路板组件的生产，这种运行方式可与插件线连成一体。

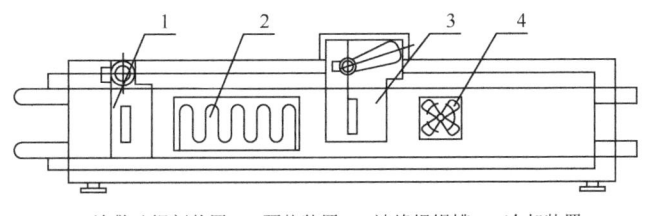

1. 涂敷助焊剂装置　2. 预热装置　3. 波峰焊锡槽　4. 冷却装置
(a) 功能示意图　　　　　　　　　　　　　(b) 波峰焊机

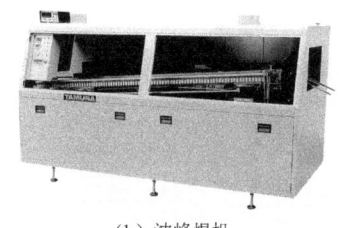

图 3-174　直线式波峰焊机

一次焊接工艺简单，设备成本低，操作和维修容易，适用于批量不大、品种较多的电子产品的生产。

为了提高整机产品的质量，采取二次焊接来提高焊接的可靠性和焊点的合格率。二次焊接包括浸焊和波峰焊两种方式，因此二次焊接的类型有：浸焊→浸焊；浸焊→波峰焊；波峰焊→波峰焊；波峰焊→浸焊四种组合方式。

常用的二次焊接的工艺流程为：焊前准备→涂敷助焊剂→预热→浸焊→冷却→涂敷焊剂→预热→波峰焊→冷却→清洗。

环形联动型波峰焊机适用于"长插/二次焊接"方式，如图 3-175 所示。这种形式的波峰焊机常用于焊接通孔插装方式的消费类产品的单面印制电路板组件。

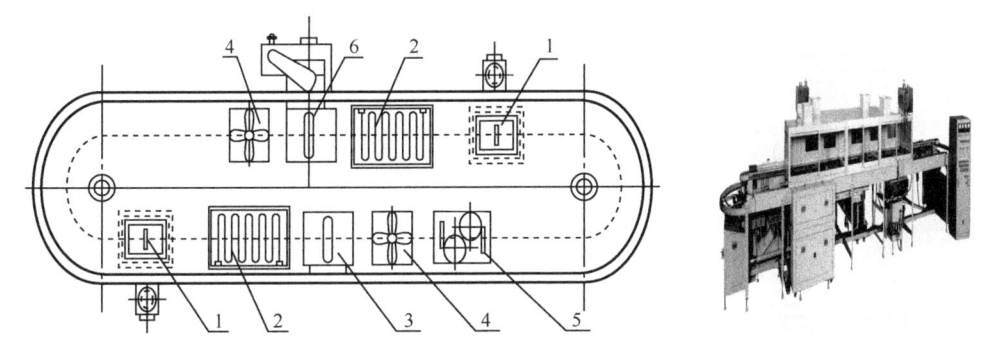

1. 涂敷助焊剂装置　2. 预热装置　3. 浸焊锡槽　4. 冷却装置　5. 切头机　6. 波峰焊锡槽
(a) 功能示意图　　　　　　　　　　　　　(b) 波峰焊机

图 3-175　环形联动型

二次焊接是一次焊接的补充，采用二次焊接可对一次焊接中存在的缺陷进行完善和弥补，焊接可靠性高但焊料的消耗较大，由于经过二次焊接加热，对印制板的要求也较高。

(1) SMT 组件的自动检测介绍

● ICT 检测。ICT（In-Circuit Test）是能够对印制电路板的短路、开路、电阻、电容等属性进行测试的一种测试过程，一般称为在线测试。通过测量这些属性，可以帮助电路板生产者判断电路板的电装过程是否有错误。通常会用探针去接触被测的电路板，然后用专门的机器去完成。探针接触的方式可以用针床，也可以不用针床。ICT 同时也可以指进行在线测试的工具——在线测试仪。

ICT 的通用功能：

(a) 针床式在线测试仪　　　(b) 自动光学检测（AOI）仪　　　(c) X射线检测（AXI）仪

图3-176　SMT组件的自动检测设备

① 能够在短短的数秒钟内，全检出组装电路板上零件：电阻、电容、电感、电晶体、普通二极管、稳压二极管、光耦器等零件是否在我们设计的规格内运作。

② 能够先期找出制程不良所在，如线路短路、断路、组件漏件、反向、错件、空焊等不良问题，回馈帮助制程的改善。

ICT测试原理概述：以一小块电路板为例，说明如何用ICT进行测试。被测电路板原理图如图3-177所示：

在电路的每个网络上设一个针，如图3-177所示的①，保证板中每个元件都可以用两个针（如同万用表的两个表笔）检测到。再根据所设的针号，启动软件的"编辑"，编写测试数据文件。

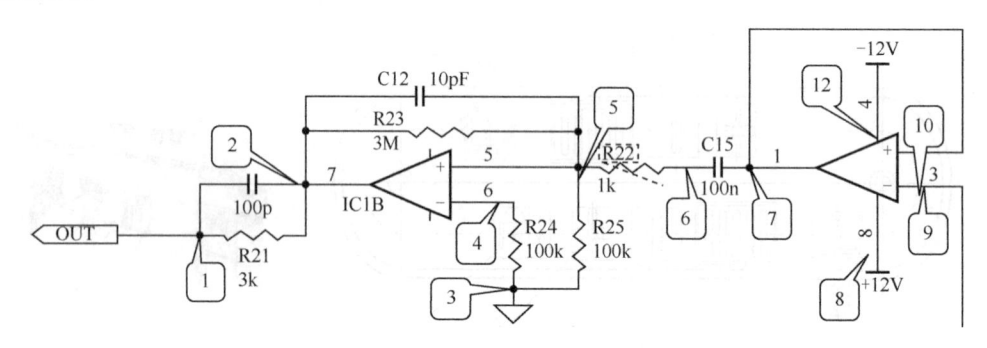

图3-177　ICT测试原理示意图

● AOI检测

自动光学检测仪（AOI-Automated Optical Inspection）是应用于表面贴装生产流水线上的一种自动光学检查装置，可有效地检测印刷质量、贴装质量以及焊点质量。通过使用AOI作为减少缺陷的工具，在装配工艺过程的早期查找和消除错误，以实现良好的过程控制。早期发现缺陷将避免将不良品送到后工序的装配阶段，AOI将减少修理成本，筛选报废不可修理的电路板。

随着表面组装技术（SMT）中使用的印制电路板线路图形精细化、SMD元件微型化及SMT组件高密度组装、快速组装的发展趋势，采用目检或人工光学检测的方式检测已不能适应要求，自动光学检测（AOI）技术作为质量检测的技术手段已是大势所趋。

测试原理介绍：

塔状的照明系统给被检测的元器件以360度全方位照明，然后利用高清晰的CCD摄像机高速采集被检测元器件的图像并传输到计算机，专用的AOI软件根据已经编制的检测程序进行比较、分析；判断被检测元器件是否符合预定的工艺要求。

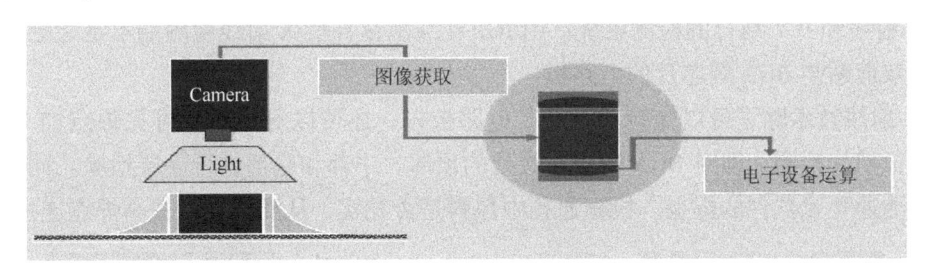

图 3-178 AOI 测试原理示意图

简单来说 AOI 检测元器件的过程就是模拟人工目视检查 SMT 元器件，是将人工目视检测自动化、智能化、程序化。

AOI 技术的检测功能包括

PCB 光板检测、焊后组件检测（一般采用相对独立的 AOI 检测设备，进行非实时性检测）、焊膏印刷检测、元件检测（一般采用与焊膏印刷机、贴片机配套的 AOI 系统，进行实时检测）。

● AXI 检测。X 射线检测是近几年才兴起的一种新型检测技术，它可以用于焊接过程的质量控制，特别适用于复杂的 SMB 的焊接质量控制和焊后质量评估，是获得高可靠性的 SMB 焊接质量评估和焊接工艺过程控制的重要检测技术。

整个缺陷测试和检查的最终目的是，尽可能在产品出厂之前发现缺陷，把产品的保修成本和废品率降到最低。

检测原理：

当待测电路板进入机器内部后，位于电路板上方有一 X 射线发射管，X 射线穿过电路板后被置于下方的探测器（一般为摄像机）接收，由于焊点中含有可以大量吸收 X 射线的铅，因此与玻璃纤维、铜、硅等其他材料的 X 射线相比，照射在焊点上的 X 射线被大量吸收，而呈黑点产生良好图像，使得对焊点的分析变得相当直观。图 3-179 是通过 X 射线拍摄到的电路板桥接短路的照片。

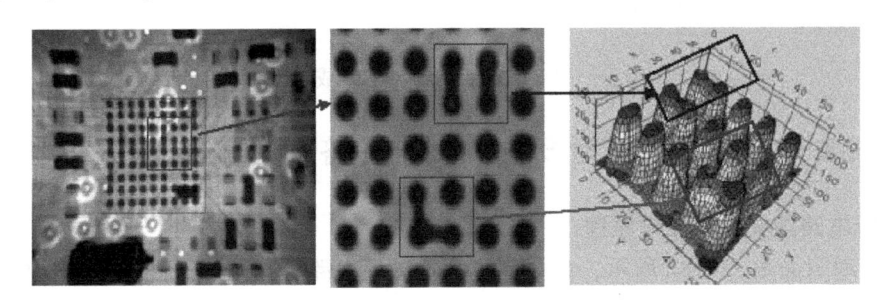

图 3-179 电路板桥接短路的照片

检测系统主要有以下三种：

① X 射线传输（2D）测试系统：适用于检测单面贴装了 BGA 等芯片的电路板。

② X 射线断面测试或三维（3D）测试系统：可以进行分层断面检测，X 射线光束聚焦到任何一层并将相应图像投射到一个高速旋转的接收面上。3D 检验法可对电路板两面的焊点独

立成像。

③ X 射线和 ICT 结合的检测系统：用 ICT 在线测试补偿 X 射线检测的不足之处，适用于高密度、双面贴装 BGA 等芯片的电路板。

3D X 射线技术除了可以检验双面贴装电路板外，还可以对那些不可见焊点如 BGA 等进行多层图像切片检测，即对 BGA 焊接连接处的顶部、中部和底部进行逐层检验。同时利用此方法还可测通孔元器件的焊点，检查通孔中焊料是否充实，从而极大地提高焊点连接质量。

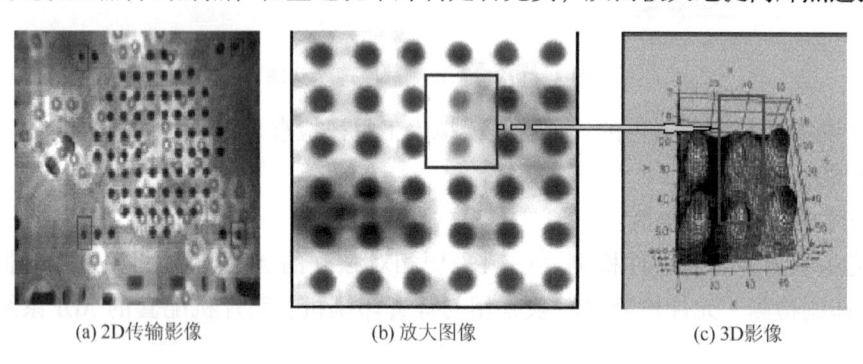

(a) 2D传输影像　　(b) 放大图像　　(c) 3D影像

图 3－180　电路板焊点虚焊

(2) SMT 生产系统的基本组成

由表面涂敷设备、贴装机、焊接机、清洗机、测试设备等表面组装设备形成的 SMT 生产系统习惯上称为 SMT 生产线，如图 3－181 所示。

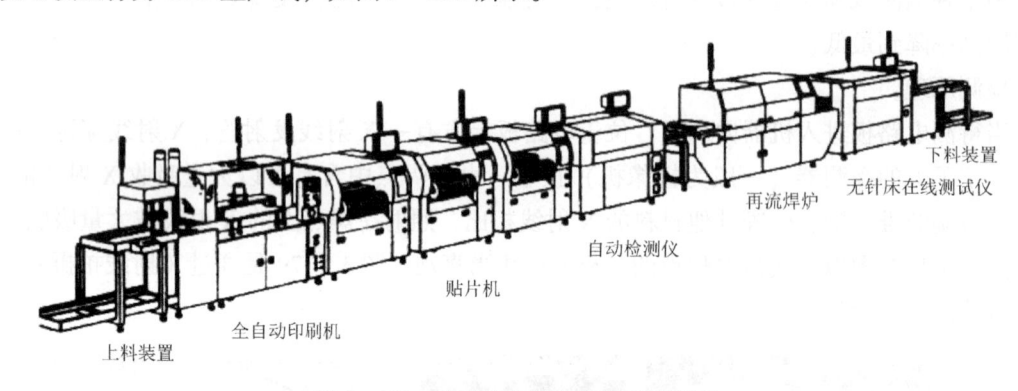

图 3－181　SMT 生产线基本组成示意图

实践训练——装配具有定时报警功能数字抢答器印制电路板任务实施

1. 分析电路组成及其工作原理

电路原理图如图 3－182 所示，由数字抢答器单元电路、可预置时间定时单元电路、报警单元电路三个模块组成。

● 数字抢答器单元电路的工作原理：

电路的主要功能是用于 8 人（也可少于 8 人）参加的知识竞赛场合，用数字显示抢答成功者的编号，编号为 0～7，本电路可避免多人同时抢答成功的现象，还具有防抢答的功能。

电路主要由优先编码器 74LS148（U1）、8 个按键开关（S1～S8）、8 个 10kΩ 电阻（R1～

R8)、2个锁存器74LS279（U2、U3）和74LS48译码器及七段数码管组成，如图3-182所示。该电路具有两个功能：一是分辨出选手按键的先后顺序，并锁存优先抢答者的编号，同时通过译码显示电路显示该编号；二是封锁其他选手按键，使其按键操作无效。工作过程为：主持人控制开关K1拨至"1"端时，锁存器74LS279芯片的RS触发器的清零端均为0，4个触发器输出为"$Q_4Q_3Q_2Q_1=0000$"，使优先编码器74LS148的输入使能端$\overline{EI}=0$，74LS148处于工作状态。然后将开关K1拨至"3"处，抢答器处于等待工作状态，当有选手将按下按键时（如按下S5），优先编码器74LS148将选手按键编成二进制代码"0101"输出，经锁存器74LS279锁存，并输出"$Q_4Q_3Q_2Q_1=0101$"，经译码器74LS48与七段数码管组成的译码显示电路显示选手按键编号"5"。此时，锁存器74LS279芯片的RS触发器的$Q_4=1$，使74LS148的输入使能端$\overline{EI}=1$，处于禁止工作状态，封锁其他选手按键的输入，使其按键操作无效。

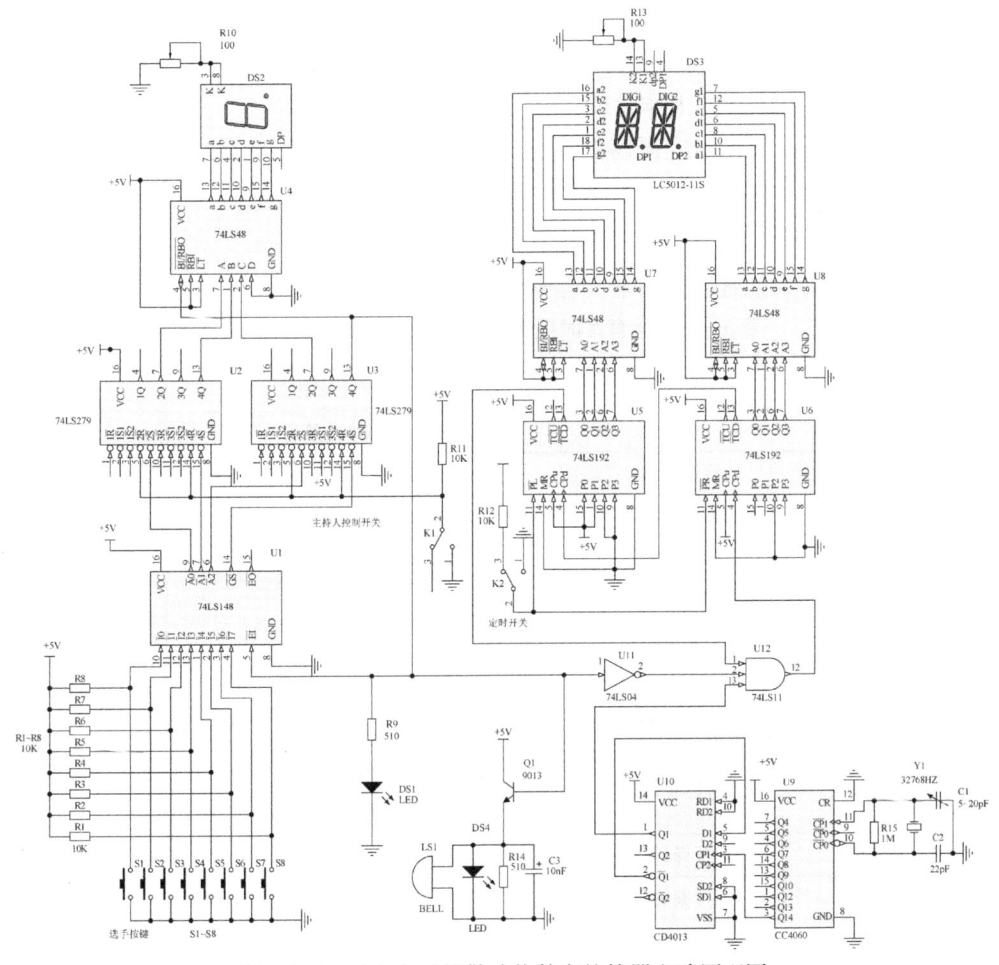

图3-182 具有定时报警功能数字抢答器电路原理图

● 可预置时间定时单元电路的工作原理：

电路的主要功能是由节目主持人根据抢答题的难易程度，设定抢答的时间，通过预置时间电路对计数器进行预置，计数器的时钟脉冲由秒脉冲电路提供。

电路主要由双D触发器CD4013（U11）、十四位二进制串行计数器CD4060（U10）和三3输入正与非门（74LS10）组成的秒脉冲产生电路、十进制同步加减计数器74LS192（U8、

U9)、减法计数电路、74LS48（U2、U3）译码电路和2个7段数码管（DS2、DS3）等相关电路组成。两块74LS192实现减法计数，通过译码电路74LS48显示到数码管上，其时钟信号由时钟产生电路提供。74LS192的预置数控制端实现预置数，当开关S2接地时，由节目主持人根据抢答题的难易程度，设定一次抢答的时间，通过预置时间电路对计数器进行预置，如本电路中设置为10秒，计数器的时钟脉冲由秒脉冲电路提供。按键弹起（S2接+5V）后，计数器开始减法计数工作，并将时间显示在共阴极七段数码显示管上，当有人抢答时，停止计数并显示此时的倒计时时间；如果没有人抢答，且倒计时时间到时，输出低电平到时序控制电路，控制报警电路报警，同时以后选手抢答无效。

- 报警单元电路的工作原理：

报警电路主要由晶体三极管（Q1）、蜂鸣器（L1）、LED指示灯（D2）、510Ω电阻（R4）和10nF电容（C3）组成。当报警电路接高电平信号时，三极管导通，蜂鸣器发出报警声；反之，报警电路接低电平信号，三极管截止，LED不亮，蜂鸣器不工作。

- 秒信号发生单元电路的工作原理：

石英晶体、电阻及电容构成振荡频率为32768Hz的振荡器，产生的振荡信号经CD4060十四级分频，在输出端Q14上得到1/2秒脉冲，经CD4013二分频后，在输出端Q1输出1Hz的秒基准脉冲信号。

2. 具有定时报警功能数字抢答器元器件清单（表3-51）

表3-51 具有定时报警功能数字抢答器元器件清单

元器件清单		产品名称		产品图号	
		数字抢答器		CCC	
序号	器件类型	器件参数	数量	备注	
1	贴片电阻	10kΩ，0805或1206	10	$R_1 \sim R_8$、R_{11}、R_{12}	
2	贴片电阻	510Ω，0805或1206	2	R_9、R_{14}	
3	可调电阻	滑动变阻器，100Ω	2	R_{10}、R_{13}	
4	贴片电阻	1MΩ，0805或1206	1	R_{15}	
5	贴片电容	22pF，0805或1206	1	C_2	
6	可调电容	5~20pF	1	C_1	
7	极性贴片电容	10nF/16V，1026钽电容或铝电解电容	1	C_3	
8	贴片译码器	74LS48，SOP16	3	U_4、U_7、U_8	
9	贴片编码器	74LS148，SOP16	1	U_1	
10	贴片锁存器	74LS279，SOP16	2	U_2、U_3	
11	贴片4060	CC4060，SOP16	1	U_9	
12	贴片4013	CD4013，SOP14	1	U_{10}	
13	贴片74LS04	74LS04，SOP14	1	U_{11}	
14	贴片三极管	NPN，SOT23	1	Q_1	
15	贴片三输入与门	74LS11，SOP14	1	U_{12}	
16	贴片可预置十进制加减计数器	74LS192，SOP16	2	U_5、U_6	

续表

元器件清单			产品名称		产品图号
			数字抢答器		CCC
17	贴片发光二极管		超亮型 LED	2	DS_1、DS_4
18	数码管		七段共阴极数码管	1	DS_2
19	数码管		两位（18引脚）七段共阴极数码管	1	DS_3
20	贴片晶振		贴片石英晶振，32768Hz	1	Y_1
21	蜂鸣器		Buzzer	1	LS_1
22	电源插座		+5V 直流电源插件	1	J_1
23	开关		单刀双掷开关	2	K_1 K_2
24	开关		按钮开关	8	$S_1 \sim S_8$
25	印制电路板			1	
26	电源插头（带线）			1	
27	连接导线			若干	
28	固定螺钉、螺帽、垫片			若干	

旧底图总号	更改标记	数量	更改单号	签名	日期		签名	日期	第4页
						拟制			共11页
底图总号						审核			第1册
						标准化			共1册

注：表中贴片元器件若购买不到，可用通孔插装元器件代替。

3. 具有定时报警功能数字抢答器电路组装过程

（1）组装调试工艺流程

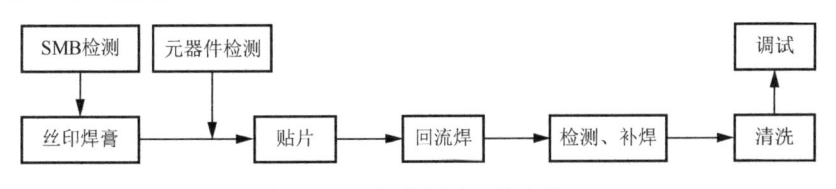

图 3-183 组装调试工艺流程

表 3-52 调试工艺卡

调试单卡	产品名称	调试项目
	具有定时报警功能数字抢答器	电路板功能的检测

调试步骤分两步进行：①通电前的检查；②通电检查。

（1）通电前的检查。

● 对照原理图，检查元器件的型号（参数）是否有误，引脚是否接正确，引脚之间有无短路现象，电源线、地线是否接触可靠。

● 有极性的元器件（如二极管、晶体管、电解电容、集成电路等），用万用表的"Ω"挡检查电源的正、负极是否接反。注意：图中元器件引脚以左下角第1个引脚序号为1，按逆时针递增排列。

续表

调试单卡		产品名称	调试项目
		具有定时报警功能数字抢答器	电路板功能的检测
● 连接导线有无接错、漏接、断线等现象。 ● 电路板各焊接点有无漏焊、桥接、短路等现象。 (2) 通电检查。 安装完毕的电路经检查确认无误后，接通电源进行调试。 ①通电观察。检查数字抢答器单元电路：接入 +5V 直流电源，按下抢答按钮开关，检查电路是否正常工作。倘若不能正常工作，并且发光二极管 DS1 不亮，检查单刀双掷开关、数码管引脚是接线正确。 ②通电调试： a. 秒脉冲信号发生电路调试： ■ 检验电路是否工作，可测量 CD4060 的 9 脚有无振荡信号输出，调整微调电容可校准振荡频率。 ■ 将秒脉冲信号发生电路 CD4013 的 Q1 输出端接示波器的信号输入端，调节可变电容器，观测信号的频率。 b. 三十秒倒计时电路调试 断开 74LS11 与 74LS192（个位 4 引脚）之间的连线，将 74LS192 个位 4 引脚接入函数信号发生器，用 1Hz 信号检测三十秒倒计时电路是否工作正常，倘若不能正常工作，检测一下电路接线是否正确，调整后再接入秒脉冲信号发生电路查看整个电路工作是否正常。			

旧底图总号	更改标记	数量	更改单号	签名	日期		签名	日期	第9–10页
						拟制			共11页
底图总号						审核			第1册
						标准化			共1册

(2) 印刷焊锡膏

丝印锡膏工艺包括 5 个主要工序，分别是对位、充填、整平、释放、检查。具体操作见项目四任务二。

(3) 手工或自动贴装元器件

手工贴装元器件的操作见项目四任务二。

(4) 表面贴装元件的自动焊接（回流焊接）

1) 回流焊温度曲线

理想的曲线由四个部分或区间组成，前面三个区加热，最后一个区冷却。温区越多，越能使温度曲线的轮廓准确和接近设定，回流焊温度曲线示意图见图 3–173。

预热区：用来将 PCB 的温度从周围环境温度提升到所需的活性温度。其温度以不超过每秒 2～5℃速度连续上升，预热区时间约为 60～90s，温度升得太快会引起某些缺陷，如陶瓷电容的细微裂纹，而温度上升太慢，锡膏会感温过度，没有足够的时间使 PCB 达到活性温度。炉的预热区一般占整个加热通道长度的 25%～33%。

活性区：有时又称干燥或浸湿区，这个区一般占加热通道的 33%～50%，第一个功能是将 PCB 在相当稳定的温度下感温，使不同质量的元件具有相同温度，减少它们的温差。第二个功能是允许助焊剂活性化，挥发性的物质从锡膏中挥发。一般普遍的活性温度范围是 120～150℃，如果活性区的温度设定太高，助焊剂没有足够的时间活性化。因此理想的曲线要求相当平稳的温度，这样使得 PCB 的温度在活性区开始和结束时是相等的。

回流区：其作用是将 PCB 装配的温度从活性温度提高到所推荐的峰值温度。典型的峰值温度范围是 205~230℃，这个区的温度设定太高会引起 PCB 的过分卷曲、脱层或烧损，并损害元件的完整性。

冷却区：曲线应该是和回流区曲线成镜像关系。越是靠近这种镜像关系，焊点达到固态的结构越紧密，得到焊接点的质量越高，结合完整性越好。

2）回流焊的工艺流程

① 开炉：接通再流焊总电源。

② 设置温度参数。

再流焊机面板按键功能说明，再流焊机前面板结构如图 3-184 所示：

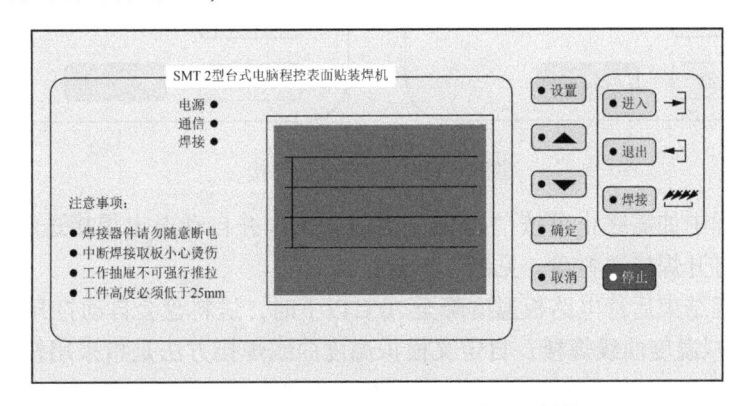

图 3-184　SMT-2 再流焊机前面板结构

面板的中部装有一个 256×128 点阵液晶显示屏，用于显示焊接的温度曲线和参数设置菜单。面板的右侧设有九个按键，其中六个为参数设置键，三个是焊接操作键。

具体按键功能说明如下：

● 焊接操作键：

[进入] 按此键可控制送料盘进入焊接工位。

[退出] 按此键可控制送料盘退出焊接工位，如果正在焊接过程中按此键，可直接终止焊接，送料盘也会立即退出。

[焊接] 在送料盘回位后，按下此键进入自动焊接过程，即预热、升温、再流焊、降温和退出。

[停止] 终止当前操作，包括焊接托盘出入、焊接、设置等。

● 参数设置键：

[设置] 按此键进入菜单设置，再次按键则退出，正在焊接过程中按此键可终止焊接。

[▲] 在设置参数时用于选择菜单或改变参数（顺序增大）。

[▼] 在设置参数时用于选择菜单或改变参数（顺序减小）。

[确定] 进入所选的菜单项目或参数确认。

[取消] 退出到上一级菜单或取消参数的修改。

③ 常规参数焊接。这是最常用的再流焊接过程，也是焊接机内部控制器默认的参数方

式。一般在焊接前应认真检查焊接参数是否合适,即预热时间、预热温度、焊接时间、焊接温度等是否设置正确,然后按"退出"键打开送料盘,见图 3-185。

将待焊电路板放置在焊接送料盘中,按"焊接"键开始再流焊接,见图 3-185。

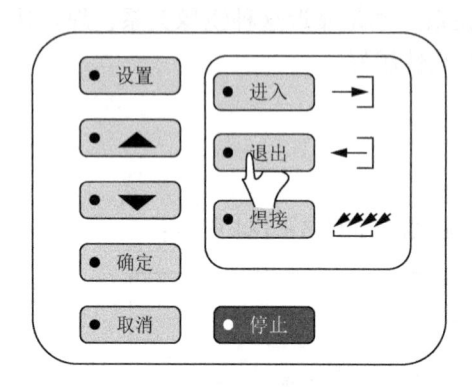

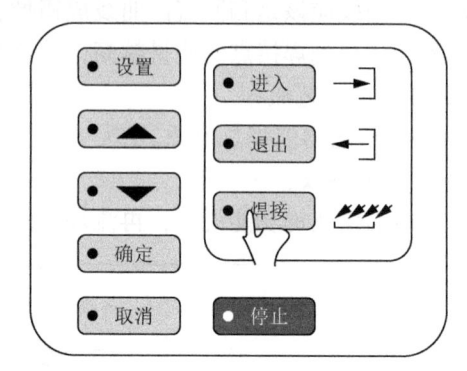

图 3-185 常规参数焊接

正在焊接过程中如需终止可按"退出"键停止工作并自动退出焊接送料盘。按"停止"键停止焊接但不打开焊接送料盘,见图 3-186。

整个焊接过程结束后待电路板温度降至 70℃以下时,送料盘会自动打开。

④ 自定义模拟温度曲线焊接。自定义模拟温度曲线焊接方法是指采用按预定的时间间隔逐点控制温度的焊接方法,即在待焊接的电路板上放置一个温度传感器,根据电路板的实际温度来调整对应点的控制温度,从而在电路板上获得一个理想的焊接温度曲线。注意:这里的控制温度曲线与所需的焊接温度曲线不一定相同但存在一个对应关系。本机可预存 4 条自定义的控制温度曲线供用户根据特殊的工艺要求进行焊接。具体操作步骤如下:

步骤一:按"退出"键打开焊接托盘,见图 3-187。

图 3-186 终止焊接   图 3-187 步骤一

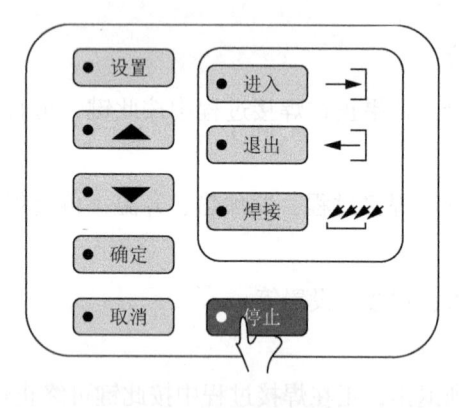

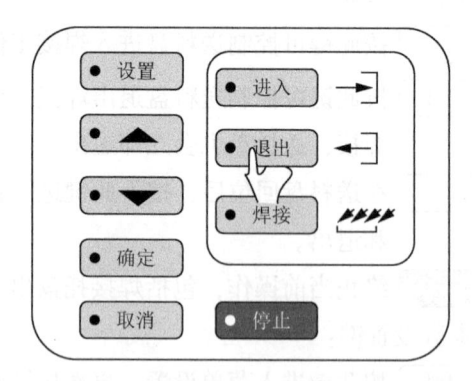

步骤二:将待焊接电路板放置在焊接托盘中心,按"设置"键,再按"向下"键,光标指向"曲线焊接"项,见图 3-188。

步骤三:按"确认"键即刻进入温度控制曲线选择,按"向上"键或"向下"键选择需要的控制温度曲线,见图 3-189。

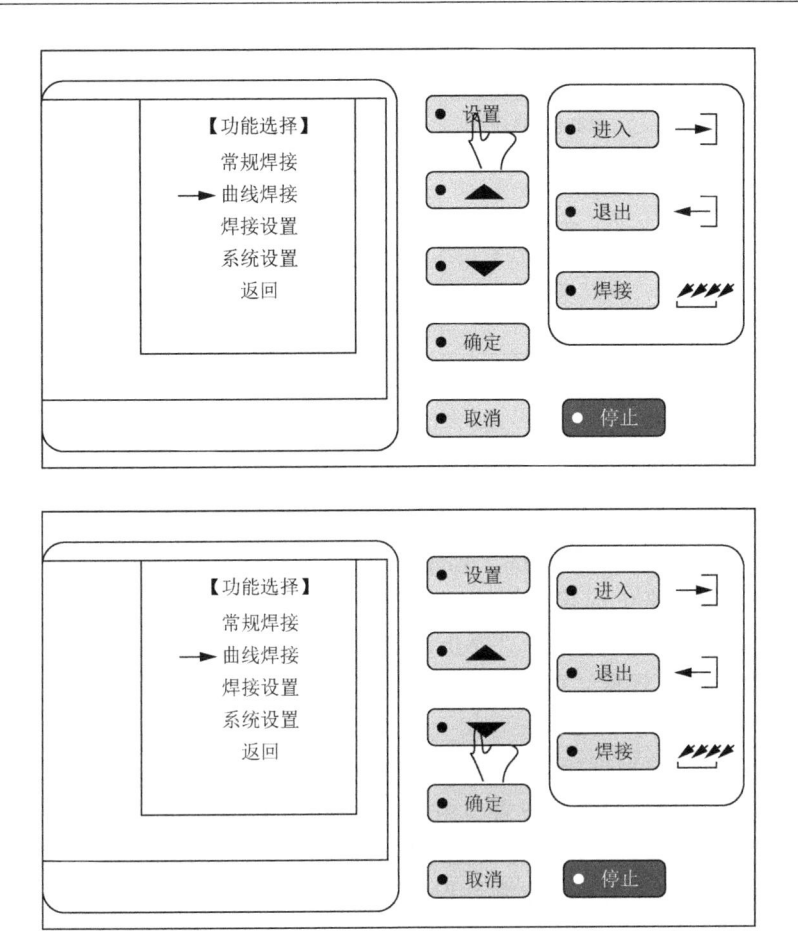

图 3-188 步骤二

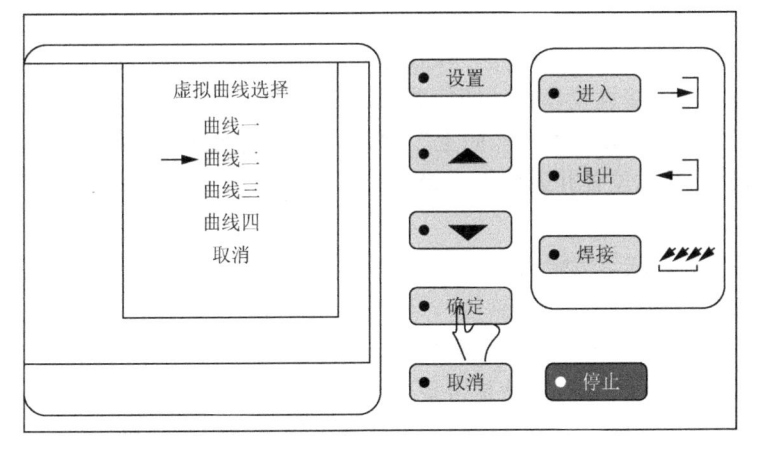

图 3-189 步骤三

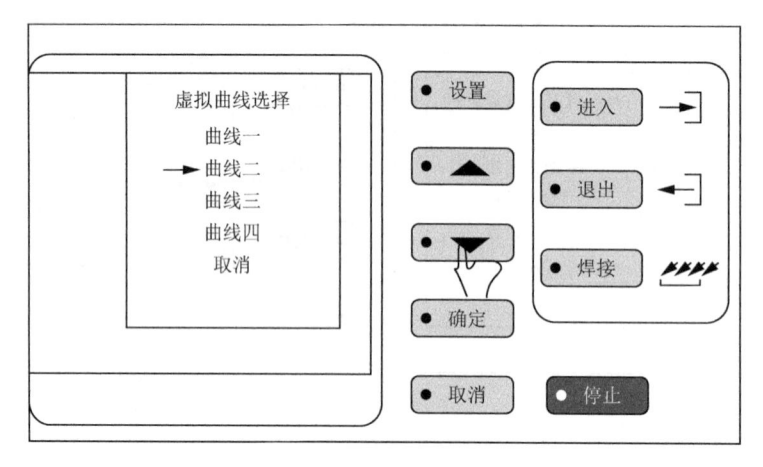

图 3-189　步骤三（续）

步骤四：再按"确认"键开始焊接，见图 3-190。

焊接过程中如需要停止焊接，可按"退出"键中止焊接并打开焊接托盘，也可按"停止"键停止焊接但不打开焊接托盘，焊接结束时待电路板温度降至 75℃ 焊接托盘会自动打开。

⑤ 常规焊接设置。常规焊接设置包括预热时间、预热温度、焊接时间、焊接温度的设置，由于电路板和元器件的不同而稍有差异。为达到最佳焊接效果，可以根据某一批电路板设定最佳的参数并保存起来供以后重复使用。

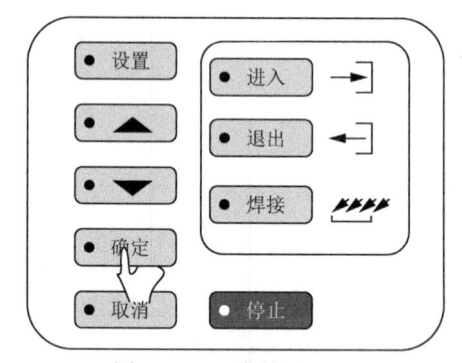

图 3-190　步骤四

按"设置"键，再按"向下"键，使光标指向"焊接设置"项，按"确认"键进入焊接设置。依次为"预热时间"、"预热温度"、"焊接时间"、"焊接温度"设置，将所有参数设置好并按"参数保存"并"返回"。"设置保存"可将当前设置的参数保存在单片机中，本机共可保存 16 组常规焊接设置参数，即使关机也不丢失，每次开机后自动读取第一组设置参数。在进入"设置保存"状态后按"向上"键或"向下"键选择参数号，再按"确认"键将当前设置参数保存在此位置并返回上一级菜单，或按"取消"键返回上一级菜单，按"返回"键也可返回上一级菜单。

⑥ 印制电路板的调试与检验内容：
- 检验焊接是否充分。
- 检验焊点表面是否光滑，有无孔洞缺陷。
- 检验焊料是否适中，焊点形状是否呈半圆形。
- 检验有无桥接、立碑、错位、虚焊、元件移位等不良焊接现象。

⑦ 清洗。

项 目 小 结

1. 电子产品装配过程中常用的工程图纸有方框图、电气原理图、印制电路板板图、接线图、装配图等。

2. 电子材料主要分成安装导线与绝缘材料。安装导线一般由铜导体和绝缘层组成。绝缘材料除有隔离带电体的作用外，往往还起到机械支撑、保护导体和灭弧等作用。

3. 测量导线的方法主要是用万用表的欧姆挡对其两端进行测量，通过电阻值的读数判断导线的通和断。

4. 在电子产品中还要用到黏接材料，对黏接材料的选用和接头的处理直接关系到产品的质量。

5. 电子元器件和各种导线在装配前一定要先进行处理，这是一道不可缺少的工序。

6. 导线主要分成绝缘导线和屏蔽导线，对其的处理主要是端头的处理。

7. 对在一块电路板上有许多导线在一起的安装，要对导线进行扎线，也就是要把导线扎成线扎，线扎的形式要根据电路的要求决定。

8. 各种电子元器件的引脚也要进行处理，要根据电路的特点和装配方式的不同，将元器件引线做成相应的形状。

9. 元器件引线的处理有手工制作和机器制作两种方法。

10. 印制电路板有手工制作和工厂制作两种途径。手工制作适合于电路的研制阶段，但批量生产的电子产品的印制电路板都通过工厂来制作。

11. 手工焊接是从事电子产品生产的人员必须掌握的基本技能，要正确使用焊接工具，掌握正确的焊接方法。

12. 调试的过程分为通电前的检查（调试准备）和通电调试两大阶段。

课后练习

1. 什么是表面安装元器件？在什么场合下使用？
2. 表面安装元器件包括_____和表面安装器件 SMD，与传统的插装元器件相比，它具有什么特点？
3. 试比较 SMT 与通孔基板式 PCB 安装的差别。SMT 有何优越性？
4. 试写出下列 SMC 元件的长和宽（mm）：1206，0805，0603，0402。
5. 试说明下列 SMC 元件的含义：3216C，3216R。
6. 片状元器件有哪些包装形式？
7. 表面安装元件的表示方法主要有哪几种？
8. 指出下列电阻的标称阻值、允许偏差及识别方法。
    5R1；364；125；820；R82。
9. 试述国产贴片电阻 RS－05K102JT 表示的含义。
10. 试述风华系列的贴片电容 0805CG102J500NT 表示的含义。
11. 指出下列电容的标称容量、允许偏差及识别方法。
    103；475；1R5；G3；C6；A4。
12. 简述表面贴装工艺回流焊接的工艺流程。
13. 试叙述 SMT 印制板波峰焊接的工艺流程。
14. 什么是波峰焊接？它与浸焊和载流焊相比有何不同？
15. 什么是长脚焊接？它与短脚焊接有何不同？
16. 什么是温度曲线？它有何作用？
17. 在什么情况下采用一次焊接？什么情况下采用二次焊接？
18. 什么是立碑？它是怎么形成的？你能举几个常见的回流焊接缺陷例子吗？
19. 试编写"具有定时报警功能数字抢答器"的作业指导书。

模块四　小型电子产品的装配

项目五　小型电子产品的装配

【项目实施目标】

按照图 4-24 所示多媒体计算机音箱电路原理图，设计、制作电路的印制电路板，完成电路的总装与调试等各项工作，并编写装配工艺文件和产品使用说明书。项目的主要目标是熟悉产品总装和调试的一般工艺流程；掌握调试工艺内容及工艺程序；掌握产品生产检验的过程和方法；掌握压接、绕接、穿刺、螺纹连接工艺的要求和操作方法。

【教学导航】

教	知识重点	产品总装和调试的一般工艺流程；产品生产检验的过程和方法
	知识难点	调试过程中故障的查找与排除
	推荐教学方式	课堂讲授：多媒体音箱的组成；压接、绕接、穿刺、螺纹连接工艺总装与调试的工艺流程；产品调试和检验方法；电子产品包装工艺。 多媒体演示：电子产品总装生产工艺视频。 学生操作练习：学生在教师指导下完成多媒体计算机音箱的组装
	建议学时	8 学时
学	推荐学习方法	通过认真听课堂讲授、按 6~8 人一组共同完成"多媒体计算机音箱"组装的实践活动、认真观看教学视频、查阅资料、上网搜索，熟悉产品总装和调试的一般工艺流程；掌握压接、绕接、穿刺、螺纹操作技能；掌握整机调试常用的方法及较强调试技能；学会总装的质量检查
	知识目标	了解接触焊接种类、特点、连接方式，掌握压接、绕接、穿刺、螺纹连接的工艺要求和操作方法。熟悉电子产品装配过程、总装特点、内容、要求，掌握产品总装和调试的一般工艺流程；熟悉调试过程中故障的查找与排除及调试安全；掌握调试工艺内容及工艺程序；掌握产品生产检验的过程和方法；熟悉电子产品的包装工艺
	技能目标	学会压接、绕接、穿刺、螺纹连接操作；能编写产品总装的工艺流程、装配工艺文件和产品使用说明书；会进行总装的质量检查；掌握整机调试的安全措施；掌握整机调试常用的方法及调试技能
	素质目标	通过装配"多媒体计算机音箱"组装的实践活动，培养学生团队协作意识；培养学生耐心、细致、认真的做事习惯；培养创新意识、环保意识、成本意识、评价和自我评价能力

【项目实施器材】
1. "多媒体计算机音箱"组装所需元器件每组一套,元器件清单见表 4-1。
2. "多媒体计算机音箱"印制电路板每组一块。
3. 剥线钳、剪刀、镊子、尖嘴钳、改锥、20W 内热式电烙铁、烙铁架,每组一套。
4. 0.8mm 焊锡丝、松香。
5. 万用表每组一块;示波器、信号发生器各一台。

【项目实施步骤】
1. 装配准备
(1) 设计制作"多媒体计算机音箱"印制电路板,准备装配调试工艺文件。
(2) 准备装配用电子材料及装配工具。
(3) 装配元器件分类筛选,检测电气性能。
(4) 熟悉工艺文件,检查印制电路板。
2. 电路组装
单元电路板装配→产品总装→产品调试→产品检验→产品包装。
3. 装配质量检查
学生按每 6~8 人一组,先自我检查装配质量并评分,然后各小组再相互检查并给予评分。

【项目总结报告】
主要内容:
1. 填写小组编号、同组人姓名、完成时间、地点、指导教师等。
2. 项目组成框图、原理图、工作原理及装配的主要工作过程。
3. 调试过程说明及测试数据等。
4. 项目完成过程中出现的问题、故障及处理过程和结果。
5. 装配质量评分(包括各小组自我评分和其他小组同学的评分)。
6. 收获、体会及建议等。

【项目考核方法】
采取平时 20%(作业、纪律、认真听讲、积极参与)+项目总结报告 10%+装配质量检验 60%(小组自我评分 10%+其他小组评分 20%+老师评分 30%)+团队合作 10%综合考查的方法。

任务一　接触焊接

1. 任务要求
了解接触焊接种类、特点、连接方式,掌握压接、绕接、穿刺、螺纹工艺要求和操作方法。

2. 相关知识
(1) 接触焊接

接触焊接是一种不用焊料和助焊剂即可获得可靠连接的焊接技术。电子产品中,常用的接触焊接种类有:压接、绕接、穿刺、螺纹连接。

1）压接

压接（如图 4-1 所示），是使用专用工具，在常温下对导线和接线端子施加足够的压力，使两个金属导体（导线和接线端子）产生塑性变形，从而形成可靠电气连接的方法。压接适用于导线的连接。

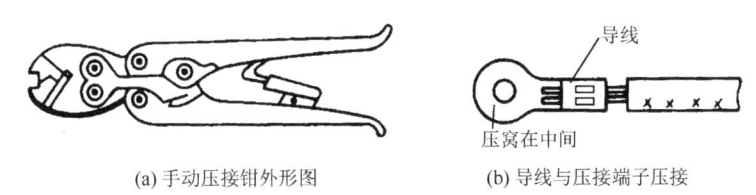

(a) 手动压接钳外形图　　(b) 导线与压接端子压接

图 4-1　压接示意图

压接的特点：工艺简单，操作方便，不受场合、人员的限制；连接点的接触面积大，使用寿命长；耐高温和低温，适合各种场合，且维修方便；成本低，无污染，无公害；缺点是压接点的接触电阻大，因而压接处的电气损耗大。

压接工具的种类：
- 手动压接工具，其特点是压力小，压接的程度因人而异。
- 气动式压接工具，其特点是压力较大，压接的程度可以通过气压来控制。
- 电动压接工具：其特点是压接面积大，最大可达 325mm²。
- 自动压接工具。

压接工艺要求如图 4-2 所示。

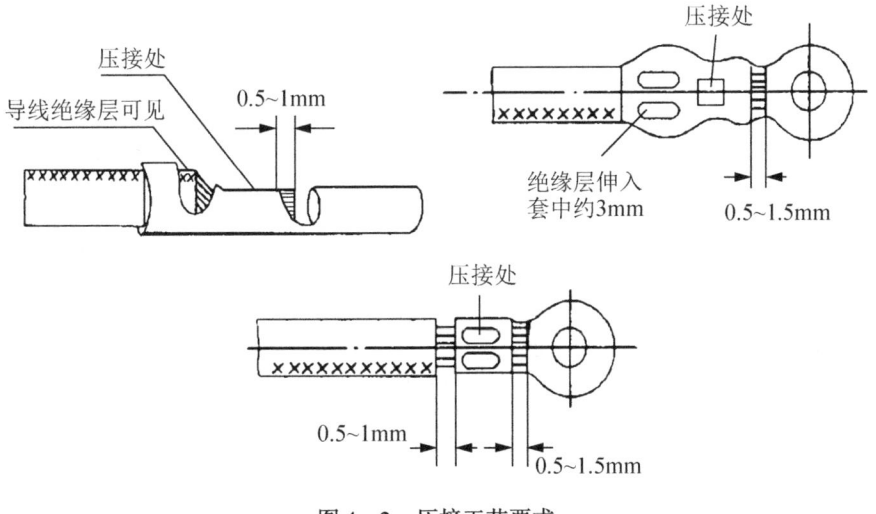

图 4-2　压接工艺要求

提示：

压接的质量要求

- 压接端子材料应具有较大的塑性，在低温下塑性较大的金属均适合压接，压接端子的机械强度必须大于导线的机械强度。

- 压接接头压痕必须清晰可见,并且位于端子的轴心线上(或与轴心线完全对称),导线伸入端头的尺寸应符合要求。
- 压接接头的最小拉力值应符合规定值。

2) 绕接

绕接(如图 4-3 所示)指用绕接器将一定长度的单股芯线高速地绕到带棱角的接线柱上,形成牢固的电气连接。绕接通常用于接线柱和导线的连接。

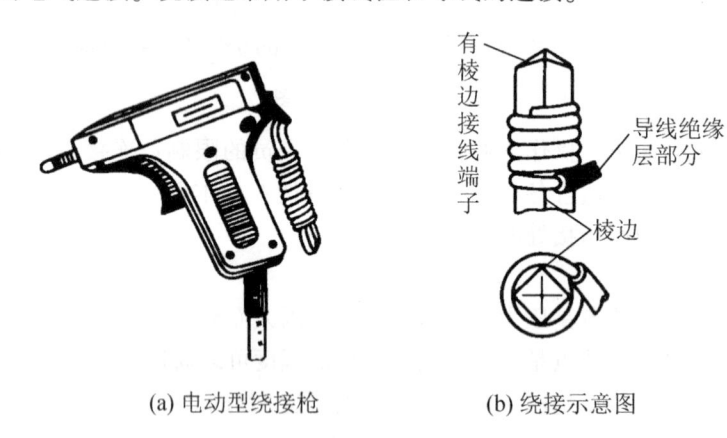

(a) 电动型绕接枪　　(b) 绕接示意图

图 4-3　电动型绕接枪及绕接示意图

绕接过程如图 4-4 所示。

绕接的特点:接触电阻小,抗震能力比锡焊强,工作寿命长(达 40 年之久);可靠性高,不存在虚焊及腐蚀的问题;不会产生热损伤;操作简单,对操作者的技能要求低。对接线柱有特殊要求,且走线方向受到限制;多股线不能绕接,单股线又容易折断。

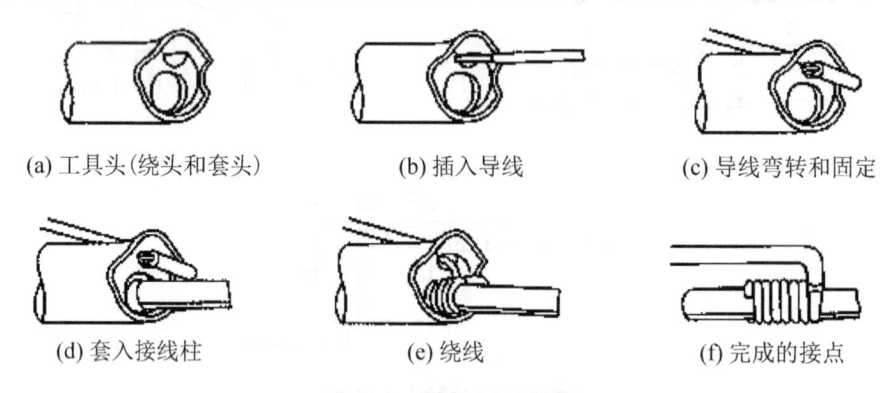

(a) 工具头(绕头和套头)　　(b) 插入导线　　(c) 导线弯转和固定

(d) 套入接线柱　　(e) 绕线　　(f) 完成的接点

图 4-4　绕接过程示意图

提示:

① 绕头在静止的绕套内旋转,把导线绕在接线柱上,绕头内有一个孔,用来套入接线柱。绕头上有一条入线槽,如图 4-5 所示,目的是要把绕在接线柱上的那一部分导线插入绕头槽内,而导线的另一部分保持不动。导线从槽口经过一个光滑的半径被拉伸而产生控制的张力。

② 绕接点的质量要求：
- 最少绕接圈数：4~8圈（不同线径，不同材料有不同规定）；
- 绕接间隙：相邻两圈间隙不得大于导线直径的一半，所有间隙的总和不得大于导线的直径（第一圈和最后一圈除外）；
- 绕接点数量：一个接线柱上以不超过三个绕接点为宜；
- 绕接头外观：不得有明显的损伤和撕裂；
- 强度要求：绕接点应能承受规定检测手段。

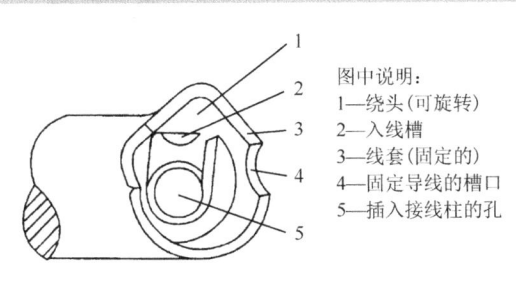

图中说明：
1—绕头(可旋转)
2—入线槽
3—线套(固定的)
4—固定导线的槽口
5—插入接线柱的孔

图4-5　绕接工具头

3) 穿刺

穿刺工艺适合于以聚氯乙稀为绝缘层的扁平线缆和接插件之间的连接，如图4-6所示。

穿刺焊接的特点：节省材料，不会产生热损伤，操作简单，质量可靠，工作效率高（约为锡焊的3~5倍）。

1. 把线夹螺母调节至合适位置
2. 把支线完全插入到电缆帽套中
3. 插入主线，如果主线电缆有两层绝缘层，则把插入线的第一层绝缘皮剥去一定长度
4. 先用手旋紧螺母，把线夹固定在合适位置
5. 用尺寸相应的套筒扳手旋紧螺母
6. 继续用力旋紧螺母直接断裂脱落，安装完成

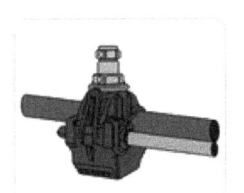

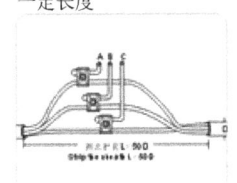

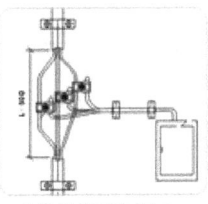

电缆连接示意图-1
电缆连接示意图-2

图4-6　穿刺焊接

4) 螺纹连接

螺纹连接是指用螺栓、螺钉、螺母等紧固件，把电子设备中的各种零部件或元器件连接起来的工艺技术。螺纹连接的工具包括不同型号、不同大小的螺丝刀、扳手及钳子等。

螺纹连接的特点：连接可靠，装拆、调节方便，但在振动或冲击严重的情况下，螺纹容易松动，在安装薄板或易损件时容易产生形变或压裂。

① 常用紧固件的类型：用于锁紧和固定部件的零件称为紧固件。在电子设备中，常用的紧固件有：螺钉、螺母、螺栓、垫圈，见图4-7。

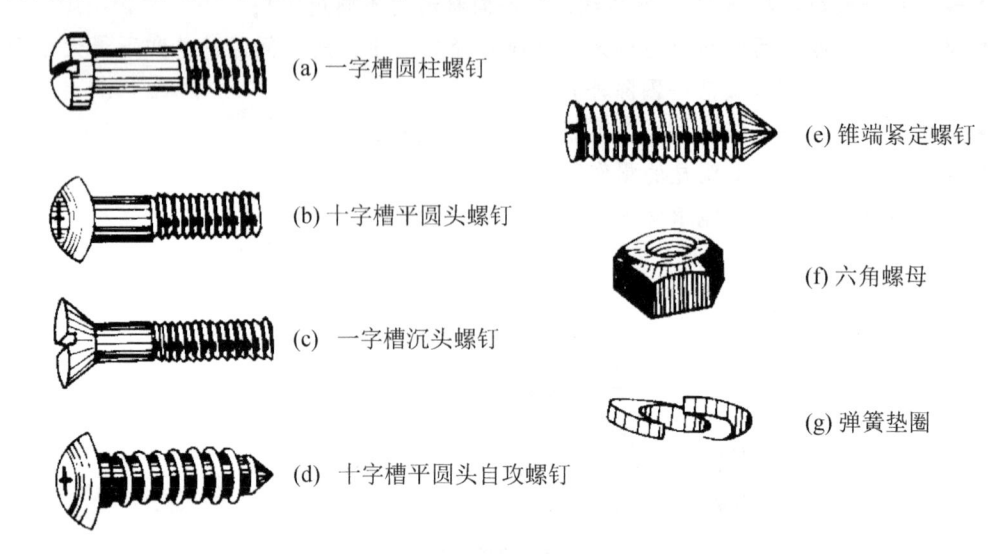

(a) 一字槽圆柱螺钉
(b) 十字槽平圆头螺钉
(c) 一字槽沉头螺钉
(d) 十字槽平圆头自攻螺钉
(e) 锥端紧定螺钉
(f) 六角螺母
(g) 弹簧垫圈

图4-7 部分常用紧固件外形图

② 螺纹连接方式：
- 螺栓连接
- 螺钉连接
- 双头螺栓连接
- 紧定螺钉连接

③ 螺钉的紧固顺序：如图4-8所示，当零部件的紧固需要两个以上的螺钉连接时，其紧固顺序（或拆卸顺序）应遵循：交叉对称，分步拧紧（拆卸）的原则。

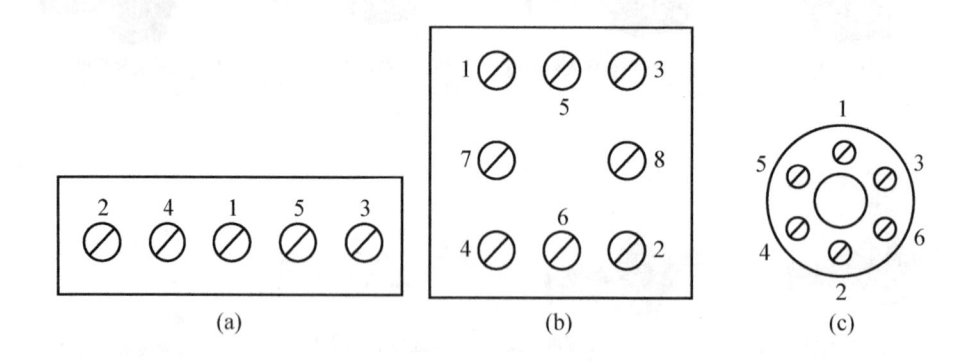

图4-8 螺钉的紧固或拆卸顺序

④ 螺纹连接工艺要求：
- 安装前对安装件进行检查，应无损伤、变形，尤其是面板，外壳表面应无明显的划伤、破损、污渍等不良现象。经检查合格后方可开始安装。
- 安装螺钉必须拧紧。
- 沉头螺钉紧固后，其头部应与被紧固件的表面保持平整。允许适当偏低，但不得超过 0.2mm。
- 用两个螺钉安装被紧固件时，不应先将一个拧紧后再拧另一个，而应将两个螺钉半紧固，然后摆正位置，再均匀紧固。
- 用四个或四个以上的螺钉安装时，可按对角线的顺序半紧固，然后再均匀紧固，总之安装同一紧固件上的成组螺钉应掌握交叉、对称、逐步的方法。
- 安装时，旋具头必须紧紧顶住螺钉槽口，旋具与安装平面保持垂直，拧紧螺钉时，不允许螺钉槽口出现毛刺、变形，不应破坏螺母或螺帽的棱角及表面电镀层，禁止使用尖头钳、平口钳。

提示：

如何衡量拧紧程度呢？

如图 4-9 所示，对于机制螺钉来讲一般以压平防松垫圈为准，而自攻螺钉以头部紧贴安装件为准，最好使用限力螺刀（即扭矩可调），安装前可根据经验数据将扭矩调整好，这样既可防止因扭矩过小而造成紧固不到位，又可防止因扭矩过大而造成滑牙现象，从而保证螺钉连接的质量。

螺装时的起子握法如图 4-10 所示。

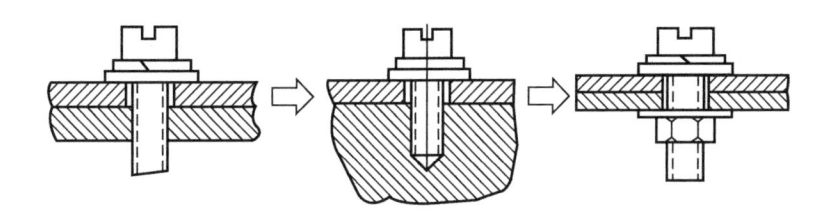

图 4-9　拧紧安装螺钉

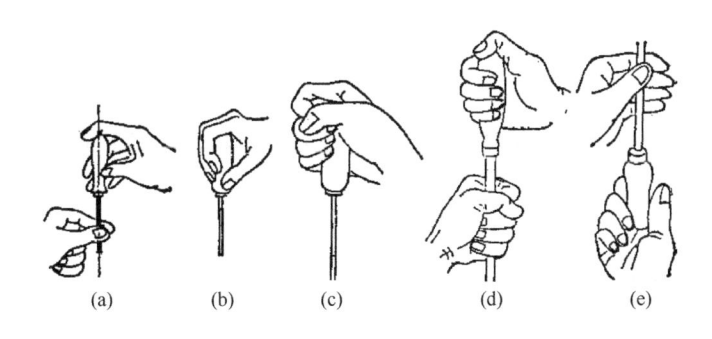

（a）螺钉直径小；（b）螺钉直径 3~4mm；（c）螺钉直径大；
（d）螺钉直径太大；（e）紧固上部螺钉

图 4-10　螺装时的起子握法

⑤ 防止紧固件松动的措施：
- 加双螺母
- 加弹簧垫片
- 蘸漆
- 点漆
- 加开口销钉

螺钉连接的目测法检验如图 4-11 所示。

⑥ 紧固件的选用符合设计、工艺规定：
- 紧固力矩符合要求。
- 螺钉、螺母、垫圈均已压平，与零件表面无缝隙。
- 装配后零件表面无凹陷、压痕、锈迹及镀层擦伤、脱落等现象。
- 螺钉露出螺母、螺孔长度符合工艺要求（2~3 扣）。
- 紧固漆的涂法和用量符合要求，紧固漆的涂法如图 4-12 所示。

图 4-11　螺钉连接的目测法检验

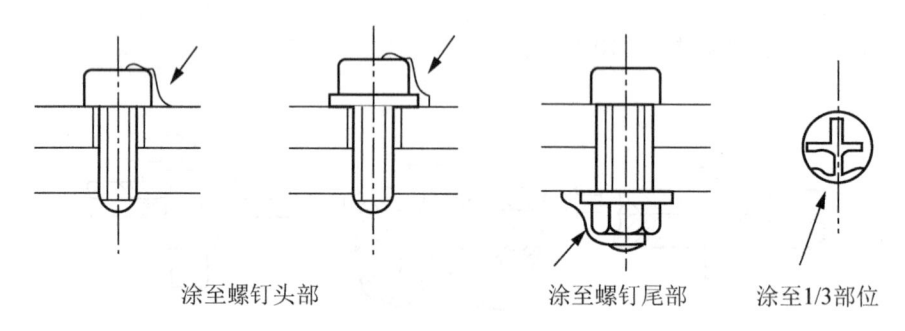

涂至螺钉头部　　涂至螺钉尾部　　涂至1/3部位

图 4-12　紧固漆的涂敷方法

任务二　电子产品整机总装与调试

1. 任务要求

熟悉电子产品装配过程、总装特点、内容、要求，掌握产品总装和调试的一般工艺流程。

2. 相关知识

（1）电子产品的总装

1）整机总装的工艺原则和基本要求

电子整机的总装，就是将组成整机的各部分装配件，经检验合格后，连接制成完整的电子设备的过程。

① 工艺原则：电子整机总装的一般顺序是：先轻后重、先铆后装、先里后外，上道工序不得影响下道工序。

整机装配总的质量与各组成部分的装配件的装配质量是相关联的。因此，在总装之前对所有装配件、紧固件等必须按技术要求进行配套和检查。经检查合格的装配件应进行清洁处理，保证表面无灰尘、油污、金属屑等。

② 基本要求：

- 未经检验合格的装配件（零件、部件、整件）不得安装。已检验合格的装配件必须保持清洁。
- 要认真阅读安装工艺文件和设计文件，严格遵守工艺规程。总装完成后的整机应符合图纸和工艺文件的要求。
- 严格遵守总装的一般顺序，防止前后顺序颠倒，注意前后工序的衔接。
- 总装过程中不要损伤元器件，避免碰坏机箱及元器件上的涂覆层，以免损害绝缘性能。
- 应熟练掌握操作技能，保证质量，严格执行三检（自检、互检、专职检验）制度。

2）电子产品整机总装的一般工艺流程

电子产品总装的一般工艺流程如图 4-13 所示，从整体来看，有下列几个环节：

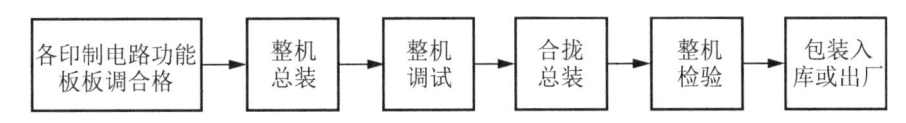

各印制电路功能板板调合格 → 整机总装 → 整机调试 → 合拢总装 → 整机检验 → 包装入库或出厂

图 4-13 总装一般工艺流程

① 准备：装配前对所有装配件、紧固件等从数量的配套和质量的合格两个方面进行检查和准备，同时做好整机装配及调试的准备工作。

② 装联：包括各部件的安装、焊接等内容。

③ 调试：整机调试包括调整和测试两部分工作，即对整机内可调部分（例如，可调元器件及机械传动部分）进行调整，并对整机的电性能进行测试。各类电子整机在总装完成后，一般在最后都要经过调试，才能达到规定的技术指标要求。

④ 检验：整机检验，应遵照产品标准（或技术条件）规定的内容进行。通常有下列三类检验，即：生产过程中生产车间的交收检验、新产品的定型检验及定型产品的定期检验（又称例行检验）。例行检验的目的主要是考核产品质量和性能是否稳定正常。

⑤ 包装：包装是电子整机产品总装过程中保护和美化产品及促进销售的环节。电子整机产品的包装，通常着重关注方便运输和存储两个方面。

⑥ 入库或出厂：合格的电子整机产品经过合格的包装，就可以入库存储或直接出厂运往需求部门，从而完成整个总装过程。

3）总装的连接方式

总装的连接方式可归纳为两类：一类是可拆卸的连接，即拆散时不会损坏任何零件，它包括螺钉连接、柱销连接、夹紧连接等。

另一类是不可拆连接，即拆散时会损坏零件或材料，它包括锡焊连接、胶粘、铆钉连接等。

4）总装的质量检查

产品的质量检查，是保证产品质量的重要手段。电子整机总装完成后，按配套的工艺和技术文件的要求进行质量检查。检查工作应始终坚持自检、互检、专职检验的"三检"原则，其程序是：先自检，再互检，最后由专职检验人员检验。通常，整机质量的检查有以下几个方面。

① 外观检查：装配好的整机表面无损伤、涂层无划痕、脱落，金属结构件无开焊、开裂，元器件安装牢固，导线无损伤，元器件和端子套管的代号符合产品设计文件的规定。整机的活动部分活动自如，机内无多余物（如：焊料渣、零件、金属屑等）。

② 装联的正确性检查：装联正确性检查，又称电路检查，其目的是检查电气连接是否符合电路原理图和接线图的要求，导电性能是否良好。通常用万用表的 $R \times 100\Omega$ 挡对各检查点

进行检查。批量生产时，可根据预先编制的电路检查程序表，对照电路图进行检查。

③ 安全性检查。

④ 根据具体产品的具体情况，还可以选择其他项目的检查；如抗干扰检查、温度测试检查、湿度测试检查、振动测试检查等。

（2）电子产品的调试工艺

1）调试及其作用

调试是用测量仪表和一定的操作方法对单元电路板和整机的各个可调元器件或零部件进行调整与测试，使产品达到技术文件所规定的技术性能指标。

调试的作用：一是实现电子产品功能、保证质量的重要工序；二是发现产品设计、工艺缺陷和不足的重要环节；三是为不断提高电子产品的性能和品质积累可靠的技术性能参数。

2）调试工艺流程

小型电子产品或单元电路板调试的一般工艺流程如图4-14所示。

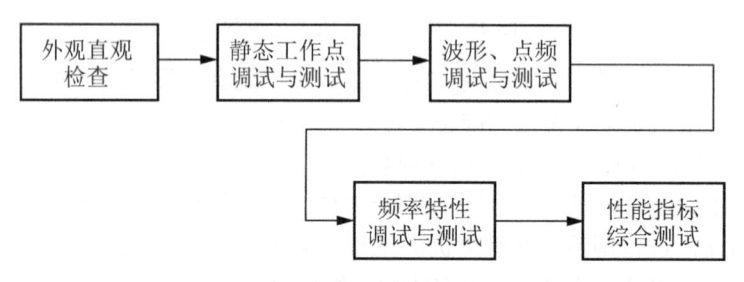

图4-14 小型电子产品或单元电路板调试的一般工艺流程图

① 外观直观检查：小型电子产品或单元电路板通电调试之前，应先检查印制电路板上有无明显元器件插错、漏焊、拉丝焊和引脚相碰短路等情况。检查无误后，方可通电。

② 静态的测试与调整：静态指没有外加输入信号（或输入信号为零）时，电路的直流工作状态。

● 静态测试：是指测试电路在静态工作时的直流电压和电流。

● 静态调整：通常是指调整电路在静态工作时的直流电压和电流。

直流电流的测试：如图4-15所示，用直流电流表或万用表通过直接或间接方法测量直流电流。

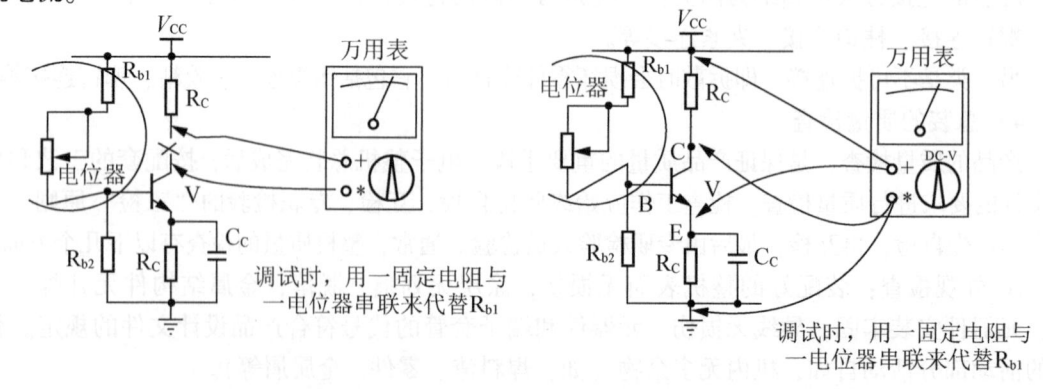

(a) 直接电流测试法　　　　(b) 间接电流测试法

图4-15 直流电流测量法

直流电压的测试：将电压表或万用表直接并联在待测电压电路的两端点上测试。

提示：

直流电流测试的注意事项

- 必须断开电路再将仪表串入电路，并必须注意电流表的极性及量程。
- 根据被测电路的特点和测试精度要求选择测试仪表的内阻和精度。
- 利用间接测试法测试时，会使测量产生一定的误差。

直流电压测试的注意事项

- 直流电压测试时，应注意电压表的极性与量程。
- 根据被测电路的特点和测试精度，选择测试仪表的内阻和精度。
- 使用万用表测量电压时，不得误用其他挡，以免损坏仪表或造成测试错误。
- 在工程中，"某点电压"均指该点对电路公共参考点（地端）的电位。

电路的调整方法

- 调整前，先熟悉电路中各元器件的作用，以及各元件对电路参数的影响情况。
- 对测试结果进行分析。
- 当发现测试结果有偏差时，要找出最有效又最方便调整的元器件纠正偏差。

③ 动态的测试与调整：

- 动态的测试：是用示波器对电路相关点的电压或电流信号的波形进行的直观测试，以判断电路工作是否正常，是否符合技术指标要求。
- 动态调整：是调整电路的交流通路元件，使电路相关点的交流信号的波形、幅度、频率等参数达到设计要求。
- 波形的测试：如图4-16所示，用示波器测试观测信号的波形（电压波形或电流波形）。

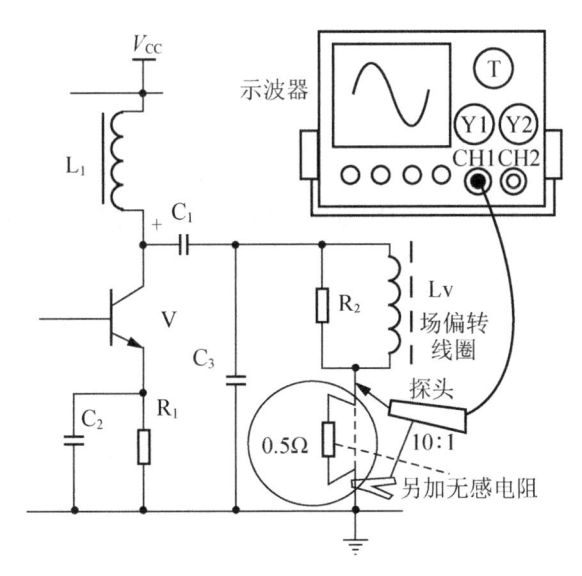

图4-16 电流波形的观测图片

提示：

> **波形测试的注意事项**
>
> 测试时最好使用衰减探头，并将探头的地端和被测电路的地端连接好。
>
> 测量前，应预先校准示波器 Y1 通道灵敏度（衰减）开关的微调器和 X 轴扫描时间（时基）开关的微调器，否则测量不准确。

- 波形的调整：调整前，先熟悉电路的工作原理和电路结构，熟悉电路中各元器件的作用及其对波形参数的影响情况。当观测到波形有偏差时，要找出纠正偏差最有效又最方便调整的元器件。电路的静态工作点对电路的波形也有一定的影响，故有时还需要微调静态工作点。

④ 频率特性的测试与调整：频率特性常指幅频特性，是指信号的幅度随频率的变化关系。

- 频率特性的测试：频率特性的测试实际上就是频率特性曲线的测试，常用的方法有：点频法、扫频法、方波响应测试。

点频法是用一般的信号源向被测电路提供所需的输入电压信号，用电子电压表监测被测电路的输入电压和输出电压。这种方法多用于低频电路的频响测试，使用的测试仪表有正弦信号发生器、交流毫伏表或示波器。点频法测试方法如图 4-17 所示。

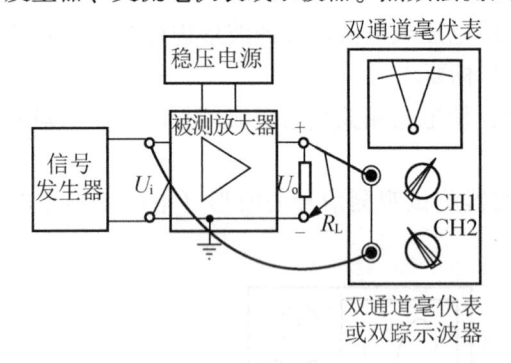

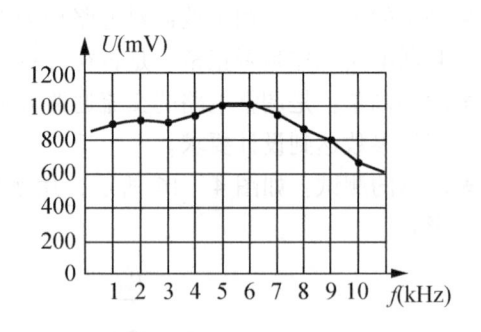

(a) 点频法测试连接图　　(b) 点频法测试的频率特性曲线图

图 4-17　点频法测试

扫频测试法如图 4-18 所示，是使用专用的频率特性测试仪（又叫扫频仪），直接测量并显示出被测电路的频率特性曲线的方法。

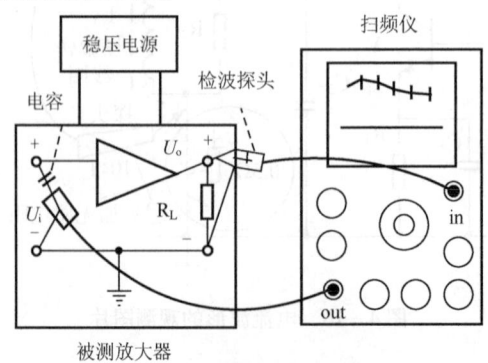

图 4-18　扫频法测试接线图

方波响应测试，如图 4-19 所示，是通过观察方波信号通过电路后的波形，来观测被测电路的频率响应。该方法可以更直观地观测被测电路的频率响应。

- 频率特性的调整：频率特性的调整是指调整电路参数，使电路的频率特性曲线符合设计要求的过程。

调整的思路和方法：基本上与波形的调整相似。只是在调整时，要兼顾高、中、低频段；应先粗调，后反复细调。

⑤ 性能指标综合测试：单元电路板经静态工作点、波形、点频以及频率特性等项目调试后，还应进行性能指标的综合测试。

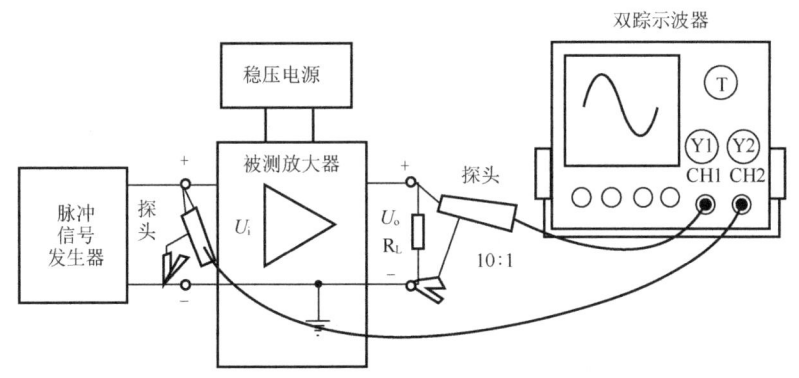

图 4-19 方波响应测试接线图

整机调试的工艺流程根据整机的不同性质可分为：整机产品调试和样机调试。整机调试一般工艺流程如图 4-20、图 4-21 所示：

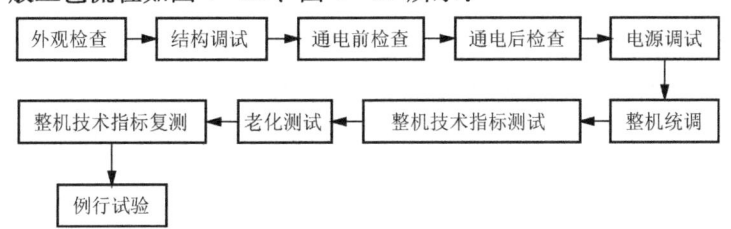

图 4-20 整机调试一般流程

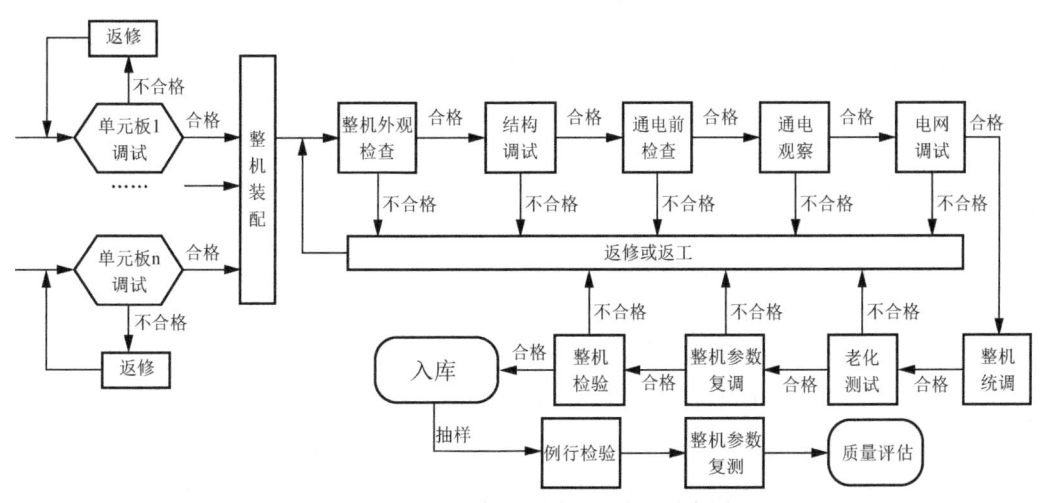

图 4-21 整机产品调试工艺流程示意图

3) 调试过程中故障的查找与排除

调试过程中的故障特点：故障以焊接和装配故障为主；一般都是机内故障，基本上不会出现机外及使用不当造成的人为故障，更不会有元器件老化故障。对于新产品样机，则可能存在特有的设计缺陷或元器件参数不合理的故障。故障的出现有一定的规律性，找出故障出现的规律，便能有效、快捷地查找和排除故障。

故障的原因主要有以下几种：

- 焊接故障，如漏焊、虚焊、错焊、桥接等。
- 装配故障，如机械安装位置不当、错位、卡死等；电气连线错误、断线、遗漏等。
- 元器件安装错误，如集成块装反，二极管、晶体管的电极装错等。
- 元器件失效，如集成电路损坏、晶体管击穿或元器件参数达不到要求等。
- 电路设计不当或元器件参数不合理造成的故障，这是样机特有的故障。

整机调试过程中的故障查找与排除：

① 了解故障现象：被调部件、整机出现故障后，首先要进行初检，了解故障现象，故障发生的经过，并做好记录。

② 故障分析：根据产品的工作原理、整机结构以及维修经验正确分析故障，查找故障的部位和原因。查找要有一个科学的逻辑程序，按照程序逐次检查。一般程序是：先外后内，先粗后细，先易后难，先常见现象后罕见现象。在查找过程中尤其要重视供电电路的检查和静态工作点的测试，因为正常的电压是任何电路工作的基础。

③ 处理故障：对于线头脱落、虚焊等简单故障可直接处理。而对有些需要拆卸部件才能修复的故障，必须做好处理前的准备工作。如必要的标记或记录，需要的工具和仪器等。避免拆卸后不能恢复或恢复出错，造成新的故障。在故障处理过程中，对于需要更换的元器件，应使用原规格、原型号的器件或者性能指标优于原损坏的同类型元器件。

④ 部件、整机的复测：修复后的部件、整机应进行重新调试，如修复后影响到前一道工序测试指标，则应将修复件从前道工序起按调试工艺流程重新调试，使其各项技术指标均符合规定要求。

⑤ 修理资料的整理归档：部件、整机修理结束后，应将故障原因、修理措施等做好修理记录，并对修理的记录资料及时进行整理归档，以不断积累经验，提高业务水平。同时还可为所用元器件的质量分析、装配工艺的改进提供依据。

提示：

调试应注意以下安全措施：
- 测试场地内所有的电源线、插头、插座、熔断器、电源开关等都不允许有裸露的带电导体，所用材料的工作电压和电流均不能超过额定值。
- 当调试设备需要使用调压变压器时，应注意其接法。因调压器的输入端与输出端不隔离，因此接入电网时必须使公共端接零线，以确保后面所接电路不带电。若在调压器前面再接入1:1隔离变压器，则输入线无论如何连接，均可确保安全。

测试仪器的安全措施有：
- 仪器及附件的金属外壳都应接地，尤其是高压电源及带有MOS电路的仪器更要良好接地。

- 测试仪器外壳易接触的部分不应带电，非带电不可时，应加绝缘覆盖层防护。仪器外部超过安全电压的接线柱及其他端口不应裸露，以防使用者接触。
- 仪器电源线应采用三芯插头，地线必须与机壳相连。

任务三　电子产品的检验与包装

1. 任务要求
掌握产品生产检验的过程和方法；熟悉电子产品的包装工艺。

2. 相关知识
(1) 电子产品的检测

整机检验指产品经过总装、调试合格之后，检查产品是否达到预定功能要求和技术指标。

1) 电子产品检验项目

① 外观检验。一般用目视法对产品的外观、包装、附件等进行检验。
- 外观：要求外观无损伤、无污染，标注清晰，机械装配符合技术要求。
- 包装：要求包装完好无损伤、无污染，各标注清晰。
- 附件：产品所需所有附件、连接件等齐全、完好且符合要求。

② 电气性能检验。按产品技术指标和国家或行业有关标准，选择符合标准要求的仪器、设备，采用符合标准要求的测试方法对整机的各项电气性能参数进行测试，并将测试的结果与规定的参数比较，从而确定被检整机是否合格。

③ 安全性能检验。

④ 电磁兼容性检验（干扰特性检验）。

⑤ 例行检验。包括环境检验和寿命检验。

环境检验：是评价、分析环境对产品性能影响的检验，它通常是在模拟产品可能遇到的各种自然条件下进行的。环境检验是一种检验产品适应环境能力的方法。其内容包括：机械检验（振动检验、冲击检验、离心加速度检验）、气候检验（高温检验、低温检验、温度循环检验、潮湿检验、低气压检验）、运输检验、特殊检验。

寿命检验：根据产品不同的检验目的，分为鉴定检验和质量一致性检验。质量一致性检验分为逐批检验和周期检验两种。逐批检验按有关标准规定，其检验的项目和主要内容包括开箱检验、安全检验、工艺装配检验等。逐批检验的程序如图 4-22 所示。周期检验的项目和程序如图 4-23 所示。

⑥ 主观评价试验。

2) 检验的工作内容

① 熟悉和掌握标准。采用 IEC 标准（国际电工委员会制定）、ISO 9000 质量认证标准和国家标准等。

② 测定。采用测试、试验、化验、分析和感知等多种方法实现产品的测定。

③ 比较。将测定结果与质量标准进行对照，明确结果与标准的一致程度。

④ 判断。根据比较的结果，判断产品达到质量要求者为合格，反之为不合格。

⑤ 处理。对被判为不合格的产品，视其性质、状态和严重程度，区分为返修品、次品或

废品等。

⑥ 记录。记录测定的结果，填写相应的质量文件，以反馈质量信息，评价产品，推动质量改进。

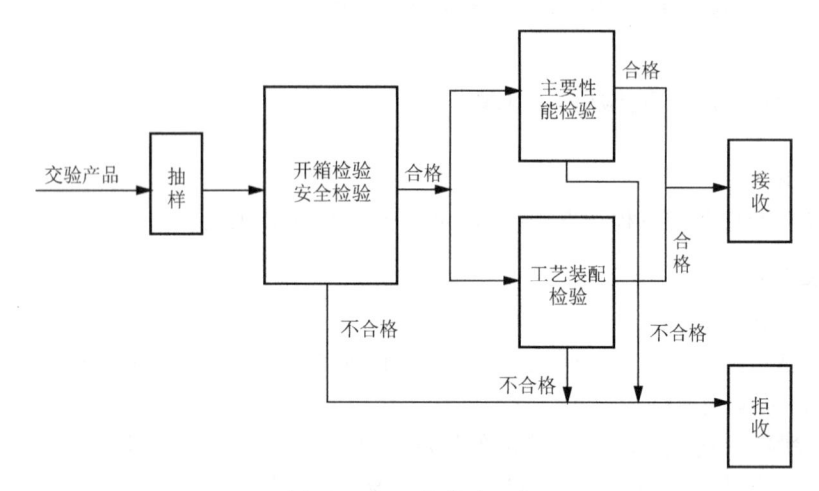

图 4-22 逐批检验程序

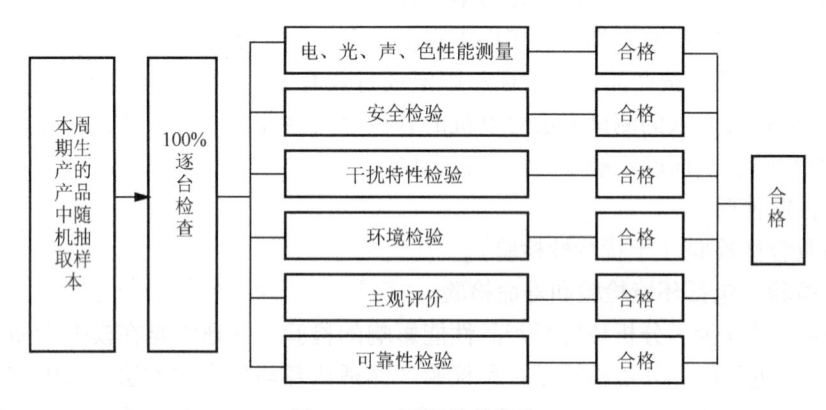

图 4-23 周期检验程序

3）整机检验的方法

电子产品的检验方法分全数检验和抽样检验两种。

① 全数检验。是对产品进行百分之百的检验。一般只对可靠性要求特别高的产品试制品及在生产条件、生产工艺改变后生产的部分产品进行全数检验。

② 抽样检验。从待检产品中抽取若干件产品进行检验，即抽样检验（简称抽检）。抽样检验是目前生产中广泛采用的一种检验方法。

4）产品检验

产品检验包括以下三个方面：

① 元器件、零部件、外协件及材料入库前的检验。入库前的检验是保证产品质量可靠性的重要前提。入库前的检验一般采用抽检的检验方式。

② 生产过程中的逐级检验。检验合格的原材料、元器件、外协件在部件装配过程中，可能因操作人员的技能水平、质量意识及装配工艺、设备、工装等因素，使组装后的部件不完全符合质量要求。因此对生产过程中的各道工序都应进行检验，并采用操作人员自检、生产

班组互检和专职人员检验相结合的方式。生产过程中的检验一般采用全检的检验方式。

③ 整机检验。整机检验是针对整机产品进行的一种检验工作，检查产品经过总装、总调之后是否达到预定功能要求和技术指标。整机检验一般入库采取全检，出库多采取抽检的方式。

(2) 包装工艺

1) 产品包装原则
- 产品包装应符合经济原则，以最低的成本为目的。产品是包装的中心，产品的发展和包装的发展是同步的。
- 包装必须标准化。标准化包装可以节约包装费用和运输费用，还可以简化包装容器的生产和包装材料的管理。
- 产品包装必须根据市场动态和客户的爱好，在变化的环境中不断改进和提高。

2) 包装要求

在进行包装前，合格的产品应按照有关规定进行外表面处理（消除污垢、油脂、指纹、汗渍等）。在包装过程中保证机壳、荧光屏、旋钮、装饰件等部分不被损伤或污染。

对包装的要求：产品包装应能承受合理的堆压和撞击；合理设计包装体积；产品包装的防护要防尘、防湿、防氧化、可缓冲。

3) 装箱及注意事项：
- 装箱时，应清除包装箱内异物和尘土。
- 装入箱内的产品不得倒置。
- 装入箱内的产品、附件和衬垫以及使用说明书、装箱明细表、装箱单等内装物必须齐全。
- 装入箱内的产品、附件和衬垫，不得在箱内任意移动。

4) 封口和捆扎

当采用纸包装箱时，用 U 形钉或胶带将包装箱下封口封合。当确认产品、衬垫、附件和使用说明书等全部装入箱内并在相应位置固定后，用 U 形钉或胶带将包装箱的上封口封合。必要时，对包装件选择适用规格的打包带进行捆扎。

5) 条形码

条形码为国际通用产品符号。为了适应计算机管理，在一些产品销售包装上加印供电子扫描用的条形码。这种条形码由各国统一编码，它可使商店的管理人员随时了解商品的销售动态，简化管理手续，节约管理费用。

6) 防伪标志

许多产品的包装，一旦打开，就再也不能恢复原来的形状，起到防伪的作用。另外还有很多产品采用现代高科技手段防伪，激光防伪标志就是其中之一。

任务四　多媒体计算机音箱的装配

1. 工作任务

设计、制作、装配多媒体计算机音箱的印制电路板，电路原理图如图 4-24 所示，完成电路的组装与调试等各项工作，并完成装配工艺文件的编写。

2. 任务要求

多媒体计算机音箱的基本性能指标要求达到：输出功率范围 5~10W，输出阻抗 R_L =

8Ω，输入阻抗 $\gg 600\Omega$，电压增益 $G_v = 20\text{dB}$。

3. 相关知识

（1）音箱的组成、工作原理及其主要元器件、装配材料的选择

普通的多媒体音箱由电源供电模块、前级运算放大电路、后级功率放大输出电路、分频单元、高低音扬声器单元和箱体组成。

电源供电模块负责给音箱内的各种电路供电，其通过变压器将 220V 的市电转换成功率放大电路所需的电压，在通过整流二极管和滤波电解电容对其进行整流和滤波之后，供给音箱里的各级电路。变压器的选择决定了能为功放电路提供的电源功率的大小，对于输出功率较大的音箱来说，通常会使用环形变压器。本项目采用带有中心抽头的普通双电源变压器并设计了相应的电容滤波电路。

功放电路的第一部分称为前级运算放大电路，它的主要作用是通过运算放大器的运算，对原始音频信号进行电压放大。与此同时对音频信号进行高、低音音调处理，并且负责控制系统的音量。由于计算机声卡上一般都整合了运放电路，所以本项目的多媒体音箱没有设计这部分电路。

功率放大输出电路简称功放，在这里特指功放电路的第二部分——功率放大部分，这部分电路也叫"后级放大"，它的作用是放大音频信号的功率，达到能够推动扬声器的水平。本项目的多媒体音箱设计的功放电路就是这部分电路，采用 TDA1521 集成功率放大芯片。

分频单元的主体角色是分频器，其用途是将高低音信号分开，以分别使用不同的扬声器输出，如果不进行分频，高低音信号会混在一起同时由高音和低音单元发出来，声音就会变得混乱不堪。限于成本，多媒体音箱上通常使用无源分频器。它是一个连接在功放和扬声器单元之间的元件。一端接在功放电路输出端，另一端分别接高音和低音扬声器。计算机多媒体音箱通常采用二分频单元，即只有低音和高音扬声器单元，而没有采用单独的中频单元。中频单元的频率范围由低音扬声器和高音扬声器单元来展现。

对于低音扬声器单元来说，通常采用锥盆式扬声器，一般来说，2 英寸到 3.5 英寸口径的锥盆扬声器主要用在全频带扬声器上，对于多媒体音箱使用的锥盆扬声器的振膜来说，主要有纸盆、羊毛盆、防弹布盆、金属盆、陶瓷盆、PP 盆（即聚丙烯复合盆）等。一般来说，纸盆和 PP 盆的适应性最好，在几乎所有类型的锥盆扬声器上都可以使用，音色比较适中，无论是追求力度还是追求柔美都可以满足。

音箱的箱体的结构通常分为封闭式音箱、倒相式音箱、迷宫式音箱三种。

封闭式音箱是密闭不透气的，扬声器振动时振膜受到箱内空气的阻尼作用，所以低频失真小，但效率也低。倒相式音箱在箱体上开有倒相孔，内外相通。由于倒相孔的作用，扬声器前后的声相位叠加，所以效率较封闭式高，低频下限也稍低。迷宫式音箱在箱体内做成较长的低音通道增加了低频效果。

箱体的材料可用胶合板、刨花板、纤维板、原木板和塑料。其中胶合板、刨花板通常用于低价音箱，而原木板材通常在进口的名牌高档音箱上才能见到，在多媒体音箱的制作上，使用最多的是塑料和中密度纤维板，简称中纤板。

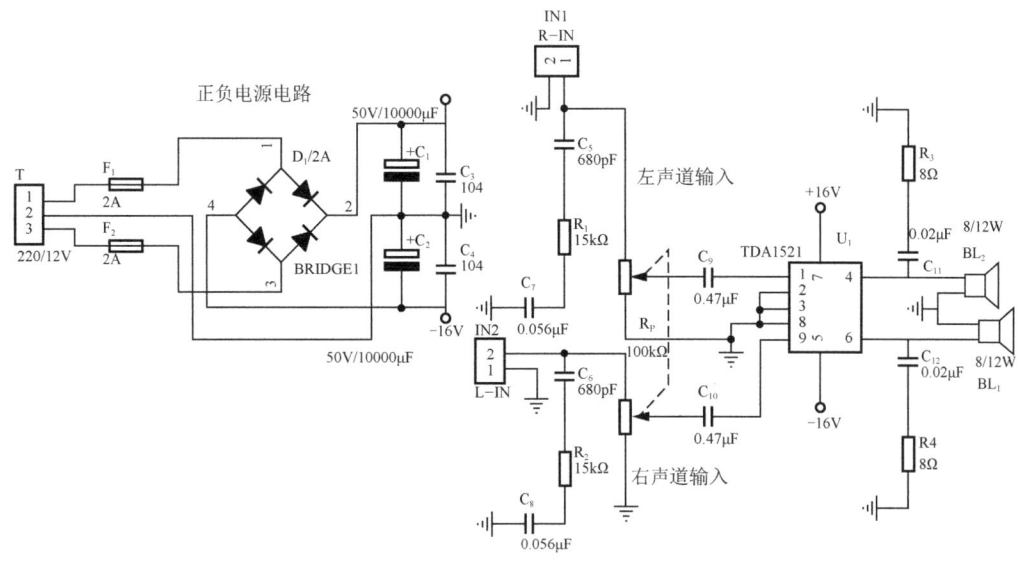

图 4-24 多媒体计算机音箱电路原理图

（2）主要装配调试工艺文件

1）元器件清单（表 4-1）

表 4-1 元器件清单

元器件清单		产品名称	产品图号
		多媒体音箱	DDD

序号	器件类型	器件规格	数量	备注
1	正负电源变压器	220/12V	1	
2	熔断器	2A	2	
3	整流桥	2A	1	
4	铝电解电容	50V/10000μF	2	
5	非极性电容（CBB 或瓷片电容）	104	2	
6		0.056μF	2	
7		0.47μF	2	
8		680pF	2	
9		0.02μF	2	
10	色环电阻	15kΩ	2	
11		8Ω	2	
12	双联电位器	100kΩ	1	
13	功放	TDA1521	1	
14	喇叭	10~12W/4~8Ω	2	
15	散热片	76mm×43mm×22mm	1	
16	云母垫片		1	
17	导热硅脂		1	
18	带插座电源线		1	
19	带插头音频线	3 米	1	
20	装配螺丝		若干	
21	导线		若干	

旧底图总号	更改标记	数量	更改单号	签名	日期		签名	日期	第 × 页
						拟 制			共 × 页
底图总号						审 核			第 1 册
						标准化			共 1 册

2）装配作业指导书（表 4-2）

表 4-2　装配作业指导书

作业指导书	产品名称	产品图号
	多媒体音箱	DDD

1. 装配准备

（1）熟悉工艺文件，检查电路板

对照原理图（图 4-24）检查印制电路板布线及各元器件位置是否正确。清楚地将原理图和印制电路板（图 4-25）的元器件和连线对应起来；检查印制电路板的可焊性、图形、孔位和孔径是否符合图纸要求。

（2）准备装配调试工具和材料

斜口钳、剥线钳、剪刀、镊子、尖嘴钳、改锥、20W 内热式电烙铁、烙铁架、0.8mm 焊锡丝、松香、万用表。

（3）清点材料

注意请按材料清单一一对应，记清每个元件的名称与外形。

（4）元器件的测试及引线的加工处理

1）元件读数测量

2）去氧化层

3）元器件引线加工

2. 多媒体计算机音箱的总装

（1）总装工艺流程如图 4-13 所示

（2）组装步骤

步骤 1　单元电路板的装配焊接与调试（方法见项目三晶闸管调光灯电路的装配）。

步骤 2　整机总装。电子整机总装的一般顺序是：先轻后重、先铆后装、先里后外。

多媒体音箱是一个小型电路系统，安装前要将各级进行合理布局，一般按照电路的顺序一级一级地布局，功放应远离输入级和变压器电源电路（在设计 PCB 电路时最好将功放与电源电路设计在两块不同的电路板上，总装时装配在两个不同的音箱内），每一级地线尽量接在一起，连线尽可能短，否则很容易出现自激。

安装前应检查元器件的质量，从输入级开始向后级安装，也可以从功放级开始向前逐级安装。安装一级调试一级，安装两级要进行级联调试，直到整机安装与调试完成。安装时要特别注意 TDA1521 要加装散热片（涂敷导热硅脂装配在电路板边缘），TDA1521 与散热片中间用云母衬垫隔开，要注意集成电路芯片、电解电容等主要器件的引脚和极性，不能接错，调音量电位器要放在与机箱外壳相对应方便调节的位置。

步骤 3　整机调试（见表 4-3）。

步骤 4　总装的质量检查。先自检，再互检，最后由专职检验人员检验，检查内容如下：

● 外观检查：装配好的整机表面无损伤，涂层无划痕、脱落，金属结构件无开焊、开裂，元器件安装牢固，导线无损伤，元器件和端子套管的代号符合产品设计文件的规定。整机的活动部分活动自如，机内无多余物（如：焊料渣、零件、金属屑等）。

● 装联的正确性检查：用万用表的 R×100Ω 挡对各检查点进行检查，检查电气连接是否符合电路原理图和接线图的要求，导电性能是否良好。

● 安全性检查。

步骤 5　包装。

旧底图总号	更改标记	数量	更改单号	签名	日期		签名	日期	第×页
						拟　制			共×页
底图总号						审　核			第 1 册
						标准化			共 1 册

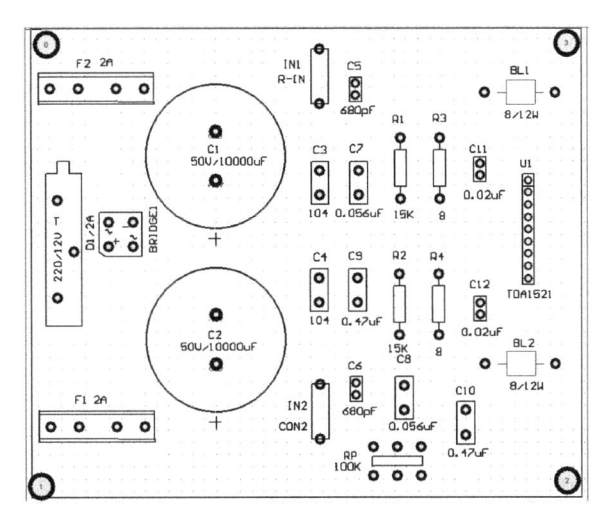

图 4-25 多媒体音箱印制电路板装配图

③ 调试单卡（表 4-3）：

表 4-3 调试单卡

调试单卡		产品名称	调试项目
		多媒体音箱	整机调试

多媒体音箱整机调试的工艺流程

外观检查→结构调试→通电前检查→通电后检查→整机统调

1. 外观检查

检查单元电路板、紧固螺钉、旋钮开关、插座等有无机内异物，有无破损等现象。顺序为先外后内。

2. 结构调试

检查整机装配的牢固可靠性及可调电位器的调节灵活性。

3. 通电前检查

采用直观法，检查印制电路板上有无明显元器件插错、漏焊、拉丝焊和引脚相碰短路等情况，保证无假焊和虚焊现象。

采用电阻测量法测量印制电路板上各元件两端阻值。

4. 通电后检查

通电后先检查电路有无明显异常现象，若有异常现象，说明有故障，应予以排除，若无异常现象则开始调试。调试时先分级调试，然后级联调试，分级调试分为静态调试和动态调试。

1）静态调试　输入端无信号输入。

- 用万用表测量电源电路供电电压是否为 +16V 和 -16V，用示波器观察电压波形是否为稳定的直流信号。
- 用万用表测量 TDA1521 各引脚对地电压，与 TDA1521 芯片的技术参数相比较，看是否在正常范围。
- 把万用表置于 R×1Ω 挡，两只表笔分别触碰扬声器的两个接线端，检查扬声器是否能正常工作。

2）动态调试　将音箱音频线插头插入计算机音频输出端口，在计算机上选择好听的音乐输出，观察音箱能否播放音乐；调节双联电位器，观察能否改变音量的大小。

旧底图总号	更改标记	数量	更改单号	签名	日期		签名	日 期	第 5 页
						拟　制			共 11 页
底图总号						审　核			第 1 册
						标准化			共 1 册

项 目 小 结

1. 接触焊是一种不用焊料和助焊剂,即可获得可靠连接的焊接技术。电子产品中,常用的接触焊接种类有:压接、绕接、穿刺、螺纹连接。

2. 电子产品装配分为装配准备、部件装配和整件装配三个阶段。

3. 电子产品整机总装的一般工艺流程:各印制电路功能板板调合格——整机总装——整机调试——合拢总装——整机检验——包装入库或出厂。

4. 电子整机总装的一般原则是:先轻后重、先铆后装、先里后外,上道工序不得影响下道工序。

5. 一般调试的程序分为通电前的检查和通电调试两大阶段。

6. 小型电子整机指功能单一、结构简单的整机,如收音机、单放机、随身听等,它们的调试工作量较小。单元电路板(又叫分板、分机、电子组合等)的调试是整机总装和总调的前期工作,其调试质量会直接影响到电子产品的质量和生产效率,它是整机生产过程中的一个重要环节。小型电子整机和单元电路板的调试方法、步骤等大致相同。小型电子产品或单元电路板调试的一般工艺流程:外观直观检查——静态工作点调试与测试——波形、点频调试与测试——频率特性调试与测试——性能指标综合测试。

7. 电子产品调试的一般工艺流程:整机外观检查——机械结构调整——整机功耗测试——单元部件性能指标测试——整机技术指标测试——例行检验整机复调。

8. 整机检验是产品经过总装、调试合格之后,检查产品是否达到预定功能要求和技术指标的检验。

9. 有些可靠性要求很高的电子产品要进行特殊检验——例行检验。

10. 包装是产品出厂的最后一道工序。产品的包装具有保护产品、方便储运及促进销售的功能。

课后练习

1. 什么是接触焊接？简述接触焊的原理。
2. 压接、绕接各属于何种焊接方式？各是如何进行连接的？
3. 什么是电子产品的总装？总装的的基本要求有什么？
4. 总装的质量检查应坚持哪"三检"原则？应从哪几方面检查总装的质量？
5. 调试的目的是什么？
6. 通电调试包括哪几方面？按什么顺序进行调试？
7. 简述整机调试的一般流程。
8. 什么是静态调试？什么是动态调试？各包括哪些调试项目？静态调试与动态调试的作用是什么？它们之间的关系如何？
9. 简述整机调试过程中的故障特点及主要故障现象。
10. 简述整机调试过程中的故障处理步骤。
11. 为什么要进行产品检验？产品检验的"三检原则"是什么？
12. 什么是全检和抽检？举例说明什么情况下需要全检？什么情况下可以采用抽检？

模块五　电子产品生产现场管理

项目六　电子产品生产现场管理

【项目实施目标】

了解电子产品生产的组织结构，熟悉现场管理的基本知识和管理方法；明确现场管理的概念、目标，熟悉现场管理的方法；明确全面质量管理（TQM）的含义，了解电子产品的 ISO 9000 质量管理和质量标准等知识。

【教学导航】

教	知识重点	ISO 9000 质量管理体系和质量标准；全面质量管理（TQM）；现场管理
	知识难点	ISO 9000 质量管理体系和质量标准的理解
	推荐教学方式	课堂讲授：ISO 9000 质量管理体系和质量标准、全面质量管理（TQM）。 多媒体演示：准备 ISO 9000 质量管理体系、全面质量管理和现场管理的图片和视频在相应教学环节播放。 案例分析：企业全面质量管理管理案例分析
	建议学时	2 学时
学	推荐学习方法	通过上课认真听讲、分析企业全面质量管理案例及到企业顶岗实习、上网查询现场管理和 ISO 9000 质量管理及全面质量管理相关知识，加深对产品质量特性及其质量保证依据的认识
	知识目标	了解电子产品的特点、生产组织标准、组织结构；懂得现场管理的含义、目标、工作内容及保证现场管理的方法；熟悉现场管理的三大工具；了解全面质量管理（TQM）的概念、目标和特点；了解电子产品的 ISO 9000 质量管理体系和质量标准等知识，理解产品质量特性及其质量保证依据
	技能目标	掌握现场质量管理的方法和措施
	素质目标	树立全面质量管理观念和意识

任务一　电子产品生产现场管理

1. 任务要求

了解电子产品的特点、生产组织标准、组织结构；明确现场管理的定义、内容、目标任务、要求和基本原则；熟悉现场管理的三大工具和实现途径。

2. 相关知识

（1）电子产品的特点、组织形式、组织标准和组织结构

电子产品的生产是指产品从研制、开发到推出的全过程。该过程包括三个主要阶段：
A. 设计；B. 试制；C. 批量生产。

1）电子产品的特点

体积小、重量轻；使用广泛，可用于不同的领域、场合和环境；可靠性高；使用寿命长；一些电子产品设备的精度高，控制系统复杂；电子产品的技术综合性强；产品更新快，性能不断完善。

2）电子产品的组织形式

- 配备完整的技术文件、各种定额资料和工艺装备，为正确生产提供依据和保证
- 制定批量生产的工艺方案
- 进行工艺质量评审
- 按照生产现场工艺管理的要求，积极采用现代化的、科学的管理办法，组织并指导产品的批量生产
- 生产总结

3）生产组织标准

生产组织标准是进行生产组织形式的科学手段。它可以分为以下几类：

① 生产的"期量"标准。"量"的标准：指为了保证生产过程的比例性、连续性和经济性而为各生产环节规定的生产批量和储备量标准。"期"的标准：是指为了保证生产过程的连续性、及时性和经济性，而对各类零件在生产时间上合理安排的规定。

② 生产能力标准。

③ 资源消耗标准。

④ 组织方法标准。

组织方法标准是指对生产过程进行计划、组织、控制的通用方法、程序和规程。这类标准是推广先进组织方法，提高生产组织的科学水平和经济效果，保证组织工作的统一协调的重要手段。

4）电子产品生产的组织结构

图 5-1 为电子制造企业的典型组织结构图。

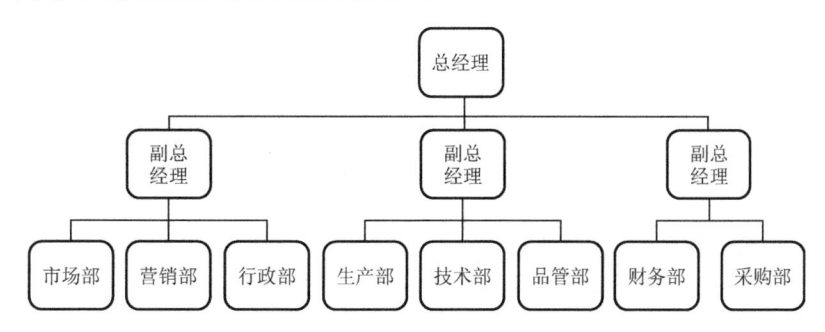

图 5-1 电子制造企业的典型组织结构图

2. 电子产品生产的现场管理

（1）电子产品现场管理

现场管理就是指用科学的管理制度、标准和方法对生产现场各生产要素，包括人（工人和管理人员）、机（设备、工具、工位器具）、料（原材料）、法（加工、检测方法）、环（环境）、信（信息）等进行合理有效的计划、组织、协调、控制和检测，使其处于良好的结合状态，达到优质、高效、低耗、均衡、安全、文明生产的目的。

现场质量管理的目标是保证和提高质量，其任务包括以下四个方面：
- 质量缺陷的预防
- 质量维持
- 质量改进
- 质量评定

（2）现场质量保证体系

上道工序向下道工序担保自己所提供的在制品或半成品及服务的质量，满足下道工序在质量上的要求，以最终确保产品的整体质量。

现场质量保证体系把各环节、各工序的质量管理职能纳入统一的质量管理系统，形成一个有机整体；把生产现场的工作质量和产品质量联系起来；把现场的质量管理活动同设计质量、市场信息反馈沟通起来，结成一体；从而使现场质量管理工作制度化、经常化，有效地保证企业产品的最终质量。

（3）现场质量管理工作的具体内容

① 生产或服务现场的管理人员、技术人员和生产工人（服务人员）都有要执行现场质量管理的任务。

② 管理人员、技术人员在现场质量管理中的工作是为工人稳定、经济地生产出满足规定要求的产品提供必要的物质、技术和管理等条件。

工人在现场质量管理工作中的具体工作内容：
- 掌握产品质量波动规律
- 做好文明生产和"5S"活动
- 认真执行本岗位的质量职责
- 为建立、健全质量信息系统提供必要的质量动态信息和质量反馈信息

提示：

产品质量波动按照原因不同，可以分为两类：
- 正常波动：由一些偶然因素、随机因素引起的质量差异。这些波动是大量的、经常存在的，同时也是不可能完全避免的。
- 异常波动：由一些系统性因素引起的质量差异。这些波动带有方向性，质量波动大，使工序处于不稳定或失控状态。这是质量管理中不允许的波动。

（4）保证现场质量的方法

标准化；目视管理；管理看板；现场质量检验；不合格品管理。

所谓标准化，就是将企业里各种各样的规范（如规程、规定、规则、标准、要领等）形成文字化的东西，统称为标准（或称标准书）。制定标准，而后依标准付诸行动则称为标准化。标准化的作用主要是把企业内的成员所积累的技术、经验，通过文件的方式来加以保存，而不会因为人员的流动而流失，做到个人知道多少，组织就知道多少。

目视管理是利用形象直观而又色彩适宜的各种视觉感知信息来组织现场生产活动，达到提高劳动生产率的一种管理手段，也是一种利用视觉来进行管理的科学方法。目视管理可以防止因"人的失误"导致的质量问题；使设备异常"显现化"；能正确地实施点检（主要是计量仪器按点检表逐项实施定期点检）。

管理看板是管理可视化的一种表现形式，即对数据、情报等的状况一目了然地表现，主要是对于管理项目（特别是情报）进行的透明化管理活动。它通过各种形式（如标语、现况板、图表、电子屏等）把文件上、工作人员的头脑里或现场等隐藏的情报揭示出来，以便任何人都可以及时掌握管理现状和必要的情报，从而能够快速制定并实施应对措施。因此，管理看板是发现问题、解决问题的非常有效且直观的手段，是优秀的现场管理必不可少的工具之一。

现场质量检验方式和方法如表 5-1 所示。

表 5-1　现场质量检验方式和方法

分类标志	检验方式、方法	特　　征
工作过程的次序	预先检验	加工前对原材料、半成品的检验
	中间检验	产品加工过程中的检验
	最后检验	车间完成全部加工或装配后的检验
检验地点	固定检验	在固定地点进行检验
	流动检验	在加工或装配的工作地现场进行
检验质量	普遍检验	对检验对象的全体进行逐件检验
	抽样检验	对检验对象按规定比例抽检
检验的预防性	首件检验	对第一件或头几件产品进行检验
	统计检验	运用统计原理与统计图表进行的检验
检验的执行者	专职检验	项目多、内容杂、须用专用设备
	生产工人自检、互检	内容简单，由生产工人在工作地进行

解释：

　　三检制是操作者"自检"、操作者之间"互检"和专职检验员"专检"相结合的检验制度。

　　"自检"就是操作者的"自我把关"。自检又进一步发展成"三自"检验制，即操作者"自检、自分、自标记"的检验制度。

　　凡不符合产品图纸、技术条件、工艺规程、订货合同和有关技术标准等要求的零部件，称为不合格品。包括废品、次品、返修品三种类型。

　　标准化、目视管理、管理看板被称为现场管理的三大工具。

现场管理案例介绍

案例 1　海尔企业推行的 6S 现场管理（见项目二任务二）。

案例 2　海尔企业推行中国特色的目标管理模式——人单合一管理模式，将各个订单所承载的责任以分订单的形式下发给相关员工，由员工对各自的订单负责。管理部门通过评价各个订单的完成情况对员工进行绩效考评。

"人单合一"发展模式是由海尔集团的 CEO 张瑞敏先生提出的,意在解决信息化时代由于国际市场规模不断增大引发的竞争所带来的日益严重的库存问题、生产成本问题和应收账款问题,并将"人单合一"模式作为海尔在全球市场上取得竞争优势的根本保证。

案例 3 海尔企业实行精益生产,在正确的时间以正确的方式按正确的路线,把正确的物料送到正确的地点,每次都刚好及时(如图 5-2 所示);按照生产单元把生产需要的物料整套、逐套配送到每个工位(如图 5-3 所示),物料随线体流动到工位上。降低工位暂存数量,减少员工转身浪费,降低劳动强度,提高作业效率。

精益生产(Lean Production,LP)是美国麻省理工学院根据其在"国际汽车项目"研究中,基于对日本丰田生产方式的研究和总结,于 1990 年提出的制造模式。其核心是追求消灭包括库存在内的一切浪费,通过消除所有环节上的浪费来缩短产品从投入生产到运抵客户所需时间,主要通过"适时制"(JIT)和"自动化"加以实现。"适时制"要求在恰当的时间生产并运输恰当数量的产品。

"人单合一"模式反映了精益生产的零库存、低成本和快速反应的特征,不仅可以消除原材料库存,也可以消除成品库存,而且有助于降低废品成本。

实现精益的基础是 6S 管理。

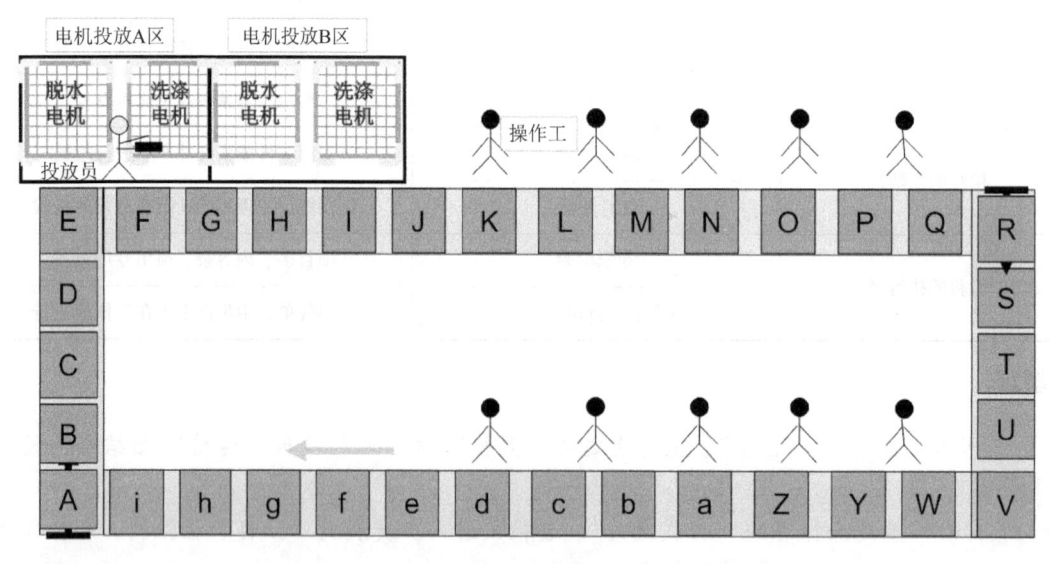

图 5-2 物料投放示意图(1)

图 5-2 说明:

1. 电机投放区域分为投放 A 区和 B 区,两个投放区摆放 4 个托盘的电机,顺序从左到右分别是脱水电机、洗涤电机;

2. 物流配送员按半小时配送一次的频率,把 4 托盘的电机按时配送到指定的区域并且摆放整齐;

3. 物料投放员先投放 A 区的电机,投放完后,移到"投放 B 区"继续投放;同时,物流配送员继续把电机配送到"投放 A 区",使电机不停地循环投放。

图 5-3 说明:

1. 上图投放区设置"工装架 1"和"工装架 2",分别摆放两个型号的物料;

2. 当投放员全部投放完"工装架1"的物料时（即换型号），立即移到"工装架2"进行下一型号物料的投放，达到换线（或换型号）不浪费的效果；

3. 物料投放员投放的顺序为电容、制动轮、散热轮、制动盘、减振弹簧。

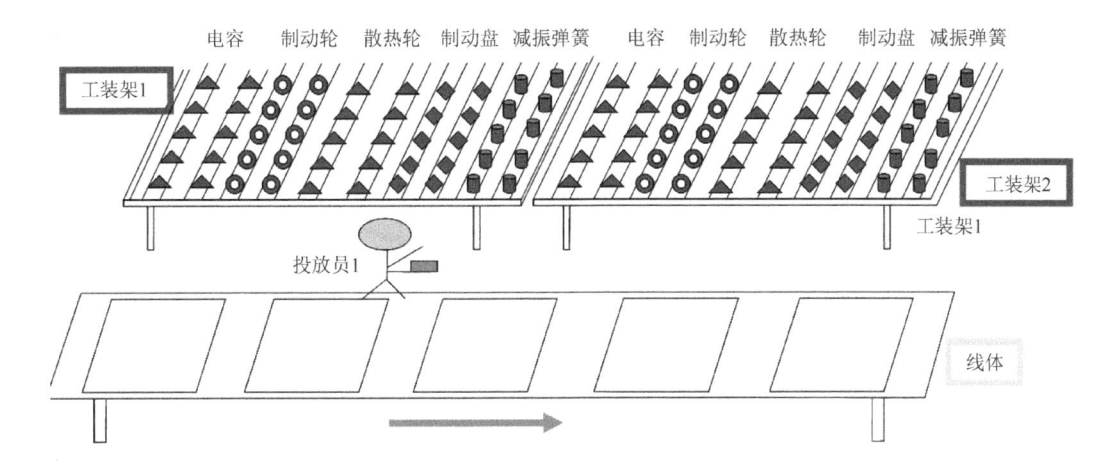

图5-3 物料投放示意图（2）

案例4 站式作业，如图5-4所示。

改善前，操作工人坐下进行作业，活动能力受限制，出现怠工现象，影响生产节拍，并且对人体的血液运行有阻碍。

改善后，操作工人可以站起来进行作业，活动能力可达100%，身体的操作协调能力提高，生产节拍加快。

图5-4 站式作业

案例5 电子看板。电子看板如图5-5所示，其作用是为了追求单人工作量的最大化，要活用电子看板来提高那些没办法列入标准作业的异常处理作业的效率。

精益之道5——电子看板

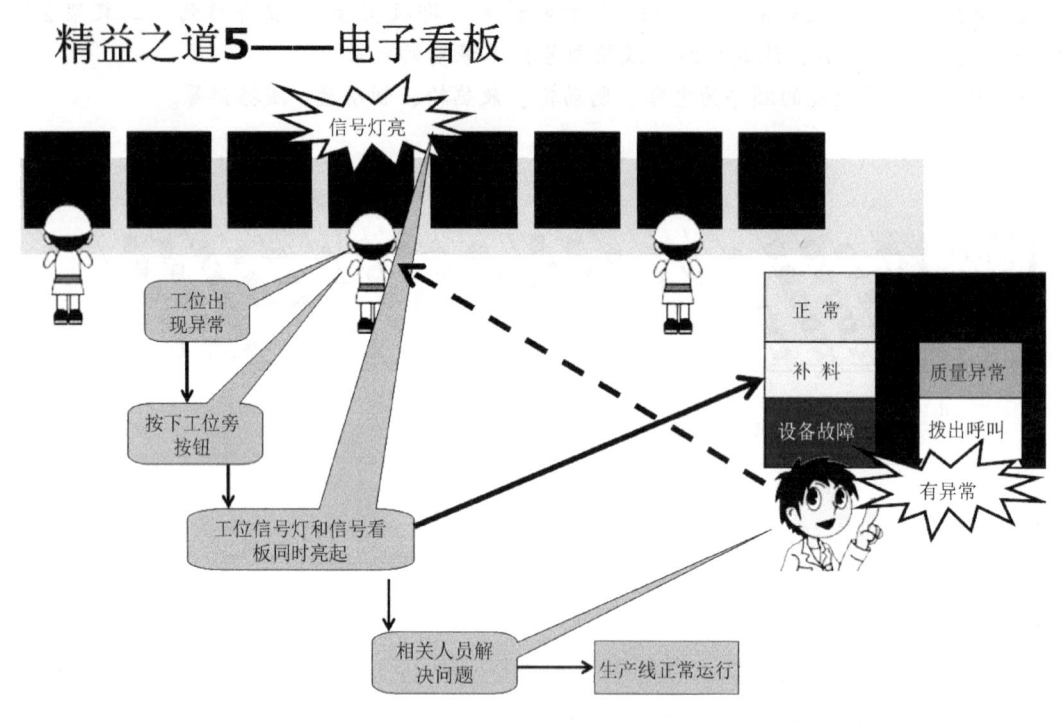

针对生产过程中可能出现的问题，信号灯、看板都能针对问题给出显示，并且能在第一时间使相关人员及时得到信息，并针对问题及时进行解决。

图 5-5　电子看板

任务二　全面质量管理（TQM）与 ISO 9000 质量管理和质量标准

1. 任务要求

了解全面质量管理（TQM）的概念、目标和特点；理解电子产品的 ISO 9000 质量管理和质量标准等知识；理解产品质量特性及其质量保证依据。

2. 相关知识

（1）电子产品质量

提示：

想一想：
① A 手机能用 6 年，B 手机能用 3 年，两种手机质量孰优孰劣？如果是冰箱呢？
② 一分钱一分货，是不是高质量就意味价格高、成本高？
质量由用户判断，对用户而言，质量意味着满足需求的程度。用户的需求有哪些？
- 性能，对产品使用目的所提出的各项要求
- 寿命，指产品能够使用的期限
- 可靠性，经久耐用的程度
- 安全性，对人身健康环境危害影响程度
- 经济性，制造成本与运行成本

电子产品质量由以下三方面体现：

1）功能

功能包括性能指标（指电子产品实际具备的物理性能和化学性能，以及相应的电气参数）、操作功能（指产品在操作时的方便程度和使用安全程度）、结构功能（指产品整体结构的轻巧性，维修互换的方便性）、外观性能（指整机的外观造型、色泽以及外包装等）、经济特性（指产品的工作效率、制作成本、使用费用、原料消耗等特性）。

2）可靠性

可靠性包括固有可靠性（指由产品设计方案、选用材料及元器件、产品制作工艺过程所决定的可靠性因素，固有可靠性在使用之前就已经决定了）、使用可靠性（指使用、操作、保养、维护等因素对其寿命的影响，使用可靠性会因使用时间的增加而逐渐下降）、环境适应性（指产品对各种温度、湿度、酸碱度、振动、灰尘等环境因素的适应能力）。

3）有效度

指电子产品实际工作时间与产品使用寿命（工作和不工作的时间之和）的比值。反映了电子产品有效的工作效率。

影响产品质量波动的因素主要有五个方面：人、机器、原材料、工艺方法和环境。

① 操作者。为了保证工序质量，操作人员要有强烈的质量意识、高度的责任心和自我约束能力，不断提高技术熟练程度，严格按照操作规程进行生产。

② 机器与机器能力。机器设备是保证制造质量的重要物质条件，必须加强设备管理，搞好设备的维护、保养、检修。机器能力是指机器本身所具有的加工能力。机器能力指数的计算可以由工序能力指数得出。若工序能力指数≥1，可以判定机器能力充足。

③ 原材料。原材料的规格、型号、化学成分和物理性能，对产品制造质量起着主导作用。控制原材料因素，应加强原材料及外协件的进厂检验和厂内自制零部件的工序和成品检验，同时合理地选择原材料及外协件的供应厂家。

④ 工序方法与工艺管理。工艺方法对制造质量的影响主要体现在加工方法、工艺参数和工艺装备是否正确、合理。工艺管理是制造质量的重要保证，它是指在生产现场是否严肃认真地贯彻执行已制定的工艺方法，计量器具本身的精度和能否正确使用等方面。

⑤ 环境条件。环境条件主要是指生产现场的温度、湿度、噪声干扰、振动、照明、室内净化和污染程度等。为了提高制造质量，应做好生产现场的整顿、整理、清扫工作，搞好文明生产，创造良好的生产环境。

(2) 质量认证体系

1）质量认证

产品质量认证，是依据产品标准和相应的技术要求，经认证机构确认并通过颁发认证证书和认证标志来证明某一产品符合相应的标准和相应的技术要求的活动。认证的对象是产品或服务。产品的概念是广义的，除一般产品概念外，还包括工艺加工技术，如某项电镀技术、某项热处理技术等。服务是指服务性行业，如旅游、邮电等。认证的依据是被认证对象的质量标准，达到标准为合格，所以质量认证也称为合格认证。

2）质量管理体系认证

质量管理体系认证，亦称质量管理体系注册，是指由公正的第三方体系认证机构，依据正式发布的质量管理体系标准，对组织的质量管理体系实施评定，并颁发体系认证证书和发布注册名录，向公众证明组织的质量管理体系符合质量管理体系标准，有能力按规定的质量要求提供产品，可以相信组织在产品质量方面能够说到做到。

3）3C认证

3C认证是"中国强制认证"（China Compulsory Certification）的简称。强制性产品认证是国际上通行的做法，主要是对涉及人类健康和安全、动植物生命安全和健康以及环境保护与公共安全的产品实施强制性认证，确定统一适用的国家标准、技术规则和实施程序，制定和发布统一的标志，规定统一的收费标准。

(3) 电子产品的质量管理及ISO 9000标准系列

1）ISO 9000标准系列的组成

全球贸易竞争的加剧，使用户对产品质量提出了越来越严格的要求。许多国家都根据本国经济发展的需要，制定了各种质量保证制度。但由于各国的经济制度不一，所采用的质量术语和概念也不相同，各种质量保证制度很难被互相认可或采用，影响了国际贸易的发展。

国际标准化组织（ISO）为了满足国际经济贸易交往中质量保证体系的客观需要，在对各国质量保证制度总结的基础上，经过近十年的努力，于1988年发布了ISO 9000质量管理和质量保证标准系列。

- ISO 9000 – 1987《质量管理和质量保证标准——选择和使用指南》
- ISO 9001 – 1987《质量体系——设计/开发、生产、安装和服务的质量保证模式》
- ISO 9002 – 1987《质量体系——生产和安装的质量保证模式》
- ISO 9003 – 1987《质量体系——最终检验和试验的质量保证模式》
- ISO 9004 – 1987《质量管理和质量体系要素——指南》

其中，ISO 9000为该标准的选择和使用提供原则指导；它阐述了应用本标准系列时必须共同采用的术语、质量工作目的、质量体系类别、质量体系环境、运用本标准系列的程序和步骤等。ISO 9001，ISO 9002和ISO 9003是一组三项质量保证模式；它是在合同环境下，供、需双方通用的外部质量保证要求文件。ISO 9004是指导企业内部建立质量体系的文件，它阐述了质量体系的原则、结构和要素。

由于这套标准系列具有科学性、系统性、实践性和指导性的特点，所以一经问世，就受到许多国家和地区的关注。到1993年底，已经有50多个国家和地区采用了这套标准系列。我国于1988年12月宣布等同采用ISO 9000标准系列的GB/T1 9000质量管理和质量保证标准系列。

2）GB/T1 9000质量标准的组成及意义

由于我国市场经济的迅速发展和国际贸易的增加，以及关贸总协议的加入，我国经济已全面置身于国际市场大环境中，质量管理同国际惯例接轨已成为发展经济的重要内容。为此，国家技术监督局于1992年10月发布文件，决定等同采用ISO 9000，颁布了GB/T1 9000质量管理和质量保证标准系列。该标准系列由5项标准组成。

- GB/T1 9000《质量管理和质量保证标准——选择和使用指南》，与ISO 9000对应
- GB/T1 9001《质量体系——设计/开发、生产、安装和服务的质量保证模式》，与ISO 9001对应

- GB/T1 9002《质量体系——生产和安装的质量保证模式》，与 ISO 9002 对应
- GB/T1 9003《质量体系——最终检验和试验的质量保证模式》，与 ISO 9003 对应
- GB/T1 9004《质量管理和质量体系要素——指南》，与 ISO 9004 对应

这五项标准，适用于产品开发、制造和使用单位，对各行业都有指导作用。所以，大力推行 GB/T1 9000 标准系列，积极开展认证工作，提高企业管理水平，增强产品竞争能力，打破技术贸易壁垒，跻身于国际市场，将是我国企业最主要的中心工作。

(4) 全面质量管理（TQM）

全面质量管理是指企业单位开展以质量为中心，全员参与为基础的一种管理途径。

① 全面质量管理（TQM）的目标：通过使顾客满意，本单位成员和社会受益，而达到长期成功。

② 全面质量管理的特点：全员参加的管理；全范围的管理；全过程的管理；质量管理方法多样化。

海尔推行全面质量管理案例介绍

海尔集团推行全面质量管理经历了四个阶段：

第一阶段：狭义质量管理概念的建立。

1985 年，海尔生产的 76 台"瑞雪"牌冰箱经检验不合格，企业要求责任者当众砸毁这些不合格冰箱。这一砸，砸醒了职工的质量意识，更加坚定了海尔以质量为本的发展道路。

"砸冰箱事件"是海尔进入狭义质量管理阶段的里程碑，砸冰箱砸出的就是必须符合检验的标准。从 1984 年开始，一直到 1989 年 5 年的时间，海尔的产品均达到了质量检验的标准，1988 年在全国冰箱评比中，海尔冰箱以最高分获得中国电冰箱史上的第一枚金牌。

第二阶段：以质量为中心——从狭义到广义的质量管理阶段。在这一阶段，海尔开发生产出了大冷冻力冰箱、小神童洗衣机等。

1989 年以后，国内市场对于家用电器已是供过于求，一些企业因为不重视发展质量而被淘汰了，而海尔在保证质量的基础上不断关注用户的需求，以创造出满足用户个性化需求的产品为创新点，将质量管理由狭义的满足标准上升到了广义的满足用户需求阶段。这里可举个例子，在国内，一开始海尔的冰箱进入上海时，把北京最好销的冰箱投到上海，结果销售非常不理想，为此企业就组织力量到上海进行市场调查，对不同阶层的一千多户家庭进行了调研。调研的结果表明，大多数上海家庭住房比较紧张（1993 年），他们不愿要占地面积太大的冰箱，而需要正面面积小，纵向可以长一些的冰箱，另外要求冰箱外观漂亮，不愿要比较呆板的产品，根据目标市场消费者的要求，企业生产设计人员进行综合分析，设计生产出了小王子冰箱，这种冰箱比较瘦长，有点像日本冰箱的造型，内部比较可靠。这种产品投放上海市场马上受到欢迎。

第三阶段：以体系为中心——从产品质量到体系质量的过程。通过 ISO 9001 质量体系认证，成为世界级的合格供货商。

随着海尔集团的不断发展，海尔的质量管理核心由产品的零缺陷管理发展到整个体

系上的质量管理过程。在企业发展初期，为使产品质量从体系上得到保障，海尔建立了全面质量管理体系，引进了 ISO 管理标准。1992 年 4 月，海尔在国内家电企业中首家通过 ISO 9001 质量体系认证，成为世界级的合格供货商；1997 年，海尔通过 ISO 14001 环境管理体系认证，成为国内家电企业中首家通过该认证的企业。海尔认为，只有持续推出亲情化的、能够满足用户潜在需求的服务新举措，才能提升海尔服务形象，最终感动用户，实现与用户零距离。在这种理念指导下，海尔星级服务的每次升级和创新都走在了同行业的前列。

第四阶段：以市场与用户为中心——从体系质量到市场链质量的管理阶段。

质量是企业的生命。海尔集团在"海尔创世界名牌，第一是质量，第二是质量，第三还是质量"的理念指导下，从一开始就抓全员的质量意识，并注重提高员工的技能水平，靠员工强烈的质量意识和高超的技能水平来保证产品的质量。优秀的产品是优秀的人做出来的。如果把企业比喻成一条大河，每一个员工都应是这条大河的源头，员工的积极性应该向喷泉一样喷涌而出，成为企业发展的源头。所以把每个员工的积极性调动起来，员工有活力，必然会生产出高质量的产品。海尔产品的高质量，正是靠每个员工的努力来实现的。从 2001 年起在源头论的基础上，海尔集团开始了全员 SBU 建设。

SBU 即"Strategical Business Unit"，原意是战略事业单位，在海尔引申为不仅每个事业部而且每个员工都是一个 SBU，那么集团总的战略就可以落实到每个员工，而每个员工的战略创新又会保证集团战略的实现。也就是说，在海尔集团，充分给员工提供个性化创新空间，将每一个终端都营造成 SBU，以便获取核心竞争力，保证集团发展战略的顺利进行。

第五阶段：产品质量标准——零缺陷。

海尔指出：速度、差错率、用户满意率之间的矛盾意味着我们必须一次做对。对于海尔生产的电子产品质量标准是零缺陷。

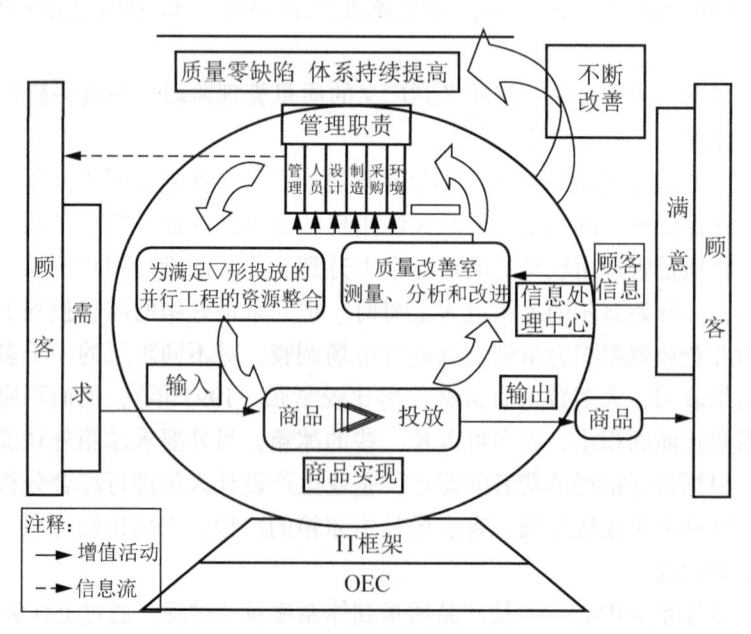

图 5-6 海尔企业的质量零缺陷循环图

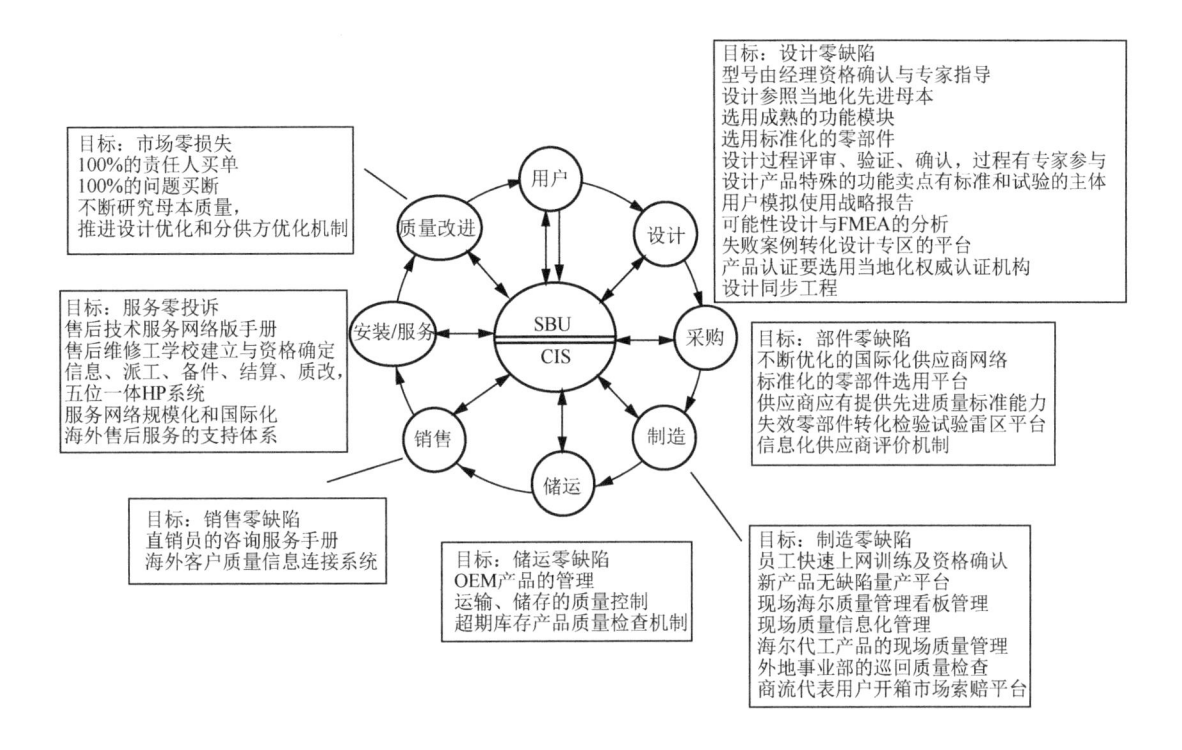

图 5-7 海尔一次做对的质量保证流程

项 目 小 结

1. 现场管理就是指用科学的管理制度、标准和方法对生产现场各生产要素，包括人（工人和管理人员）、机（设备、工具、工位器具）、料（原材料）、法（加工、检测方法）、环（环境）、信（信息）等进行合理有效的计划、组织、协调、控制和检测，使其处于良好的结合状态，达到优质、高效、低耗、均衡、安全、文明生产的目的。

2. 保证现场质量的方法有标准化、目视管理、管理看板、现场质量检验、不合格品管理。其中标准化、目视管理、管理看板是现场管理的三大工具。

3. ISO 9000 质量管理和质量保证标准由 ISO 9000、ISO 9001、ISO 9002、ISO 9003、ISO 9004 五项标准组成。GB/T1 9000 质量管理和保证标准系列是我国的质量管理国家标准，等同于 ISO 9000 质量和质量保证标准系列。实施 GB/T1 9000 标准有利于提高企业管理水平，有利于质量管理与国际规范接轨，有利于提高产品的竞争能力，有利于保护用户的合法权利。

4. 为履行中国加入 WTO 的承诺，我国于 2001 年发布了《强制性产品认证管理规定》，同时发布了《第一批实施强制性产品认证的产品目录》，首批公布须实行强制性认证的产品共 19 类 132 种。

5. 世界上著名的认证标志有美国的 UL 认证、欧盟 CE 认证、英国的 BSI 认证、德国的 VDE 认证等。

课后练习

1. 电子产品有何特点？
2. 什么是现场管理？试分析海尔企业现场管理的特点。
3. 什么是全面质量管理？试分析海尔能成为国内电子产品生产的领军企业的成功之道。
4. 什么是 ISO 9000？它由哪几部分构成？各部分有何作用？建立和实施 ISO 9000 质量管理体系有何意义？
5. 什么是 BG/T1 9000？它与 ISO 9000 有何关系？

附录 A 收音机工艺文件格式范例

附表 A-1 工艺文件目录

××××公司 工艺文件		电话		产品名称		调幅收音机		
		****		产品型号		HX108-2 型		
工艺文件目录				产品图号			版本	
				第×页	共×页	第×页	第×页	
序号	文件代号		零件、部件、整件图号		页数		备注	
1	G1		工艺文件封面		1			
2	G2		工艺文件目录		1			
3	G3		工艺路线表		1			
4	G4		工艺流程图		1			
5	G5		导线加工工艺		1			
6	G6		组件加工工艺					
7								
8								
9								
底图总号		更改标记	数量	文件号	签名	日期	签名	日期
							拟制	
日期	签名						审核	
							检验	
							批准	

附表 A-2 工艺路线表

××××公司 工艺文件		电话		产品名称		调幅收音机		
		****		产品型号		HX108-2 型		
工艺路线表				产品图号			版本	
				第×页	共×页	第×页	第×页	
序号	图号	名称		装入关系	部件用量		工件用量	工艺路线及内容
1		导线加工		正极片导线				
				负极片导线				
2		元器件加工		基板插件焊接				
3		电位器组件		基板装配				
4		基板组件						
底图总号		更改标记	数量	文件号	签名	日期	签名	日期
							拟制	
日期	签名						审核	
							检验	
							批准	

附表 A-3 元器件工艺表

××××公司	电话	产品名称	调幅收音机		
工艺文件	****	产品型号	HX108-2型		
元器件工艺表		产品图号		版本	
		第×页	共×页	第×页	第×页

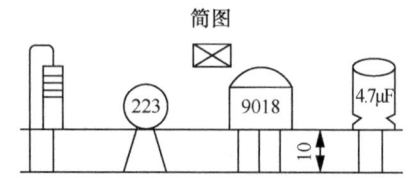

简图

（图示：223、9018、4.7μF，高度10）

序号	图名	名称、型号、规格	L/mm A端	L/mm B端	正端	负端		数量	设备	工时定额	备注
0	1	2	3	4	5	6	7	8	9	10	11	12
1	R1	RT-1/8W-100kΩ	10	10				1			
2	R2	RT-1/8W-2kΩ	10	10				1			

底图总号	更改标记	数量	文件号	签名	日期	签名	日期
						拟制	
日期	签名					审核	
						检验	
						批准	

附表 A-4 导线加工工艺表

××××公司	电话	产品名称	调幅收音机		
工艺文件	****	产品型号	HX108-2型		
导线加工表		产品图号		版本	
		第×页	共×页	第×页	第×页

序号	编号	名称规格	颜色	数量	L/mm 全长	A端	B端	A剥头	B剥头	去向与焊接处 A端	去向与焊接处 B端	设备	工时定额	备注
1	1-1	塑料线 AVR1×12	红	1	50			5	5	PCB	正极垫片			
2	1-2	塑料线 AVR1×12	黑	1	50			5	5	PCB	负极弹簧			
3	1-3	塑料线 AVR1×12	白	1	50			5	5	PCB	喇叭（+）			
4	1-4	塑料线 AVR1×12	白	1	50			5	5	PCB	喇叭（-）			

底图总号	更改标记	数量	文件号	签名	日期	签名	日期
						拟制	
日期	签名					审核	
						检验	
						批准	

附表 A-5 配套明细表

××××公司 工艺文件	电话	产品名称		调幅收音机	
	****	产品型号		HX108-2 型	
配套明细表		产品图号		版本	
		第×页	共×页	第×页	第×页

元器件清单					结构件清单				
序号	编号	名称规格	数量	备注	序号	编号	名称规格	数量	备注
1	R1	RT-1/8W-100kΩ	1	电阻	1		前框	1	
2	R2	RT-1/8W-2kΩ	1	电阻	2		后盖	1	
3	R3	RT-1/8W-100kΩ	1		3		M2.5×5	2	双联螺钉
4	R4	RT-1/8W-20kΩ	1	瓷介	4		M1.7×4	1	电位器螺钉
5			1	电解	5		周率板		
6	C6-C10	CC-63V-0.022μF	5		6		电位盘	1	
7	C4	CD-16V-4.7μF	4		7		磁棒支架	1	
8					8		PCB 板	1	
9	B1	磁棒天线线圈	4		9		正极片	1	
10	B2	振荡线圈	4	红	10		负极弹簧	1	
11					11		拎带	1	
12	VT1-VT4	9018	4		12		正极导线	1	
13					13		负极导线	1	
14	VD1-VD4	1N4148	4		14		喇叭导线	2	
15					15		调谐盘	1	

底图总号	更改标记	数量	文件号	签名	日期	签名		日期
						拟制		
日期	签名					审核		
						检验		
						批准		

附表 A-6 装配工艺过程

××××公司 工艺文件	电话 ****	产品名称 产品型号	调幅收音机 HX108-2型		
装配工艺过程卡	装配件名称 负极簧组件	产品图号 第×页	共×页	版本 第×页	第×页

序号	装入件及辅助材料 代号、名称和规格	数量	车间	工序号	工种	工序（步）内容及要求	工装设备	工艺工时定额
1	负极弹簧					1. 导线焊在弹簧尾端5mm左右 2. 焊接部分应与弹簧尾端平行	电烙铁	
2	导线（黑）							
3	松香及焊锡丝					1. 导线焊牢固 2. 焊点光亮无毛刺		

图示

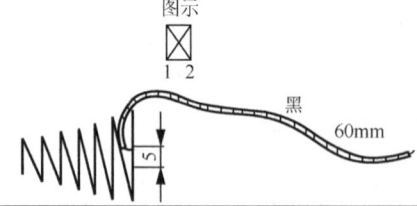

底图总号		更改标记	数量	文件号	签名	日期	签名		日期
日期	签名						拟制		
							审核		
							检验		
							批准		

附表 A-7 工艺说明及简图

××××公司 工艺文件	电话 ****	产品名称 产品型号	调幅收音机 HX108-2型		
工艺说明及简图		产品图号 第×页	共×页	版本 第×页	第×页

（印制电路板图：元器件位置分布、磁棒天线焊接位置、扬声器线焊接位置、电源线焊接位置）

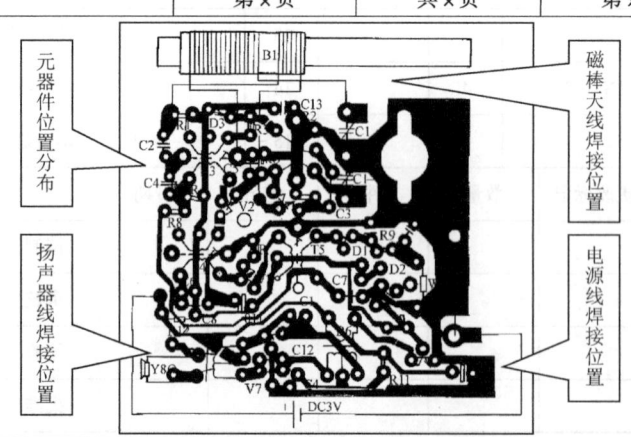

底图总号		更改标记	数量	文件号	签名	日期	签名		日期
日期	签名						拟制		
							审核		
							检验		
							批准		

附录 B 具有定时报警功能数字抢答器电路原理图

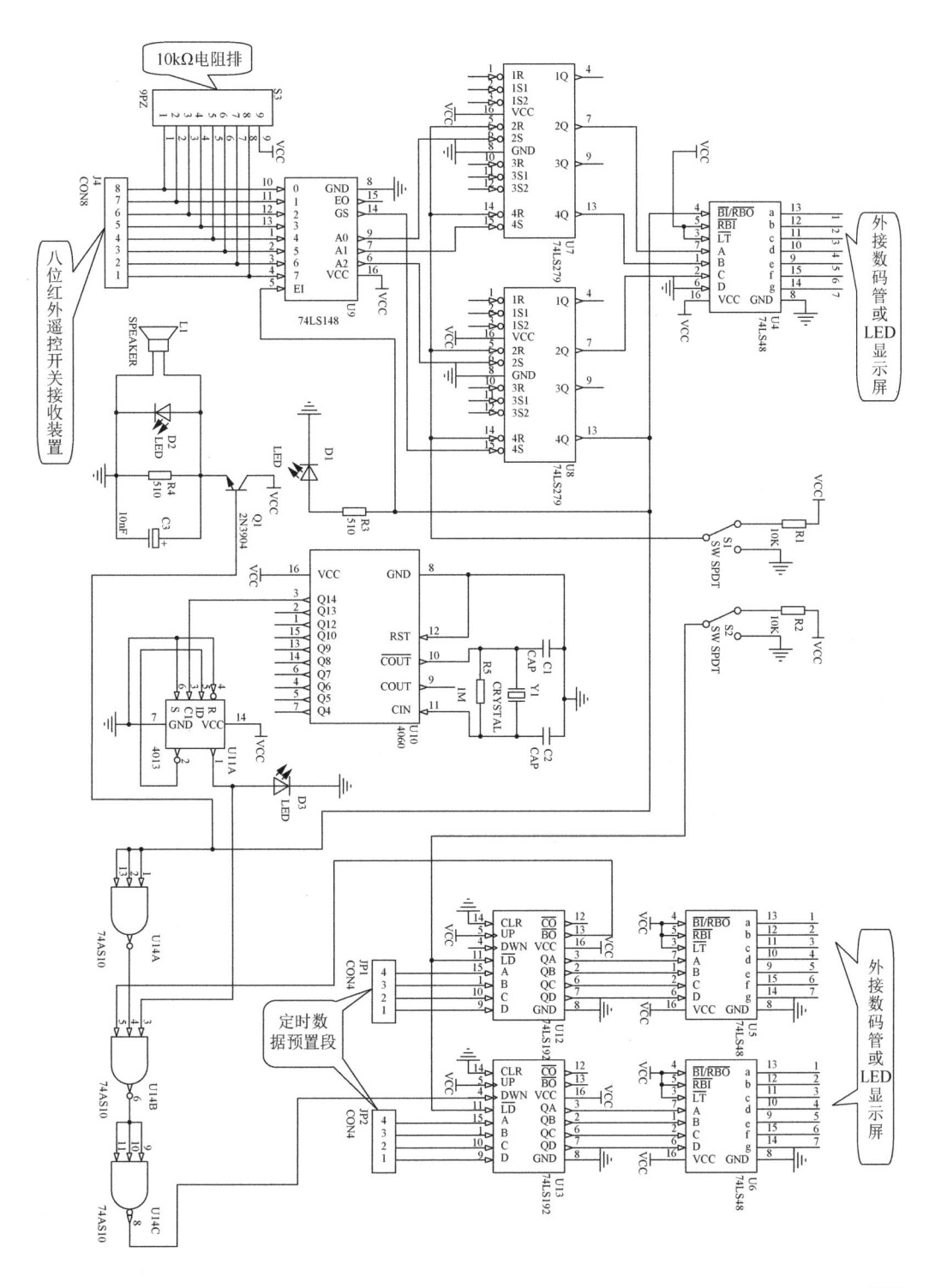

参 考 文 献

1. 廖芳. 电子产品生产工艺与管理（第2版）. 北京：电子工业出版社，2007.7.
2. 王成安. 电子产品工艺实例教程. 北京：人民邮电出版社，2009.3.
3. 王卫平，陈粟宋. 电子产品制造工艺. 北京：高等教育出版社，2005.9.
4. 韩广兴，韩雪涛. 电子产品装配技术与技能实训教程. 北京：电子工业出版社，2007.4.
5. 樊会灵. 电子产品工艺第2版. 北京：机械工业出版社，2010.
6. 孙惠康. 电子工艺实训教程. 北京：机械工业出版社，2005.
7. 赵广林. 常用电子元器件识别/检测/选用一读通. 北京：电子工业出版社，2007.
8. 薛文，华慧明. 电子元器件检测与使用速成. 福建：福建科技出版社，2005.
9. 王瑞春. 基于工作过程数字电子技术教程. 西安：西安电子科技大学出版社，2011.1.

反侵权盗版声明

电子工业出版社依法对本作品享有专有出版权。任何未经权利人书面许可，复制、销售或通过信息网络传播本作品的行为；歪曲、篡改、剽窃本作品的行为，均违反《中华人民共和国著作权法》，其行为人应承担相应的民事责任和行政责任，构成犯罪的，将被依法追究刑事责任。

为了维护市场秩序，保护权利人的合法权益，我社将依法查处和打击侵权盗版的单位和个人。欢迎社会各界人士积极举报侵权盗版行为，本社将奖励举报有功人员，并保证举报人的信息不被泄露。

举报电话：（010）88254396；（010）88258888
传　　真：（010）88254397
E-mail：　dbqq@phei.com.cn
通信地址：北京市万寿路 173 信箱
　　　　　电子工业出版社总编办公室
邮　　编：100036